深入浅出
TCP/IP
图解·全彩版

[日]宫田宽士 著 陈欢 译

中国水利水电出版社
www.waterpub.com.cn
·北京·

内容提要

《深入浅出TCP/IP（图解•全彩版）》是一本系统介绍网络技术的入门书籍，对从网络基础到TCP/IP协议相关的知识，用通俗易懂的文字，结合400多张插图进行了详细解说，技术涵盖物理层、数据链路层、网络层、传输层、应用层等网络的五大层，可让读者直观理解网络的结构和运行原理。另外，本书不仅介绍了IP、TCP、UDP等协议，还对光纤、无线LAN、IPv6、IPsec、HTTP、SSL等当今网络中不可或缺的各种协议进行了详细介绍，内容丰富，图文并茂，可读性和实用性特别强。

《深入浅出TCP/IP（图解•全彩版）》将以太网、TCP/IP基础知识、应用协议到网络安全、网络设备、负载均衡等广泛的网络知识浓缩在一本书中，并采用全彩印刷、全图解说明，特别适合高校计算机网络、信息技术相关专业学生，网络开发工程师及管理人员，以及对网络技术感兴趣的所有人员参考学习。

图书在版编目（CIP）数据

深入浅出TCP/IP : 图解 : 全彩版 / (日) 宫田宽士著 ; 陈欢译. -- 北京 : 中国水利水电出版社, 2023.7(2024.5重印)
ISBN 978-7-5226-1494-6

Ⅰ. ①深… Ⅱ. ①宫… ②陈… Ⅲ. ①计算机网络－通信协议 Ⅳ. ①TN915.04

中国国家版本馆CIP数据核字(2023)第070219号

北京市版权局著作权合同登记号　图字：01-2023-1220

书　名	深入浅出TCP/IP（图解•全彩版） SHENRU-QIANCHU TCP/IP (TUJIE QUANCAI BAN)
作　者	［日］宫田宽士　著
译　者	陈欢　译
出版发行	中国水利水电出版社 （北京市海淀区玉渊潭南路1号D座 100038） 网址：www.waterpub.com.cn E-mail：zhiboshangshu@163.com 电话：（010）62572966-2205/2266/2201（营销中心）
经　销	北京科水图书销售有限公司 电话：（010）68545874、63202643 全国各地新华书店和相关出版物销售网点
排　版	北京智博尚书文化传媒有限公司
印　刷	北京富博印刷有限公司
规　格	190mm×235mm　16开本　23.5印张　639千字
版　次	2023年7月第1版　2024年5月第2次印刷
印　数	3001—5000册
定　价	139.00元

本书是一本以图解的方式对网络技术基础知识进行讲解的书籍。

如今，互联网已经成为我们日常生活中不可或缺的一部分，我们可以使用互联网在网上购物，在网上银行办理业务，在社交媒体上与他人进行互动等。随着 IoT（Internet of Things，物联网）、大数据和 AI（Artificial Intelligence，人工智能）等技术的不断发展，世界已经进入第四次工业革命阶段，IT 也终于进入了创造新的附加价值的时代。物联网和大数据的前提是将所有信息数据化，并通过网络相互连接，因此网络的重要性只会与日俱增。与此同时，网络并不是网络工程师的专利，它也逐渐成为应用程序工程师、数据库工程师和基础设施工程师等所有 IT 工程师必须具备的知识。

此外，如果我们放眼于构建网络的过程就会发现，这几年，利用以较小的单位重复实施和测试过程的敏捷开发方式构建的网络项目越来越多，这进一步加剧了网络的新陈代谢。但是，由于网络的设计和设置方面并不像应用程序那样灵活，因此并不总是适合进行敏捷开发。如果在知识储备不足的情况下进行临时设定，可能会构建出一个漏洞百出的网络，这将为后续工作带来巨大的挑战。正因如此，才需要我们磨练出在网络构建过程中应对敏捷构建速度的临场应变能力，也需要我们具备扎实牢靠的网络知识基础。

因此，我们经常听到网络“是不可或缺的知识”“基础知识的学习也是必要的”这类善意的建议，但是学习往往是令人十分痛苦的事情。笔者也不是善于学习的类型，也是在工作中一边挨骂一边成长的，完全是一点一点被逼出来的，所以能深刻理解其中的痛苦。但是，当在工作中学到的经验变成了自己的知识之后，笔者能够真切地感受到自己在发生变化，可以确切地感受到通过自身的经验增加了知识的厚度。之后，当接触到一种完全不同的技术时，在意想不到的地方发现竟然与自己掌握的技术是相通的，那种感觉让人十分惊喜。因此，希望大家通过阅读本书，广泛吸收网络知识。然后，将所学知识与实际工作和自己的专业领域联系起来，融会贯通，这一定能够拓宽大家作为工程师所涉及的领域。

最后，网络是经历了几十年岁月的洗礼而形成的一个奇妙的世界。由于其底层技术扎实，相对应用程序而言进化的速度比较慢，因此绝大多数新技术是新旧技术的结合体，或者是衍生技术。因此，只要我们具备了扎实的基础知识，就可以将其作为 IT 工程师的长期傍身之技。而且，无论从什么时候开始学习，都可以赶得上当下。来吧，现在就让我们一起来点燃这根知识的导火索吧！如果本书能够引领大家迈向这个魅力四射的网络世界，笔者将会非常高兴。

本书的构思

本书是根据下面的构思编写而成的。

■ 拓宽知识领域

网络是使用了无数的技术、跨越了不同的领域构造出来的一个世界。当相互独立的点和点的技术通过知识连成线时，视野立即变得开阔，同样作为工程师的我们的视野也会变得更宽广。本书将全面、系统地对各种网络技术进行讲解，以便大家能够获取更多的知识。

■ 深入挖掘工作中使用的技术

虽然网络领域里有很多技术，但是实际使用的并没有那么多，所以在实际工作中，要求我们掌握这些关键技术的更深入的知识。本书将着重讲解实际工作中常用的标准技术和功能，以便大家掌握可以经受住实际工作考验的深层知识。

■ 使用图表讲解

网络不像应用程序那样，我们无法轻易看到它们是如何工作的。因此，如何通过图解的方式对各种技术进行具体的描绘，就是帮助大家高效理解知识的关键所在。在本书中，我们绘制了大量的示意图，尽可能以简单易懂的方式帮助大家理解网络的工作原理。因此，建议大家不要只通过文字理解这些知识，而是将文字结合相应的示意图进行学习，加深对知识的理解。

本书的目标读者

本书是一本专门面向以下读者编写的书籍。

■ 初出茅庐的基础设施工程师和网络工程师

在各种数据都会流经网络的今天，那些持续提供稳定服务、扮演着无名英雄角色的基础设施工程师和网络工程师的作用变得比以往更加重要。因此，本书对网络基础知识进行了广泛而系统化的讲解，以便初出茅庐的基础设施工程师和网络工程师能够自行构建和运用网络。

■ 对网络感兴趣的应用程序工程师

现在几乎所有的应用程序数据都会流经网络，因此，网络与应用程序工程师也变得息息相关。本书涵盖了很多应用层面的信息，为那些“对网络有一点感兴趣，但是又觉得有一点难……”的，犹豫着要不要向全新的领域迈出第一步的应用程序工程师打开了一个深入理解网络知识的入口。

■ 倾向于抽象技术的云服务工程师

机架式服务器、网络设备、LAN 缆线和 LAN 端口等，那些以前看得见摸得着的物理元素已经被云服务化为无形，网络成了云服务工程师和服务器之间唯一的连接方式。因此，本书将以图解的方式，尽可能地将那些肉眼看不见、难以理解、在云服务中趋于抽象的网络技术体现出来，以便云服务工程师更好地理解网络知识。

本书的流程与定位

本书共由 6 个章节组成。

第 1 章对网络的历史、功能和类型等背景知识进行了浅显而广泛的讲解，为后续章节奠定基础。

第 2 ～ 6 章对各种技术进行了深入讲解，并重点介绍了当前实用的技术。根据技术的重要程度和学习难度的不同，在篇幅设置上也有所不同，如越是在实际工作中需要使用的标准技术，越是讲解得更加仔细且深入，因此占用的页面数量自然会越多。如果大家在学习时感到“这个知识点讲得好多啊……”就表示它可能是一种在实际工作中经常需要使用的技术，是作者特意安排的。而有些技术的介绍用的篇幅比较短，也是作者有意为之。

如果大家脚踏实地地学习并掌握了前面的知识，就能够在网络的领域里游刃有余，你可以转到网络的任何方向继续深入学习，积累更多经验，成为更优秀的工程师。请在网络的天空中展翅翱翔吧！

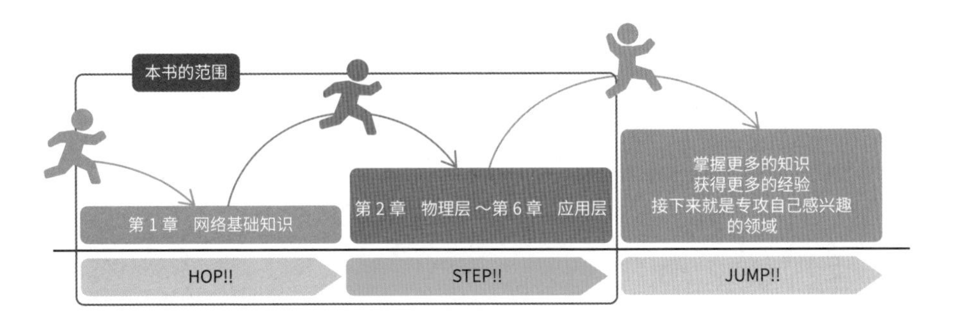

致谢

本书是在很多朋友的帮助和合作下完成的。首先要感谢 SB Creative 出版社的友保健太先生，对于写得很慢又写得很细的我，他时而温柔时而严厉地给予了我足够多的支持，他每一次伸出的援手都让我不胜感激。每天反复地阅读资料、构建验证环境，反复地查看数据包再转化、组织成语言，这段日子的经历对我来说，已经成为人生中无可替代的财富。

然后，我想感谢明明自己的工作和生活都已经很忙碌，却依然抽出时间多次与我在某处并肩奋战的堂胁隆浩先生，总是能够精准处理棘手的支持案例的松田宏之先生，你永远可以相信的物理层大师田代好秀先生，在我刚换完工作的困难时期爽快接受审稿的 Yuka 女士，非常感谢大家的鼎力相助。我认为这是一本很棒的书，这要归功于每一位无论是作为个人还是作为工程师而言都受到尊敬的、你们的严格而尖锐的指导。

最后，我要感谢我的妻子，她在辛苦照顾两个孩子的同时慷慨地允许我全身心地投入写作。感谢她在没日没夜的工作之余，极力支持我的事业，对此我非常感激。另外，还要感谢我年幼的孩子壮真和绚音，是他们让我的生活充满了快乐。

※ 读者交流圈

为方便读者间学习交流，本书特别提供了“交流圈”，感兴趣的读者可扫描下面的二维码加入。本书的勘误等信息也会及时发布在交流圈中。

CONTENTS

chapter

1

网络基础知识

本章将对大家在学习网络技术时必须掌握的基础知识和现代网络的体系结构进行讲解。虽然目前的网络架构看上去好像很复杂，也很难以理解，不过由于网络技术已经发展得较为成熟，迭代速度较慢，因此无论从什么时候开始学习，都无须担心会为时过晚。接下来，就让我们一起来了解网络的基础知识，夯实在深入学习之前的基础吧。

当大家使用智能手机在网上搜索信息，抑或是在 YouTube 上观看视频时，是否有过这样的疑惑：“互联网是以什么样的方式工作的呢？”相信至少决定阅读本书的读者或多或少是产生过这样的疑问的吧。互联网就是指一种将整个世界连接成一个网状结构的信息网络。我们将这个信息网络称为计算机网络（在后面的内容中将其简称为网络）。无论是搜索结果也好，还是大受欢迎的 YouTube 视频也好，它们都是由0和1组成的数字数据，并以光速穿越互联网这个庞大的网络，最终呈现在我们眼前的。网络最初只是一种用于传递文本数据的极为简单的设施。然而，随着时代的飞速发展，它已经远远超出了最初简单的框架，并发展成为我们日常生活中传输各种信息（如视频、音乐、语音和存储数据）的不可或缺的手段。

chapter 1-1 什么是网络

1.1.1 网络的发展史

现在的网络原型是在 20 世纪 60 到 70 年代由美国研究和开发出来的。在 20 世纪 60 年代，人们需要将一台大型计算机（大型机）的处理划分为更加精细的时间片，并通过一种多名用户可以同时使用的名为 TSS（Time Sharing System，分时系统）的方式对计算机进行高效运用。位于远程位置的用户可以通过从 TSS 终端[①] 向大型计算机拨打电话的方式进行访问，用户可以将该大型计算机当作是自己专用的计算机一样使用。采用这种 TSS 方式，人们就可以使用大型计算机和 TSS 终端构建出只有这两台设备组成的最为简单的网络。这就是网络最初的形式。

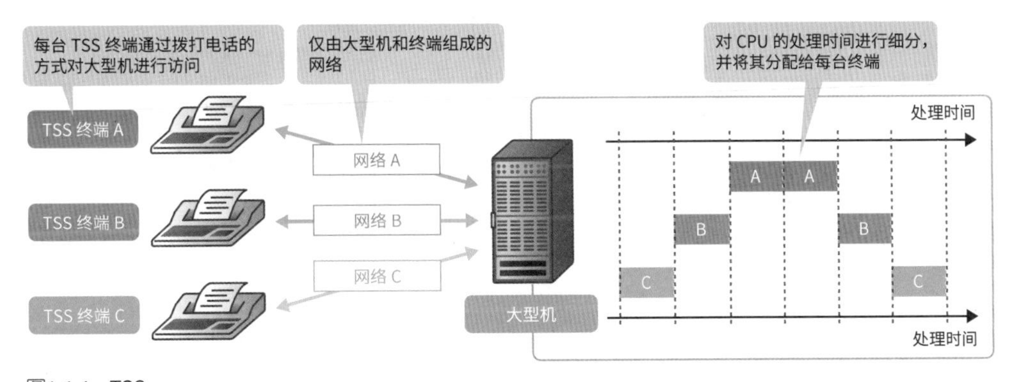

图1.1.1 • TSS

到了 20 世纪 60 年代后期和 70 年代，市面上不仅存在着大量的大型计算机，类似微型计算机这样的小型计算机也陆续登场，自此便形成了现在我们所使用的这种由许多计算机并行连接而成的网络的雏形。其中，ARPANET（Advanced Research Projects Agency Network，高级研究计划署网络、阿帕网）是具有重要历史意义的网络之一。它是由美国国防部高等研究计划署（Defense Advanced Research Projects Agency，DARPA）出于学术研究目的而创建的一种网络，被认为是互联网的始祖。该网络是世界上第一个采用分组交换的传输方式的网络，其中的数据被切分成名为数据包的小单元再进行交换处理。这种处理方式从 ARPANET 开始，到现今我们所使用的互联网是一脉相承的。

1.1.2 线路交换方式与分组交换方式

数据的传输方式可以分为线路交换方式和分组交换方式两种。

线路交换方式是一种在进行数据交换之前，创建一条一对一的传输路径（数据通道），直到完成数据交换处理为止，都需要持续使用这一通道的方式。大家可以将其看作采用线路交换方式进行通信的固定电话，这样会更加容易理解。如果是使用固定电话的场合，开始通话之前就需要在由线路交换

① 终端，是指网络的终端，是一种可以输入和输出信息的设备。TSS 终端是指一种只具有输入字符和输出画面功能的简单的设备。

设备组成的线路交换网络中建立一条一对一的逻辑传输路径，在用户切断电话之前需要持续使用该路径。而且该线路在连接期间会一直被占用，用户无法接听其他的电话。固定电话会一直处于正在通话中的状态。在使用 TSS 的时代，用户需要从远程的 TSS 终端呼叫大型计算机，并通过线路交换方式进行数据交换处理。由于线路交换方式可以独占线路，因此能够保证稳定的通信质量。然而，由于即便是在没有交换数据时该线路也是保持连接的，线路的使用效率非常低，所以线路交换方式并不是一种适合用于交换数据的通信方法。接下来，我们对浏览网站的示例进行思考。在这种情况下，数据的下载可以很快地完成，因此大部分时间其实花在了用户浏览显示的图像或阅读文章中。虽然在此期间线路保持着连接状态，但是大部分时间也不会对数据进行交换处理。也就是说，虽然大费周章地占用了整条线路，但是结果却是浪费了线路资源。因此，为了提高线路的使用效率，研究者们开发出了一种新的传输方式，即分组交换方式。

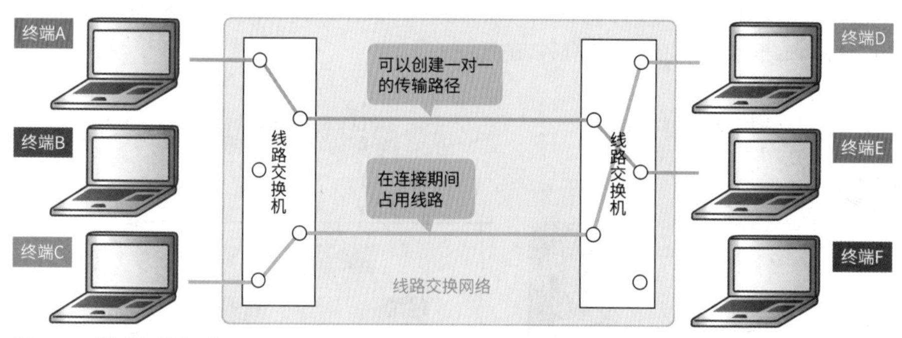

图1.1.2 • 线路交换方式

分组交换方式是一种将数据划分成名为数据包的较小单位，并将数据包发送到网络中的通信方式。数据包在英语中表示“包裹”。就像在邮政包裹上贴上物流标签一样，发送方的计算机也需要在数据中添加“首部”这一信息，然后将数据传递到由分组交换设备（网络设备）组成的分组交换网络中。首部中包含了各种信息，如接收方计算机的信息、数据对应的数据包编号等。

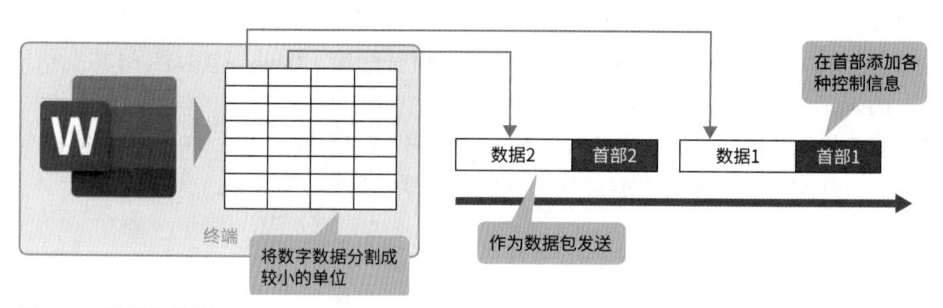

图1.1.3 • 数据包分组

分组交换网络会查看首部中的信息，并将数据包发送到接收方的计算机中。此外，接收方的计算机也会查看首部的信息，并将数据还原成原始的数据。使用分组交换方式不仅可以在需要时尽情地使用线路，还可以利用同一线路传输其他用户的数据，从而确保通信线路的高效利用。而且，如果一个数据包在沿途某处丢失或被损坏，也没有必要重新传输所有的数据，只需重新传输那一小份数据包即可，因此通信可以迅速恢复。以互联网为代表的现代计算机网络是一个大型的分组交换网络，其都是采用分组交换方式实现数据传输的。大家平时观看的 YouTube 视频和雅虎的首页，最初都是由某处的计算机（服务器）发送到互联网这一分组交换网络的数据包。只有通过个人电脑将数据还原成原始数据，我们才能浏览这些视频和网页信息。而且，即使沿途某处发生了什么问题，也可以通过重新传输数据包的方式进行恢复。因此，我们可以在毫无觉察的情况下享受网络带来的乐趣。

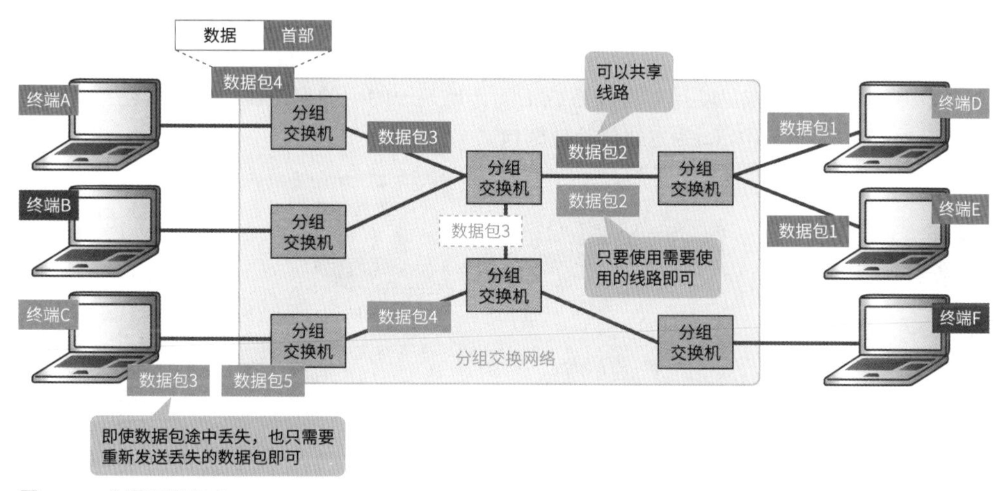

图1.1.4 ● 分组交换方式

1-2 通信的规则就是协议

当然，虽说通信就是传输数据包，但是如果胡乱地创建数据包并将其发送到网络上，也是无法正常传输的，我们甚至都无法知道数据包是否会成功地到达对方。即便对方收到了，其也不清楚对方是否能够理解其中的内容。因此，在网络世界中，处理数据包时有一些约定的规则需要遵循，这些规则称为协议（通信协议）。正是因为有这些协议为通信所需的各项功能确立了标准的规范,所以，即便个人电脑的制造商不同，或是使用的操作系统不同，也无论使用的是无线传输介质还是有线传输介质，都可以放心大胆地使用相同的方式传输数据包。

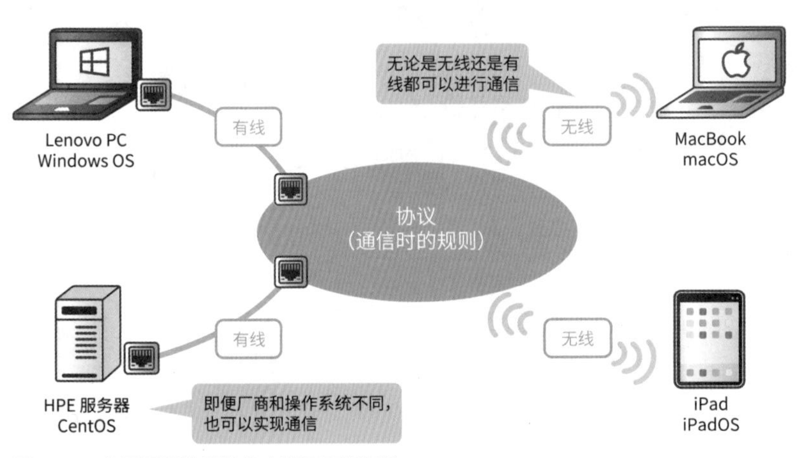

图1.2.1 • 遵循网络协议的约定即可实现通信

大家在访问网站时，是否输入过类似“https://www.　　.com/”这样的 URL 地址呢？在输入 URL 地址时，首先需要输入的 https 正是下面将要讲解的一种重要的协议。HTTPS（HyperText Transfer Protocol Secure，超文本传输安全协议）是一种负责在 Web 服务器和 Web 浏览器之间，一边对数据进行加密一边传输数据包的协议。Web 浏览器会通过在 URL 的开头添加 https 字符的方式来声明自己是遵循 HTTPS 规定的通信规则对数据包进行处理的。

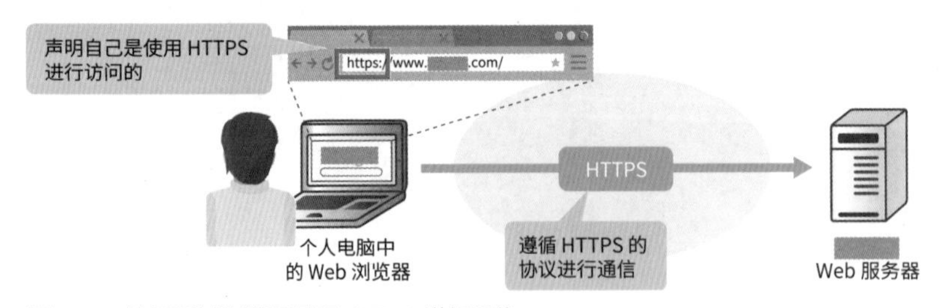

图1.2.2 • 使用网络浏览器基于 HTTPS 进行通信

1.2.1 协议所规范的内容

网络上存在着各式各样的协议，并且每种协议都具有不同的功能，发挥着不同的作用。下面将挑选一些具有代表性的协议，对协议中具体规范的内容进行详细的讲解。

硬件规格

从局域网网线的材质和连接器的形状到引脚分配（引脚排列），这些构成网络的硬件都需要通过协议进行定义。此外，WiFi 环境中的无线电波的频率和数据包到电波的转换（调制[①]）方式也需要通过协议进行定义。个人电脑的 NIC（Network Interface Card，网络接口卡）[②] 则需要遵循协议所定义的内容，将数据包传递到缆线或无线电波等传输介质中。

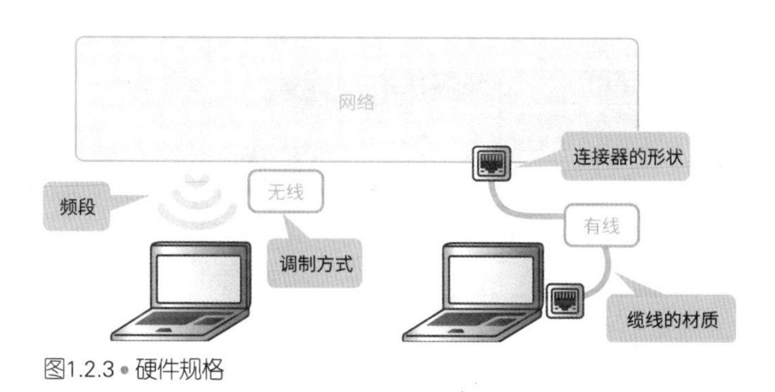

图1.2.3 • 硬件规格

通信对象的确定

就像平常我们如果不知道对方的姓名和住址就无法邮寄快递包裹一样，如果不知道希望与位于哪个位置的谁进行通信，也就无法发送数据包。因此，网络世界也和现实世界一样，需要通过分配不同住址的方式对发送数据的对象进行区分。

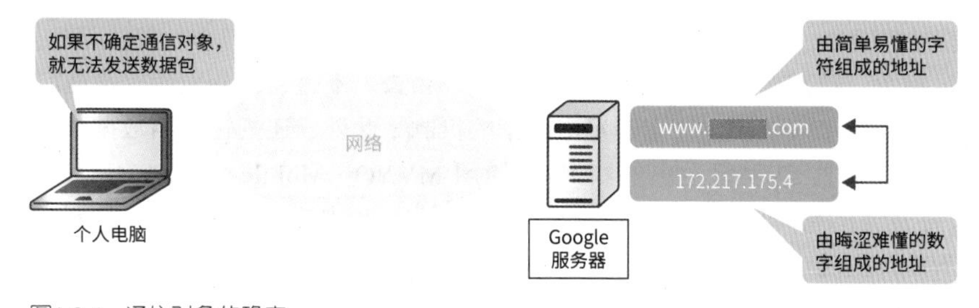

图1.2.4 • 通信对象的确定

例如，在日本经常使用的 Google（谷歌）就被分配了“www.   .com”这类由常见的字符构

① 一种可以将数字数据承载到无线电波中的技术。
② 指局域网卡和无线局域网适配器等连接网络时需要使用的硬件。

成的地址，以及“172.217.175.4”[①] 这类由陌生的数字构成的地址。在发送数据包时，服务器就是根据这一信息来确定通信对象的。

数据包的发送

确定了通信对象之后，就需要将数据包发送到对方手中。正如在前面所讲解的，计算机会将数据切分成小的数据包，并将数据包发送到网络中。这时，需要像邮寄快递包裹那样，为数据包添加首部这一货物标签。首部中不仅包含发送方和接收方的信息，还包含用于还原原始数据的序列号和服务器（服务）的信息，以及在传输数据时需要使用的控制信息。在协议中，则对首部的每个组成部分（从哪一个比特到哪一个比特）包含什么样的信息，以及根据什么样的顺序传输数据进行了定义。之后，构成分组交换网络的分组交换机（网络设备）会根据首部的信息，像击鼓传花一样转发数据包。

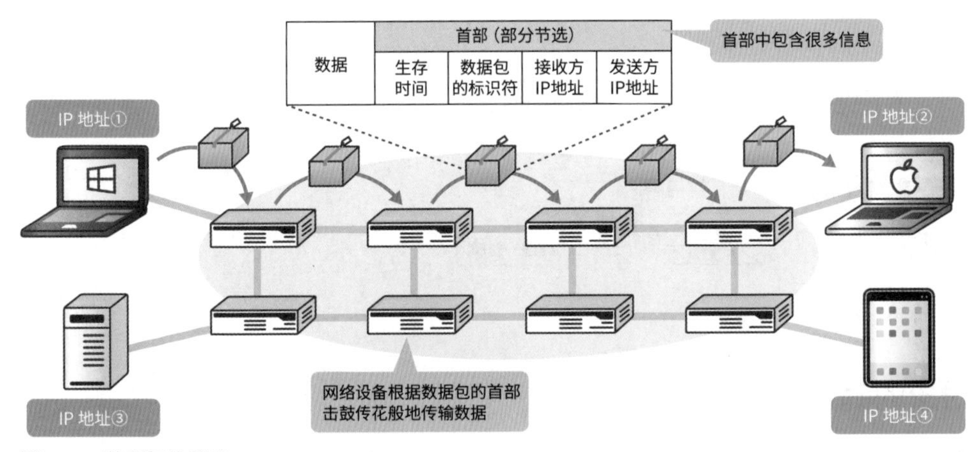

图1.2.5 ● 数据包的发送

可靠性的确保

数据包会通过遍布全球的网络，飞越山峦，跨越峡谷，上天潜海，去到世界的各个角落。因此，我们无法知道在传输的过程中，数据会在何时何地被损坏或意外丢失。不过，即使发生这类情况也无须担心，因为协议专门规定了报告错误和重新发送数据的机制；此外，还规定了当数据包占满了有限的网络资源[②] 时如何避免数据溢出的机制。使用 MVNO（Mobile Virtual Network Operator，移动虚拟运营商）[③] 的智能手机用户是否有经历过，在午休和上班时间段访问网站时连不上网络的情况呢？之所以会出现这种情况，正是因为协议为了让大家能够合理地共享有限的网络宽带，而对网络通信进行了限制。

① Google 拥有多个地址，在这里只任意挑选了其中一个地址进行说明。
② 网络资源是指连接网络的设备需要共享的资源，具体指网络宽带（单位时间内可传输的数据量）、网络设备的 CPU、内存等。
③ MVNO 是指通过从移动通信公司租用基站等通信设备来提供移动电话服务的运营商。那些提供低价智能手机和低价 SIM 的公司就属于 MVNO。

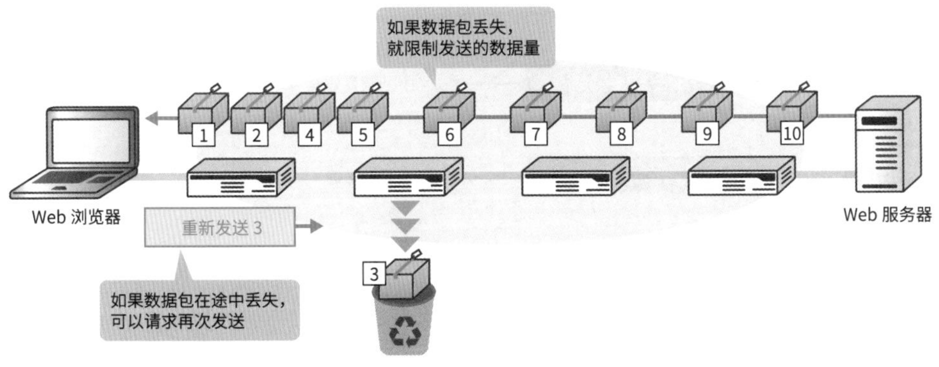

图1.2.6 • 可靠性的确保

安全性的确保

需要通过互联网发送姓名、住址、出生日期、银行账号等重要信息的情况变得越来越多，而互联网是任何人都可以连接的公共网络。因此，我们无法知道其他人会在什么时候什么地方查看我们的个人信息。正所谓“隔墙有耳，隔窗有眼”。所以，为了让我们可以放心地发送重要的信息，协议中提供了对正确的通信对象进行认证，对通信内容进行加密处理的机制。例如，当我们在网上的商店购买商品时，需要先输入用户名和密码，再进行登录。这时，Web 浏览器就会严格确认连接的服务器是否是正确的通信对象，并对用户名和密码进行加密处理之后，再将信息发送过去。

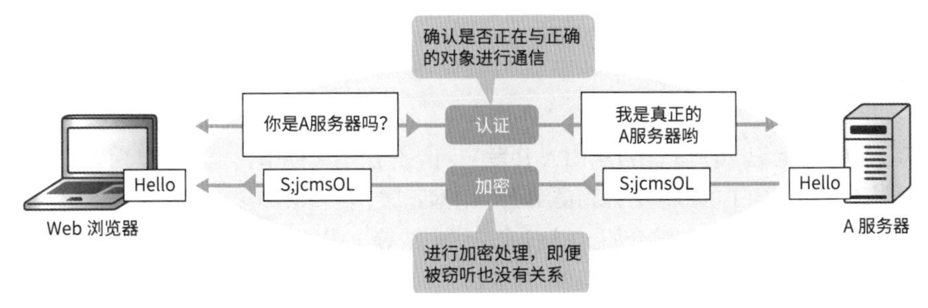

图1.2.7 • 安全性的确保

1.2.2 协议是按层次划分的

协议中定义的各种通信功能需要根据处理的内容分为多个层次。作为数据发送方的计算机需要根据每个网络层中的协议，按照从上到下的顺序，依次在每一个网络层中对数据进行处理，并将经过处理的数据作为数据包发送到传输介质当中；接收了该数据包的计算机则会按照相反的顺序，使用与发送方计算机相同的协议，从下层到上层依次对数据进行处理，最终将数据还原成原始数据。例如，当我们在 WiFi 环境中使用 Google 进行搜索时，计算机会从上层开始依次对搜索内容的数据进行处理，并将数据包传输到无线电波中；而接收到该数据包的 Google 的服务器则会按照从下到上的顺序依次进行处理，并接收搜索的内容[①]。

① 当然，在完成这一系列处理之后，需要返回搜索结果。此时，Google 服务器又会按照从上到下的顺序对搜索结果的数据进行处理。

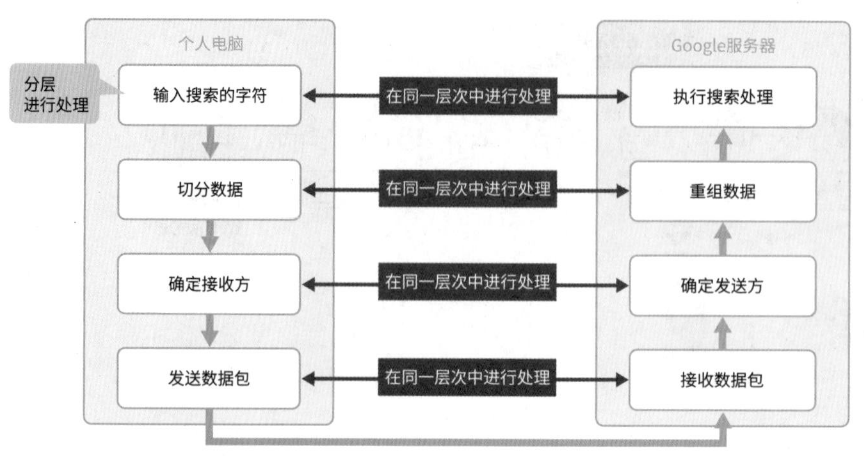

图1.2.8 • 协议是按层次划分的

1.2.3 两种不同的分层模型

那么，通信功能的层次结构是如何形成的呢？为了学习这方面的知识，首先需要对作为网络的基础而长期存在的两种层次结构模型有一个粗略的了解，即 TCP/IP 参考模型和 OSI 参考模型。这两种层次结构模型的差别只在于建立的方式不同，在将通信所需的功能按照层次（层）划分这一点上则是相同的。关于每个网络层的详细处理，我们将从第 2 章开始进行细致的讲解，在这里只对整体进行概括性的说明。

TCP/IP 参考模型

TCP/IP 参考模型是在 20 世纪 70 年代由 DARPA 开发的网络分层结构模型，也可称其为 DARPA 模型。TCP/IP 参考模型按照从下到上的顺序，分为链路层[①]、网际层、传输层和应用层这 4 个网络层。链路层可以进行将数字数据传输到物理传输介质（缆线或无线电波等）中的转换和调制处理，并且可以进行确保数据可靠性的处理；网际层可以进行确保与接收方计算机的通信路径的处理；传输层则可以对应用程序进行识别，并执行相应的通信控制处理；应用层则可以为用户提供应用程序。

每一个网络层都会尽职尽责地完成分配给自己的任务，并按照顺序执行处理。此外，每个网络层在完成自己的处理之后，会将数据转交给下一个网络层，不会参与下一步的处理。采用这种方式进行处理时，即使某个网络层的协议被替换成其他的协议，也可以确保能够用相同的方式进行通信，而且还有助于排除每一层的故障。

TCP/IP 参考模型比 OSI 参考模型更早出现，并且由于它是一种重视实用性的分层结构，因此目前绝大多数的协议都是根据 TCP/IP 参考模型建立的。此外，如果将现代网络中使用的具有代表性的协议与 TCP/IP 参考模型相关联，就可以创建出表 1.2.2 中所示的网络结构。从表 1.2.2 中可以看到，有些协议具有上下层的关系，而有些协议则是跨越网络层的协议。个中缘由我们将在后面的内容中进行详细的讲解，在本小节只需要了解“网络中居然还存在这样的协议”即可。

① 链路层也可称为网络接口层。

表1.2.1 • TCP/IP参考模型

网络分层	分层名称	功 能
第 4 层	应用层	为用户提供应用程序
第 3 层	传输层	识别应用程序，并执行相应的通信控制处理
第 2 层	网际层	确保与不同网络中的终端可以正常地连接
第 1 层	链路层	确保与同一网络中的终端可以正常地连接

每一个网络分层都具有各自的功能

完成自身的处理之后，继续将数据交给相邻的网络层进行处理

表1.2.2 • 各种各样的网络协议

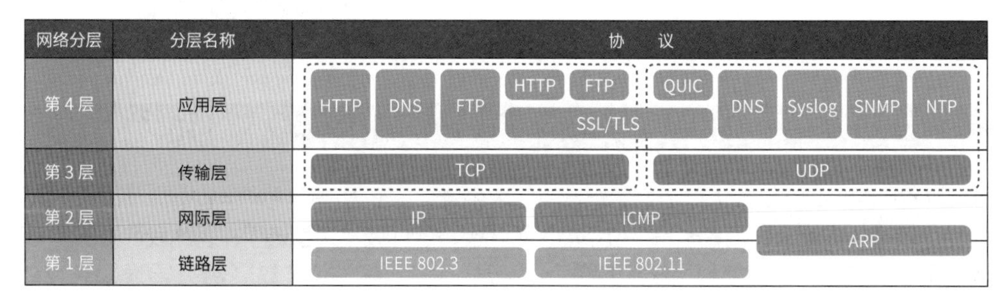

OSI 参考模型

OSI 参考模型是由国际标准化组织（International Organization for Standardization，ISO）于 1984 年制定的网络分层结构模型。之所以开发更加全面的 OSI 参考模型，是为了对当时混乱的供应商标准进行统一，也是为了推动国际化标准的发展。

OSI 参考模型从下到上依次由物理层（层 1、L1）、数据链路层（层 2、L2）、网络层（层 3、L3）、传输层（层 4、L4）、会话层（层 5、L5）、表示层（层 6、L6）、应用层（层 7、L7）这 7 个网络层构成。物理层可以进行将数字数据传输到物理传输介质中的转换和调制处理；数据链路层可以进行确保物理层可靠性的处理。网络层可以进行确保接收方计算机的通信路径的处理；传输层可以对应用程序进行识别，并进行相应的通信控制；会话层则可以对登录和登出等应用软件层级的通信进行管理；表示层可以对数据进行转换处理，以方便应用层进行识别；应用层可以提供应用程序的功能。

与 TCP/IP 参考模型相同，OSI 参考模型的每一个网络层都具备各自的功能，负责执行不同的处理。此外，每个网络层在完成自己的处理之后，会将数据移交给下一个网络层，不会参与下一层的处理。

作为国际标准化模型的 OSI 参考模型，由于其对通信功能划分得太过细致，导致人们难以理解且难以实践，因此目前还没有出现完整的支持该模型的协议。但是，由于 OSI 参考模型囊括了大量 TCP/IP 参考模型没有明确定义的功能，因此在系统地对通信功能进行讨论时，它是一种非常合适的模型。此外，IT 工程师之间在进行沟通时，一般只要说到 L3，就表示 OSI 参考模型的网络层；说到 L4，就表示 OSI 参考模型的传输层。由此可见，对 IT 工程师而言，这无疑是一种必须要掌握的重要概念。

表1.2.3 • OSI参考模型

网络分层	分层名称	功能
第 7 层	应用层	为终端用户提供应用程序
第 6 层	表示层	将应用程序的数据转换成可以通信的形式
第 5 层	会话层	管理逻辑通道（会话），以发送和接收应用程序的数据
第 4 层	传输层	识别应用程序，并进行相应的通信控制
第 3 层	网络层	确保与不同网络中的终端可以正常地连接
第 2 层	数据链路层	确保物理层的可靠性，并确保与同一网络中的终端可以正常地连接
第 1 层	物理层	将数字数据转换成电子信号、光信号和无线电波，并将数据发送到网络中

每一个网络分层都具有各自的功能

完成自身的处理之后，继续将数据交给相邻的网络层进行处理

参考　记住 OSI 参考模型的小诀窍

由于 OSI 参考模型多达 7 个分层，记起来比较困难，因此对于网络初学者而言可能会感觉门槛比较高。实际上，笔者也是一位不擅长死记硬背的四肢发达型选手，因此我选择的是取每个网络层的首字，从上到下依次选取“应”“表”“会”“传”“网”“数”“物”，再通过不断“念咒语”的方式，才好不容易记住了这些分层。由于这些字母没有什么特殊的含义，因此默念起来确实有点费劲，也索然无味，但熟能生巧，念得多了，自然就记住了。

本书所使用的网络分层模型

由于 TCP/IP 参考模型和 OSI 参考模型采用的处理方式都是相同的，共通的部分也比较多，因此可以粗略地将它们的网络层相互关联起来。首先，OSI 参考模型的物理层和数据链路层可以结合起来当作 TCP/IP 参考模型的链路层，协议也可以集中起来一起进行定义。OSI 参考模型的网络层则可以当作 TCP/IP 参考模型的网际层，传输层则可以直接当作传输层。此外，还可以将 OSI 参考模型的会话层到应用层这 3 个层次当作 TCP/IP 参考模型的应用层，这里的协议也可以集中进行定义。

因此，在本书中，笔者会根据自己以往的经验，通过“择优录取”的方式，从这两种模型中选取 5 个网络层作为本书中的模型使用。实际上，大部分 IT 工程师在排除故障时，会将物理层和数据链路层分开来考虑；在设计网络时，则会将从会话层到应用层的 3 个网络层作为第 7 层（层 7、L7）来考虑，因此这种 5 层结构的模型非常适合用于对实际的业务进行讲解。

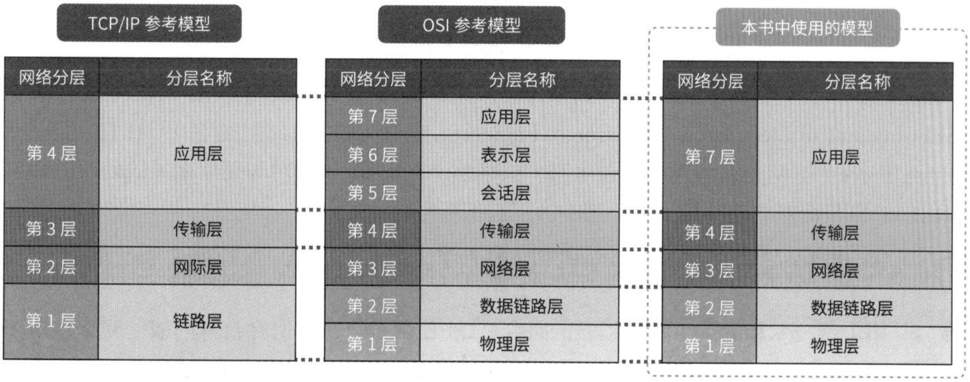

TCP/IP 参考模型

网络分层	分层名称
第 4 层	应用层
第 3 层	传输层
第 2 层	网际层
第 1 层	链路层

OSI 参考模型

网络分层	分层名称
第 7 层	应用层
第 6 层	表示层
第 5 层	会话层
第 4 层	传输层
第 3 层	网络层
第 2 层	数据链路层
第 1 层	物理层

本书中使用的模型

网络分层	分层名称
第 7 层	应用层
第 4 层	传输层
第 3 层	网络层
第 2 层	数据链路层
第 1 层	物理层

图1.2.9 • 本书所使用的网络分层模型

PDU

在网络中处理的数据，并不是直接作为一个巨大的数据被执行处理的。为了便于每个网络层执行处理，需要先将数据切分成细小的部分。每个网络层处理的数据集合，即数据的单位被称为 PDU（Protocol Data Unit，协议数据单元）。PDU 由包含控制信息的首部和数据本身载荷构成，其名称会根据处理的网络层而有所不同。

表1.2.4 • PDU的名称

网络分层	分层名称	PDU名称
第 7 层	应用层	信息
第 4 层	传输层	数据段（TCP 的场合），数据报（UDP 的场合）
第 3 层	网络层	数据包
第 2 层	数据链路层	数据帧
第 1 层	物理层	比特

在对网络进行说明时，可以通过对名称进行区分的方式来让对话的双方一边思考网络层一边进行交谈，从而减少在认识上产生的分歧。

如果还需要进行更精细的区分，可以尝试在该名称的前面添加协议的名称。例如，如果是数据链路层的以太网，就可以称其为以太帧；如果是网络层的 IP，则可以称其为 IP 数据包。

参考 数据包

网络中对数据的称呼最容易引起混乱的就是数据包。数据包的含义包括广义的数据包和狭义的数据包两种，前者表示网络中流动的数据本身，后者则表示网络层中的 PDU。此外，我们在之前的内容中所使用的“数据包”是指广义的数据包。本书会使用“IP 数据包”表示狭义的数据包对两者进行区别。

1.2.4 网络协议是由标准化组织确定的

那么，协议是由谁创建的，又是由谁来确定的呢？虽然网络中存在大量的协议，但是这些协议基本上是由 IEEE(Institute of Electrical and Electronics Engineers，电气与电子工程师协会)和 IETF(Internet Engineering Task Force) 这两个组织确定标准化的。粗略地说，IEEE 负责对与硬件相关的处理的协议进行标准化，IETF 则负责对与软件相关的处理的协议进行标准化。

IEEE

IEEE 专门从事电气技术和通信工程等领域的研究。IEEE 由多个小的协会合并而成，网络接口和缆线等比较接近硬件的网络技术的标准化[①] 就是由 IEEE 802 委员会[②] 负责进行研究和讨论的。

IEEE 802 委员会由为每种通信技术建立的 Working Group（工作组，WG）和工作组中实际进行研究和标准化讨论的特别工作小组（项目组）这两个层级组成。工作组通常需要在 议 IEEE 802 的后面添加小数点和数字来加以识别。此外，特别工作小组则会在工作组名中添加一位或两位字母进行识别。最终，这些特别工作小组的名称就直接作为协议名称使用，被大众所知晓。例如，WiFi 协议之一的 IEEE 802.11ac，就是由 IEEE 802 委员会中处理无线局域网的 IEEE 802.11 工作组中的 IEEE 802.11ac 特别工作小组负责标准化的。

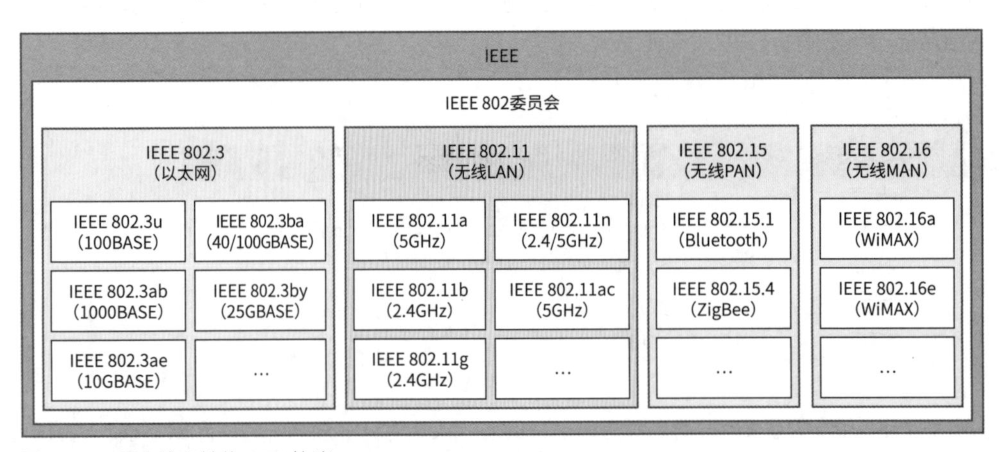

图1.2.10 • 具有代表性的 IEEE 协议

IETF

IETF 是指推进互联网相关技术标准化的任意组织。我们可以认为 HTTP、SSL/TLS 这类由操作系统和应用程序进行处理的比较接近软件的协议基本上都是由 IETF 制定的。通过 IETF 推进标准化的规则需要以 RFC（Request for Comments）的形式编写成文档，并在互联网中发布。RFC 中分配了序列号，如果需要对其进行更新，就需要分配新的序列号。例如，在使用 Web 浏览器 Chrome 查看维基百科的页面时，悄无声息地使用着的 HTTP/2 就是由 RFC 7540 制定的标准。Chrome 会根据 RFC 7540 HyperText Transfer Protocol version 2(HTTP/2)的规范执行操作，并与维基百科的 Web 服务器进行通信。

① 准确来讲，IEEE 802 委员会是推动 LAN（Local Area Network，局域网）和 MAN（Metropolitan Area Network，城域网）标准化的组织。

② 它的名称并不表示它是在第 802 位创建的委员会，而是因为它是在 1980 年 2 月推出的。

表1.2.5 • 具有代表性的 RFC 与协议

RFC	标题名称	目标协议
768	User Datagram Protocol	UDP
791	Internet Protocol	IP（IPv4）
792	Internet Control Message Protocol	ICMP
793	Transmission Control Protocol	TCP
826	An Ethernet Address Resolution Protocol	ARP
1034	Domain Names – Concepts And Facilities	DNS
1035	Domain Names – Implementation And Specification	DNS
2131	Dynamic Host Configuration Protocol	DHCP
2460	Internet Protocol version 6（IPv6）Specification	IPv6
2616	HyperText Transfer Protocol – HTTP/1.1	HTTP/1.1
4346	The Transport Layer Security（TLS）Protocol version 1.1	TLS
5246	The Transport Layer Security（TLS）Protocol version 1.2	TLS 1.2
7540	HyperText Transfer Protocol version 2（HTTP/2）	HTTP/2
8446	The Transport Layer Security（TLS）Protocol version 1.3	TLS 1.3

当然，如果同时存在两个标准化组织，通常就难免会造成混乱。但是，由于这两个组织不会干涉对方的领域，并且都是通过相互引用的形式来推动标准化的，因此它们之间可以保持一种和谐共存的关系。

1.2.5 各个网络层协同工作的机制

在此之前，我们已经通过在横轴上划分网络层的方式对分层结构模型中的每一个网络层的作用进行了讲解。接下来，我们将对实际进行通信时，每个网络层如何在纵轴上协同工作进行讲解。

封包与解包

发送数据的终端会从应用层开始，按照顺序依次在每个网络层中为载荷添加首部，将其变成 PDU 之后，再将数据传递给下一个网络层进行处理。我们一般将添加首部的处理称为封包[①]。在下一个网络层中，则会将该 PDU 识别为载荷，并重新添加该网络层的首部。接下来，我们将按照网络的层次对每个分层的处理进行讲解。

应用层会将在应用程序中输入的数据识别为 L7 的载荷，并在数据中添加 L7 的首部，作为信息传递给传输层；传输层则会将接收到的信息识别为 L4 的载荷，并在数据中添加 L4 的首部，再将该数据作为数据段 / 数据报传递给网络层；网络层会将接收到的数据段 / 数据报识别为 L3 的载荷，并在数据中添加 L3 的首部，再将数据作为数据包传递给数据链路层；数据链路层会将接收到的数据包识别为 L2 的载荷，并在数据中添加 L2 的首部 / 帧尾，在将数据变成数据帧后再传递给物理层；物理层则会将接收到的数据帧识别为比特，并将其传输给传输介质（缆线或无线电波）。

① 如果是数据链路层，还需要在载荷的后面添加帧尾（Trailer）。帧尾中包含名为 FCS（Frame Check Sequence）的用于检测错误的信息。关于 FCS 的作用，请参考 P76 的内容。

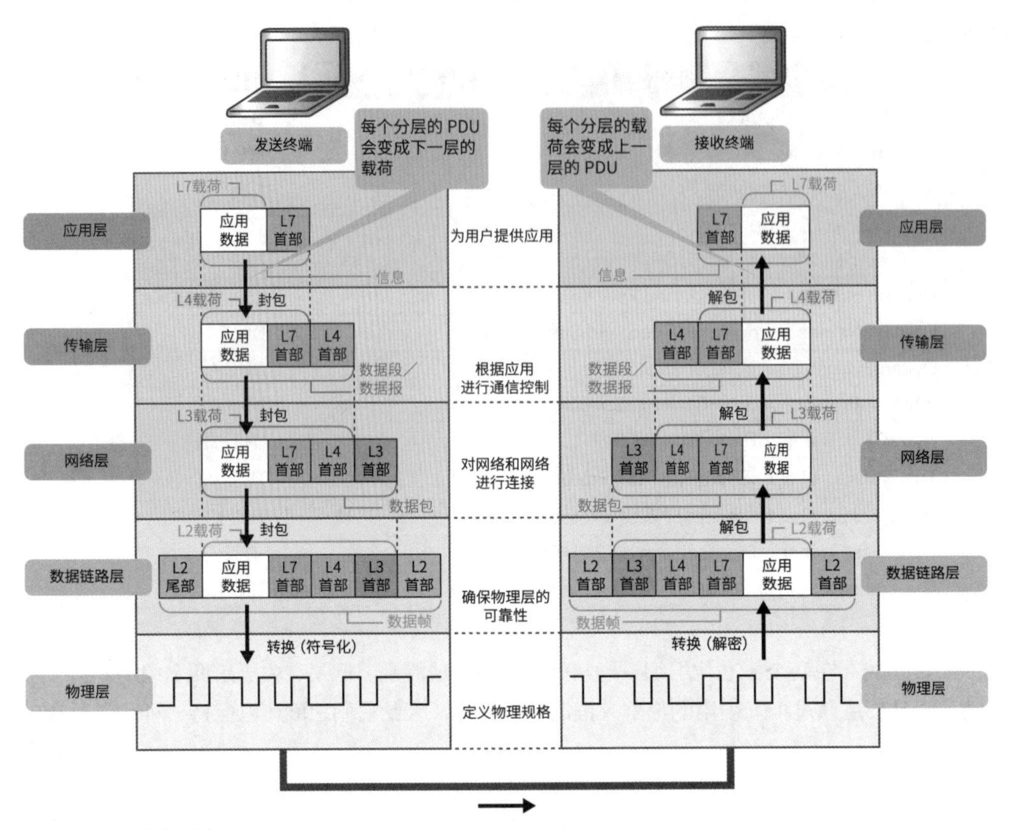

图1.2.11 • 封包与解包

另一方面，接收数据的终端则会从物理层开始，按照顺序依次在每个网络层中从 PDU 中删除首部，并且只将载荷传递给上一个网络层。我们一般将删除首部的处理称为解包。上一个网络层会将该载荷识别为 PDU，并将该网络层的首部删除。接下来，我们将沿着网络的层次，对每一个分层的处理进行讲解。

物理层会将从传输介质接收的比特传递给数据链路层；数据链路层则会将接收到的比特识别为数据帧，并将 L2 的首部 / 帧尾删除，只将 L2 的载荷传递给网络层；网络层再将接收到的 L2 的载荷识别为数据包，并将 L3 的首部删除，只将 L3 的载荷传递给传输层；传输层将接收到的 L3 的载荷识别为数据段 / 数据报之后，再将 L4 的首部删除，只将 L4 的载荷传递给应用层；应用层则会将接收到的 L4 的载荷识别为信息。

面向连接型与无连接型

每个网络层的协议会为上层提供面向连接型或者无连接型这两种不同种类的数据传输服务。连接是指通信终端之间建立的逻辑通信路径[①]。

面向连接型的方式，需要在发送数据之前向通信对象询问“可以发送数据吗？”，在建立好连接，并且成功发送了数据之后，再断开连接。大家可以把这一处理联想成我们平时打电话的场景，这样就

① 如果说它是一种通信路径，可能会比较难以理解，大家可以把它想象成一种用于发送和接收数据的管道。

比较容易理解了。首先我们需要拨打电话号码，然后对方需要接听电话，在通话结束之后就可以挂断电话。由于面向连接型会准确地按照步骤执行处理，因此，虽然在传输数据时需要花费一些时间，但是采用这种方式可以非常可靠地传输数据[①]。

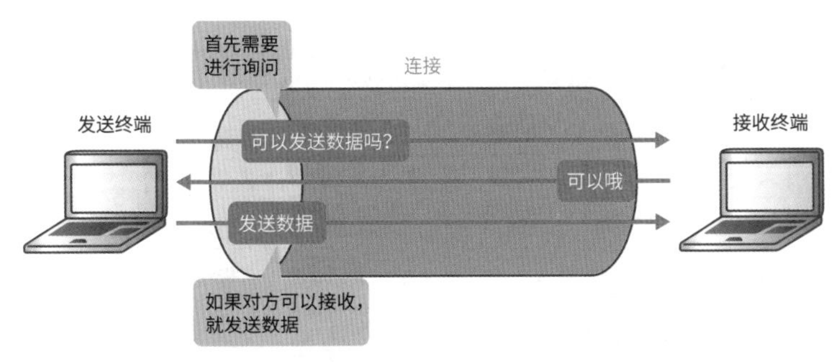

图1.2.12 • 面向连接型

无连接型则会突然地发送数据并建立连接，并且还会擅自断开连接。大家可以把这一处理想象成一种无论对方处于什么状态，都允许我们单方面地发送信件的邮件派送。由于发送的数据不一定会到达对方手中，因此无法保障数据的可靠传输，但其优点是可以通过省略处理步骤的方式来缩短传输数据的时间[②]。

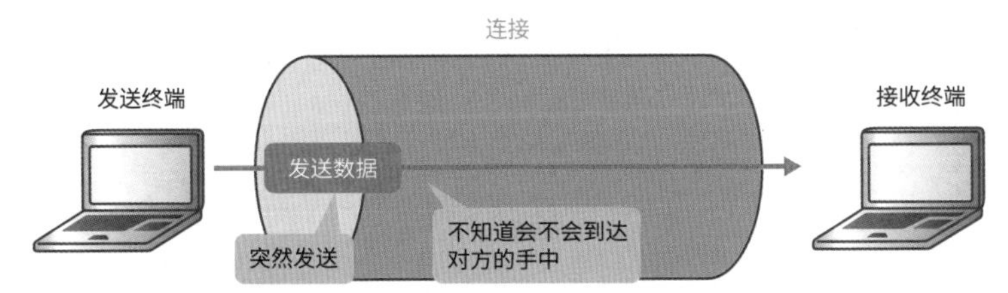

图1.2.13 • 无连接型

常用的协议

网络中虽然存在非常多的协议，但在实际的互联网环境中使用的协议[③]却只有极少一部分，因此可以说每个网络层中都会存在“绝大多数人的选择”的常用协议。

接下来，我们将按照从下往上的顺序对网络分层的协议进行说明。首先，可以将物理层和数据链路层作为一种协议来看，如果是有线环境，就是以太网（IEEE 802.3）；如果是无线环境，就是 IEEE 802.11。然后，网络层只能选择 IP 作为协议，传输层则可以选择 TCP 或者 UDP 中的任意一种作为协议使用。如果需要确保通信的可靠性，就可以使用 TCP；如果需要确保实时性，则可以使用 UDP。最后，应用层则可以选择使用 HTTP、HTTPS[④]、QUIC 和 DNS 这 4 种协议。

在实际进行通信时，NIC 的设备驱动程序、操作系统和应用程序会根据每个网络分层选择需要使

① 具有代表性的面向连接型的协议有 TCP（见 P217）。
② 具有代表性的无连接型的协议有以太网（P73）、IEEE 802.11（P86）、IP（P121）、UDP（P209）。
③ 在这里的协议是指需要使用宽带的协议。
④ HTTPS 是一种使用 SSL/TLS 对 HTTP 进行加密的协议。如图 1.2.14 所示，HTTPS 是通过将 HTTP 置于 SSL/TLS 上方的方式进行表示的。

用的协议，发送数据的终端需要进行封包处理，接收数据的终端则需要进行解包处理来实现通信。由于这些处理都是自动执行的，因此终端用户是不需要关心的。

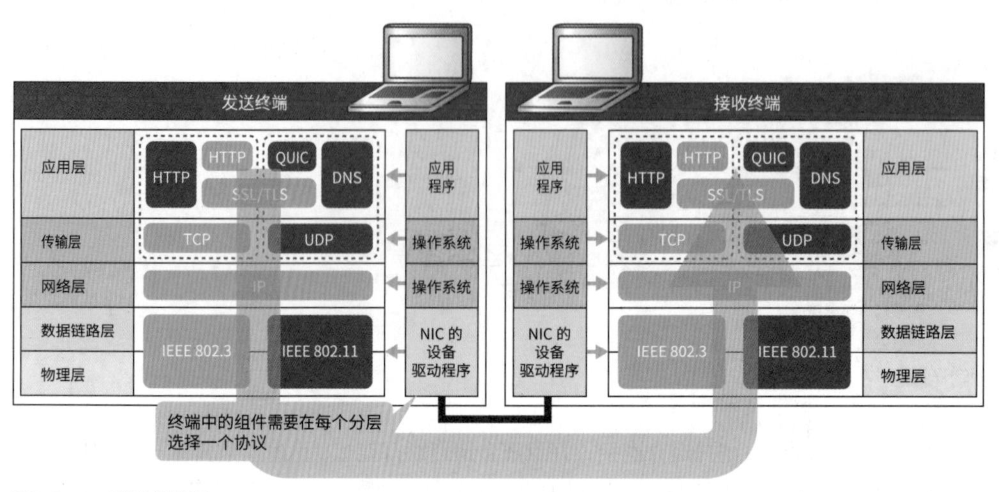

图1.2.14 • 常用的协议

chapter 1-3 网络的组成设备

网络是通过各种不同的网络设备，基于各种协议，并通过各种不同的形式对数据包进行处理来实现的。

首先我们需要理解的一个前提是，网络上存在的所有的网络设备并不都是通过查看所有的分层协议的信息来执行处理的。网络设备根据种类的不同，可处理的范围也会有所不同。虽然在某一个分层中运行的设备可以处理位于其下方的分层的基本协议，但是却无法处理位于该分层上方的分层的协议[①]。例如，如果是二层交换机，其最多可以处理到层 2（第 2 层）的协议；如果是七层交换机（负载均衡装置），则可以处理到层 7（第 7 层），即可以对所有网络分层的协议进行处理。

虽然我们在讲解过程中时不时地会出现一些专业术语，但是大家只需要知道“原来还有这样的术语啊”就可以了，无须拘泥于术语，继续往下阅读即可。为了方便大家理解，我们为每一个专业术语都准备了相关的参考页面，大家可以稍后再仔细进行确认。

表1.3.1 ● 网络设备的处理范围

网络分层	分层名称	NIC 网卡	中继路	中继集线路	介质转换器	热点	网桥	二层交换机	路由器	三层交换机	防火墙	下一代防火墙	WAF	负载均衡装置
第 7 层	应用层													
第 4 层	传输层													
第 3 层	网络层													
第 2 层	数据链路层													
第 1 层	物理层													

1.3.1 物理层中运行的设备

物理层是一种对缆线和连接器的形状以及引脚分配（引脚排列）等所有物理规格进行定义的网络层。在物理层中运行的设备具有可以将数据包转换为光 / 电子信号[②] 或者将数据包调制成无线电波的功能。

NIC 网卡

NIC 是一种将个人电脑和服务器等计算机连接到网络时需要使用的硬件（部件）。由于以前使用扩展槽连接的插卡类型的 NIC 装置比较常见，因此至今人们仍习惯称之为网卡。现在我们也将包括采

① 虽然也有一些可以处理上层协议的产品，但是现阶段我们只需要根据正文中的内容理解即可。
② 采用光纤缆线进行传输时需要将数据转换成光信号，采用局域网网线进行传输时则需要将数据转换成电子信号。

用 USB 端口连接的 USB 类型和内置在主板中的板载类型在内的连接网络的硬件统称为 NIC 网卡。虽然有些人会将其称为网络接口或网络适配器，但是其指代的都是相同功能的设备。个人电脑、服务器、智能手机和平板电脑等所有的网络终端都需要使用 NIC 网卡将应用程序和操作系统所处理的数据包传输到局域网网线和无线电波中。

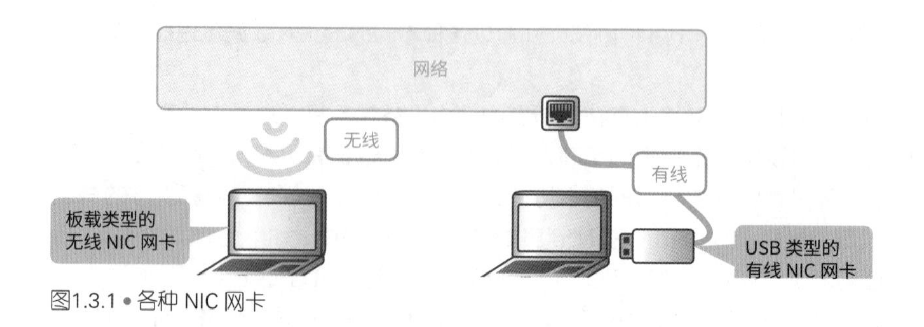

图1.3.1 • 各种 NIC 网卡

中继器

流经局域网网线的电子信号会随着传输距离的增加而逐渐衰减，当传输到接近 100m 的距离时，波形就会出现失真的情况。而中继器可以再次将电子信号放大，在对波形进行修整之后，再将电子信号传输到另一方。因此，我们可以通过这样的方式来延长传输距离，并将数据包发送到更远的地方。在过去，我们经常可以看到中继器作为扩展网络的常用手法使用。但是，最近由于传输距离变得非常远，同时也因为传输光信号的光纤缆线的普及，使用中继器的情形变得越来越少了。

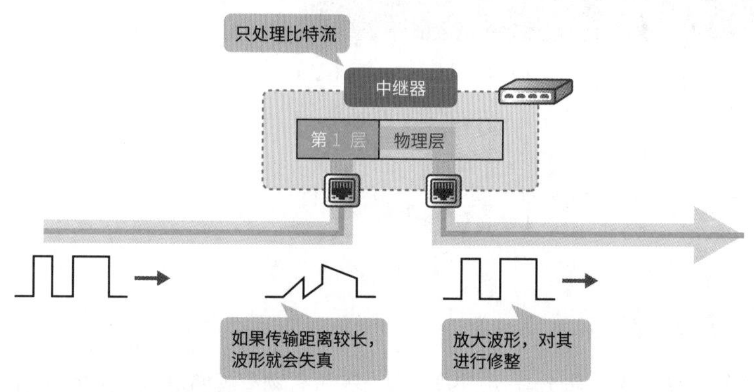

图1.3.2 • 使用中继器修整波形

中继集线器

中继集线器是一种将接收到的数据包（比特）的副本直接转发到其他所有端口的设备。由于中继集线器执行的是将接收的数据包共享给其他端口的处理，因此也可称其为共享集线器；也由于它执行的是非常简单的处理，因此也可称其为傻瓜集线器，但是其所有的功能都是一样的。不过，中继集线器已经被后面将要讲解的二层交换机所取代，因此现在很少有机会能够看到它的身影。

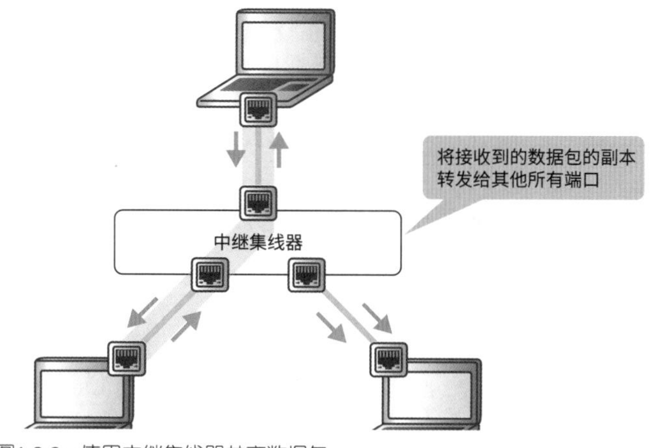

图1.3.3 • 使用中继集线器共享数据包

介质转换器

介质转换器是一种对电子信号和光信号进行相互转换的设备。由于这种情况只会发生在无法使用光纤缆线进行连接的设备当中，因此可以在需要扩展网络时使用介质转换器。由于超过一定范围时电子信号会衰减得特别严重，因此即使局域网网线再怎么努力工作，也只能传输到 100m 的距离。这样一来，好像除了使用光纤缆线就别无他法了，但是支持光纤缆线的设备又极其昂贵，我们是无法负担的。那么这种时候，我们就可以在需要进行连接的设备和设备之间插入介质转换器，并通过在途中使用光信号的方式将信号传输到更远的地方，来达到扩展网络的目的。

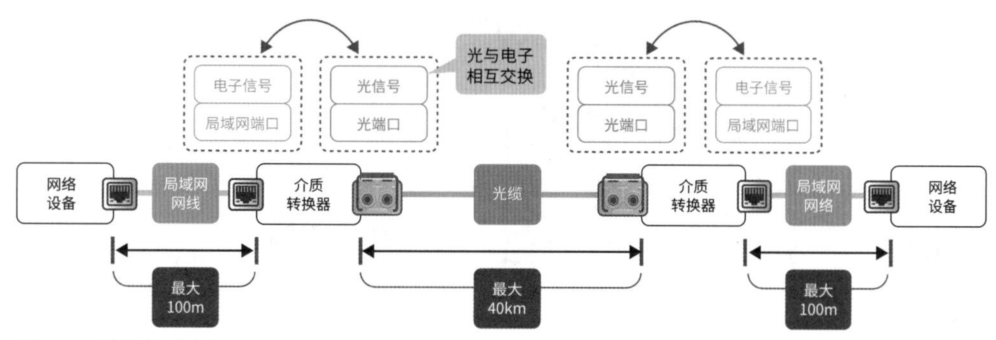

图1.3.4 • 使用介质转换器扩展网络

热点

热点是一种负责将数据包调制成无线电波和将无线电波解调成数据的设备。简单来说，它相当于一种连接无线网络和有线网络的桥梁。最近日本的 WiFi 使用环境也实现了全面的覆盖。只要有 WiFi 的地方，就肯定会有热点。在连接 WiFi 时，需要通过连接热点的方式来接入有线网络。家庭内部使用的 WiFi 路由器就是我们所熟悉的热点。WiFi 路由器可以使用热点功能，将无线电波覆盖到整个屋子里[①]。

① 热点可以在需要转发数据帧时执行数据链路层的处理，也可以在需要确保安全时执行应用层的处理，可以在很多网络分层中执行处理。由于热点是本章的基础知识，因此为了尽量使内容不过于复杂，我们只对最为重要的调制和解调的作用进行重点讲解。

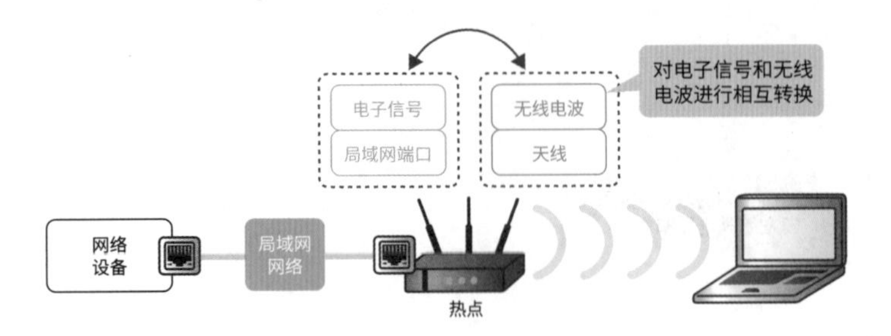

图1.3.5 • 使用热点发送无线电波

1.3.2 数据链路层中运行的设备

数据链路层是一种在确保物理层的可靠性的同时，使得同一网络中的终端设备可以建立连接的网络分层在数据链路层中运行的设备需要根据数据帧的首部中包含的 MAC 地址信息转发数据帧。MAC 地址是指数据链路层中的地址，即标识符。

网桥

网桥就像是一个端口和端口之间的桥梁，它需要使用名为 MAC 地址表的表对从终端接收到的 MAC 地址（见 P76）进行管理，并转发数据。这一转发数据的处理被称为桥接。由于近几年网桥已经被后面将要讲解的二层交换机所取代，因此我们已经看不到单独的这类设备了。

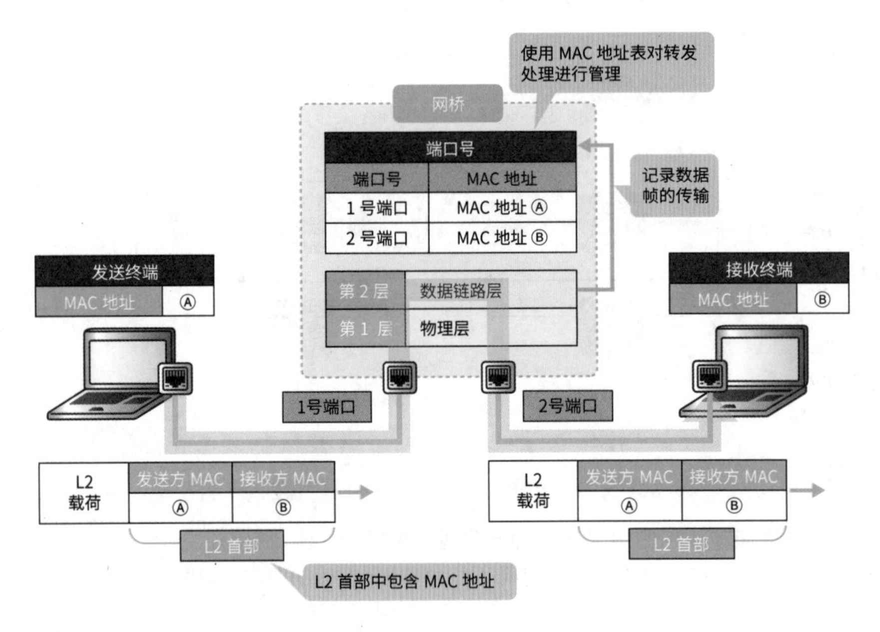

图1.3.6 • 网桥

二层交换机

图1.3.7 • 宽带路由器的背面（照片为IODATA设备公司生产的WiFi路由器）

二层交换机是一种拥有很多端口的网桥，也可称为交换式集线器或者单纯地将其称为交换机。二层交换机具有的基本功能与网桥相同，其也需要使用MAC地址表对从终端接收到的数据帧的MAC地址进行管理，并执行转发处理。这一转发数据帧的处理被称为二层交换。由于与网桥相比，二层交换机能够连接更多的终端，因此其通用性更高。可以认为，目前市面上现有的几乎所有的有线终端都需要使用二层交换机来连接网络。

大家有没有在那些家电零售商和办公室楼层中看到过配备了很多端口的设备呢？那些设备其实就是二层交换机。另外，大家可以看看自己家里使用的宽带路由器的背面，是否配备有很多名为局域网端口的端口？这类端口就具有二层交换机的功能。二层交换机在网络中起到了至关重要的作用。从3.1.3小节开始，我们将会对二层交换机的工作原理进行详细的讲解，敬请期待。

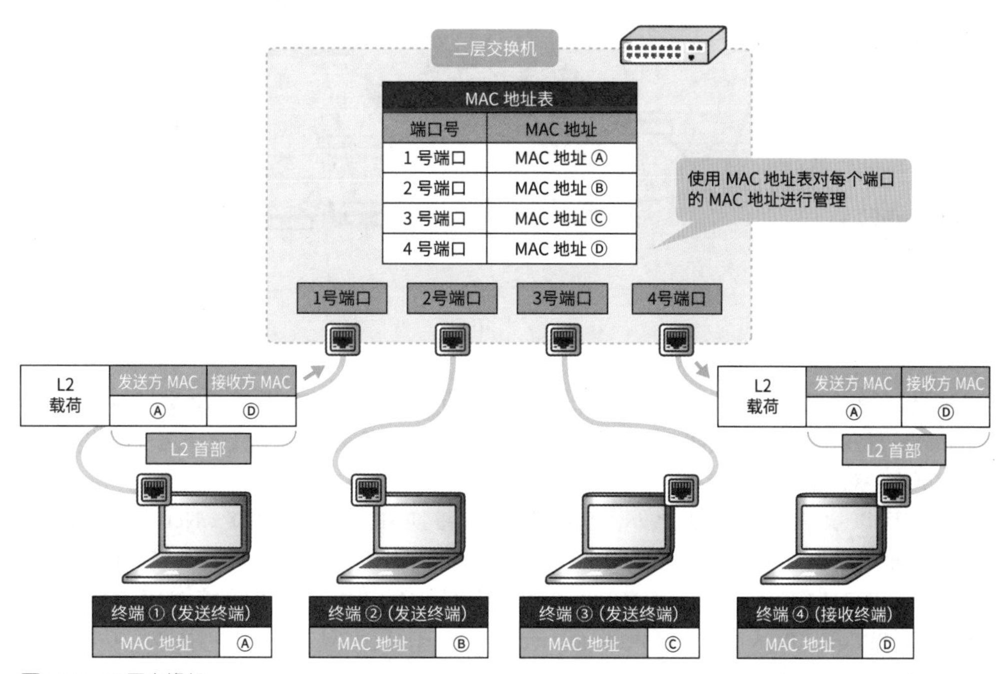

图1.3.8 • 二层交换机

1.3.3 网络层中运行的设备

网络层是一种对网络和网络[①] 进行连接的网络分层。在网络层中运行的设备需要根据 IP 数据包的首部中包含的 IP 地址信息转发数据包。IP 地址（见 P124）是指网络层中的地址，即标识符。

路由器

路由器的作用是根据从终端接收到的 IP 数据包中的 IP 地址，将数据包发送到自身所在网络之外的终端。 大家有没有遇到过，在浏览网页时，突然之间就跳到了另一个网页的情形呢？互联网由很多以网状模式连接的网络的路由器所组成。路由器需要以接力的形式转发 IP 数据包，“嘿哟嘿呦”地将数据发送至目的地。这种通过接力的方式转发数据包的做法被称为路由。

我们最熟悉的路由器应该就是家电零售店中出售的 WiFi 路由器。WiFi 路由器可以对家庭网络和互联网这种大型网络进行连接。

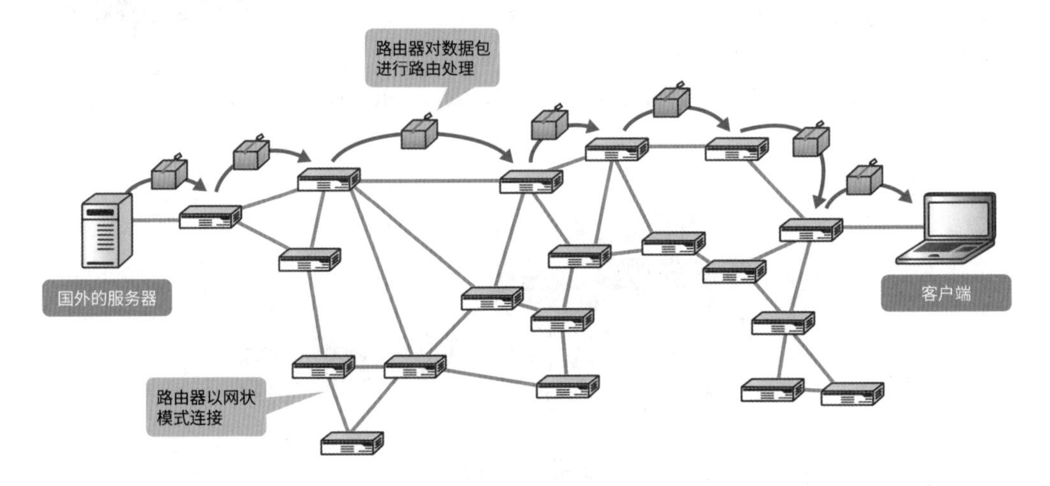

图1.3.9 • 路由器接力数据包

路由器需要根据名为路由表的表格对数据包的收发方进行管理，需要对接收的 IP 数据包的 IP 地址和路由表的信息进行对照来转发数据。路由的执行原理非常深奥，它在网络中具有举足轻重的地位。我们将在 4.3.1 小节中对其进行详细的讲解，敬请期待。

路由器除了可以执行路由处理之外，还具备可以替换 IP 地址的 NAT（Network Address Translation，网络地址转换）功能、在互联网上创建虚拟的专用线路（隧道）对网络节点和用户终端进行连接的 IPsec VPN（Virtual Private Network，虚拟专用网）功能，以及连接 NTT 的 FLETS 网络时需要使用的 PPPoE（Point-to-Point Protocol over Ethernet，以太网上的点对点协议）功能等与网络层相关的各种不同的功能。

① 这里的网络不是指像互联网那样的巨大的网络，而是指家庭内部构建的小型网络。

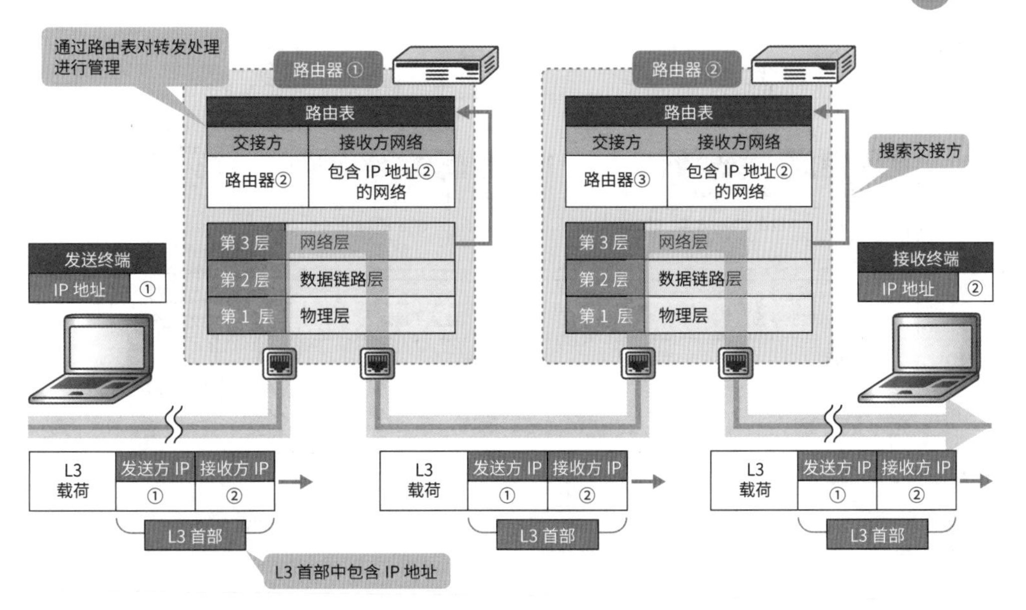

图1.3.10 • 路由

表1.3.2 • 路由器具备的各种功能

功　能	概　　要	参考章节
路由协议	一种用于路由器之间相互交换信息、动态生成路由表的协议，包括 RIPv2、OSPF、BGP 等协议	4.3.3
PPPoE	一种将以点对点连接的方式连接节点的 PPP 封装到以太网中的协议，可用于连接 NTT 公司的 FLETS 网络	3.4.2
IPsec VPN	一种在互联网上创建虚拟专用线路的协议，包括连接站点的站点间 VPN 和连接用户终端的远程访问 VPN 这两种	4.9.1
DHCP	一种用于动态设置终端的 IP 地址的协议	4.4.2

三层交换机

如果粗略地进行概括，三层交换机就相当于一种在路由器中添加了二层交换机的设备。由于它配备了很多端口，因此可以连接很多终端，同时也可以对 IP 数据包进行路由处理。三层交换机会将由 MAC 地址表和路由表组合而成的信息写入 FPGA（Field Programmable Gate Array，现场可编程门阵列）和 ASIC（Application Specific Integrated Circuit，专用聚合电路）等专门进行数据包转发处理的硬件当中，再根据该信息进行交换处理或者路由处理。由于三层交换机需要使用 FPGA 或者 ASIC 硬件，因此其可以实现高速的数据包转发处理，但是它并不具备路由器那样丰富的功能[①]。

① 高端的三层交换机是有可能具备与路由器相同的功能的。

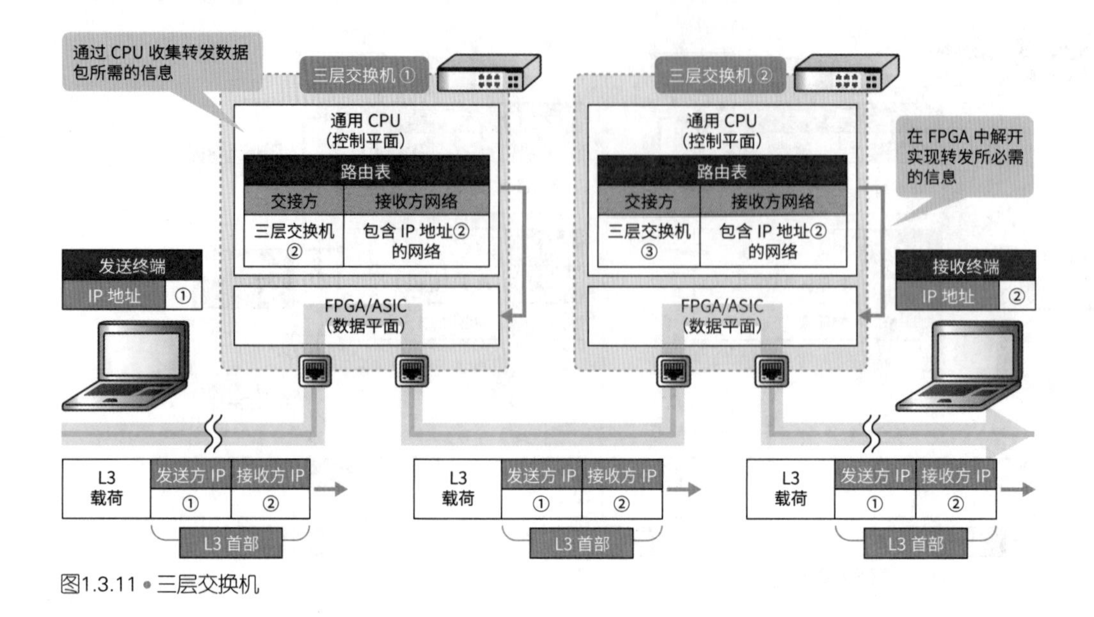

图1.3.11 • 三层交换机

1.3.4 传输层中运行的设备

传输层是一种对应用程序进行识别并根据需求进行通信控制的网络分层。在传输层中运行的设备需要根据数据段（TCP 的场合）或者数据报（UDP 的场合）的首部中包含的端口号来转发数据包。端口号是指一种用于识别服务的号码。例如，如果是 HTTP，就是 80 号；如果是 HTTPS，就是 443 号。这些端口号与应用层的服务一一对应，且相互关联。终端会通过查看这些端口号来判断应当将数据传递给哪一个应用程序。

防火墙

防火墙是一种保护网络安全时需要使用的设备。为了与后面将要讲解的下一代防火墙进行区别，有时会将其称为传统（旧式）防火墙。防火墙会查看终端之间传输的数据包的 IP 地址和端口号，以决定是否允许或者阻断（拦截）通信。我们通常将这种通信控制功能称为状态检测。有关状态检测的内容，我们将在 5.1.3 和 5.2.4 小节中进行详细的讲解。最近，宽带路由器中也配备了这项功能，似乎大部分宽带路由器都采用了这种方式。

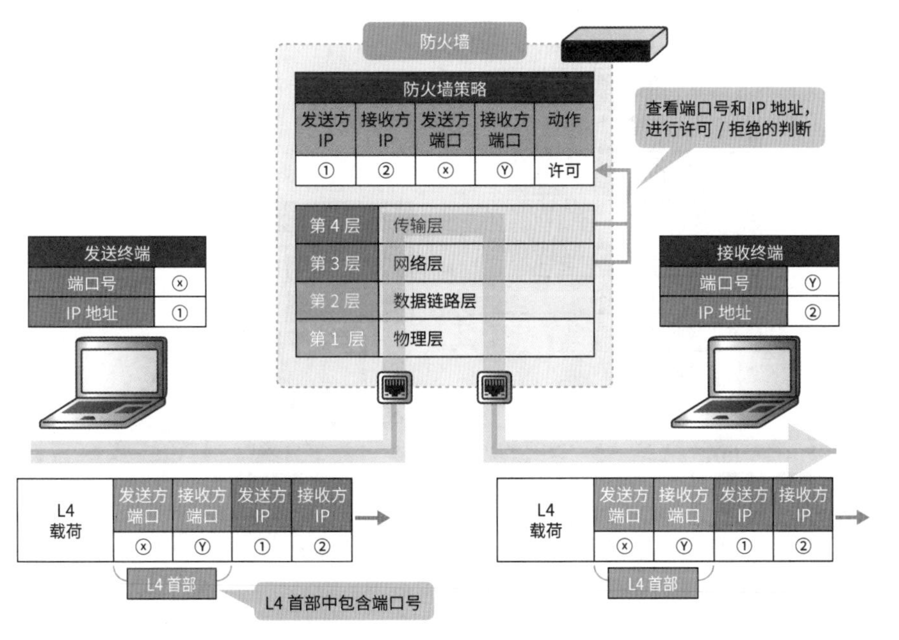

图1.3.12 • 使用防火墙保护网络安全

1.3.5 应用层中运行的设备

应用层是指一种为用户提供应用程序的网络分层。在应用层中运行的设备，需要根据信息首部中包含的各种信息转发数据包。

下一代防火墙

下一代防火墙是前面所讲解的传统防火墙的升级版本。它除了具备状态检测功能之外，还具备VPN、IDS（Intrusion Detection System，入侵检测系统）/IPS（Intrusion Prevention System，入侵防御系统）等功能，并且可以通过集成各种不同的安全功能的方式来实现对功能的整合。这样一来，我们不仅可以对 IP 地址和端口号进行解析，而且还可以通过在应用软件层级对各种信息进行解析的方式，实现比传统防火墙更高级别的安全性、可操作性和可管理性。

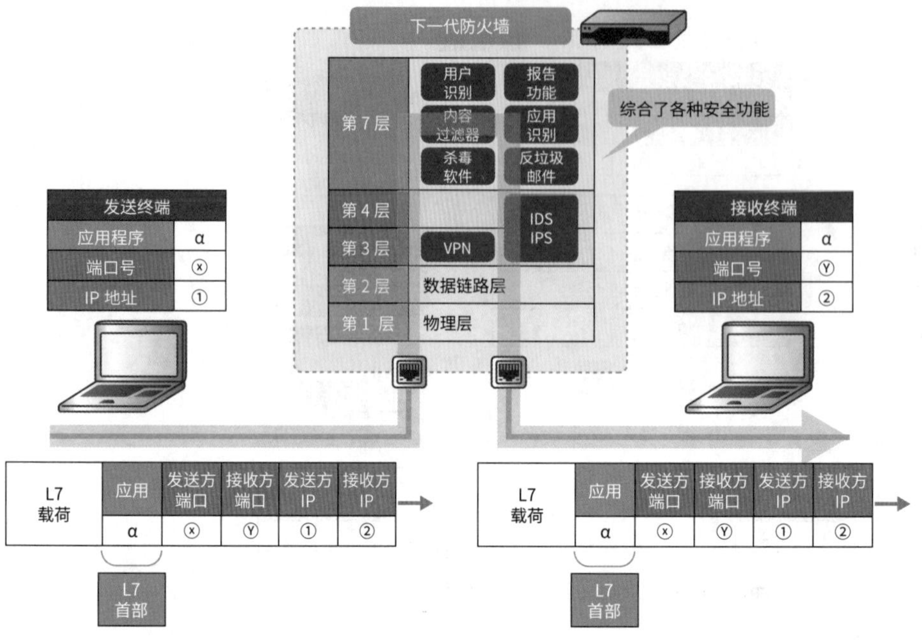

图1.3.13 • 下一代防火墙具备各种安全功能

WAF

WAF（Web Application Firewall，Web 应用防火墙）是一种旨在保护 Web 应用程序服务器安全的设备。近几年，XSS（跨站脚本攻击）① 和 SQL 注入攻击② 等利用 Web 应用程序的漏洞，巧妙地实施攻击的方法变得越来越多。为了应对这类攻击，WAF 会在应用软件一级对客户端和服务器之间传输信息的行为进行检查，并根据需要阻断通信。

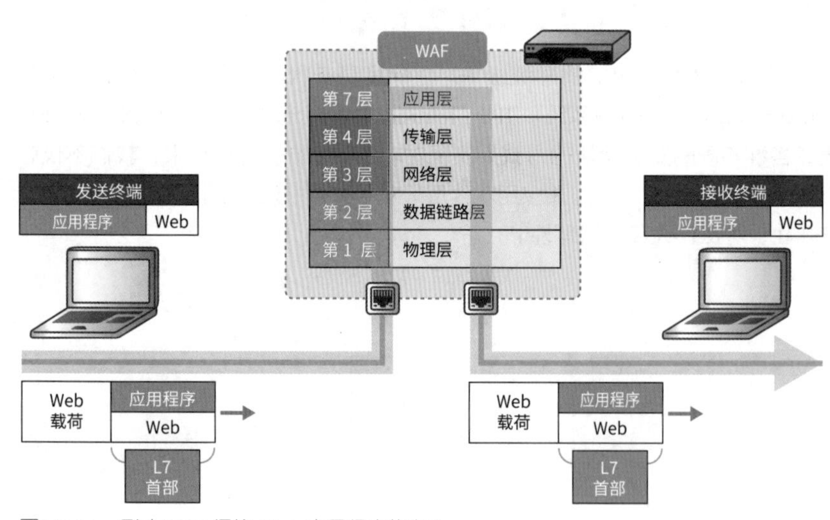

图1.3.14 • 通过 WAF 保护 Web 应用程序的安全

① 一种通过使用户执行跨 Web 网站的脚本的方式非法获取信息的攻击方法。
② 一种通过执行应用程序预想不到的 SQL 语句的方式非法访问数据库的攻击方法。

负载均衡装置（七层交换机）

负载均衡装置是一种对服务器的负载进行均衡分配的设备。在实际的工作现场，我们经常会将其称为负载均衡器（Load Balancer）或七层交换机，虽然叫法可能不同，但其指的都是同一种东西。

一台服务器能够处理的通信（通信数据）的量是有限的，因此，我们需要使用负载均衡装置，根据名为负载均衡方式的规范，通过将从客户端接收的数据包分配给后端的多台服务器的方式来增加整个系统可处理的通信量。此外，还可以通过名为健康检查的定期对服务进行监控的方式，将发生故障的服务器从负载均衡对象中剔除，来提高服务的可用性。

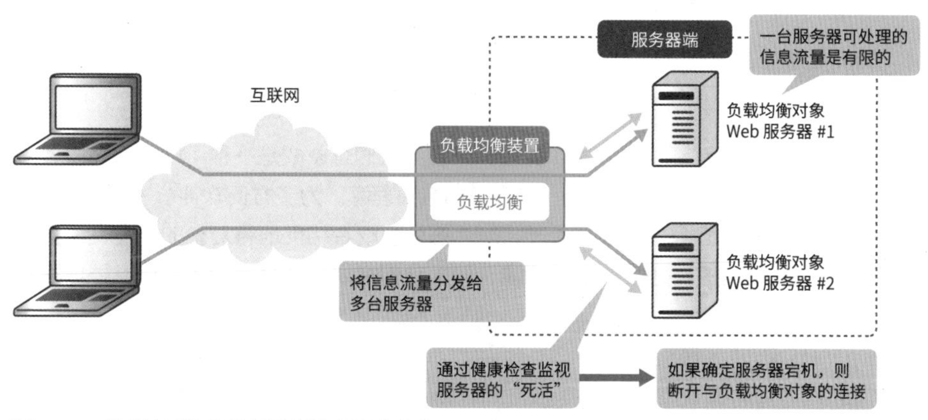

图1.3.15 • 使用负载均衡装置均衡服务器的负载

1.3.6 尝试连接之后

最后，我们将尝试对物理层到应用层的设备进行连接，使它们连成一串。例如，如果需要在内部部署（公司自己运营）环境中将 HTTPS 服务器发布到互联网，就需要从互联网开始，按照介质转换器、三层交换机、防火墙、二层交换机、负载均衡装置、二层交换机、Web 服务器的顺序进行排列[①]。这样一来，从分层结构模型的角度来讲，整个处理的顺序会如图 1.3.16 所示。

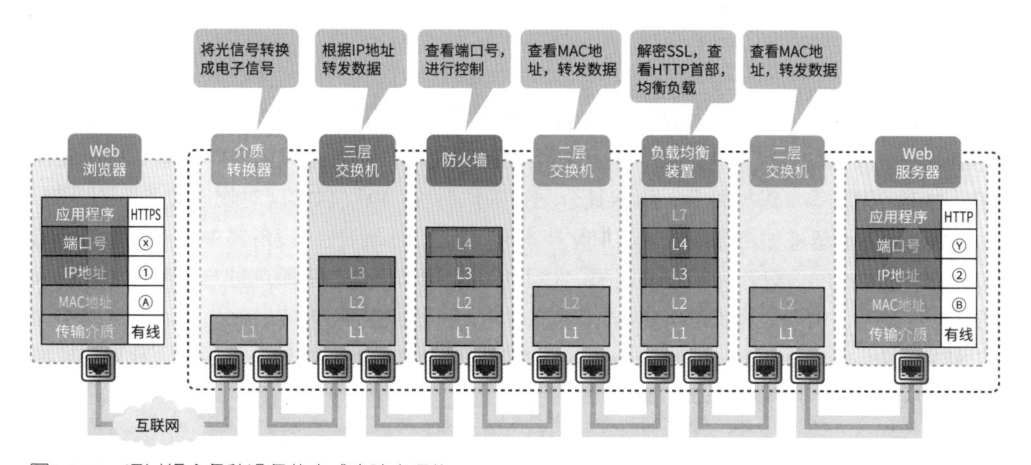

图1.3.16 • 通过组合各种设备的方式来建立通信

① 连接形式和设备结构需要根据需求而定。在这里，我们选择的是最为简单且最为常用的结构。

1-4 不同网络设备的形式

在上一节中，我们对各种不同的网络设备进行了讲解。实际上，位于数据链路层之上的分层中运行的网络设备还可以更进一步划分为物理设备和虚拟设备这两个大的分类。这两种设备仍旧遵循分层结构模型，而且对数据包进行处理的部分也是一样的。但是，作为设备，其存在形式则是有所不同的。接下来我们将对这部分内容进行讲解。

1.4.1 物理设备

物理设备是我们通过肉眼可以看见的，即箱形装置。大家把它们想象成是一种可以安装在服务器机架中，也可以摆放在家电零售店销售的网络设备，就会更加容易理解。为了方便软件[①] 处理数据包，物理设备通常配备的是最佳的硬件组合。此外，通过将简单的处理或者相反地将复杂的处理交由其他专用硬件执行的方式，可以有效地提高处理效率和性能。如果我们追求构建高性能的环境，显然这是必然的选择。

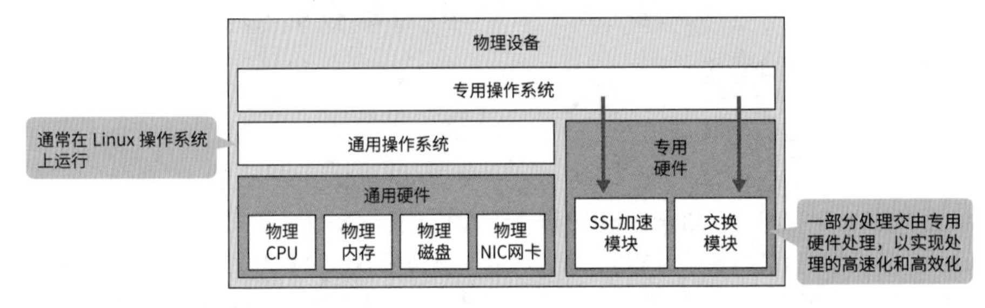

图1.4.1 • 物理设备

1.4.2 虚拟设备

虚拟设备是一种在提供虚拟化技术的软件（虚拟化软件）中运行的网络设备。虚拟化技术是一种将物理服务器划分为大量软件虚拟化的服务器和网络设备的技术。利用虚拟化软件，虚拟地对硬件（CPU、内存、NIC、硬件等）进行划分，再将其分配给操作系统，就可以实现对物理服务器的分割。使用虚拟化技术创建的设备被称为虚拟机。虚拟化技术可以通过将多台物理设备集中成一台服务器的方式，节约设备的设置空间，有效利用剩余资源。对于系统管理员来说，采用这种方式带来的好处远超过节省的成本。最近，由于促进 CPU 的多核化和高速化，以及内存的大容量化，也因为对网络功能虚拟化的 NFV（Network Function Virtualization，网络功能虚拟化）的发展势头正猛，因此只要规格和需求相匹配，很多人就会选择使用虚拟设备。

① 最近的网络设备的操作系统是由使用通用操作系统的基本操作系统和在其上运行的专用操作系统这两个部分构成的。此外，其中还包括不具备基础操作系统的设备。这种情况下，专用操作系统会直接在通用硬件中运行，并直接请求专用硬件执行处理。

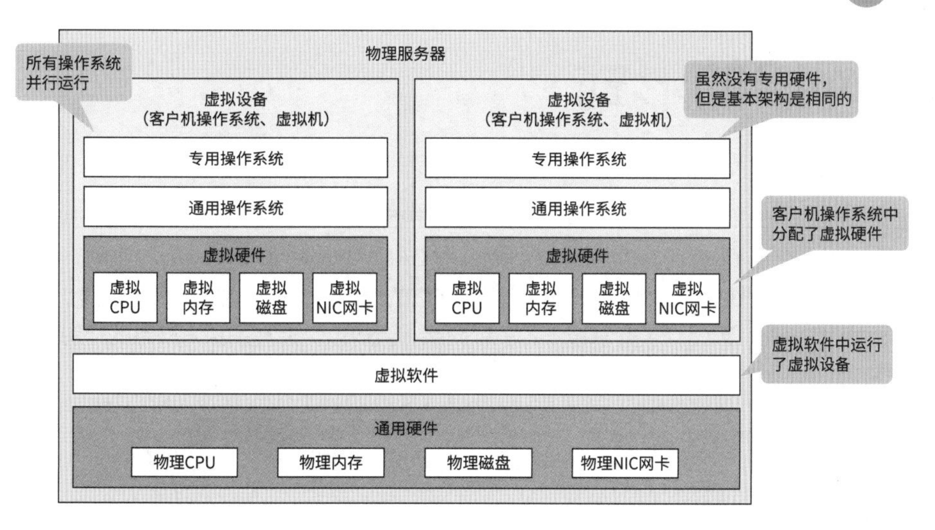

物理服务器
所有操作系统并行运行
虚拟设备（客户机操作系统、虚拟机）
专用操作系统
通用操作系统
虚拟硬件
虚拟CPU
虚拟内存
虚拟磁盘
虚拟NIC网卡
虚拟设备（客户机操作系统、虚拟机）
虽然没有专用硬件，但是基本架构是相同的
专用操作系统
通用操作系统
虚拟硬件
虚拟CPU
虚拟内存
虚拟磁盘
虚拟NIC网卡
客户机操作系统中分配了虚拟硬件
虚拟软件
虚拟软件中运行了虚拟设备
通用硬件
物理CPU
物理内存
物理磁盘
物理NIC网卡

图1.4.2 • 虚拟设备

chapter 1-5 网络的形式

虽然我们经常会笼统地使用“网络”这个词，但是现实中存在着各式各样的网络，并且构成网络的网络设备也不尽相同。在这里，我们将网络粗略地划分为 LAN、WAN、DMZ 这三个种类，并对它们分别使用了什么样的设备及其构成方式进行讲解。使用网络的大部分终端，都是从局域网到广域网访问 DMZ 上的公共服务器的。因此，只要掌握了这三种网络，就可以快速地加深对网络的理解。

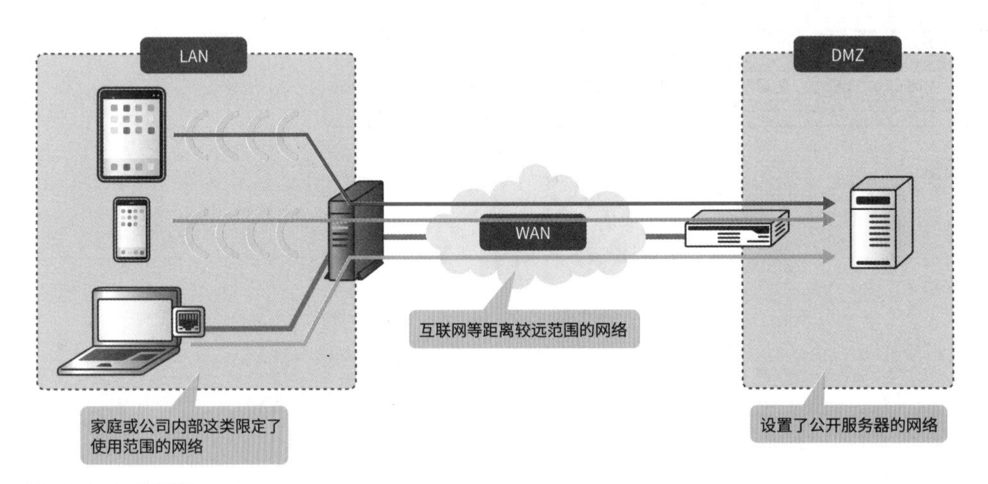

图1.5.1 • 三种网络

1.5.1 LAN

LAN（Local Area Network，局域网）是一种在家庭和企业中使用的：连接范围有限的网络。最近，即使在家庭网络环境中，也可以将智能手机、平板电脑、电视机、硬盘录像机等很多终端连接到互联网中。不过，家庭内部的终端需要先连接到由宽带路由器所提供的局域网，继而才能与互联网进行连接。

虽然企业局域网的基本连接方式与家庭内部网络差不多，但是构建企业局域网的网络设备的性能和功能却大有不同。如果是企业局域网，根据企业规模的不同，甚至可以允许 10000 台以上的终端同时连接局域网。因此，企业局域网是由那些具有可以处理大量终端数据包性能的设备组成的。此外，也是由具有冗余功能① 和防止二层环路功能② ,以及具有能够确保网络持续运行功能的设备构成的。企业内部局域网中的终端首先会与热点和边缘交换机（二层交换机）进行连接，再经由聚合了边缘交换机的核心交换机（三层交换机）与互联网或企业内部服务器进行连接。

① 一种确保即便设备损坏或者缆线断线了也可以继续通信的功能。
② 二层环路是指一种数据帧在网络中不断循环，导致整个局域网无法进行通信的故障。防止二层环路功能则是指一种检测并停止二层环路的功能。

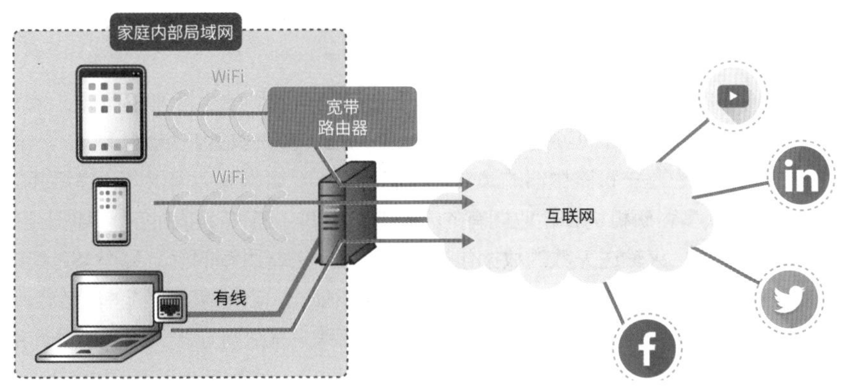

图1.5.2 • 面向家庭的局域网环境

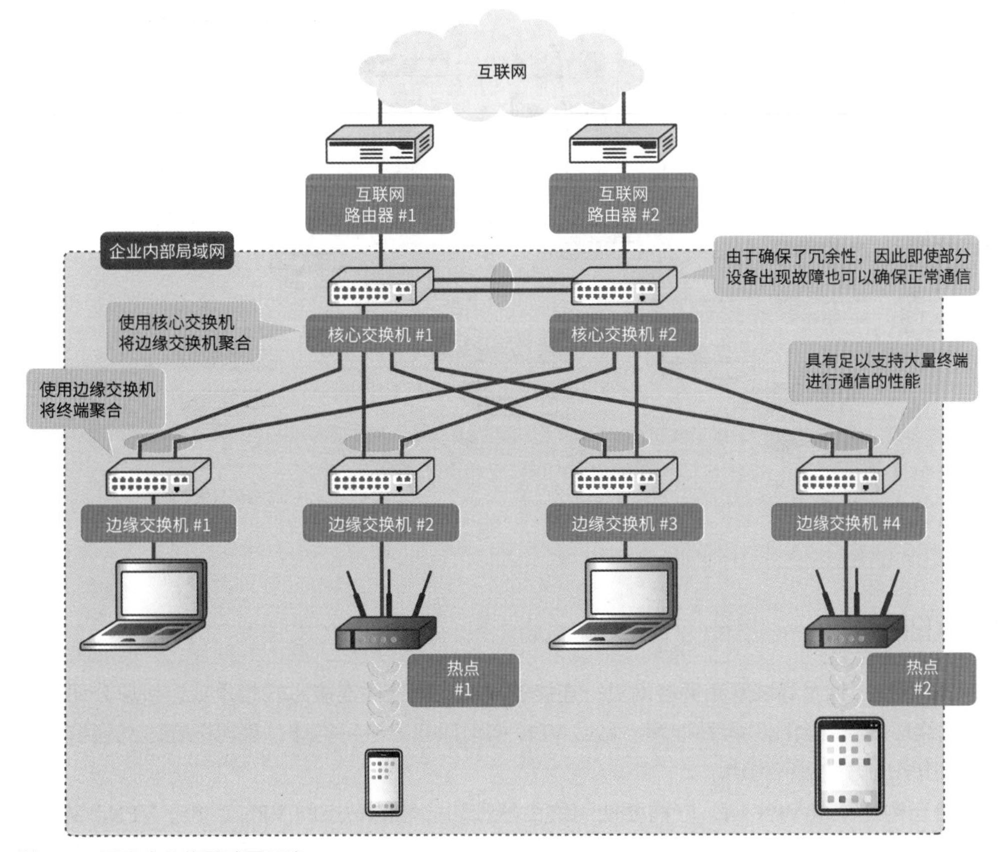

图1.5.3 • 面向企业的局域网环境

1.5.2 WAN

WAN（Wide Area Network，广域网）是指一种可覆盖范围较广的网络。广域网大致可以分为互联网和私域 VPN 网，这两种网络的用途也千差万别。接下来，我们将分别对它们进行讲解。

互联网

互联网是一种每个人都可以进行访问的公共的广域网。由于它已经与我们的生活密不可分，大家可能对它熟悉到已经不太会在意它的存在了，但是互联网也是一种网络，被归类为广域网。

如果粗略地对互联网进行概括，它是一种路由器的集合。我们是使用互联网服务提供商（在后面的内容中我们将其简称为 ISP）[①]、众多科研机构和企业拥有的大量的路由器，通过飞越山峦，穿越山谷，潜入大海，穿越国家的方式进行连接，来输送无数的数据包的。更深入地进行讲解的话，每个 ISP 都分配了一种名为 AS 号码的互联网上唯一的管理号码。AS（Autonomous System，自治系统）是指每个组织机构所管理的范围。在互联网中，对使用哪些 AS 号码进行连接，以哪种方式进行连接，以及优先使用哪一个 AS 号码的路径等内容进行了严格的规定。数据包需要遵循相关规定，才能畅游于互联网。

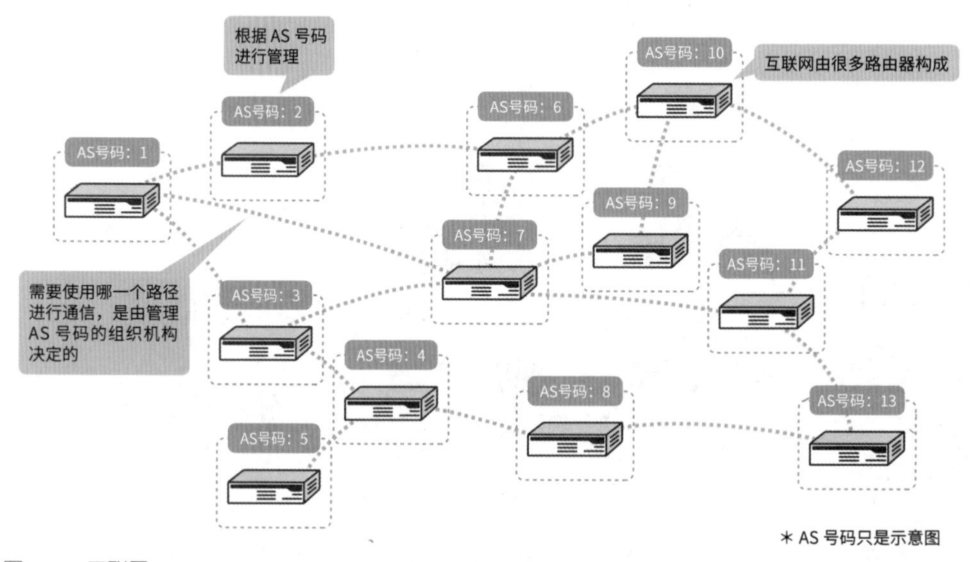

图1.5.4 • 互联网

私域 VPN 网

私域 VPN 网是一种对局域网和局域网进行连接的网络。把这种连接方式想象成连接总公司和分公司企业的网络环境，就会比较容易理解。私域 VPN 网可以自己进行构建，也可以通过与通信运营商签订广域网服务的方式进行构建。

如果是自己构建私域 VPN 网，就需要使用路由器和防火墙的站点间 VPN 功能。VPN（Virtual Private Network，虚拟私有网）是指一种在互联网上虚拟地建立专用线路（隧道）的功能。它需要使用一种名为 IPsec 的协议[②]，在站点之间进行点对点，即一对一的连接，并对该通信信道进行加密处理。

另外，如果选择签订服务合同的方式，就需要与通信运营商提供的私域 VPN 网进行连接，并通过该私域 VPN 网与各个站点交换数据。连接站点和私域 VPN 网的访问线路和可选择的服务会根据通

① 提供互联网连接服务的提供商。具有代表性的 ISP 包括 OCN、BIGLOBE 等企业。

② IPsec 是指用于创建 VPN 的协议或功能的总称。在这里，考虑到正文中讲解的内容，将其称为协议。

信运营商而有所不同。最近，通信运营商不仅可以提供宽带保障[1] 和线路备份这类基本服务，还可以提供连接 IaaS 云环境的服务，以及提供智能手机和平板电脑的远程访问等很多体贴周到的服务。那些需要连接的站点和用户较多，或者经常需要使用广域网进行通信的企业，通常会选择这种方式。

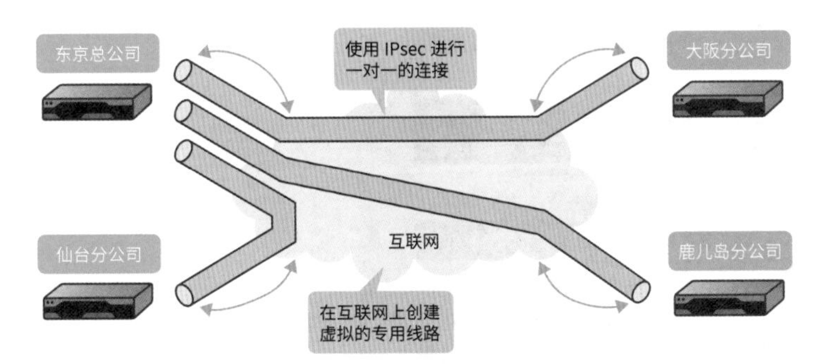

图1.5.5 • 使用IPsec 自行构建的广域网环境

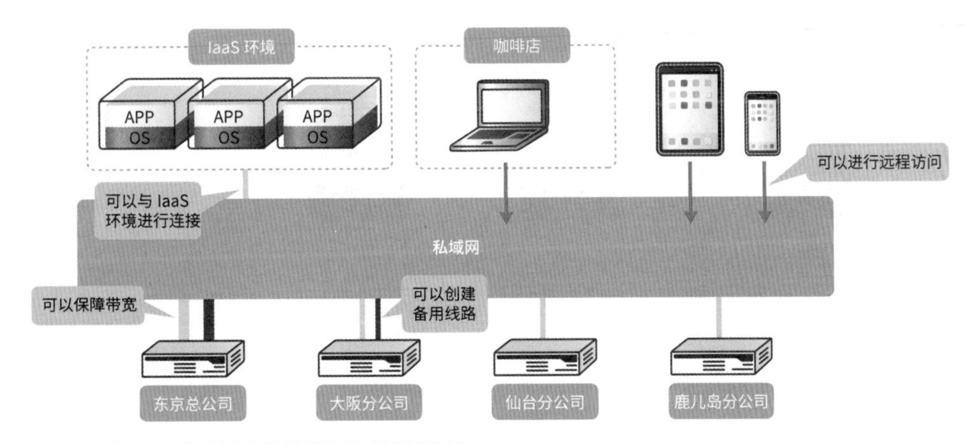

图1.5.6 • 使用ISP 的广域网服务构建的广域网环境

1.5.3 DMZ

DMZ（DeMilitarized Zone[2]）是一种设置了对互联网开放的服务器的网络。最近，虽然也可以在云端构建 DMZ，但本书中将要讲解的是在数据中心自行构建 DMZ 的问题。

DMZ 的作用是确保服务器提供的服务可以稳定地运行。此外，为了确保稳定运行，其不可或缺的功能就是冗余化。在 DMZ 中，采用了将同类型的网络设备并列布置的方式。这样一来，无论哪台设备出现故障，或者哪条缆线断线，都可以立即切换路径，确保可继续提供服务。设备的排列顺序可以根据具体的需求而有所变化。图 1.5.7 是一种最为常见的结构。首先，需要使用三层交换机与 ISP 的互联网进行连接，然后使用防火墙进行防御，最后使用负载均衡装置将流量分发给多个服务器。

① 一种保证最低吞吐量（通信速度）的服务。

② 直译的话，DeMilitarized Zone 是指非武装地带。由于它是一种设置在自己公司的安全的网络和任何人都可以使用的危险的互联网之间的网络，因此而得名。

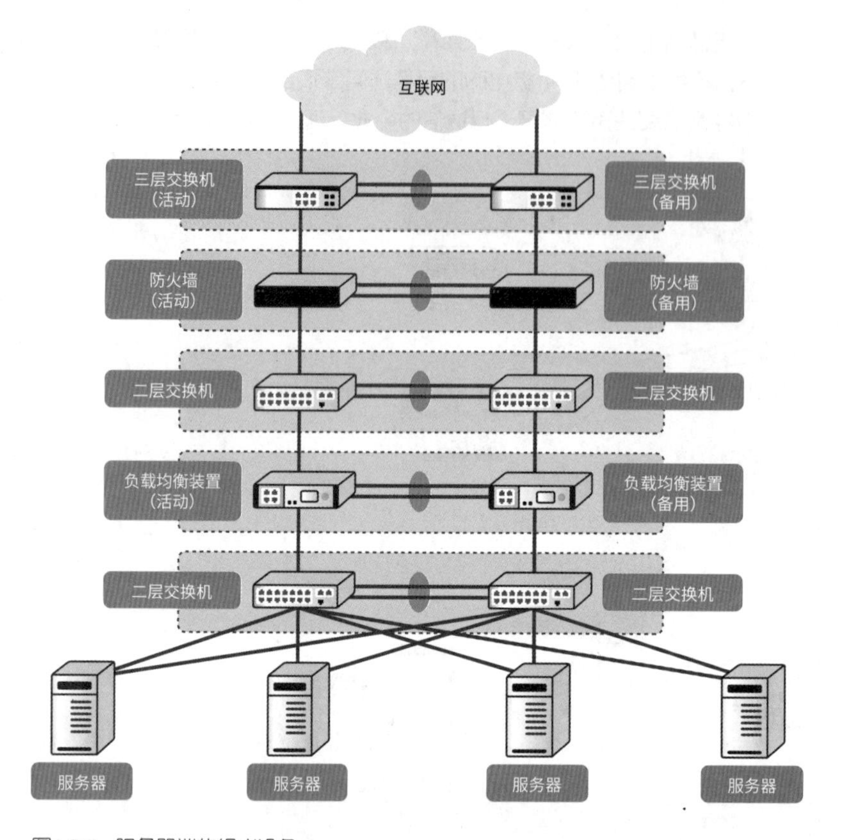

图1.5.7 • 服务器端的组成设备

1-6 新型网络的形式

在上一节中对网络基础中的基础，即几种常用的网络形式进行了讲解。在这里，我们将对上节中常用的网络形式的升级版本、一些新的网络形式进行讲解。即便是新的网络，在遵循协议传输数据包这一点上也是完全相同的，只是在网络的使用方式和数据包的传输方式上有一些细微的不同而已。

1.6.1 SDN

SDN（Software Defined Network，软件定义网络）是一种通过软件进行管理和控制的虚拟网络，或者指一种创建该虚拟网络的技术。它通常用于需要处理大量网络设备的数据中心和 ISP 中，以简化操作和管理。SDN 是由对整个网络进行控制的控制平面和传输数据包的数据平面组成的。控制平面中的 SDN 控制器（软件）会将设置发送到数据平面中的物理网络（硬件）中来创建虚拟的网络。

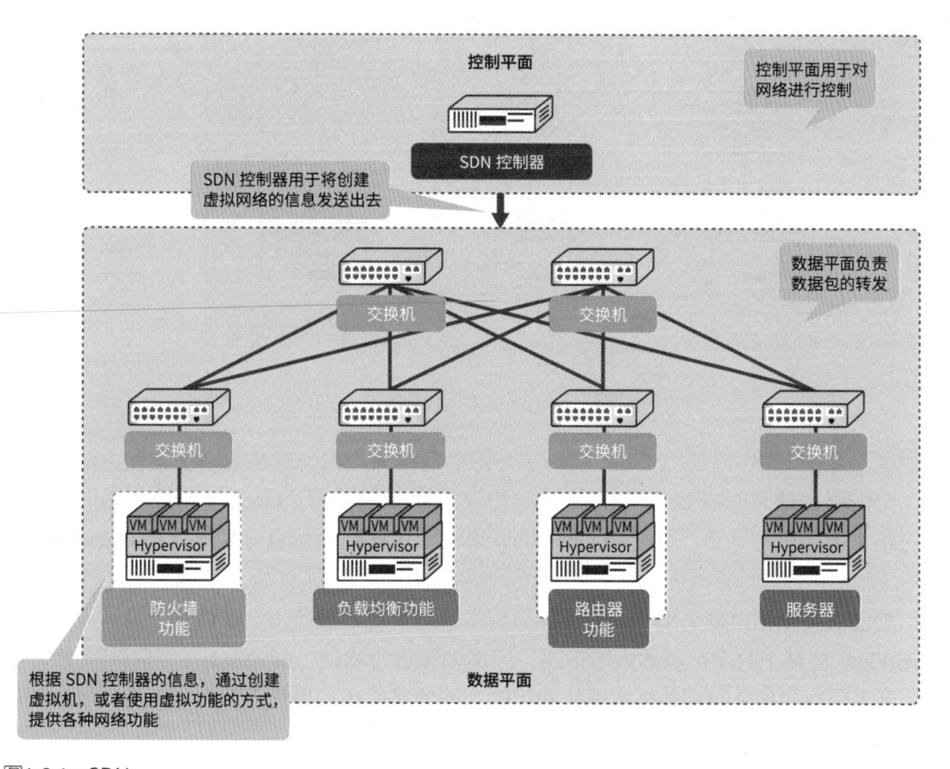

图1.6.1 • SDN

我们可以将 SDN 大致分为覆盖类型和逐跳类型。

覆盖类型是指一种在交换机之间创建虚拟的隧道对数据包进行传输的方式，具体需要使用另一种协议对用户的数据包进行封包处理来创建隧道。隧道中需要使用 VXLAN 协议。SDN 控制器则需要根据用户的请求，通过计算的方式确定以哪种方式在哪台交换机与哪台交换机之间创建隧道，并对两端的交换机进行设置。接收了数据包的一台交换机需要在数据中添加 VXLAN 的首部并进行封包处理，而接收了 VXLAN 的数据包的另一台交换机则需要删除 VXLAN 的首部并进行解包处理，再将数据转发给接收方终端。最近，由于逐跳类型已经逐渐退出舞台，因此通常情况下我们所说的 SDN 一般是指覆盖类型的 SDN。

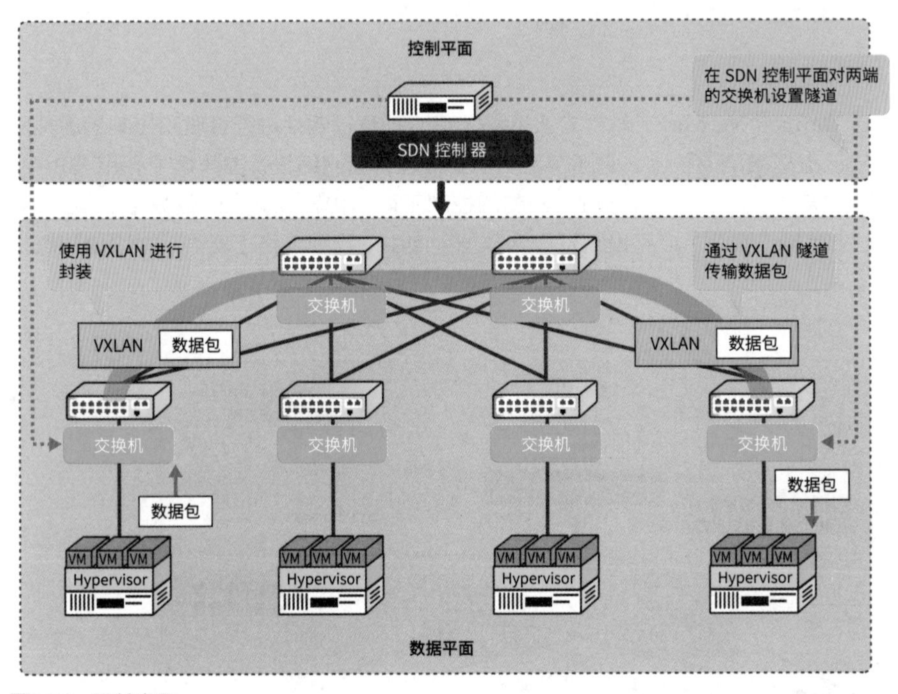

图1.6.2 • 覆盖类型

另外，逐跳类型是指将路由信息（Flow Entry）分配给每台交换机，交换机再根据路由信息转发数据包的方式。分配路由信息时需要使用 OpenFlow 协议。SDN 控制器（OpenFlow 控制器）需要根据用户的请求对路由信息进行计算，并使用 OpenFlow 协议，再将路由信息分配给支持 OpenFlow 的交换机。

如果要说目前覆盖类型和逐跳类型哪一种使用得更多，那肯定是覆盖类型在数量上具有压倒性的优势。虽然 OpenFlow 在某个时期被媒体大量报道，但是如果进行验证，就会发现它的限制条件之多简直出人意料，至少在当时那个时期是根本无法使用的。即使是现在，也几乎没有在商用环境中使用 OpenFlow 的情况。

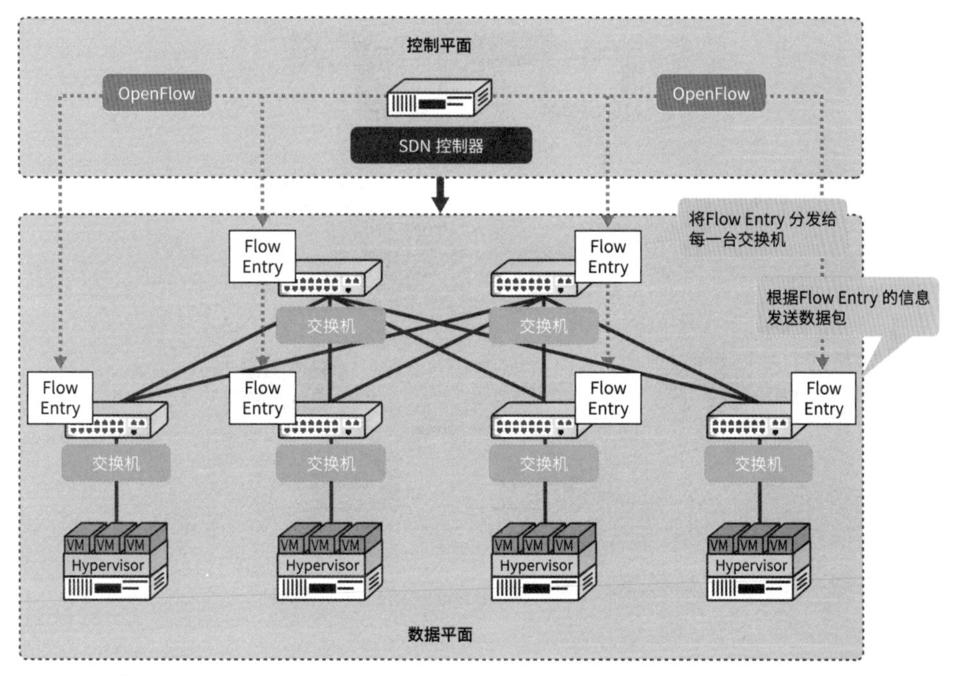

图1.6.3 • 逐跳类型

1.6.2 CDN

CDN（Content Delivery Network，内容分发网络）是一种经过优化的互联网上的服务器网络，专门用于大量分发 Web 内容中使用的各种文件，如图片、视频、HTML、CSS 等。现在很多大家耳熟能详的 Web 网站都使用了这种机制来发布 Web 内容。此外，操作系统、游戏、应用程序更新文件时也会使用 CDN 进行分发。

CDN 是由具有原始 Web 内容的源服务器和具有该 Web 内容缓存的边缘服务器组成的。用户可以对物理距离较近的边缘服务器进行访问①，而边缘服务器只有在没有缓存② 或者缓存已过期时才会访问源服务器。由于采用这种方式的用户与传输数据的服务器的距离更近了，因此不仅可以显著提高 Web 内容的下载速度，还可以提高均衡服务器处理的负载能力。

① 利用 DNS 的机制，引导我们访问距离最近的边缘服务器。相关内容将在 6.3.4 小节中进行讲解。
② 指一种对访问过一次的 Web 网站的数据临时进行保存的设备，或者具有这种功能的机制。

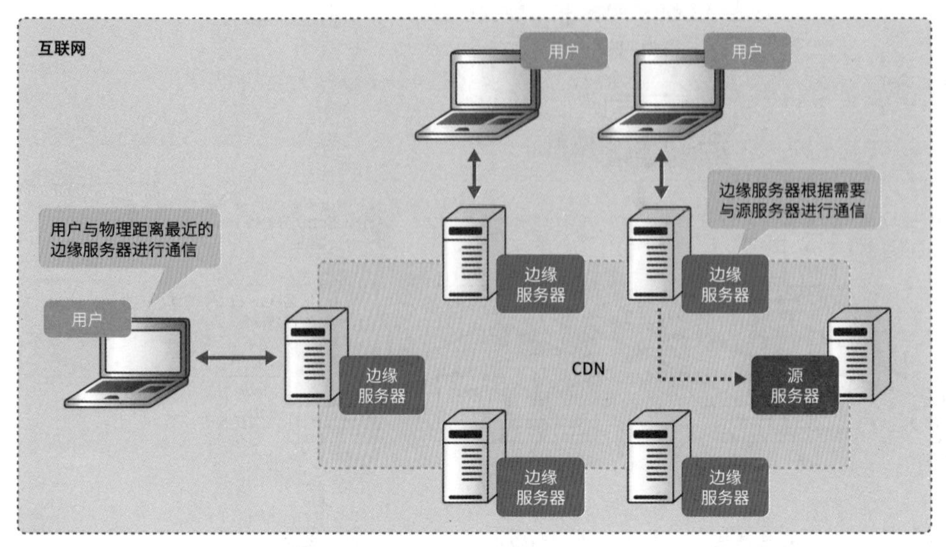

图1.6.4 • CDN

1.6.3 IoT

IoT（Internet of Things，物联网）是指一种将我们身边的各种物品（Things）与互联网进行连接的机制。物联网设备不仅包括汽车和家电，还包括传感器和电源开关等各种各样的东西。此外，这些物联网设备所具备的共同特点是轻量、高速、省电。因此，物联网就需要根据物联网设备的特点使用与之匹配的协议。其中，具有代表性的协议包括 CoAP（Constrained Application Protocol，受限应用协议）和 MQTT（Message Queuing Telemetry Transport，消息队列遥测传输）。

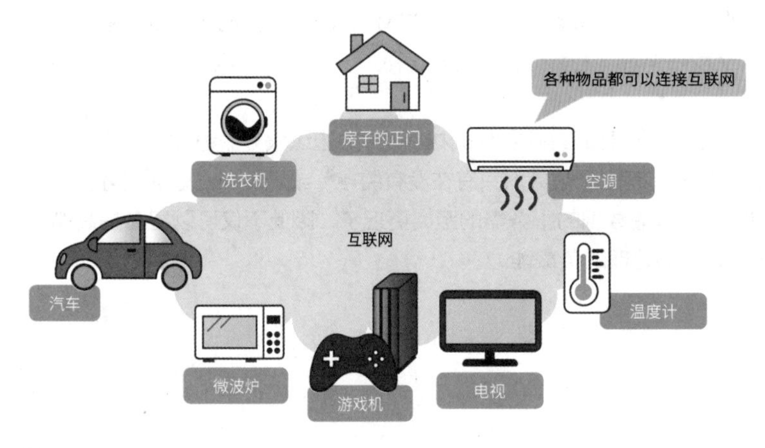

图1.6.5 • IoT

CoAP 是一种在传输层使用了 UDP（见 P209）的典型的客户端服务器型协议。由于其中使用了 UDP，因此可以快速且实时地发送数据。

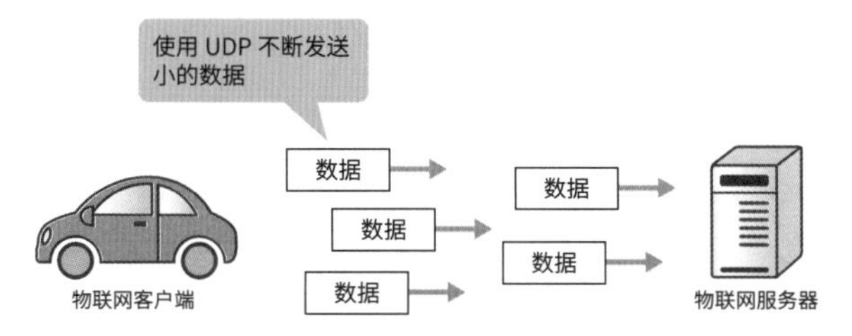

图1.6.6 • CoAP 使用UDP 发送数据

MQTT 是一种在 TCP（见 P217）中运行的代理型协议，由发布者、代理、订阅者这三种身份组成。发布者是指将收集的数据发送出去的设备。发布者需要在数据中添加主题这一标识符，再将数据发送给代理；订阅者则会使用主题向代理注册他们想要（订阅）的数据。

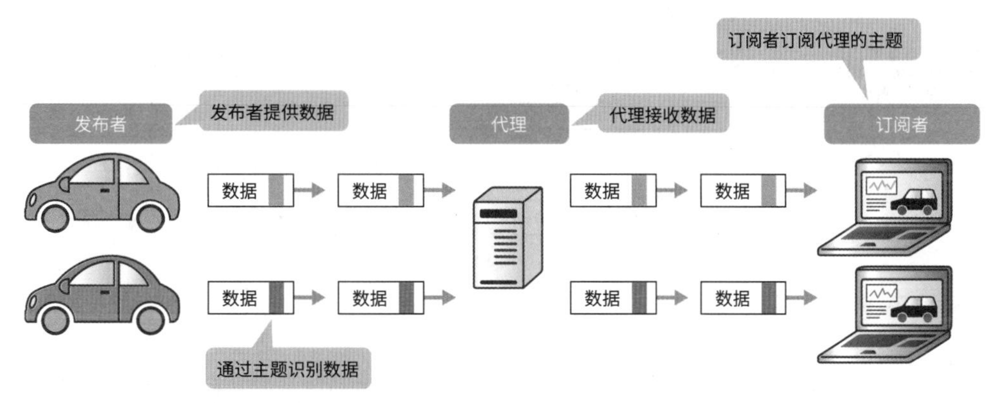

图1.6.7 • MQTT 由三种身份组成

1.6.4 IaaS

IaaS（Infrastructure as a Service，基础设施即服务）是一种在互联网上构建服务器和网络等基础设施的云服务。IaaS 的网络可以在云服务提供商提供的服务范围内，根据具体的服务进行构建。在这里，我们将使用亚马逊公司提供的 AWS（Amazon Web Services）的 Amazon VPC（Virtual Private Cloud）作为示例进行讲解。Amazon VPC 是一种可以在 AWS 上生成私有云的服务。使用 Amazon VPC 时，可以将 EC2①、Route53②、ELB（Elastic Load Balancing）③ 和 RDS④ 等各种服务组合的同时，注重 AWS 特有的概念，即地区（区域）和 AZ（Availability Zone，可用区域）⑤ 的概念，来实现冗余化。

① 一种可以在 AWS 上构建服务器的服务。
② 一种可以在 AWS 上进行 DNS（见 P314）域名解析的服务。
③ AWS 提供的负载均衡服务。
④ AWS 提供的数据库服务器服务。
⑤ 指各个地区内的数据中心。

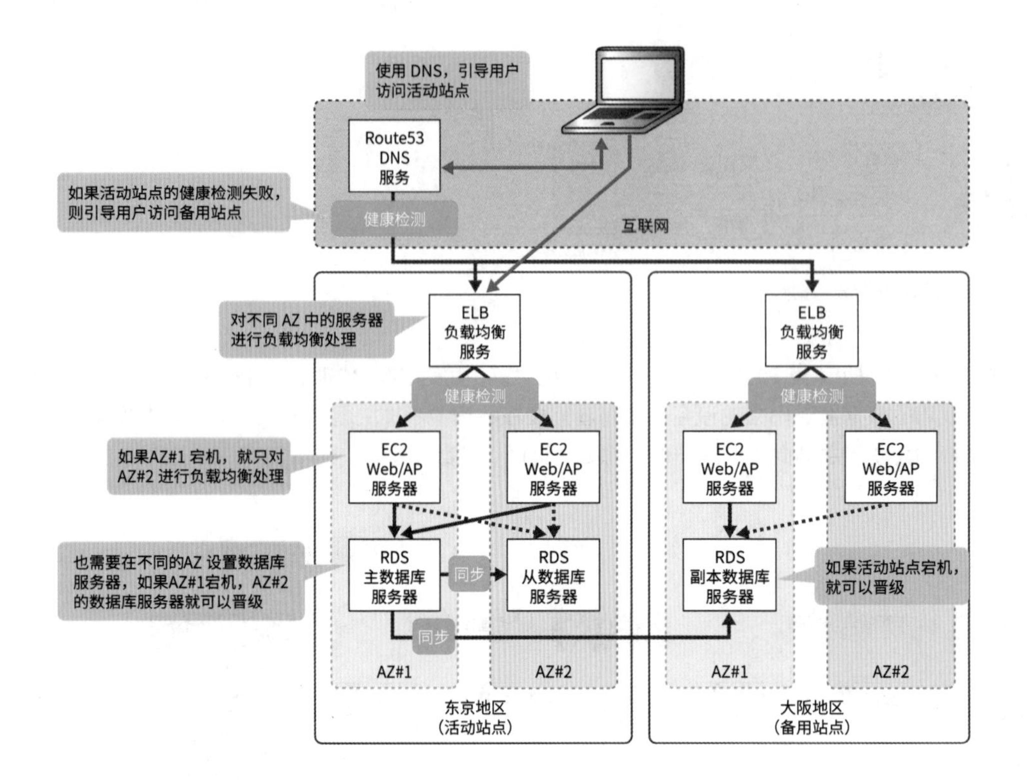

图1.6.8 • Amazon VPC 的网络环境

此外，还有一个不能忽略的要点。说到云端创建的网络所具有的特征，不得不提的就是“无须在意物理层”了。在云端构建网络，不需要插拔网线，也不需要将服务器和网络设备安装在机架上，即这些物理层面的操作一概都不需要。看到这里，可能有一些读者会发出疑问：“这样都可以？”实际上，物理操作是一种体力劳动，并且还需要具备专业人士的知识，即便只存在一点点的偏差，都可能会导致完全无法进行通信。因此，可以说采用物理方式构建网络是一件不仅费心费力而且需要花费成本的事情。而如果使用云服务，就可以在管理控制台上轻松地构建服务器和网络设备，轻松地与网络进行连接。

chapter

2

物 理 层

本章将对位于 OSI 参考模型中最下层的物理层进行讲解。物理层是一种负责通信中所有物理层级处理的网络层。和其他网络层相比，虽然它的名字显得有些晦涩艰深，但是其实也并没有那么难以理解。如果是有线局域网，我们可以把经常在公司或学校里看到的那些局域网的网线当作物理层；如果是无线局域网，则可以将那些在地铁站和咖啡店附近传播的 WiFi 的无线电波当作物理层。

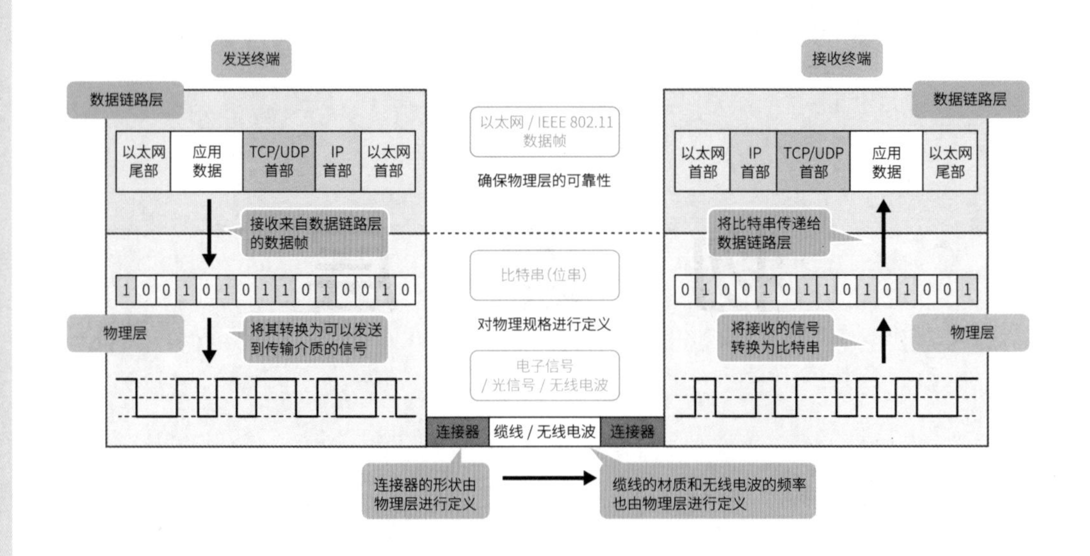

计算机只使用“0”和“1”这两个数字来表示所有的处理数据。这两个数字被称为比特（位），一组由连续的比特所组成的数据则被称为比特串（位串）。物理层的责任是对将来自数据链路层的比特串（数据帧）转换为发送到缆线或无线电波中的模拟信号波的规则进行定义。此外，还可以对缆线的材质、连接器的形状、引脚分配（引脚排列）和无线电波频段等网络相关的所有物理元素进行定义。

通常网络中使用的物理层的协议大致可以分为有线局域网的技术标准IEEE 802.3和无线局域网的技术标准IEEE 802.11。在IEEE 802.3和IEEE 802.11 标准中，物理层使用的技术以及与物理层协同工作的数据链路层所使用的技术都是作为同一份协议被定义的。本章将对物理层的相关知识进行讲解。

chapter 2-1 有线局域网（IEEE 802.3）

IEEE 802.3 标准对以太网（Ethernet）等相关技术进行了定义。以太网起源于 20 世纪 60 年代末到 70 年代初，由夏威夷大学建立的 ALOHAnet（阿罗哈网）。ALOHAnet 是一个使用无线方式对分布在多个岛屿上的夏威夷大学分校进行连接的分组交换型网络。在这个网络中，为了提高数据包的转发效率，采用了"如果没有成功发送数据包，就等待一个随机长的时间再次进行发送"的机制，这种机制就是早期以太网的基础。以太网是一种在 20 世纪 70 年代后期由美国 DEC 公司、英特尔公司和施乐公司以 ALOHAnet 为参考，联合开发出来的技术。由于以太网可以用低成本的方式实现高速处理，而且还易于扩展，因此它和 TCP/IP 一样，在全球范围内得到了爆发式的普及。现在，如果家庭和办公室等场所设置的是有线局域网的网络环境，那么可以说这些场所基本上毫无疑问都使用了以太网。IEEE 802.3 的宗旨就是促进这种以太网技术的标准化。

2.1.1 IEEE 802.3 的协议

IEEE 802.3 标准根据传输速度和使用的缆线对很多协议进行了定义，并且针对这些协议，都以通过在 IEEE 802.3 的后面添加一个字母或者两个字母的方式分配正式的名称。但是，在实际工作当中，我们并不会直接使用它们的名称。通常情况下，会像"○○ BASE- △△"这样使用表示协议的概要的其他名称。○○中表示的是传输速度，△△ 中则会表示使用的传输介质或者激光器的种类。例如，使用局域网网线（双绞线）实现 10Gb/s 的传输速度的协议的正式名称是 IEEE 802.3an，但是在实际工作中，我们会将其称为 10GBASE-T。

[传输速度] BASE - [传输介质或激光器的种类]

表示通信标准的传输速度

标记	传输速度
100	100Mb/s
1000	1Gb/s
10G	10Gb/s
25G	25Gb/s
40G	40Gb/s
100G	100Gb/s

表示传输介质或激光器的种类

标记	含义
T	双绞线
S	短波激光器
L	长波激光器
C	同轴缆线

图2.1.1 • IEEE 802.3协议的别称

具有代表性的协议的正式名称和别称如表 2.1.1 所示。

表2.1.1 • 具有代表性的以太网的协议及其别称

传输速度	传输介质：双绞线	传输介质：光纤缆线（多模光缆）	传输介质：光纤缆线（单模光缆）
10Mb/s	10BASE-T IEEE 802.3i		
100Mb/s	100BASE-TX IEEE 802.3u		
1Gb/s	1000BASE-T IEEE 802.3ab	1000BASE-SX IEEE 802.3z	1000BASE-LX IEEE 802.3z
2.5Gb/s	2.5GBASE-T IEEE 802.3bz		
5Gb/s	5GBASE-T IEEE 802.3bz		
10Gb/s	10GBASE-T IEEE 802.3an	10GBASE-SR IEEE 802.3ae	10GBASE-LR IEEE 802.3ae
25Gb/s		25GBASE-SR IEEE 802.3by	25GBASE-LR IEEE 802.3cc
40Gb/s		40GBASE-SR4 IEEE 802.3ba	40GBASE-LR4 IEEE 802.3ba
100Gb/s		100GBASE-SR10 IEEE 802.3ba 100GBASE-SR4 IEEE 802.3bm	100GBASE-LR4 IEEE 802.3ba

例：别称 / 正式名称

位于 BASE 后面的第一个字符表示传输介质和激光器的种类 *
T : 双绞线
S: 短波 (Short Wavelength) 激光器
L: 长波 (Long Wavelength) 激光器

位于 BASE 前面的数值表示传输速度

10 : 10Mb/s
100 : 100Mb/s
1000 : 1Gb/s
2.5G : 2.5Gb/s
5G : 5Gb/s
10G : 10Gb/s
40G : 40Gb/s
100G : 100Gb/s

40/100Gb/s 标准中的最后一个数字表示传输比特的 Lane（传输路径）的数量

* 第 2 个字母表示它源自哪个标准系列。例如，10GBASE-SR 和 10GBASE-LR 就是从 10GBASE-R 系列派生出来的标准，40GBASE-SR4 和 40GBASE-LR4 则是从 40GBASE-R 系列派生出来的标准。

如表 2.1.1 所示，由于 IEEE 802.3 标准中包含很多协议，容易造成混淆，因此我们在整理这些协议的时候，可以首先关注它们所使用的缆线。目前的网络环境中所使用的缆线要么是由铜制成的双绞线，要么是由玻璃制成的光纤缆线。那么，我们就可以根据缆线粗略地将这些协议分成两个种类，这样理解起来就轻松多了。接下来，我们将分别对这两种缆线进行讲解。

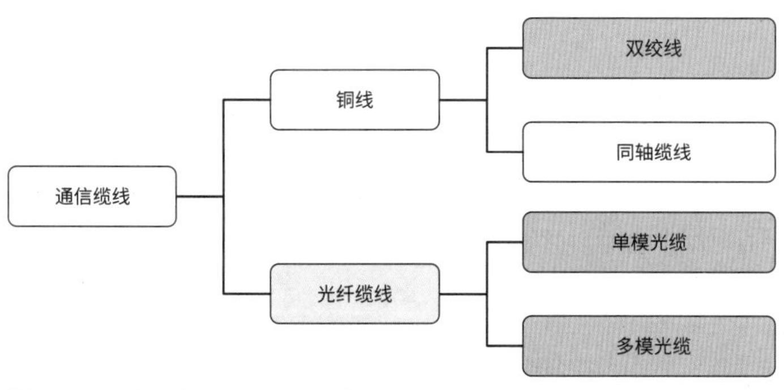

图2.1.2 • 网络中使用的缆线的种类

表2.1.2 • 双绞线与光纤缆线的比较

比较项目	双绞线	光纤缆线
传输介质的材质	铜	玻璃
传输速度	慢	快
信号的衰减	大	小
传输距离	短	长
电磁干扰的影响	大	无
敷设	容易	困难
成本	低	高

2.1.2 双绞线

类似“○○ BASE-T”和“○○ BASE-TX”这样的，在 BASE- 的后面加上字母 T 的协议，就表示使用的是双绞线。“○○ BASE-T ”中的字母 T 就是双绞（Twisted Pair）线的 T。双绞线虽然看上去是一条缆线，但实际上它是将 8 根铜线分成每 2 根一组（Pair）进行绞合（Twisted）之后，再将它们捆绑成一条缆线。双绞线可以根据屏蔽功能、引脚分配、类型进行分类。

根据屏蔽功能划分

双绞线可以根据是否具有屏蔽功能分成 UTP（Unshielded Twisted Pair，非屏蔽双绞线）缆线和 STP（Shielded Twisted Pair，屏蔽双绞线）缆线。

■ UTP 缆线

UTP 缆线就是局域网网线。我们经常可以在公司、自己家里和家电零售店中看到它，UTP 缆线可能是我们最熟悉的一种缆线。由于 UTP 缆线易于敷设，价格也很便宜，因此得到了爆发式的普及。最近，UTP 缆线的颜色更加多样，形状更加纤细，感觉变得更加时尚了。另外，由于它易受电磁干扰影响，因此不适合用于工厂等电磁干扰较多的环境中。

■ STP 缆线

STP 缆线是一种克服了 UTP 缆线易受电磁干扰的缺点的缆线。它通过使用铝箔或金属纺织物包裹 8 根铜线的方式进行屏蔽处理来阻挡电磁干扰，以防止电子信号的衰减和紊乱。然而，遗憾的是，由于经过了屏蔽处理，STP 缆线的价格更高，而且敷设也比较困难，因此目前只有在工厂等环境比较恶劣的地方才有机会看到它。实际上，现实中的建筑工地中也基本上是使用 UTP 缆线，只有怀疑有电磁干扰时才会换成 STP 缆线。

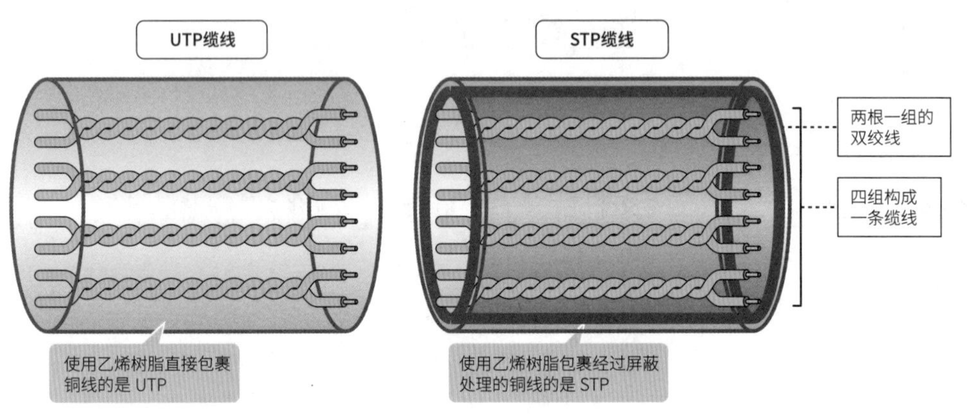

图2.1.3 • UTP 与STP 的区别在于是否具有屏蔽功能

根据连接器的引脚分配划分

双绞线的连接器被称为 RJ-45。在前面我们已经讲解过，双绞线是一种由 8 根铜线分成每两组进行绞合，再将它们捆绑在一起组成的缆线。8 根铜线分别为蓝色、绿色、橙色、棕色，我们可以通过颜色对其进行识别。可以根据这些铜线的排列顺序将双绞线分为直通缆线和交叉缆线。大致来讲，将两种缆线的两端并排放在一起比较，如果从 RJ-45 连接器上可以稍微看得到铜线是按相同顺序排列的就是直通缆线，按照不同顺序排列的则是交叉缆线。

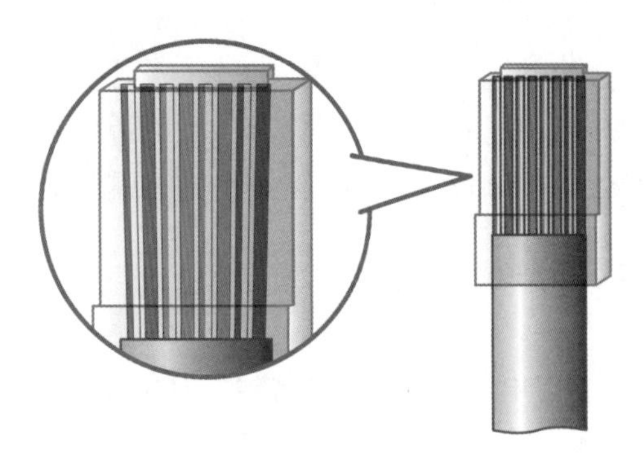

图2.1.4 • 8 根铜线按颜色进行区分

接下来，我们将进行更加详细的讲解。如果将 RJ-45 连接器的引脚朝上放置，就可以看到从左到右依次显示了 1 ~ 8 的号码。如果是直通缆线，两端都是橙色 / 白色→橙色→绿色 / 白色→蓝色→蓝色 / 白色→绿色→棕色 / 白色→棕色[①] 的顺序；如果是交叉缆线，就只有一端是绿色 / 白色→绿色→橙色 / 白色→蓝色→蓝色 / 白色→橙色→棕色 / 白色→棕色的顺序。

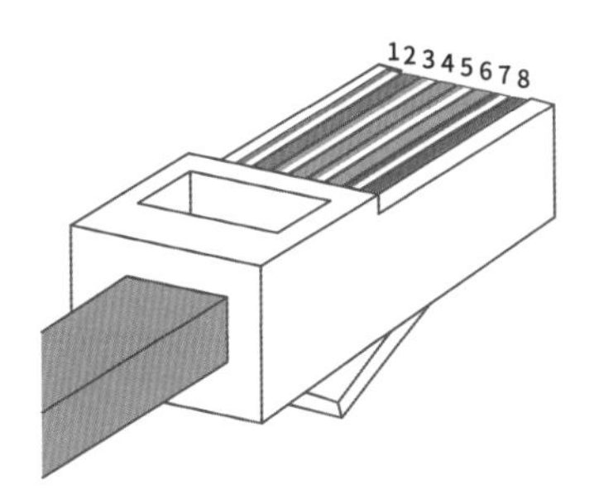

图2.1.5 • RJ-45 连接器的引脚

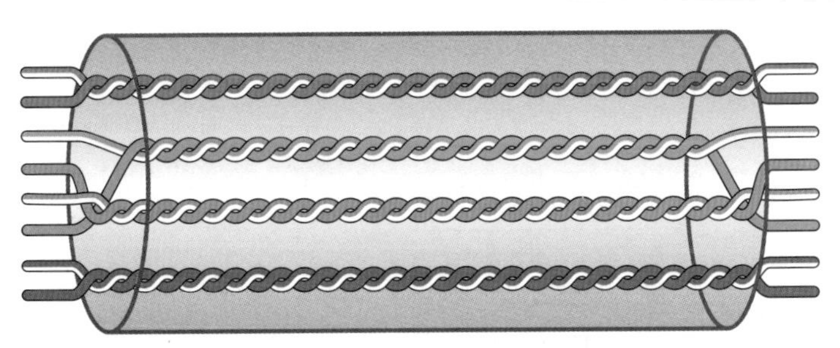

图2.1.6 • 直通缆线的接线方式

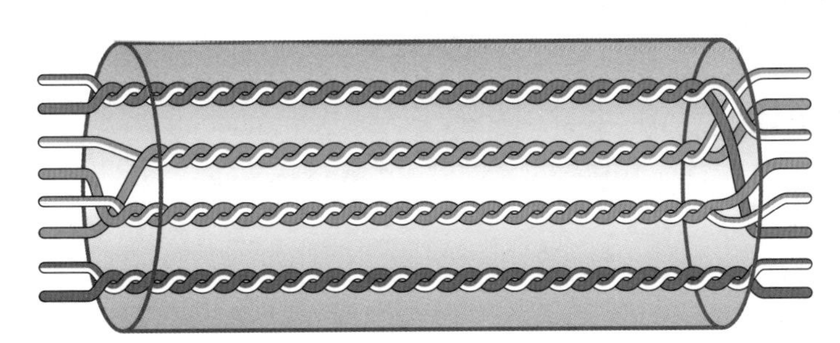

图2.1.7 • 交叉缆线的接线方式

直通缆线和交叉缆线在使用 10BASE-T 和 100BASE-TX 时，可以根据连接的物理端口的类型区分进行使用。物理端口包括 MDI 端口和 MDI-X 端口这两种类型。10BASE-T 和 100BASE-TX 的 MDI 端口可以将 1 号和 2 号引脚用于发送数据，3 号和 6 号引脚用于接收数据。个人电脑、服务器的 NIC 网卡、路由器、防火墙和负载均衡装置的物理端口使用的就是 MDI 端口。

与之相对的，MDI-X 端口则会将 1 号和 2 号引脚用于接收数据，将 3 号和 6 号引脚用于发送数据。

① 也有两端都是绿色 / 白色→绿色→橙色 / 白色→蓝色→蓝色 / 白色→橙色→棕色 / 白色→棕色的直通缆线。

二层交换机和三层交换机的物理端口使用的就是 MDI-X 端口。

在进行连接时，需要使一侧发送的数据可以在另一侧进行接收。因此，在连接不同类型的物理端口时，如对个人电脑和二层交换机进行连接时，就需要使用直通缆线；在连接相同类型的物理端口时，如对交换机和交换机进行连接时，则需要使用交叉缆线。

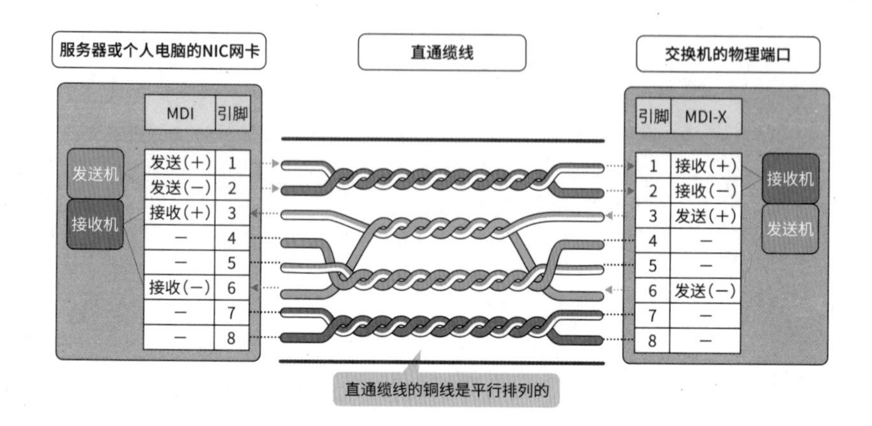

图2.1.8 • 连接不同类型的物理端口时使用直通缆线

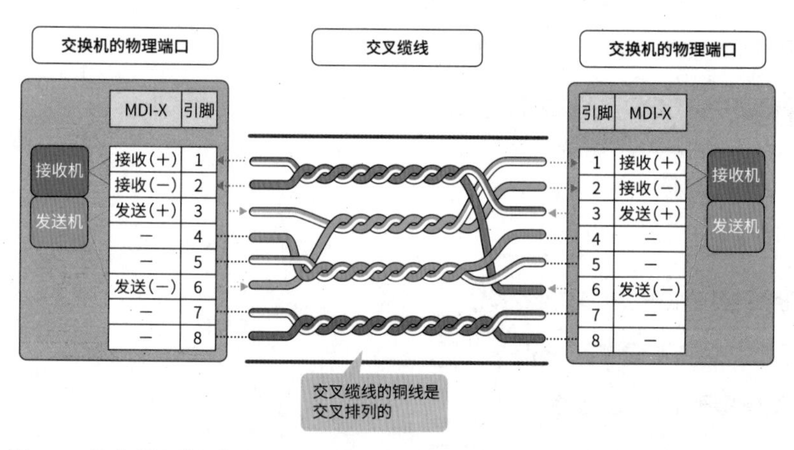

图2.1.9 • 连接相同类型的物理端口时使用交叉缆线

即便是 1000BASE-T 和 10GBASE-T 等传输速度超过 1Gb/s 的协议，也不会改变 MDI 端口和 MDI-X 端口的关系。但是，每个引脚的用途和机制是完全不同的。如果是 10BASE-T 和 100BASE-TX，就只会使用 1 号、2 号、3 号、6 号引脚，其余引脚（4 号、5 号、7 号、8 号）则不会使用。也就是说，双绞线的 8 根铜线中只会使用一半，即使用 4 根铜线；而 1000BASE-T、2.5/5GBASE-T 和 10GBASE-T 为了提高吞吐量，也会使用剩余的 4 根铜线。此外，它们不是通过发送和接收的方式来区分引脚，而是使用一种名为混合电路的特殊电路将引脚接收的数据分为发送的数据和接收的数据，以两个引脚为一组[①] 的方式收发数据的。此外，由于默认搭载了在连接时自动识别对面的端口类型来切

① 具体是指，分别将 1 号引脚和 2 号引脚、3 号引脚和 6 号引脚、4 号引脚和 5 号引脚、7 号引脚和 8 号引脚组成一组。

换端口类型的 Auto MDI/MDI-X 功能[①]，因此可以无须在意端口的类型只使用直通缆线进行连接。因此，无须对直通缆线和交叉缆线进行区分。

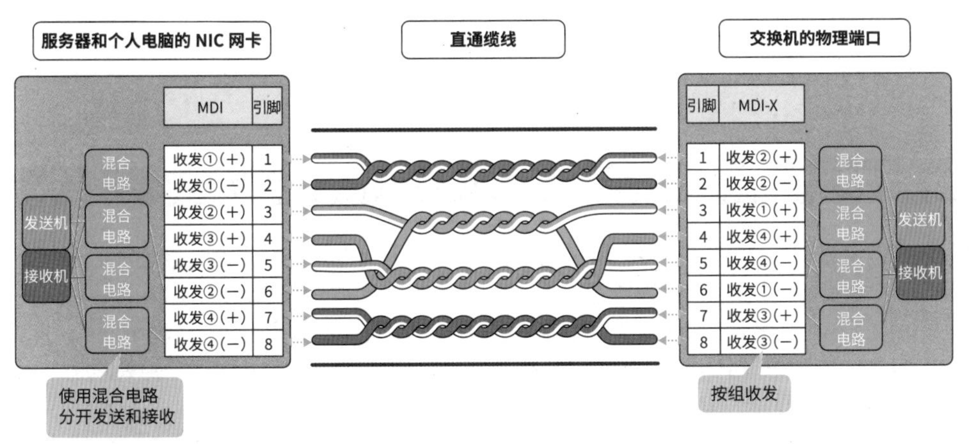

图2.1.10 • 传输速度超过1Gb/s 的协议充分利用了8 根铜线

根据类型划分

双绞线中包含“类型”的概念。如果大家在家电零售店中仔细查看局域网网线的规格表，就可以看到其中注明了 6 类或 5e 类等类型。类型与传输速度有着直接的关系，类型越大，其支持的就是传输速度越高的协议。

现在的网络环境中使用的缆线一般都是 5e 类及以上的类型。1 类到 5 类的缆线不支持当前主流的 1000BASE-T。因此，如果需要使用旧缆线的同时，又只想更换服务器或者网络设备来迁移到高速网络环境，就需要注意这类问题。需要仔细地对提供支持的协议进行确认。

表2.1.3 • 各类双绞线具有的特点

类 型	种 类	芯 数	支持频率	主要对应的标准	最大传输速度	最大传输距离
3 类	UTP/STP	4 芯 2 对	16Mb/s	10BASE−T	16Mb/s	100m
4 类	UTP/STP	4 芯 2 对	29MHz	Token Ring	20Mb/s	100m
5 类	UTP/STP	8 芯 4 对	100MHz	100BASE−TX*	100Mb/s	100m
5e 类	UTP/STP	8 芯 4 对	100MHz	1000BASE−T 2.5GBASE−T 5GBASE−T	1Gb/s 2.5Gb/s 5Gb/s	100m
6 类	UTP/STP	8 芯 4 对	250MHz	1000BASE−T 10GBASE−T	1Gb/s 10Gb/s	100m 55m （10GBASE−T 时）
6A 类	UTP/STP	8 芯 4 对	500MHz	10GBASE−T	10Gb/s	100m
7 类	STP	8 芯 4 对	600MHz	10GBASE−T	10Gb/s	100m

* 5 类当中通过 TIA/EIA TSB−95 和 ISO/IEC 11801 Amendment 标准的缆线也可以使用 1000BASE−T 进行通信。

① 即使是 100BASE−TX，也有作为选项功能搭载了 Auto MDI/MDI−X 功能的设备。

综上所述，我们从屏蔽功能、引脚分配、类型这三个要点着手，对双绞线的种类进行了详细的讲解。在实际使用时，我们需要根据具体的连接环境、设备、协议分别对相应的项目进行指定。例如，如果要在服务器机房使用 10GBASE-T 连接交换机和服务器，由于服务器机房无须进行屏蔽，因此可以选择 UTP 缆线。由于交换机的物理端口的类型是 MDI-X，服务器的 NIC 网卡是 MDI，因此可以使用直通缆线。由于使用的是 10GBASE-T 标准，因此需要使用 6A 类的缆线。也就是说，在这种情况下，需要使用 6A 类的直通的 UTP 缆线。

参考　需要注意 100m 的限制

虽然双绞线是全球普及范围最广的缆线，但是由于它使用的是电子信号，因此存在着无法克服的致命缺陷，即距离的限制。双绞线在规格上的最大传输距离只有 100m[①]。如果超过 100m 的距离，电子信号强度就会衰减，数据包就会丢失。如果是传输距离超过了 100m 的情形，就需要在中途设置交换机等中继设备来扩展传输的距离。在实际工作中，对这个距离限制进行思考是至关重要的。可能有些人会认为“有 100m 应该足够了啊……”，但是，在建筑物内通常会安装管道和存在死角，经常需要绕道敷设缆线，这个时候大家就会发现其实 100m 也挺短的，根本不够长。因此，我们需要事先对缆线的敷设路线进行确认，尽量控制在 100m 的范围内。不过，如果距离超过了 100m，我们也可以使用接下来将要讲解的光纤缆线。

2.1.3 光纤缆线

“类似○○ BASE-SX/SR”和“○○ BASE-LX/LR”的协议是需要使用光纤缆线的协议。“○○ BASE-SX/SR”中的 S 是 Short Wavelength（短波长）的首字母 S，“○○ BASE-LX/LR”中的 L 是 Long Wavelength（长波长）的首字母 L，它们分别表示的是激光器的种类。需要使用的激光器的种类与传输距离和使用的光纤缆线的种类有直接的关系。

光纤缆线是一种玻璃制的细小的管道[②]，专门用于传输光信号。光纤缆线是由一种具有高折射率的纤芯和具有稍低折射率的包层的双层同芯的结构组成的。它通过将不同折射率的玻璃制成双层结构[③]，并将光线限制在纤芯中的方式来创建具有低损耗率的光的传播路径。我们通常将这条光的传播路径称为模式。

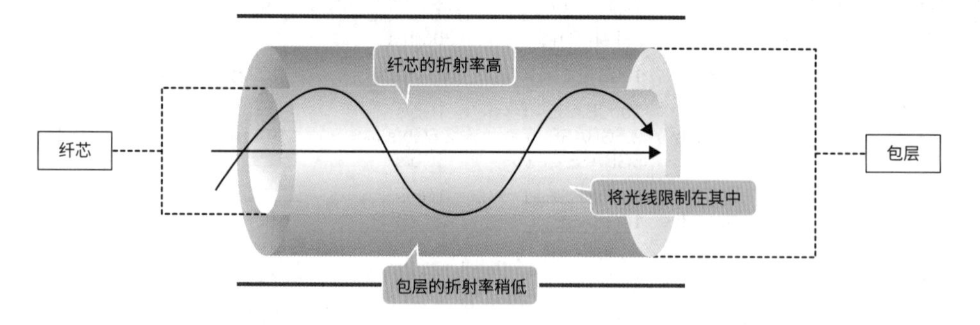

图2.1.11 • 光纤缆线由纤芯和包层组成

① 如果是将 10GBASE-T 标准用于 6 类缆线的特殊情形，它的最大传输距离就只有 55m。
② 最近也出现了使用塑料纤维和聚合物纤维等非玻璃材料制成的光纤缆线。但是，常用的光纤缆线一般是由高纯度石英玻璃制成的。
③ 如果再加上外层的保护套，就是三层结构。

如果使用光纤缆线，即使传输距离较长，信号也难以衰减，并且可以保持较高的宽带。此外，光纤缆线也比双绞线的可敷设距离更长。但是，由于光纤缆线的结构精密，因此也存在不易敷设的缺点。

对于光纤缆线的种类，如果着眼于缆线和连接器，就会比较容易理解。

根据缆线进行分类

光纤缆线包括多模光缆（MMF）和单模光缆（SMF）两个种类。两种光缆的区别在于传输光信号的纤芯的直径（芯径）。

■ 多模光缆

多模光缆是一种纤芯直径为 50μm 或者 62.5μm 的光纤缆线，通常用于 10GBASE-SR 和 40GBASE-SR 等需要使用短波长的光的协议中。由于纤芯直径较大，因此光的传播路径（模式）可以分散开变成多条（Multi）传播路径。由于具有多条传播路径，因此与单模光缆相比，多模光缆的传输损耗会更多，传输距离也更短（到 550m）。但是，由于它比单模光缆更加便宜，且容易敷设，因此通常会将其用于局域网等距离比较近的连接应用当中。

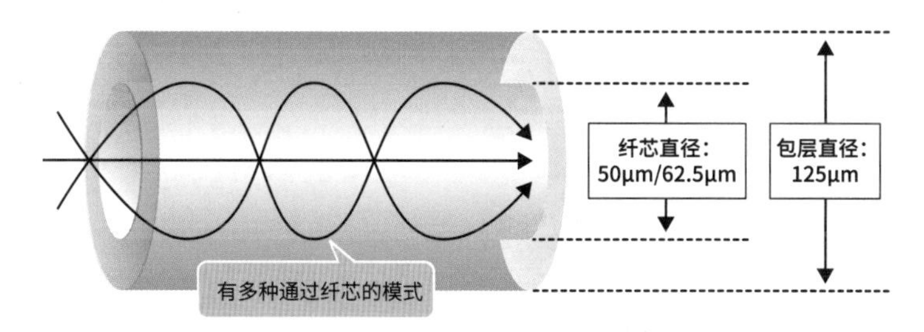

图2.1.12 • 多模光缆

■ 单模光缆

单模光缆是纤芯直径为 8 ~ 10μm 的光纤缆线，通常用于 1000BASE-LX 和 10GBASE-LR 等需要使用长波长的光的协议中。这种光缆不仅可以缩小纤芯直径，还可以适当地对纤芯和包层的折射率的差进行控制，将光的传播路径（模式）集中成一条（Single）。由于单模光缆严格设计成了只有一条传播路径，因此可以进行长距离的传输，也可以进行大数据的传输。虽然在家里和办公室里很少能够看到单模光缆，但是如果去数据中心和 ISP 的骨干设施中参观，就会发现单模光缆随处可见。

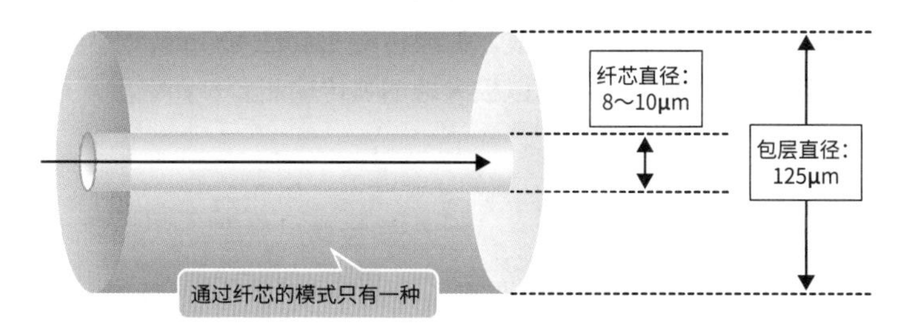

图2.1.13 • 单模光缆

如表 2.1.4 所示，其中对两种光纤缆线进行了比较。

表2.1.4 • 单模光缆与多模光缆的比较

比较项目	单模光缆（SMF）	多模光缆（MMF）
纤芯直径	8 ~ 10μm	50μm 62.5μm
包层直径	125μm	125μm
光的传播路径（模式）	单条	多条
模式分散	无	有
传输损耗	更小	小
传输距离	到 70km	到 550m
敷设	更加困难	困难
成本	更高	高

到 25GBASE-SR/LR 标准为止的光纤缆线，可以将一个纤芯用于发送数据，另一个纤芯用于接收数据，以两芯一对的方式使用。由于必须建立收发数据的关系，因此，如果一个纤芯用于发送数据，另一个纤芯就需要用于接收数据。如果两个纤芯都用于发送数据，或者都用于接收数据，甚至都不会建立链接（可以进行通信的状态）。

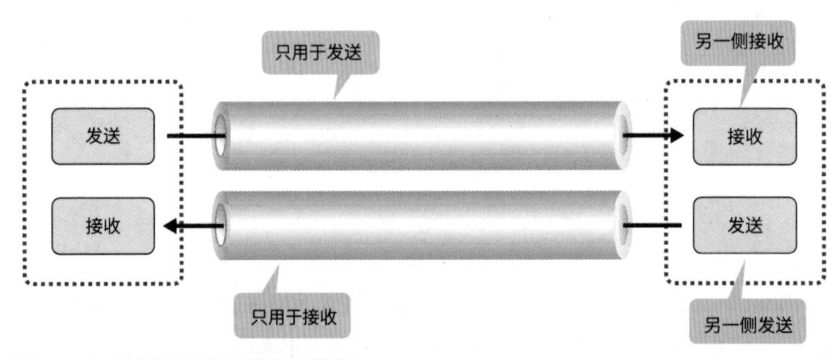

图2.1.14 • 使用不同的光缆收发数据

■ MPO 光纤跳线

40GBASE-SR4[①]、100GBASE-SR4 和 100GBASE-SR10 需要使用 MPO（Multi-fiber Push On）光纤跳线。MPO 光纤跳线是一种将 12 芯或者 24 芯捆绑成 1 条的缆线。如果传输速度是 40Gb/s，1 条光纤缆线是不足以传输数据包的。因此，只需要增加纤芯数量，就可以极大地增强传输能力。大家可以把这种方式想象成增加高速道路中的车道数量。

① 即使是 40GBASE、40GBASE-LR4，也可以通过在 1 根纤芯上创建 4 种不同波长的光的传播路径的方式，使用两芯一对的缆线实现数据包的传输。我们将这种使用不同波长的光的方式称为 WDM（Wavelength Division Multiplexing，波分复用）。

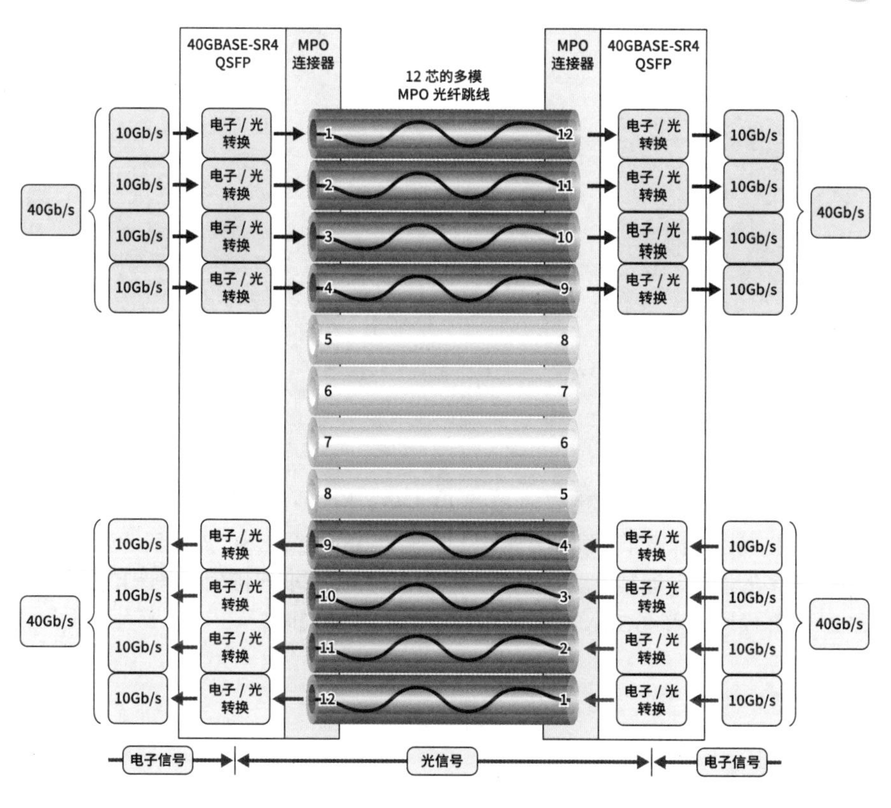

图2.1.15 • 40GBASE-SR 会将10Gb/s 的光传输到8 芯（4 芯发送、4 芯接收）的光纤

根据连接器进行分类

光纤缆线的连接器包括各种不同的形状，较为常见的连接器包括 SC 连接器、LC 连接器和 MPO 连接器 3 种。需要根据连接的设备和光收发模块选择合适的连接器。

■ SC 连接器

SC 连接器是一种将插头推入时会锁定，拔出插头时可以简单摘取的推拉式连接器，具有易于处理且成本低的特征。但是，其缺点是插头较大。SC 连接器可以与连接服务器机架的配线架，以及介质转换器（见 P21）进行直接连接。以前我们所说的光纤缆线的连接器通常都是指 SC 连接器。但是，最近由于需要考虑提高聚合效率，因此它正在逐渐地被 LC 连接器所取代。

图2.1.16 • SC 连接器（照片由SANWA SUPPLY 公司提供）

■ LC 连接器

LC 连接器的形状与 SC 连接器相似。与双绞线的连接器（RJ-45）相同，只要插入插头就可以锁住，拔掉插头时只需要按下一个小的突起（弹簧扣）即可。由于 LC 连接器的插头比 SC 连接器的更加小巧，因此可以实现在设备上安装更多的端口。通常可以将 LC 连接器用于连接需要连接到服务器和交换机的 10GBASE-SR/LR 的“SFP+ 光纤模块”和 40GBASE-LR4 的“QSFP+ 光纤模块”。

图2.1.17 • LC 连接器（照片由SANWA SUPPLY 公司提供）

图2.1.18 • SFP+ 光纤模块（照片由SANWA SUPPLY 公司提供）

■ MPO 连接器

MPO 连接器是一种安装在 MPO 缆线（将 12 芯或者 24 芯捆绑在一起的缆线）两端的连接器。MPO 连接器和 SC 连接器一样，也采用了插入插头就可以锁住，轻轻一拔就可以取下来的推拉式结构。通常将其用于连接 40GBASE-SR4 的“QSFP+ 光纤模块”、100GBASE-SR4 的 QSFP28 模块和 100GBASE-SR10 的 CXP 模块。

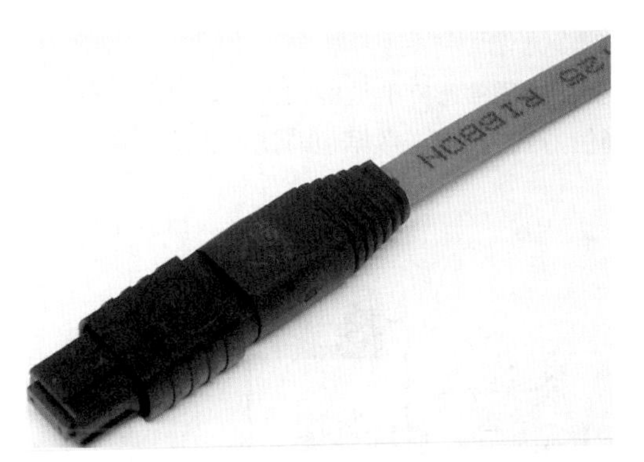

图2.1.19 • MPO 连接器（照片由SANWA SUPPLY 公司提供）

MPO 连接器的纤芯中，按照从左到右的顺序分配了相应的编号，根据使用的标准不同，具有不同的作用。40GBASE-SR4 和 100GBASE-SR4 需要使用 12 芯的 MPO 连接器，左边的 4 芯用于发送数据，右边的 4 芯用于接收数据。此外，100GBASE-SR10 需要使用 24 芯的 MPO 连接器，位于中间上方的 10 芯用于接收数据，位于中间下方的 10 芯则用于发送数据。

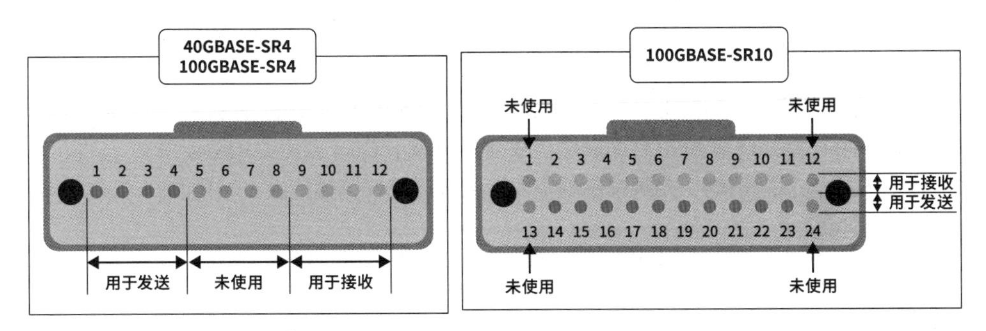

图2.1.20 • MPO 连接器的纤芯

综上所述，到目前为止，我们着眼于缆线和连接器对光纤缆线进行了讲解。在实际使用时，首先需要根据想要使用的协议选择可以连接的设备和光收发模块，然后根据这些设备和模块选择合适的缆线和连接器。例如，假设需要对搭载了 10GBASE-SR 的“SFP+ 光纤模块”的两台交换机进行直接连接，“SFP+ 光纤模块”就是 LC 连接器。此外，由于 10GBASE-SR 需要使用短波长的光，因此需要使用多模光缆，即需要选择 LC-LC 的多模光缆。

2.1.4 两种通信方式

以太网的通信方式大致可以分为半双工通信（Half Duplex）和全双工通信（Full Duplex）。根据为网络设备和个人电脑的物理端口设置哪种通信方式，其传输速度会有很大的不同。

半双工通信

半双工通信是一种每次在发送数据和接收数据时都需要切换通信方向的通信方式。如果把它看成双向交替通行的道路，就会更加容易理解。如果采用半双工通信方式，在发送数据包时就无法接收数据包；相反地，在接收数据包时也无法发送数据包。

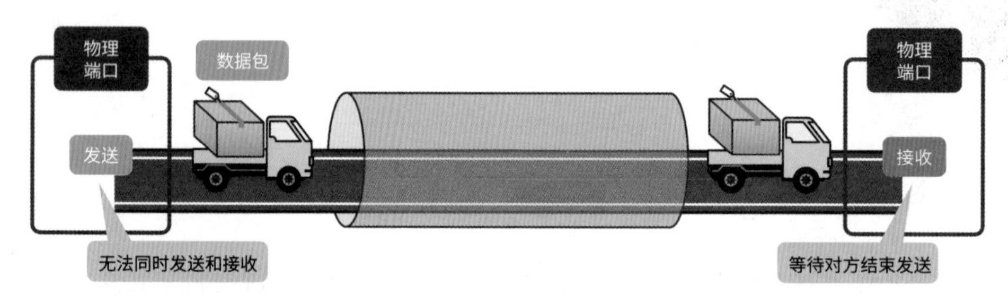

图2.1.21 • 半双工通信

如果双方碰巧在同一时间发送数据包，并且在发送过程中接收了数据包，设备就会判断数据包发生冲突，并发送名为“拥塞信号”的特殊的比特模式。此时，接收到拥塞信号的每一台终端都需要等待一个随机时间，然后尝试再次发送数据包。这种机制被称为 CSMA/CD（Carrier Sense Multiple Access with Collision Detection，带冲突检测的载波监听多路访问）。

CSMA/CD 是一种支持早期以太网的重要技术。但是，正如我们在前面所讲解的，它是以暂时停止发送数据包的机制为前提的，因此无法支持高速通信，故而不再被 10Gb/s 或更高的协议采用。实际上，在使用半双工通信方式传输大量数据时，会频繁出现错误，大幅度降低传输速度。现代的高速以太网使用全双工通信方式进行通信。

全双工通信

全双工通信是一种分别准备用于发送的传输路径和用于接收的传输路径，同时发送和接收数据的方式。把它想象成允许两条车道同时通行的道路，就会更加容易理解。由于全双工通信与半双工通信不同，它可以同时发送和接收数据，因此其无须采用 CSMA/CD 机制，可以最大限度地提高传输速度。

现代的高速以太网基本上采用全双工通信方式进行通信。如果由于设置错误等原因，导致设置成了半双工通信，则需要重新设置成全双工通信。

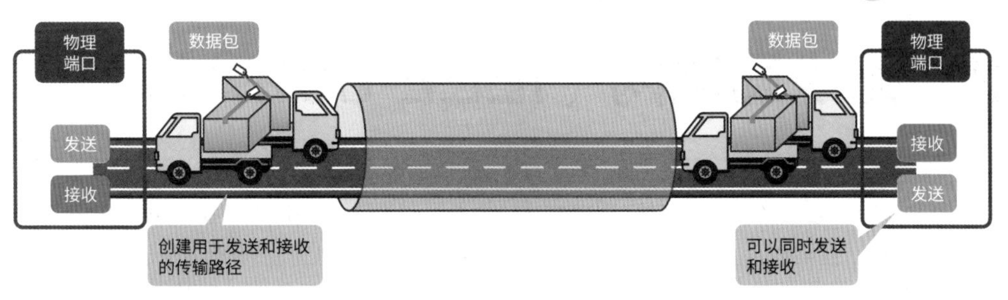

图2.1.22 • 全双工通信

自动协商

自动协商是一种自动识别物理端口使用的协议和通信方式（半双工 / 全双工通信）的功能。自动协商中设置的物理端口在连接的同时，需要使用一种名为 FLP（Fast Link Pulse，快速链路脉冲）的特殊信号模式，来相互交换提供支持的协议和通信方式，然后根据事先确定的优先级决定采用哪种协议的哪种通信方式进行通信。

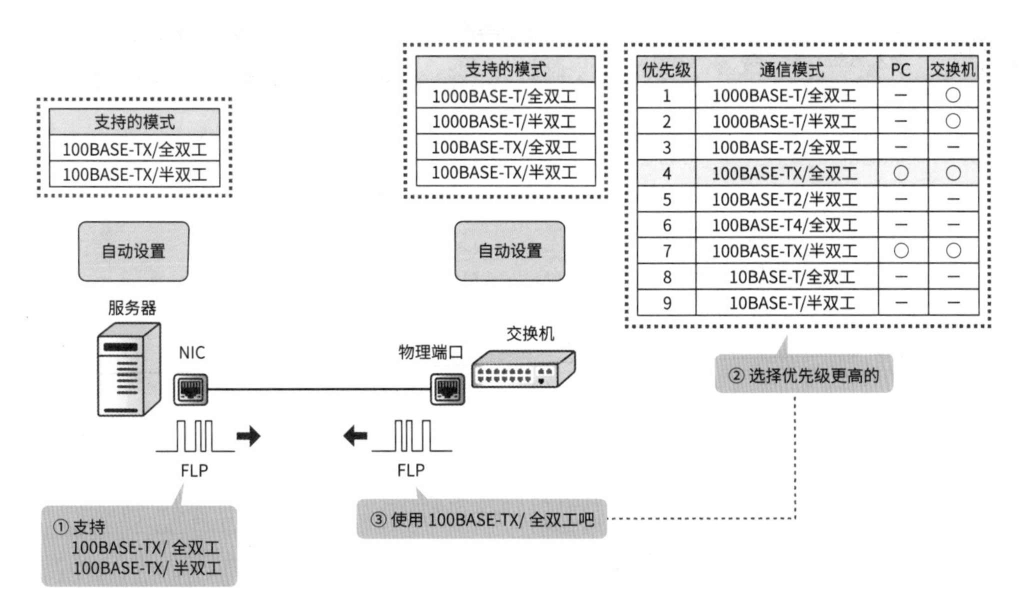

优先级	通信模式	PC	交换机
1	1000BASE-T/全双工	—	○
2	1000BASE-T/半双工	—	○
3	100BASE-T2/全双工	—	—
4	100BASE-TX/全双工	○	○
5	100BASE-T2/半双工	—	—
6	100BASE-T4/全双工	—	—
7	100BASE-TX/半双工	○	○
8	10BASE-T/全双工	—	—
9	10BASE-T/半双工	—	—

图2.1.23 • 自动协商

使用自动协商时，相邻设备上的两个物理端口都需要设置为自动协商。如果只将一个物理端口设置为自动协商，设备就会自动选择半双工通信。这是因为自动协商的规范是如果向 FLP 返回非 FLP 的信号，设备就会选择半双工通信。正如我们在前面所讲解的，如果是半双工通信，传输速度就会显著下降，因此目前必须选择全双工通信。如果将一个端口设置为自动协商，那么另一个端口也必须设置为自动协商。

无线局域网（IEEE 802.11）

在 IEEE 802.11 标准中对无线局域网的协议进行了标准化。说到无线局域网，由于 WiFi 这个名字无处不在，已经渗透到了社会的方方面面，因此大家可能会认为 WiFi 就是无线局域网的协议。WiFi 是由美国的行业组织 WiFi Alliance 为了促进无线局域网产品的普及而采取的一项互联认证举措。目前，世界上几乎所有符合 IEEE 802.11 标准的产品都通过了 WiFi 认证，因此可以说符合 IEEE 802.11 标准的产品 = WiFi 认证产品也并没有错，但是严格来讲，它们并不是同一回事。本书将从物理层协议的角度，基于 IEEE 802.11 标准对相关内容进行讲解。

IEEE 802.11 也与 IEEE 802.3 标准相同，协议的名称都需要在 IEEE 802.11 的后面添加英文字母。根据协议的不同，使用的频段和调制方式以及使用的技术都会有所不同。协议越新，速度就会越快，越容易进行连接，通信也更加稳定。

表2.2.1 • IEEE 802.11的协议

IEEE	制定年份	最大速度	频段	信道宽	调制方式		支持的高速化技术			
					一次调制	二次调制	短保护间隔	通道捆合技术	MIMO	波束成形
802.11a	1999 年	54Mb/s	5GHz	20MHz	BPSK QPSK 16QAM 64QAM	OFDM	–	–	–	–
802.11g	2003 年	54Mb/s	2.4GHz	20MHz	BPSK QPSK 16QAM 64QAM	DSSS OFDM	–	–	–	–
802.11n	2009 年	600Mb/s	2.4/5GHz	20MHz 40MHz	BPSK QPSK 16QAM 64QAM	MIMO–OFDM	○	○	○	–
802.11ac	2014 年	6.93Gb/s	5GHz	20MHz 40MHz 80MHz 160MHz	BPSK QPSK 16QAM 64QAM 256QAM	MIMO–OFDM	○	○	○	○

2.2.1 频段

无线局域网所使用的频段不是 2.4GHz 频段，就是 5GHz 频段。该频段需要以信道的形式进行划分和使用。

2.4GHz 频段

2.4GHz 频段被称为 ISM 频段[①]，它不仅可以用于无线局域网，还可以用于微波炉、蓝牙、业余无线电领域中。在无线局域网中，需要将这种频段以每 20MHz 分为 13 个信道进行使用。但是，由于每个通道的波长略有重叠，因此只能同时使用其中的 3 个通道，如选择 1ch、6ch、11ch 这样频段不会重叠的 3 个通道进行使用。IEEE 802.11g 和 IEEE 802.11n 是使用 2.4GHz 频段的协议。

由于 2.4GHz 频段在无线电波的特性上不易受到障碍物的影响，因此可以在室内和室外使用。但是，在日常生活中，微波炉和业余无线电等很多电器会干扰无线电波，因此在使用时需要慎重考虑。因为当发生无线电波干扰时，就会突然断开连接，或者丢失数据包。此外，虽然可以同时使用的信道比较少，但是无线电波会到处“飞来飞去”，于是就会处于一种串扰的状态。如果发出了“怎么回事，之前还连接得好好的啊……”这种疑问，就可能是无线电波干扰造成的，建议此时可以尝试改变信道，看看可不可以重新建立连接。

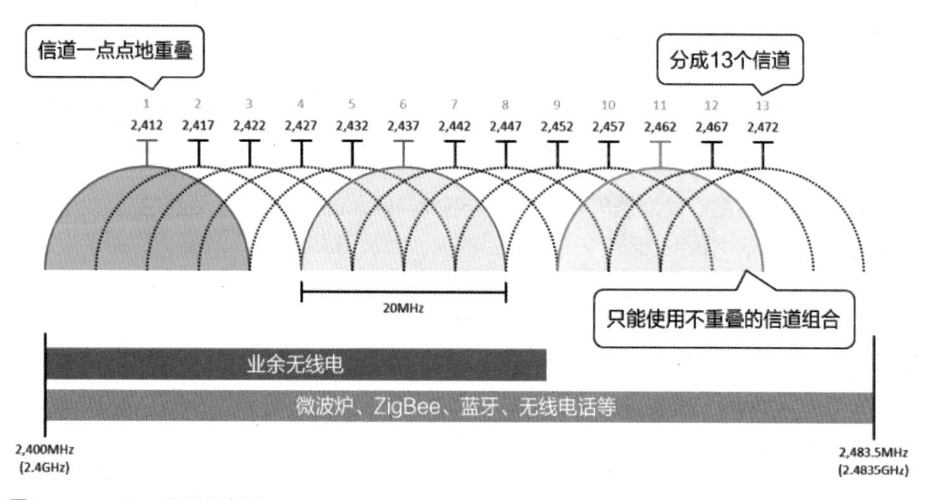

图2.2.1 • 2.4GHz 信道与频段

5GHz 频段

5GHz 频段是由 W52、W53 和 W56 3 种频带组成的。W52 和 W53 是分为 4 个 20MHz 的信道，W56 则是分为 11 个 20MHz 的信道。由于每个信道使用的是完全不同的波长，因此可以同时使用所有的 19 个信道。由于可使用的信道数量多，且可以同时对它们进行使用，因此可以构建和谐清爽的无线电波环境。IEEE 802.11a、IEEE 802.11n 和 IEEE 802.11ac 是使用 5GHz 频段的协议。

由于 5GHz 频段在无线电波的特性上容易受到障碍物的影响，因此在室外使用时有所限制，可以在室外使用的只有 W56。此外，协议中规定了 W53 和 W56 必须具备 DFS（Dynamic Frequency Selection，动态频率选择）功能，在通过该功能检测到雷达波时必须改变信道。需要注意的是，当 DFS 功能运行时，一定时间内将无法进行通信。

① ISM（Industry Science and Medical）是一种为工业、科学、医疗领域保留的频段。

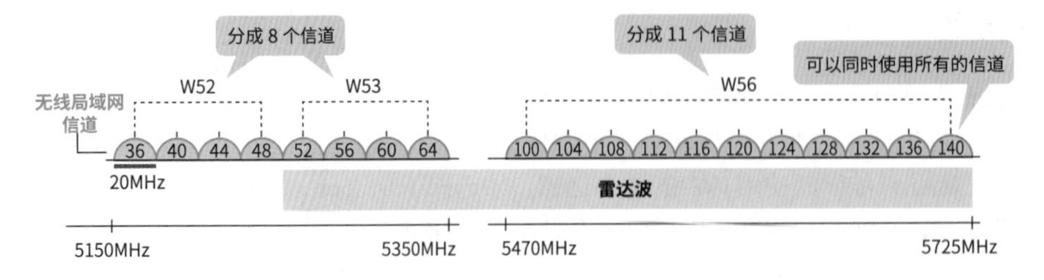

图2.2.2 • 5GHz信道与频段

参考　构建网络时应当选择 2.4GHz 频段还是 5GHz 频段?

最近较为流行的做法是选择可以同时使用很多信道的 5GHz 频段。如果热点和无线局域网客户端支持 5GHz 频段，那当然是选择使用 5GHz 频段构建网络更好。

参考　热点的配置

使用一个热点就可以覆盖客户端通信的范围被称为信元。信元的形状和大小会根据天线的形状和使用的频段，以及无线电波输出的大小而产生变化。此外，越是信元的外侧，即距离热点越远，无线电波就会越弱，传输速度也会越慢。

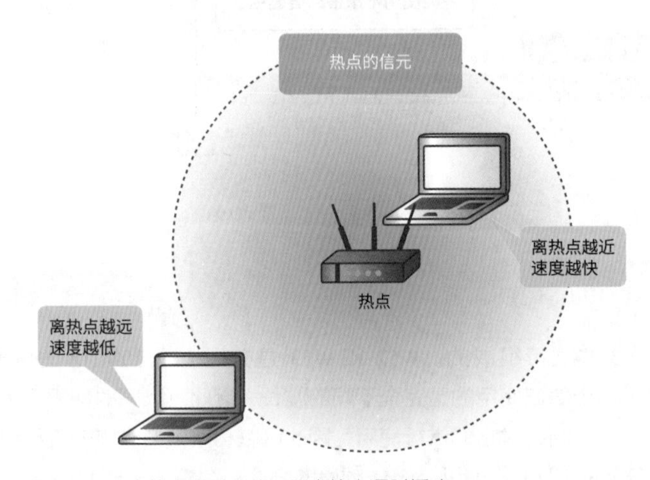

图2.2.3 • 距离热点近时高速，距离热点远时低速

因此，在设置热点时，就可以通过信元和信道组合起来的方式将空间填满，让广域的通信成为可能。例如，如果使用 2.4GHz 频段，就可以对互不干扰的 3 个信道按照图 2.2.4 所示进行配置，从而构建一个和谐清爽的无线电波环境。

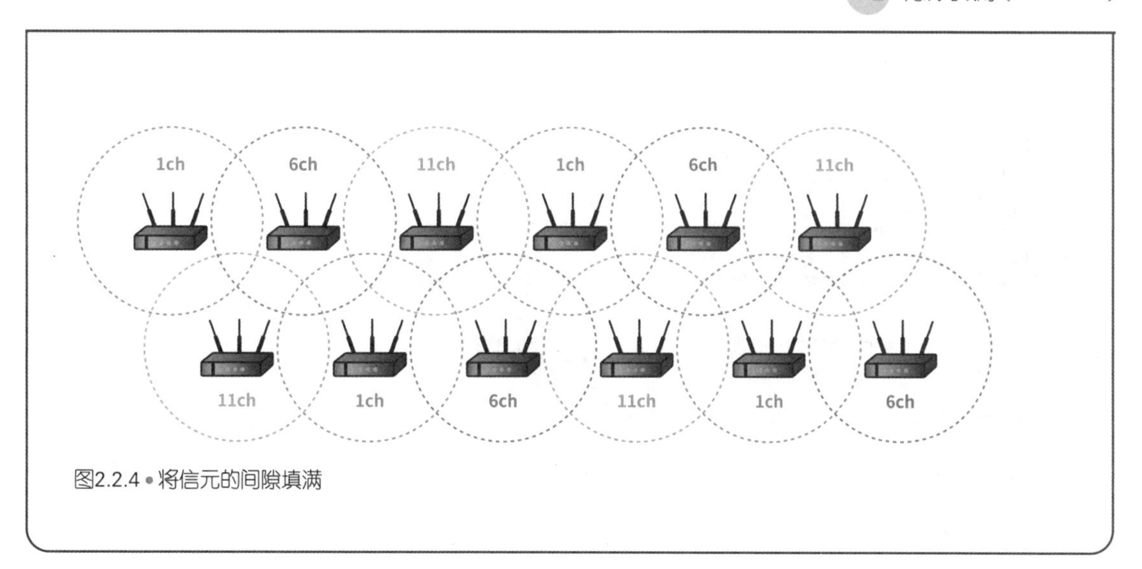

图2.2.4 • 将信元的间隙填满

2.2.2 调制方式

无线局域网需要使用无线电波发送数据。将由 0 和 1 组成的数字数据转换成模拟的无线电波的做法被称为调制。无线局域网是通过进行一次调制和二次调制两种调制来实现高速且稳定的数据传输的。在进行一次调制时，将数据调制为可以作为无线电波发送；在进行二次调制时，使数据能够抵御干扰。

■ 一次调制

一次调制可以将恒定频率的参考波形载波和数字数据相结合，创建一个可以承载到无线电波上的调制波。在无线局域网中，可以根据载波改变无线电波的振幅，或者改变波形的角度，来发送大量由 0 和 1 组成的数据。无线局域网的一次调制方式包括 BPSK、QPSK、16QAM、64QAM 和 256QAM 等方式。一次调制方式与协议的传输速度有关。

■ 二次调制

二次调制是一种加强一次调制产生的无线电波的抗干扰能力的调制方式。一次调制只是一种转换技术。如果将一次调制中好不容易产生的无线电波直接发送出去，就可能会被空间中“飞来飞去”的其他无线电波（干扰）破坏。因此，我们需要对无线电波进行扩散优化处理，使其可以抵御干扰，不受噪声干扰的影响。根据扩频的方式不同，无线局域网的二次调制方式可以分为 DSSS、OFDM 和 MIMO-OFDM 3 种。DSSS 是低速，OFDM 是高速，MIMO-OFDM 则是更高层次的高速。无线局域网的协议可以根据二次调制方式和频段的组合进行归类。

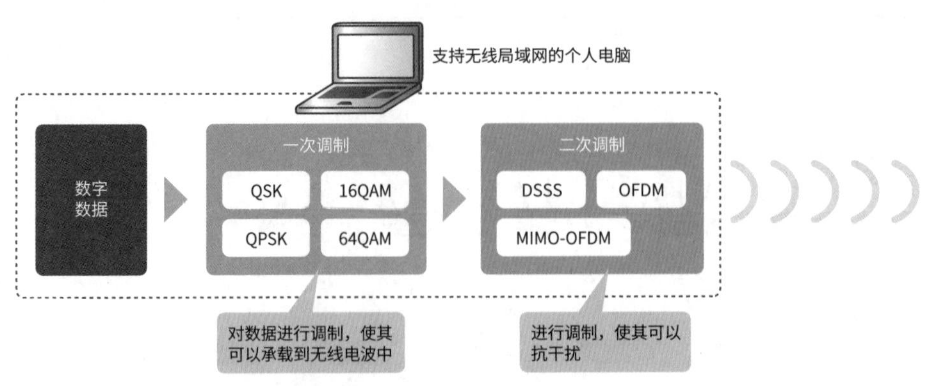

图2.2.5 • 对数字数据进行两次调制并将其作为无线电波发送

2.2.3 无线局域网的通信方式

由于无线局域网的终端需要在发送和接收数据时使用相同的信道①，因此需要使用半双工通信方式进行通信。也就是说，使其在发送数据时无法接收数据，在接收数据时无法发送数据。此外，由于是大家共享同一个信道，因此多台终端无法同时发送数据包。如果同时发送了数据包，数据包就会发生冲突，从而破坏无线电波的波形。

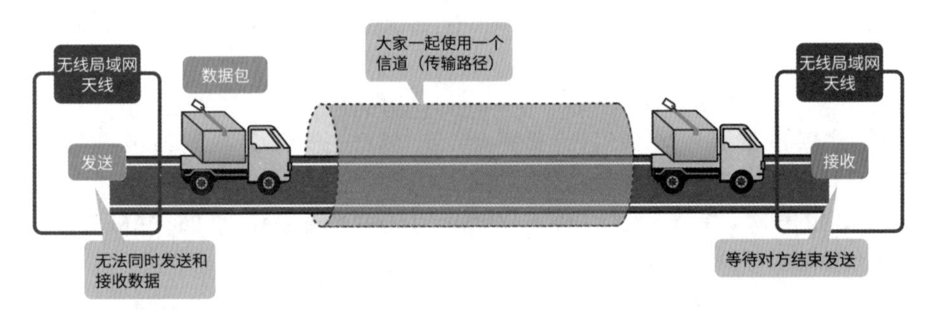

图2.2.6 • 无线局域网中的半双工通信

因此，无线局域网中采用了一边回避冲突一边进行通信的 CSMA/CA（Carrier Sense Multiple Access with Collision Avoidance，带冲突避免的载波感应多路访问）机制。说到 CSMA，笔者就想起了在有线局域网的半双工通信中使用的 CSMA/CD。如果粗略地对这两种机制进行比较，CSMA/CD 是一种在发生冲突之后解决问题的机制，而 CSMA/CA 则是在发生冲突之前避免问题的机制。接下来，我们将对具体的处理步骤进行讲解。

① 无线局域网的终端在发送数据帧之前需要进行等待，并确认其他终端是否正在使用无线电波。我们将这个等待时间称为 DIFS（Distributed Interframe Space，分配的帧间空隙）②，确认的过程被称为载波监听。

① 在这里，将信道等同于传输路径可能会更容易理解。

② DIFS 的等待时间会根据使用的协议和频段而有所不同。例如，2.4GHz 频段的 IEEE 802.11n 的 DIFS 是 28μs，5GHz 频段的 IEEE 802.11n 的 DIFS 则是 34μs。

② 如果检测到没有终端在使用无线电波（空闲状态），每台终端就只需要等待一个随机的时间。这个随机的等待时间被称为退避。

③ 退避最短的终端，可以优先发送数据帧。此外，其他终端会暂时停止发送（忙碌状态）。

④ 热点会暂时进行等待，并将包含“已经接收数据帧”含义的答复作为数据帧发送出去。其他的终端则会暂停发送。这个等待时间被称为 SIFS（Short Interframe Space，短的帧间空隔）[①]。

⑤ 当所有的终端都接收到答复的数据帧时，再次重复①～④的步骤。

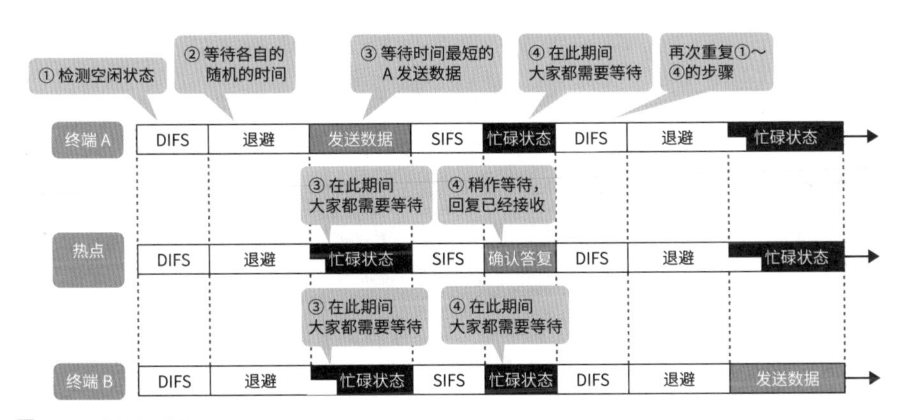

图2.2.7 • CSMA/CA

使用 CSMA/CA 进行通信时，只会允许一台终端发送数据包。例如，如果有 20 台终端通过同一个热点上传文件，可能看起来好像每台终端在同时进行通信，但实际上每一个瞬间只有一台终端真正地在进行通信。由于通信的终端在进行快速切换，因此看上去就像是大家在同时进行通信一样。

2.2.4 高速化技术

每次引入新协议时，IEEE 802.11 都会加入各种技术，以实现高速化处理。本书将重点对物理层相关的高速化技术进行讲解。

短保护间隔

无线局域网天线接收到的无线电波包括从发射天线直接到达的直接波和一边在建筑物和墙壁上反射一边在不同时间到达的反射波（间接波）。这两种类型的无线电波发生错位导致重叠，造成波形失真的现象被称为多径干扰。如果发生了多径干扰，将无法恢复成原始的无线电波，会造成通信中断或者错误频发的问题。

① SIFS 的等待时间会根据使用的协议和频段而有所不同。例如，2.4GHz 频段的 IEEE 802.11n 的 SIFS 是 10μs，5GHz 频段的 IEEE 802.11n 的 SIFS 是 16μs。

减少这种多径干扰的功能被称为保护间隔（GI）。保护间隔是一种在一定时间内，对承载了比特的无线电波的末尾进行复制，并将其添加到 GI 开头的功能。使用这种功能时，即使前后的无线电波有些许重叠，也可以提取原始无线电波，减少多径干扰带来的影响。短保护间隔（短 GI）是指一种减少这一复制时间的功能。这种功能已经作为可选功能添加到了 IEEE 802.11n 标准中。默认的保护间隔为 800ns，而短保护间隔为 400ns。保护间隔的时间越短，在同一时间通过无线电波传输的比特就会越多，传输速度最大可以提高到 1.1 倍。IEEE 802.11n 中的每个空间流的最大传输速度为 65Mb/s，如果使用短保护间隔功能，传输速度就可以提高到 72.2Mb/s。

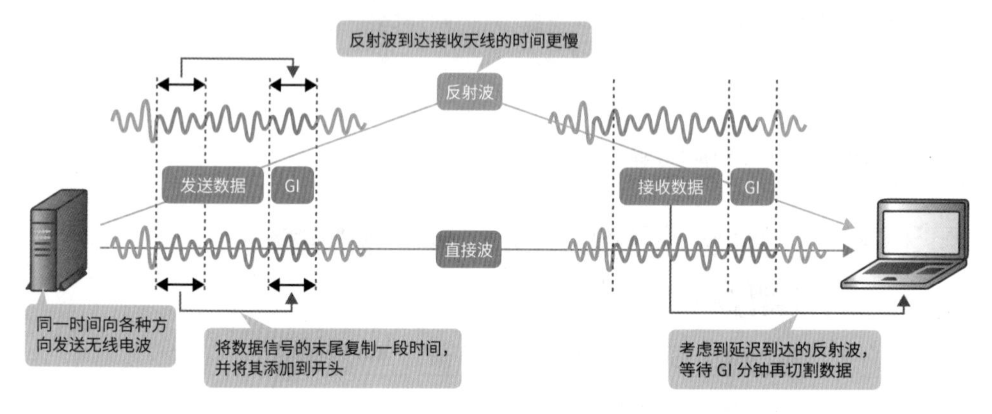

图2.2.8 • 短保护间隔

通道捆合技术

通道捆合技术是一种通过同时使用相邻信道的方式来提高传输速度的技术。

直到 IEEE 802.11a/b/g 为止，都是只使用一个信道发送和接收数据的。从 IEEE 802.11n 开始，使用通道捆合技术之后，就可以同时使用多个信道转发数据包。例如，当保护间隔为 800ns 时，每个空间流的传输速度是 65Mb/s。如果使用通道捆合技术，将信道宽度扩宽两倍（40MHz），传输速度就是 130Mb/s（65Mb/s × 2）。

使用通道捆合技术时，一个热点就可以使用多个信道。因此，如果在 2.4GHz 频段中采用通道捆合技术，就可能无法配置信道。因此，要在需要配置多个热点的无线局域网环境中使用通道捆合技术，就必须使用 5GHz 频段。

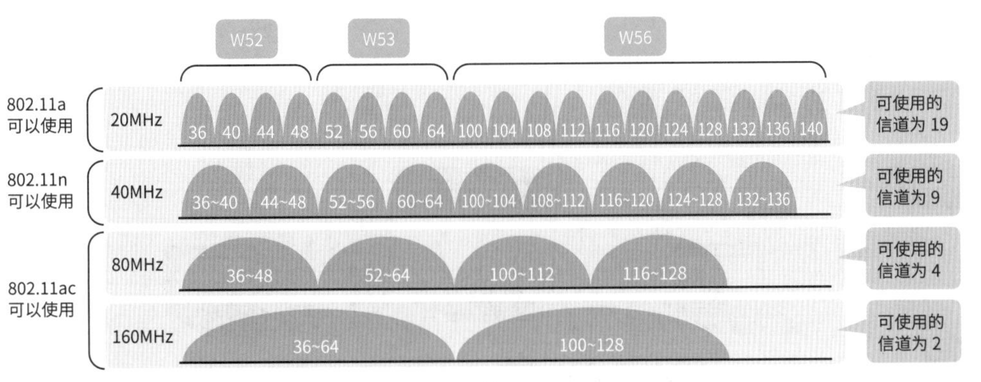

图2.2.9 • 通道捆合技术需要使用多个信道实现高速化处理

MIMO

在无线局域网中，对空间中流动的比特进行传输的路径被称为空间流。MIMO（Multi-Input Multi-Output，多进多出）就是一种同时使用多个空间流来提高传输速度的技术。

在 IEEE 802.11a/b/g 中，一根天线只能使用一个空间流传输比特。而现在可以在 IEEE 802.11n 中使用多达 4 根天线和 4 个空间流，在 IEEE 802.11ac 中则可以同时使用多达 8 根天线和 8 个空间流来传输更多的比特。空间流的数量越多，传输速度就会越快。如果可以用两个空间流进行传输，就可以达到两倍的传输速度；使用 3 个空间流进行传输，就可以达到 3 倍的传输速度。例如，在没有捆合通道（通道宽为 20MHz）的情况下，保护间隔为 800ns 时，每个空间流的最大传输速度为 65Mb/s，如果使用 4 个空间流，就可以将传输速度提高到 260Mb/s（65Mb/s × 4 个空间流）。

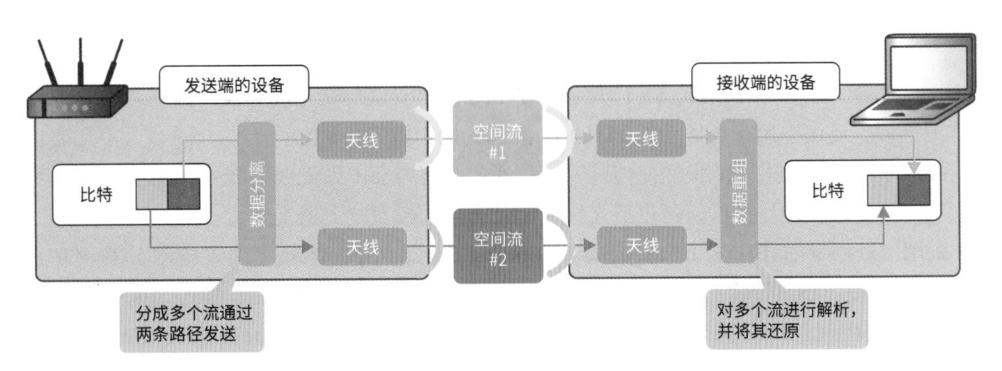

图2.2.10 • MIMO（两个空间流的场合）

波束成形

将无线电波精确定位到智能手机和个人电脑等无线局域网终端的功能被称为波束成形。在 IEEE 802.11n 中，它是一个可选功能；但是在 IEEE 802.11ac 中，它是作为标准功能采用的。

到 IEEE 802.11a/b/g 为止，要将无线电波集中在特定位置，除了使用抛物面天线这类高度定向的天线之外，别无他法。波束成形是通过控制无线电波的相位在无线电波中创建方向，来精准地将无线电波传送到无线局域网的终端的。采用波束成形的方式不仅可以提高传输速度，而且由于无线电波干扰的范围变得窄小，因此也提高了通信质量。

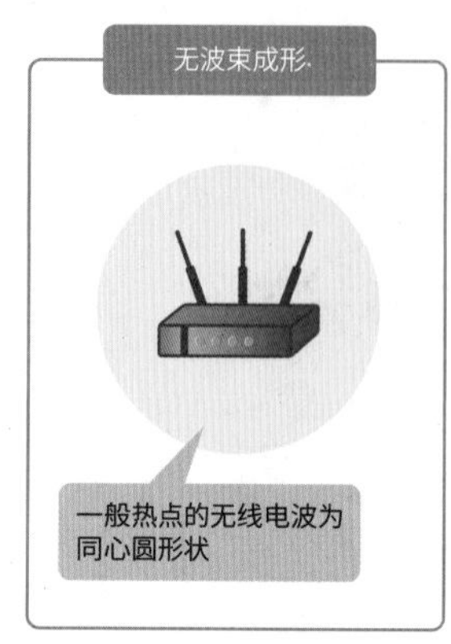

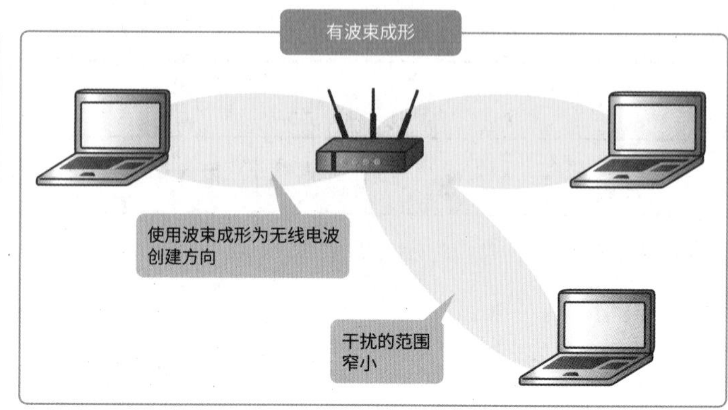

图2.2.11 • 波束成形

2.2.5 其他无线协议

在无线部分的结尾，我们将对 IEEE 802.11 以外的无线协议进行简单的讲解。在无线通信中，除了 IEEE 802.11 之外，还存在很多不同用途的协议。在这里，我们将对其中两种目前正在发展的协议进行介绍。

蓝牙

蓝牙（Bluetooth）是一种由 IEEE 802.15.1 确定标准化的省电型短距离无线协议。目前，它不仅可以用于个人电脑的外设，还可以用于智能手机的耳机和汽车的扬声器等各种场合，估计没有人不知道它的存在。Bluetooth 与无线局域网相比，虽然在传输速度和通信距离方面不如无线局域网，但是它耗电少，而且可以通过配对的方式轻松地与各种设备进行连接，因此得到了爆发式的普及。

Bluetooth 采用了一种称为 FHSS（Frequency Hopping Spread Spectrum，跳频技术）的调制方式，可以将 2.4GHz 频段（ISM 频段）划分为 79 个信道①，并以每秒 1600 次（每 625μs 一次）的速度切换信道的同时进行通信②。另外，此时可以使用 AFH（Adaptive Frequency Hopping，自适应跳频）检测错误频发的信道，来避开使用该信道，以达到尽可能在避免无线电波干扰的同时进行通信的目的。

① 如果是 Bluetooth LE（Low Energy），就是划分为 40 个信道。
② 更进一步进行说明，一次调制是 GFSK/DPQSK/8PSK，二次调制是 FHSS。FHSS 是一种在 IEEE 802.11 中也会使用的调制方式。

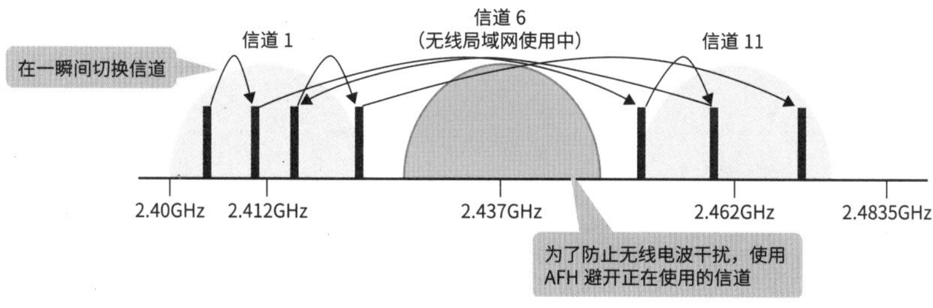

图2.2.12 • FHSS

ZigBee

ZigBee① 是一种由 IEEE 802.15.4 确定标准化的省电短距离无线协议。与无线局域网相比，它虽然在传输速度和通信距离方面不如无线局域网，但是它在收发数据时耗电低，而且在休眠时的待机耗电也比 Bluetooth 少，因此它可以用于智能家居的家电和制造工厂的传感器等只有在必要时才需要进行大量通信的物联网中。

ZigBee 也与 Bluetooth 相同，是将 2.4GHz 频段（ISM 频段）② 划分为 16 个信道进行使用的。一次调制采用 QPSK，二次调制采用 DSSS，最大可以达到 250kb/s 的传输速度。

最后，表 2.2.2 对 Bluetooth、ZigBee 和无线局域网进行了比较。如果需要快速地进行确认，可以参考表 2.2.2。

表2.2.2 • Bluetooth、ZigBee和无线局域网的比较

		Bluetooth	ZigBee	无线局域网
		IEEE 802.15.1	IEEE 802.15.4	IEEE 802.11n/ac
频带		2.4GHz 频段	2.4GHz 频段	2.4GHz 频段 /5GHz 频段
调制方式	一次调制	GFSK（LE） DPQSK（BR/EDR） 8PSK（BR/EDR）	QPSK	BPSK QPSK 16QAM ～ 256QAM
	二次调制	FHSS	DSSS	MIMO-OFDM
最大到达范围		10m	30m	100m
最大吞吐量		GFSK（LE）	250kb/s	6.93Gb/s
用电量		中（BR/EDR）低（LE）	低	高
主要用途		用于连接键盘、鼠标、耳机等	用于物联网相关，如传感器的数据采集等	用于连接互联网等

① ZigBee 的名称来源于以之字形（Zig）飞来飞去的蜜蜂（Bee）。
② 在 IEEE 802.15.4 中进行了相关的定义，以便 868MHz 频段、915MHz 频段也可以使用。在日本只能使用 2.4GHz 频段。

chapter

3

数据链路层

那些可以在家中连接互联网的终端，如个人电脑、平板电脑和智能手机等并不是直接连接到互联网的，它们首先都需要与家庭局域网进行连接，然后才能与互联网建立连接。而本章中将要讲解的数据链路层就是一种专门用于确保家庭局域网等同一网络中的终端的可连接性和可靠性的网络分层。

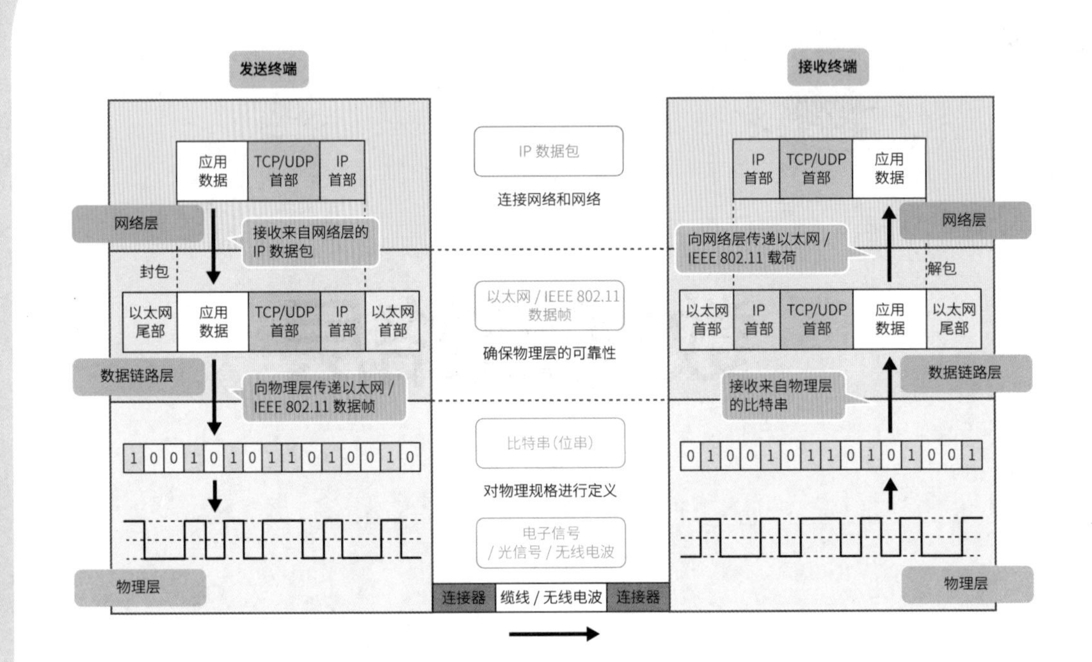

数据链路层能够对同一网络中的终端进行识别，并且提供了确保在物理层中传输的比特串正确无误的机制。物理层则是负责对计算机处理的由0和1组成的数字数据，与局域网网线和无线电波处理的信号进行相互转换。负责发送数据的终端需要在物理层将数字数据转换成信号时执行一些小的处理（符号化）。因此，如果只是少量错误（比特错误），接收终端其实是可以自动修正的。但是，如果是复杂的错误，单靠物理层自身也是无计可施的。而数据链路层由于可以检查全部数字数据的完整性，因此能够检测出单独依靠物理层无法纠正的那些错误，从而确保数字数据的可靠性。此外，它还会使用名为MAC 地址的网络地址分别对发送终端和接收终端进行识别。我们在第2 章的开头部分已经讲解过，由于数据链路层与物理层是协同工作的，因此协议也需要与物理层成套地进行定义。也就是说，现代网络中使用的二层协议，如果是有线局域网，就需要使用IEEE 802.3；如果是无线局域网，就需要使用IEEE 802.11。

有线局域网（IEEE 802.3）

数据链路层的“数据链路”是指在相邻设备之间创建的逻辑传输线路。在数据链路层中，为了便于判断是“为哪一个终端创建数据链路”，以及确认创建好的数据链路中“是否丢失了比特”，需要进行封包处理，以确保物理层的可靠性。在 IEEE 802.3 标准的以太网中，对采用哪种格式（形式）进行封包，以及如何检测错误进行了定义。

3.1.1 以太网的数据帧格式

使用以太网封装的数据包被称为以太帧。以太网的数据帧格式包括以太网Ⅱ标准和 IEEE 802.3 标准两种。

以太网Ⅱ标准是由当时计算机行业的领导者 DEC 公司、半导体行业的领导者英特尔公司，以及拥有以太网专利的施乐公司于 1982 年公布的标准。我们也可以取这 3 家公司的首字母，将其称为 DIX 2.0 标准。由于以太网Ⅱ标准早于 IEEE 802.3 标准公诸于世，可以说“以太网Ⅱ = 以太网”像一种常识一样，在全球范围内形成了普遍的共识。从 Web、电子邮件、文件共享到认证处理，使用 TCP/IP 进行传输的大部分数据包都使用了以太网Ⅱ标准。

IEEE 802.3 标准是一种由 IEEE 802.3 委员会在 1985 年公布的基于以太网Ⅱ的标准，其中对以太网Ⅱ标准进行了一些修改。在 IEEE 802.3 标准被作为全球统一标准公布之前，由于以太网Ⅱ标准已经在世界范围内得到了普及，因此很少受到公众的关注。即使是现在，笔者也认为它依然是一个次要的标准。因此，基于这些背景，本书只对以太网Ⅱ标准进行讲解。

以太网Ⅱ标准的数据帧格式自 1982 年公布以来，时至今日从未发生过任何变动。这种简单易懂的格式支撑了它四十年的悠久历史。以太网Ⅱ标准的数据帧格式是由前导码、接收方 / 发送方 MAC 地址、类型、以太网载荷和帧检验序列（Frame Check Sequence，FCS）这 5 个字段组成的。其中，前导码、接收方 / 发送方 MAC 地址、类型统称为以太网首部。此外，FCS 也被称为以太网帧尾。

	0 比特	8 比特	16比特	24 比特
0 字节	前导码			
4 字节				
8 字节	接收方MAC地址			
12字节			发送方MAC 地址	
16字节				
20 字节	类型			
可变	以太网载荷（IP数据包（+填充））			
最后的4字节	FCS			

图3.1.1 • 以太网Ⅱ标准的数据帧格式

参考　关于格式图

本书中只展示图 3.1.1 中所示的常用协议的格式图。格式图是根据 RFC，每列有一个 4 字节（32 比特）的行，依照从左到右，再到下一行的顺序编写的。例如，如果数据以 1 字节（8 比特为单位）进行传输，就需要根据图 3.1.2 所示的顺序进行传输。

	0比特	8比特	16比特	24比特
0字节	1	2	3	4
4字节	5	6	7	8
8字节	9	10	11	12

图3.1.2 • 格式图

接下来将对数据帧格式中的各个字段进行简要的讲解。

■ 前导码

前导码是一种包含“我们接下来将要发送以太帧哦”的意思的、8 字节（64 比特）[①] 的特殊的特征码。需要从开头开始发送 7 个 10101010，最后紧接着发送一个 10101011。接收端的终端需要查看添加在以太帧的开头部分的这串特征码，来得出“接下来将会有以太帧到达”的判断。

■ 接收方 / 发送方 MAC 地址

MAC 地址是一种对连接在以太网网络的终端进行识别的 6 字节（48 比特）的编号 ID。我们可以认为这是一个以太网网络中的地址。发送方的终端会将需要发送以太帧的终端的 MAC 地址设置为接收方 MAC 地址，将自己的 MAC 地址设置为发送方 MAC 地址，然后发送以太帧。与之相对地，接收方的终端则会查看接收方 MAC 地址，如果确定是自己的 MAC 地址，就会接收以太帧；如果是与自己无关的 MAC 地址，则会将以太帧丢弃。此外，接收方终端还会查看发送方 MAC 地址，以识别是来自哪一个终端的以太帧。

■ 类型

类型是一种表示网络层（层 3、L3、第 3 层）中使用哪种协议的 2 字节（16 比特）的类型 ID。如果是 IPv4，类型就是 0x0800；如果是 IPv6，类型则是 0x86DD。它的值是根据使用的协议和版本而定的。

■ 以太网载荷

以太网载荷表示网络层的数据本身。例如，如果在网络层中使用 IP，就是“以太网载荷 = IP 数据包”。正如我们在 1.1.2 小节中所讲解的，在分组交换方式的通信中并不是直接发送数据的，而是需要先将数据切分成便于传输的小包裹，再将其发送出去。这个小包裹的尺寸也是固定的[②]。如果是以太网，就需要控制在默认的 46 ~ 1500 字节范围内[③]。如果不够 46 字节，可以通过添加名为“填充”的虚拟数据的方式强

① 字节和比特是表示数据尺寸（数据的大小）的单位。计算机会将所有的数据作为 0 和 1 进行处理，每一个数字都是一个比特。但是，计算机并不会一个一个地对这些比特进行处理，为了高效地进行处理，每次会对 8 比特进行处理，这 8 比特就是 1 字节。也就是说，1 字节 = 8 比特。此外，字节会用大写字母 B 表示，比特则会用小写字母 b 表示。

② 把它当作那种送货上门的邮政快递服务中规定的包裹尺寸，可能会比较容易理解。

③ 我们将可以保存在二层载荷中的数据的最大尺寸称为 MTU（Maximum Transmission Unit，最大传输单元）。以太网的默认 MTU 为 1500 字节，当然也可以将其设置为更大的尺寸。通常将大于以太网载荷的 1500 字节的以太帧称为巨型帧。

制性地增加到46字节。相反地，如果是超过1500字节的数据，则可以在传输层或网络层对数据进行切分，将数据控制在1500字节以内。

表3.1.1 ● 具有代表性的协议的类型代码

类型代码	协　议
0x0000 – 05DC	IEEE 802.3 Length Field
0x0800	IPv4（Internet Protocol version 4）
0x0806	ARP（Address Resolution Protocol）
0x8035	RARP（Reverse Address Resolution Protocol）
0x86DD	IPv6（Internet Protocol version 6）
0x8863	PPPoE（Point-to-Point Protocol over Ethernet）Discovery Stage
0x8864	PPPoE（Point-to-Point Protocol over Ethernet）Session Stage

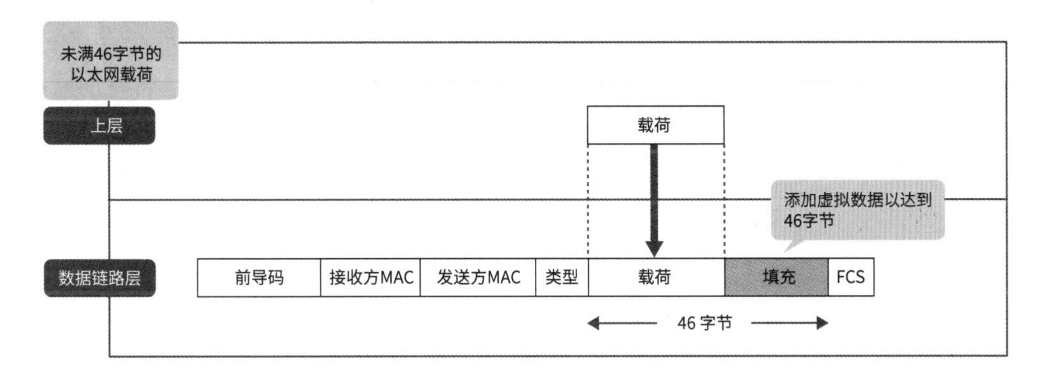

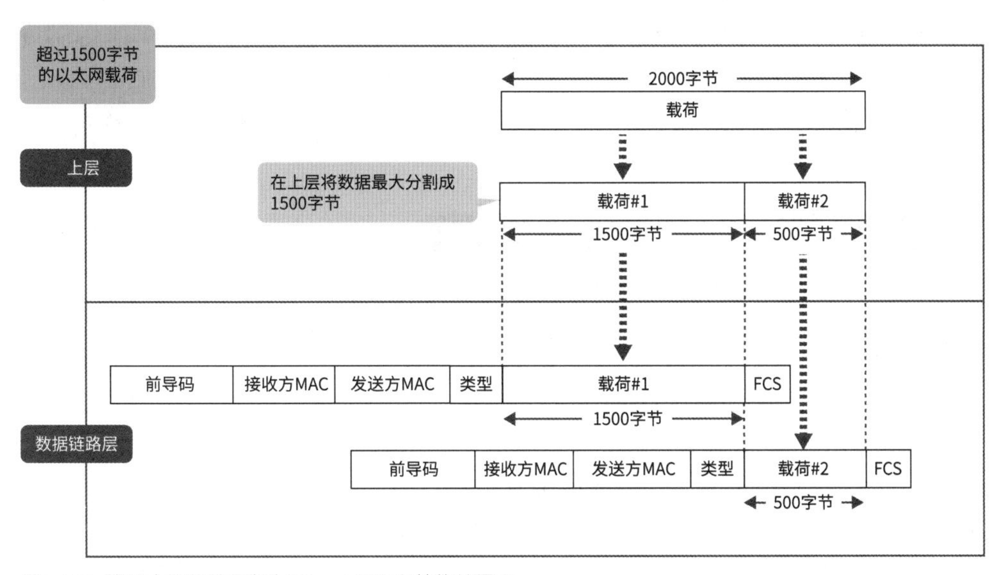

图3.1.3 ● 将以太网载荷控制在46 ~ 1500 字节的范围内

■ FCS

FCS 是专门用于确认以太帧是否损坏的一个 4 字节（32 比特）的字段。

发送方的终端在发送以太帧时，需要对接收方 MAC 地址、发送方 MAC 地址、类型和以太网载荷进行相应的计算（计算校验和、CRC），并将计算结果作为 FCS 添加到数据帧的尾部。相应地，接收方的终端也需要对接收的以太帧进行相同的计算，如果计算得到的结果与 FCS 相同，就可以确定接收到的数据没有被损坏，是正确的以太帧；如果计算得到的结果与 FCS 不同，就可以确定在传输过程中以太帧遭受了损坏，那么就应当将数据废弃。FCS 就是通过上述方式实现对以太网中所有的错误进行检测的。

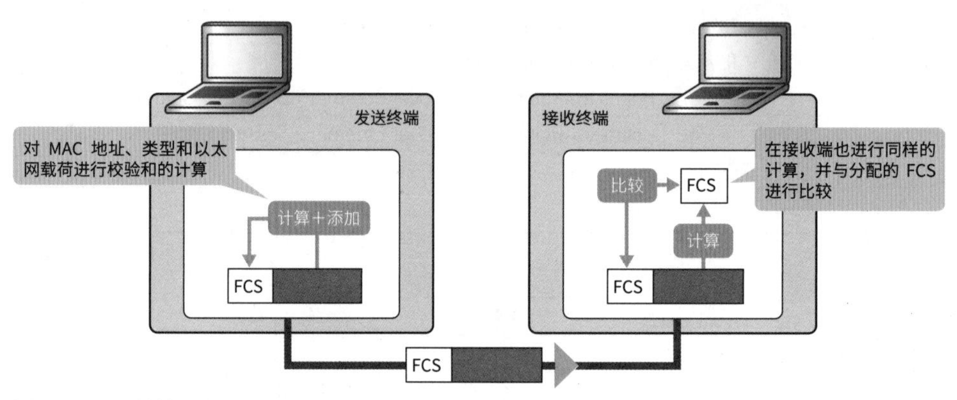

图3.1.4 • FCS的处理过程

3.1.2 MAC 地址

在以太网中，最为重要的字段是接收方 MAC 地址和发送方 MAC 地址。MAC 地址是一种用于对连接以太网网络的终端进行识别的 ID。它由 6 字节（48 比特）组成，需要像 00-0c-29-43-5e-be 或 04:0c:ce:da:3a:6c 这样，使用连字符或者冒号对每个字节（8 比特）进行分隔，并使用十六进制进行表示。如果是物理设备，就需要在制造物理 NIC 网卡时将其写入 ROM（Read Only Memory，只读存储器）；如果是虚拟设备，则会默认由管理程序分配给虚拟 NIC 网卡。

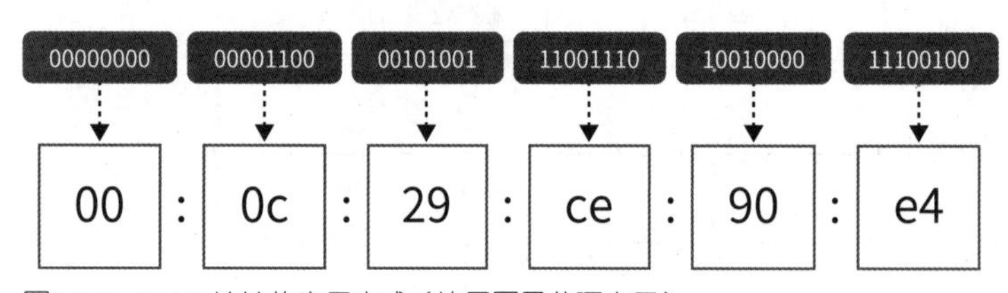

图3.1.5 • MAC 地址的表示方式（使用冒号分隔表示）

MAC 地址在高位 3 字节（24 比特）和低位 3 字节（24 比特）中具有不同的含义。高位 3 字节（24 比特）是由 IEEE 分配给每个供应商的供应商代码，该代码被称为 OUI（Organizationally Unique Identifier，组织唯一标识符）。我们只要查看代码，就可以知道正在进行通信的终端的 NIC 网卡是由哪家供应商制造的。低位 3 字节（24 比特）被称为 UAA（Universally Administered Address，通用管理地址），它由供应商在出货时分配或者随机生成。

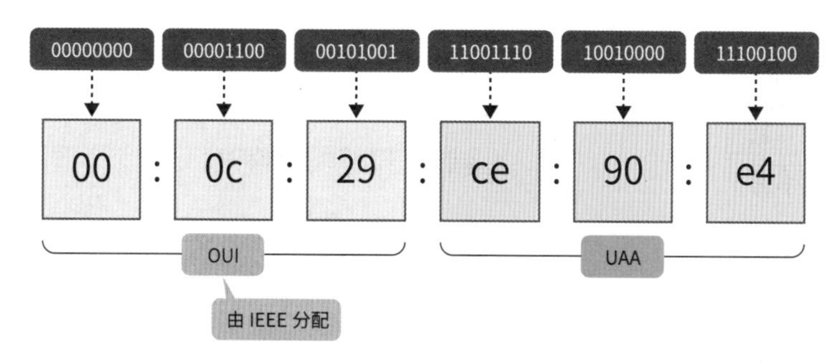

图3.1.6 • OUI与UAA

参考　MAC 地址并不一定是固定的

在过去，MAC 地址是由 IEEE 单独进行管理的 OUI，以及供应商单独进行管理的 UAA，是全球唯一的地址。但是，最近由于供应商会在出货时重复使用 MAC 地址，或者可以在虚拟环境中随机生成 UAA，因此该地址变得并不总是唯一的。如果在以太网网络中存在多个相同 MAC 地址的终端，这些终端将无法进行通信。因此，这种情况下就需要重新设置唯一的 MAC 地址，避免重复。

每种通信的 MAC 地址的区别

在以太网网络中的通信可以分为单播、广播和组播 3 种方式。这些通信需要根据接收方区分进行使用，而且与接收方 MAC 地址相关联的 MAC 地址也会略有不同。接下来，将分别对它们进行讲解。

■ 单播

单播是指 1:1 的通信。收发数据的每台终端的 MAC 地址就是发送方 MAC 地址和接收方 MAC 地址。像 Web 和电子邮件等常用的互联网通信，基本上都可以归类为这种单播通信模式。

■ 广播

广播是指 1:*n* 的通信。这里的 *n* 表示连接着同一个以太网网络的、除自己以外的所有终端。如果某台终端发送了广播，那么在该以太网网络中的、除自己以外的所有终端都会接收该数据帧。这个数据所能广播到的范围被称为广播域。广播专门用于 ARP（Address Resolution Protocol，地址解析协议）（见 P103）这类需要在网络上向所有终端进行通知和询问的协议中。

广播的发送方 MAC 地址就是发送方终端的 MAC 地址。而接收方 MAC 地址则需要使用 6 字节（48 比特）都为 1 的地址，如果将其转换为十六进制数，就是“ff:ff:ff:ff:ff:ff”这种特别的组合。

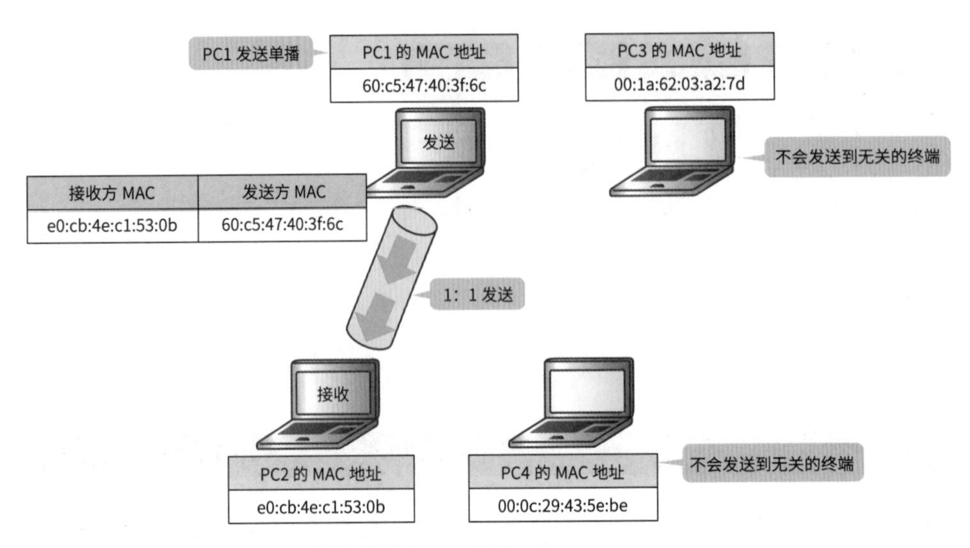

图3.1.7 • 单播中的接收方MAC 地址与发送方MAC 地址

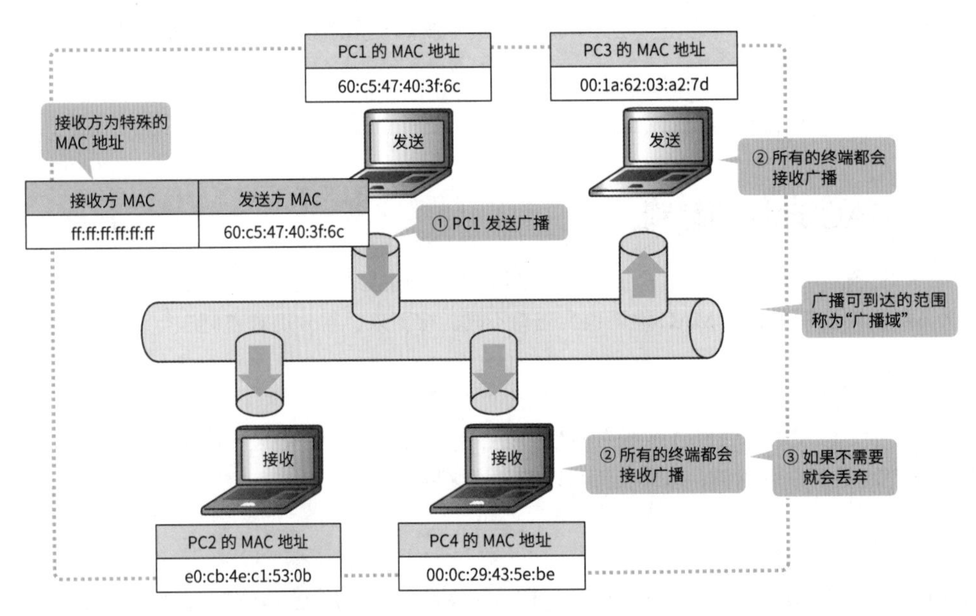

图3.1.8 • 广播中的接收方需要设置特殊的MAC 地址

■ 组播

组播是 1:n 的通信。这里的 n 表示特定组（组播组）中的终端。如果某台终端发送了组播，就只有该组中的终端可以接收该数据包。组播主要用于视频分发[①] 和证券交易的应用程序中。广播是强制性地让该网络中的所有终端接收数据包，而组播是只允许运行了应用程序的终端接收数据包，因此它可以提高流量的使用效率。

① 说到视频分发，大家可能会有"YouTube 也是用组播吗？"的疑问，而实际上，YouTube 使用的是单播通信方式。

组播的发送方 MAC 地址就是发送方终端的 MAC 地址。而接收方 MAC 地址则会根据网络层使用的 IP 的版本（IPv4 或 IPv6）而有所不同。

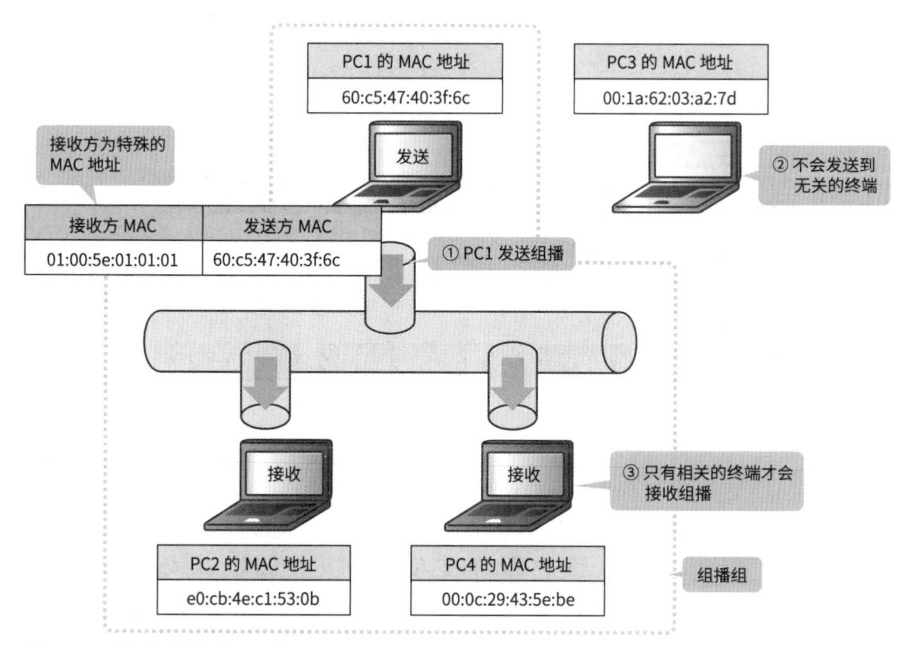

图3.1.9 • 组播是将数据发送给特定的组

IPv4 的场合

如果使用的 IP 版本是 IPv4，高位的 25 比特就会被固定为 0000 0001 0000 0000 0101 11100。如果将其转换为十六进制数，就是在 01:00:5e 的后面加上一个 0 的数据。01:00:5e 是管理着全球 IP 地址的名为 ICANN（Internet Corporation for Assigned Names and Numbers，互联网名称与数字地址分配机构）的非营利组织中的 IANA（Internet Assigned Numbers Authority，因特网编号分配机构）所具有的供应商代码。此外，低位的 23 比特直接就是用于组播的 IPv4 地址（224.0.0.0 ~ 239.255.255.255）的低位 23 比特的副本。

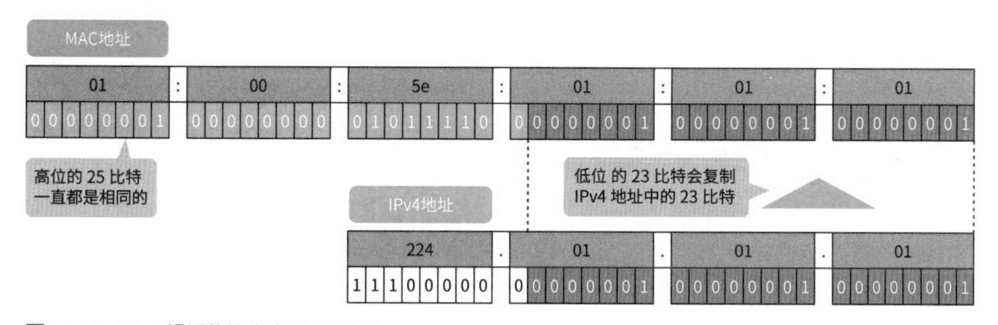

图3.1.10 • IPv4 组播的接收方MAC 地址

IPv6 的场合

如果是 IPv6 的场合，高位 2 字节（16 比特）就是固定的“33:33”；低位 4 字节（32 比特）则是用于组播的 IPv6 地址的低位 4 字节（32 比特），即直接复制第 7 字段和第 8 字段的内容。

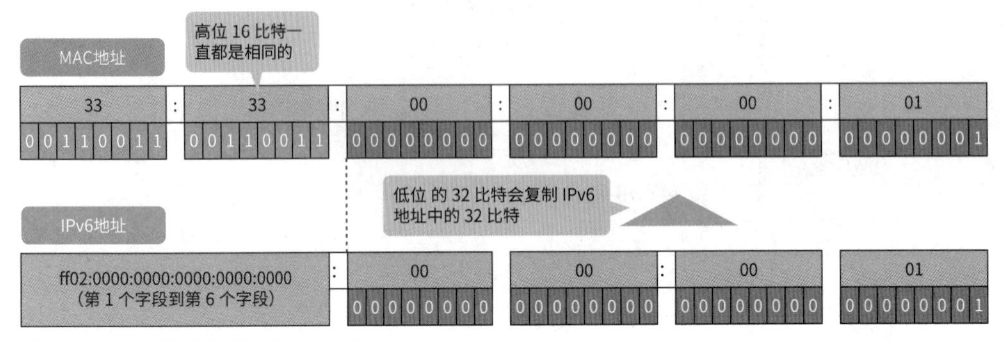

图3.1.11 • IPv6 组播的接收方MAC 地址

3.1.3 二层交换机

二层交换机是一种运行在数据链路层的网络设备。虽然有些人会将其称为交换式集线器或者就简称为交换机，但是不管称谓如何，它们都是同一种设备。在这里，我们将从二层交换机所具备的功能中挑选一些具有代表性的功能进行讲解。

二层交换

二层交换机是使用一种内存中名为 MAC 地址表的表来对以太网首部中包含的发送方 MAC 地址和自身的端口号进行管理，从而对以太帧的转发目的地进行切换，以提高通信效率的。这种切换以太帧的转发目的地的功能被称为二层交换。二层交换是二层交换机中最基本的功能。

接下来将确认二层交换机是如何创建 MAC 地址表，以及如何进行二层交换的。在这里，我们将以连接着相同二层交换机的 PC1 和 PC2 之间相互发送以太帧的场景为例进行说明。

此外，由于这里只会单纯地对二层交换的处理进行说明，因此会假设所有终端都已经完成了对对方的 MAC 地址的学习。

① PC1 会为 PC2 创建以太帧，并将以太帧传输到缆线中。此时，发送方 MAC 地址是 PC1 的 MAC 地址（cc:04:2a:ac:00:00），接收方 MAC 地址是 PC2 的 MAC 地址（cc:05:29:3c:00:00）。此时的二层交换机的 MAC 地址表是空的。

② 接收了来自 PC1 的数据帧的二层交换机会将以太帧的发送方 MAC 地址（cc:04:2a:ac:00:00）和接收了数据帧的物理端口的编号（Fa0/1）登记到 MAC 地址表中。

③ 此时的二层交换机不知道 PC2 连接的是自己的哪一个物理端口，因此二层交换机需要将 PC1 的以太

帧的副本发送给除 PC1 连接的端口之外的所有的物理端口，即需要将以太帧发送给 Fa0/1 以外的端口。通常我们将这一处理称为泛洪，这是一种“因为不知道这是应当发给哪一个物理端口的数据帧，所以就发给每一个端口吧！”的处理。此外，由于广播的 MAC 地址 ff:ff:ff:ff:ff:ff 无法作为发送方 MAC 地址，因此它不会被登记到 MAC 地址表中，即广播总是会被执行泛洪处理。

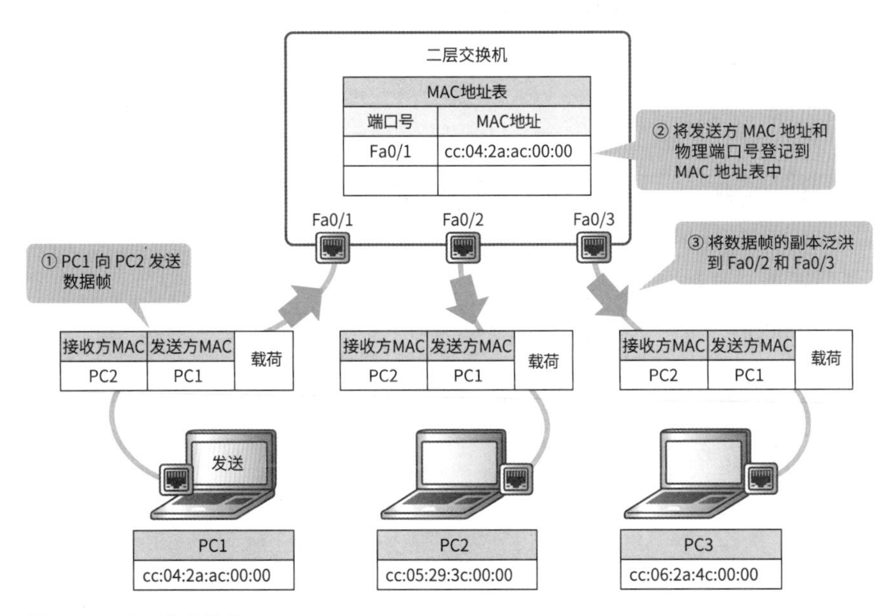

图3.1.12 ● ①到③的处理

④ 接收了数据帧副本的 PC2 会为 PC1 创建作为答复的数据帧，并将数据传输到缆线中。此外，由于需要执行泛洪处理，因此与 PC1 和 PC2 之间的通信无关的终端（图中的示例是 PC3）也会接收相同的以太帧，但是这些终端会识别出该以太帧与自己无关，并将数据丢弃。

⑤ 接收了 PC2 的以太帧的二层交换机会将以太帧的发送方 MAC 地址中的 PC2 的 MAC 地址（cc:05:29:3c:00:00）和接收了数据帧的物理端口的编号（Fa0/2）登记到 MAC 地址表中。

⑥ 经过上述处理，二层交换机就会识别出 PC1 和 PC2 连接的是哪一个物理端口。之后，PC1 和 PC2 之间就可以直接进行转发数据的通信，无须进行步骤③的泛洪处理。

⑦ 二层交换机会在 PC1 或者 PC2 失联一段时间后删除 MAC 地址表中的相关行。至于需要等待多少时间再删除相关行，是视具体设备而定的，不过其实也可以任意进行更改。例如，Cisco 公司的二层交换机 Cisco Catalyst 系列就是默认等待 5 分钟（300s）。

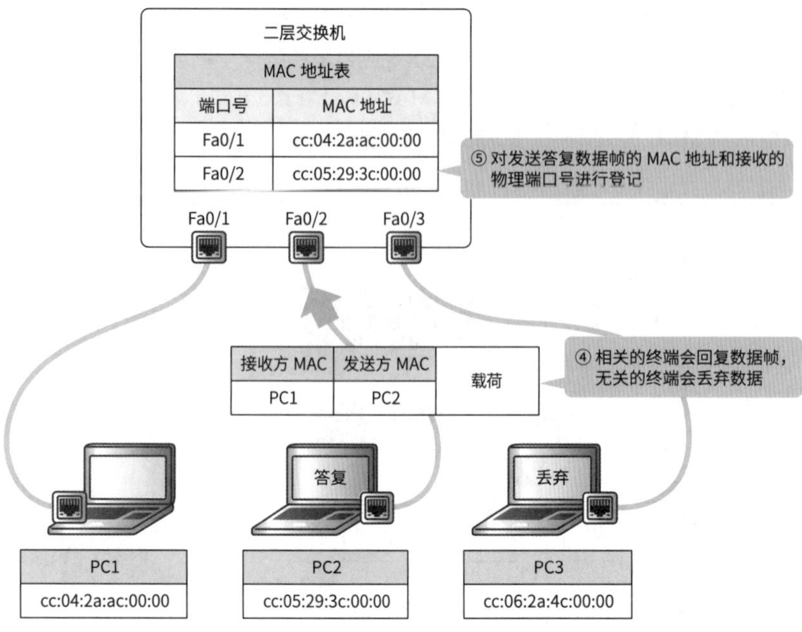

图3.1.13 • ④到⑤的处理

VLAN

VLAN（Virtual LAN，虚拟局域网）是一种将一台二层交换机切分成虚拟的多台二层交换机的技术。VLAN 的原理非常简单，其只是将二层交换机的端口设置成名为 VLAN ID 的 VLAN 的识别号，使二层交换机不会将数据帧转发到具有不同 VLAN ID 的端口而已。在一般的局域网环境中，会将 VLAN 用于运营管理以及安全管理当中。例如，通过为总务部分配 VLAN3，为销售部分配 VLAN5，为市场部分配 VLAN7 的方式，来让这些部门之间无法进行通信。

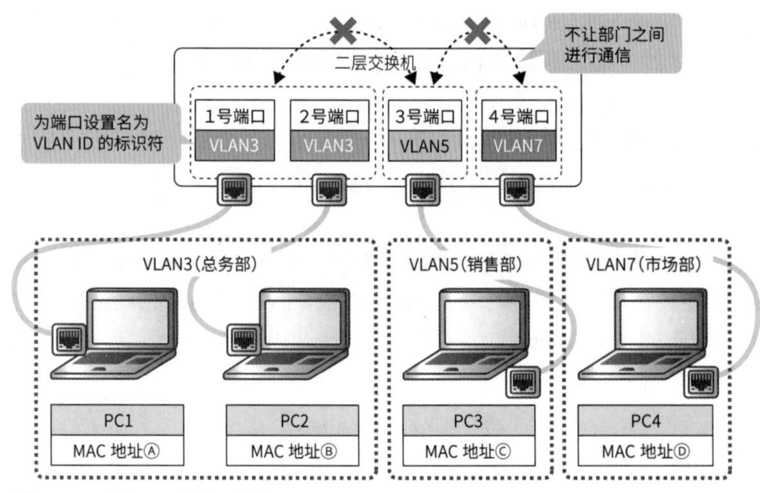

图3.1.14 • 为每一个端口设置VLAN

实现 VLAN 的功能可以分为基于端口的 VLAN 和标记 VLAN 两种。接下来，将分别对它们进行讲解。

■ 基于端口的 VLAN

基于端口的 VLAN 是一种为一个端口分配一个 VLAN 的功能。例如，如图 3.1.15 所示，假设为二层交换机的 1 号端口和 2 号端口分配 VLAN1，为 3 号端口和 4 号端口分配 VLAN2，这就相当于在一台二层交换机中创建了一台 VLAN1 的二层交换机和一台 VLAN2 的二层交换机。这种情况下，连接在 VLAN1 的端口的 PC1 和 PC2 就可以直接传输以太帧；但是，连接在 VLAN1 的端口的 PC1 和连接在 VLAN2 的端口的 PC3 是无法直接传输以太帧的。

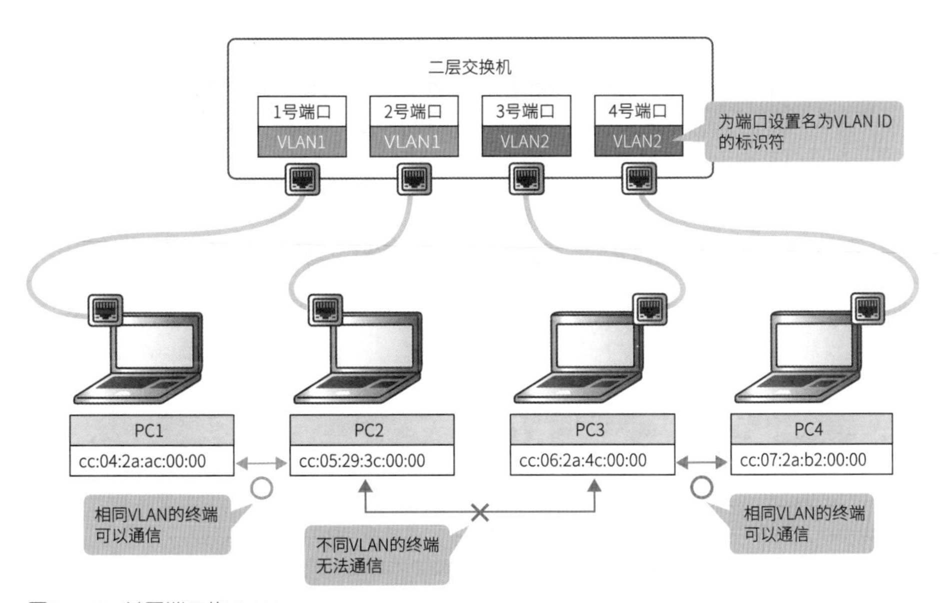

图3.1.15 • 基于端口的VLAN

■ 标记 VLAN

标记 VLAN，正如其名称所示，是一种将 VLAN 信息作为 VLAN 标记添加到以太帧中的功能。它是由 IEEE 802 委员会的 IEEE 802.1q 工作小组确定标准化的，在实际工作中，我们通常会将其简称为 One Q。

我们在前面讲解的基于端口的 VLAN 必须是一个端口对应一个 VLAN。因此，如果要跨两台二层交换机让属于同一个 VLAN 的终端之间进行通信，就需要准备与 VLAN 数量匹配的端口和缆线。但是，如果需要通过这样的方式实现通信，有多少端口和缆线都是不够的。因此，就可以利用标记 VLAN 的功能，通过对 VLAN 进行识别的方式，使用一个端口和一条缆线传输多个 VLAN 的以太帧。

IEEE 802.1q 的数据帧格式

VLAN 标记，正如其名称所示，表示在以太帧中添加 VLAN ID。IEEE 802.1q 的数据帧需要在发送方 MAC 地址和类型之间插入表示 IEEE 802.1q 的 TPID（Tag Protocol IDentifier）、表示优先级的 PCP（Priority Code Point）、表示地址格式的 CFI（Canonical Format Indicator）和表示 VLAN ID 的 VID（VLAN Identifier）[①]。

① 我们将 PCP、CFI、VID 统称为 TCI（Tag Control Information，标记控制信息）。

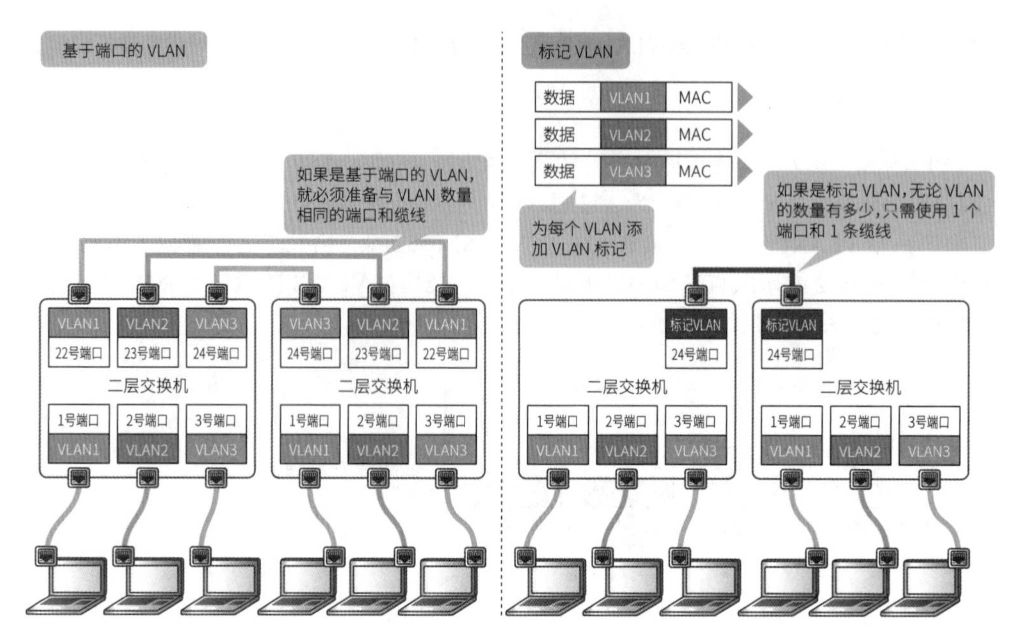

图3.1.16 • 标记VLAN 在跨二层交换机创建VLAN 时也只需要使用一个连接即可

	0比特	8比特	16比特	24比特
0字节	前导码			
4字节	前导码			
8字节	接收方MAC地址			
12字节	接收方MAC地址		发送方MAC 地址	
16字节	发送方MAC 地址			
20字节	TPID		PCP / CFI / VID	
可变	类型			
可变	以太网载荷（IP数据包（+填充））			
最后的4字节	FCS			

图3.1.17 • IEEE 802.1q的数据帧格式

PoE

PoE（Power over Ethernet，以太网供电）是一种使用双绞线供电的功能。如果使用 PoE，就可以使用一条双绞线，为安装在天花板背面和墙壁背面那些电源线难以到达的地方的热点和网络摄像机提供电源和数据，这样就不再需要特地敷设电源插座。此外，还可以减少电源线和 AC 适配器的使用数量，可以简化较为复杂的布线。

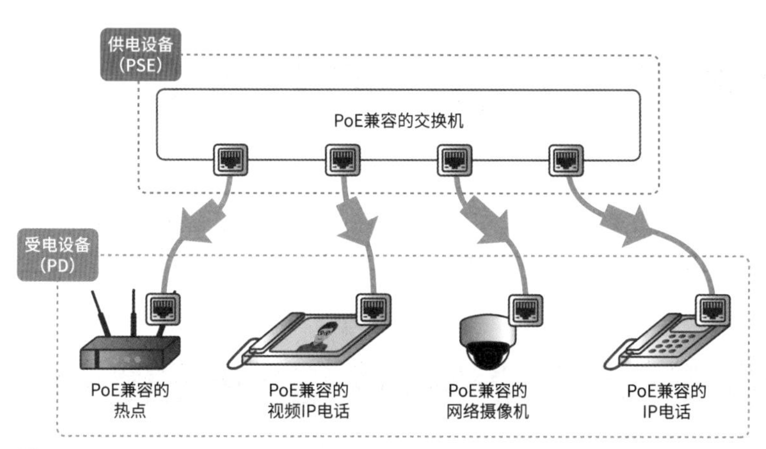

图3.1.18 • PoE

PoE 可以分为 2003 年由 IEEE 802.3af 进行标准化定义的 PoE、2009 年由 IEEE 802.3at 进行标准化定义的 PoE+ 和 2018 年由 IEEE 802.3bt 进行标准化定义的 PoE++ 3 种。这 3 种功能最大的不同在于每个端口可以提供的最大功率，最新定义的协议可以提供更大的功率。当供电设备（Power Sourcing Equipment，PSE）与受电设备（Powered Devices，PD）连接后，就可以相互检查是否支持 PoE 功能。然后，在检查最大功耗之后，就可以使用构成双绞线的铜线① 提供所需的电量。

表3.1.2 • 各种PoE

项　　目	PoE	PoE +	PoE + +
标准化后的 IEEE	IEEE 802.3af	IEEE 802.3at	IEEE 802.3bt
标准化的年份	2003 年	2009 年	2018 年
供电方的最大供电	15.4W	30W	90W
受电方的最大功耗	12.95W	25.5W	73W
支持的缆线	3 类及以上的类	5e 类及以上的类	5e 类及以上的类
供电的铜线对数	2 对	2 对	4 对

① PoE 和 PoE+ 使用 4 对中的 2 对（8 条铜线中的 4 条）进行供电，PoE++ 使用所有 4 对（8 条铜线）进行供电。

无线局域网（IEEE 802.11）

由于无线局域网需要使用一种肉眼无法看见的无线电波传输数据包，因此它需要进行比有线局域网更加复杂的通信控制和安全控制。在 IEEE 802.11 中对以哪种格式（形式）进行封包处理，以及如何稳定且安全地传输数据帧进行了定义。

参 考　写给初学者

虽然无线局域网是一种在全球范围内得到广泛普及的技术，但是由于它需要进行复杂的通信控制和安全控制，因此对于初学者而言，它的难度很大，学习门槛也更高。因此，笔者建议初学者可以跳过本节内容，直接进入 3.3 节。在其他章节中积累一些网络相关的知识之后，再回过头来阅读本节内容。

3.2.1 IEEE 802.11 数据帧的数据帧格式

在 IEEE 802.11 的数据帧中包含了传输速度和调制方式等很多与无线相关的控制信息。此外，为了与有线局域网（以太网）共存，还将 MAC 地址的字段增加到了 4 个。

	0比特	8比特	16比特	24比特
可变	前导码			
0字节	数据帧控制		Duration/ID	
4字节	MAC地址1			
8字节			MAC地址2	
12字节				
16字节	MAC地址3			
24字节			序列控制	
32字节	MAC地址4			
40字节				
可变	IEEE 802.11载荷			
最后的4字节	FCS			

图3.2.1 • IEEE 802.11的数据帧格式

接下来将对每个字段的含义进行讲解。

■ 前导码

前导码是一种包含“接下来要发送 IEEE 802.11 的数据帧”的意思的长度可变的字段。接收方的无线

局域网的终端会查看 IEEE 802.11 数据帧开头的前导码，来进行“接下来会有 IEEE 802.11 的数据帧到达”的判断。

■ 数据帧控制

数据帧控制，正如其名称所示，是一种包含控制数据帧时所需使用的信息的 2 字节（16 比特）的字段。它由数据帧的种类、发送方 / 接收方的种类、分片信息、电源状态（省电状态）构成。在无线局域网中，数据帧的种类可以分为数据帧、管理帧和控制帧 3 种。

数据帧

数据帧就是用于收发 IP 数据包的数据帧。此外，有线局域网中只有这一种类型的数据帧。

管理帧

管理帧是一种对哪个热点以哪种方式连接进行管理的数据帧。无论有多少无线电波在“飞来飞去”，无线局域网的终端可以同时进行连接的热点都只有一个。因此，热点可以利用一种名为“信标”的管理帧来定期通知终端附近有热点存在。捕获了信标帧的无线局域网的终端就可以使用探测请求 / 答复、认证和联网请求 / 答复 3 种管理帧来执行连接处理。这一整个连接处理被称为联网，负责对联网进行管理的就是管理帧。

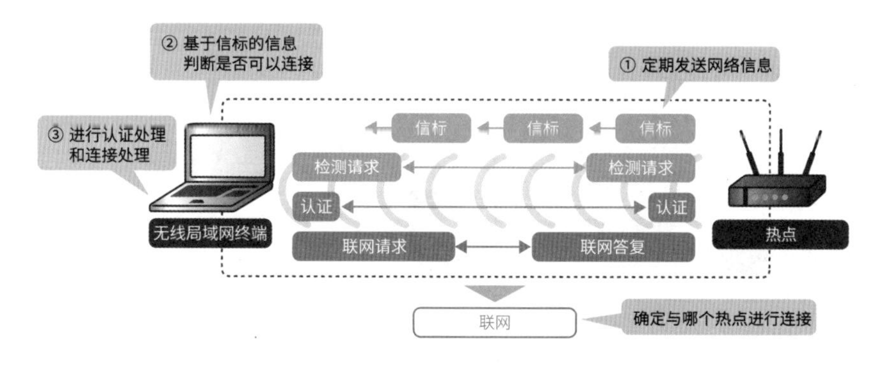

图3.2.2 • 联网

控制帧

控制帧是一种用于帮助转发数据帧的数据帧。和有线局域网相比，无线局域网是一种非常不稳定的网络。无线局域网为了缓和这种不稳定性，需要进行确认答复的处理。确认答复是指当接收了数据帧时，发送“已经到达了哦”的答复的处理。在“已经到达了哦”的数据中，需要使用一种名为 ACK 帧的控制帧。

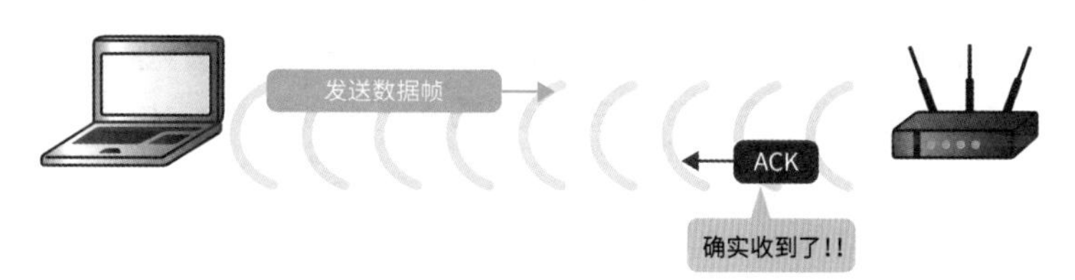

图3.2.3 • 使用ACK 帧进行确认答复

■ Duration/ID

Duration/ID 是一个 2 字节（16 比特）的字段，用于通知预定占用无线线路的时间 NAV（Network Allocation Vector，网络分配向量），以及用于控制终端电池消耗的电源管理标识符中。

■ MAC 地址 1/2/3/4

IEEE 802.11 的数据帧最多可以由 4 个 MAC 地址字段构成，数量和用途可以根据数据帧的种类和网络结构而变。接下来，将对每种数据帧进行讲解。

数据帧的 MAC 地址

数据帧的 MAC 地址会随着网络结构而发生变化。无线局域网的网络结构可以分为基础设施模式（Infrastructure Mode）、点对点模式和 WDS（Wireless Distribution System，无线分布式系统）模式 3 种。

- 基础设施模式

基础设施模式是一种无线局域网的终端必须使用热点进行通信的网络结构。绝大多数的无线局域网环境是由基础设施模式构成的。在基础设施模式中传输的数据帧的 MAC 地址字段中，第 1 个字段设置无线区间的接收方 MAC 地址，第 2 个字段设置无线区间的发送方 MAC 地址，第 3 个字段设置无线局域网的终端的发送方 MAC 地址或接收方 MAC 地址，没有第 4 个字段。

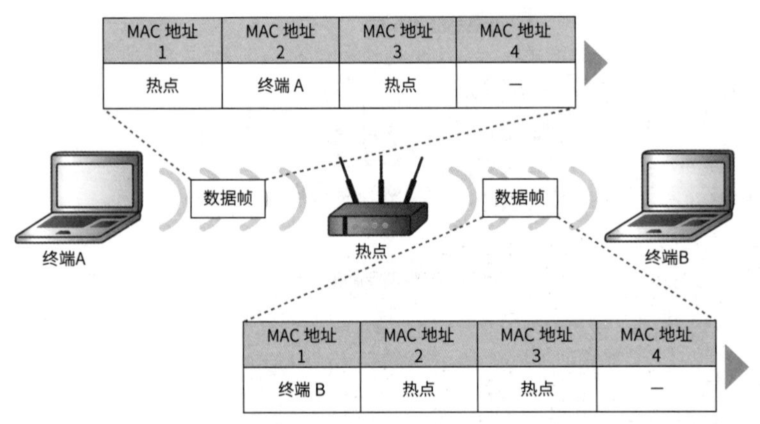

图3.2.4 ● 基础设施模式的MAC 地址

- 点对点模式

点对点模式是一种无须使用热点、可以在无线局域网的终端之间直接进行通信的网络结构。在无线局域网的终端之间直接传输文件时可以使用这种模式。通过点对点模式传输的数据帧的 MAC 地址字段中，第 1 个字段设置无线区间的接收方 MAC 地址（接收终端的 MAC 地址），第 2 个字段设置无线区间的发送方 MAC 地址（发送终端的 MAC 地址），第 3 个字段设置用户自定义的 ID，没有第 4 个字段。

- WDS 模式

WDS 模式是一种在热点之间进行通信的网络结构。使用无线局域网扩展网络时可以使用这种模式。通过 WDS 模式传输的数据帧的 MAC 地址字段中，第 1 个字段设置无线区间的接收方 MAC 地址（接收方热点的 MAC 地址），第 2 个字段设置无线区间的发送方 MAC 地址（发送方热点的 MAC 地址），第 3 个字段设置接收方 MAC 地址，第 4 个字段设置发送方 MAC 地址。

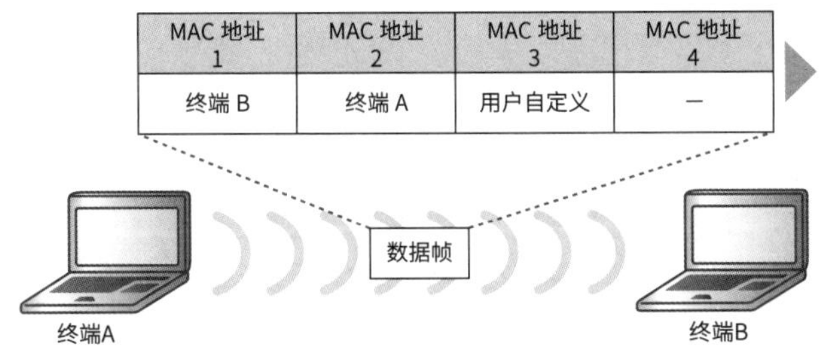

图3.2.5 • 点对点模式的MAC 地址

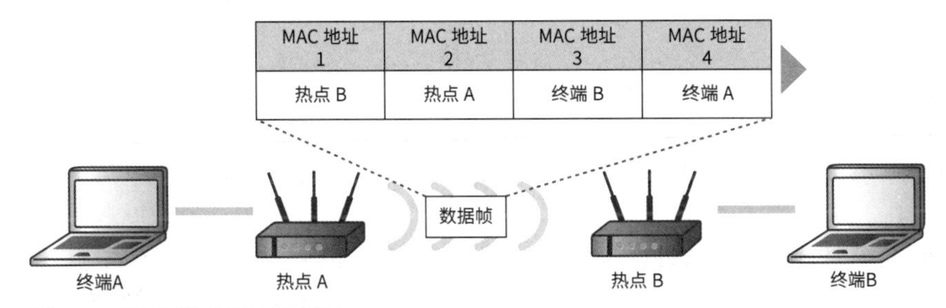

图3.2.6 • WDS 模式的MAC 地址

管理帧的 MAC 地址

管理帧是一种只在无线局域网的终端和热点之间进行传输的数据帧。第 1 个字段设置无线区间的接收方MAC 地址，第2个字段设置无线区间的发送方MAC地址，第3个字段设置热点的MAC 地址（BSSID）。此外，由于需要将信标帧发送给其下属的所有终端，因此第 1 个字段中还需要设置广播 MAC 地址（ff:ff:ff:ff:ff:ff）。

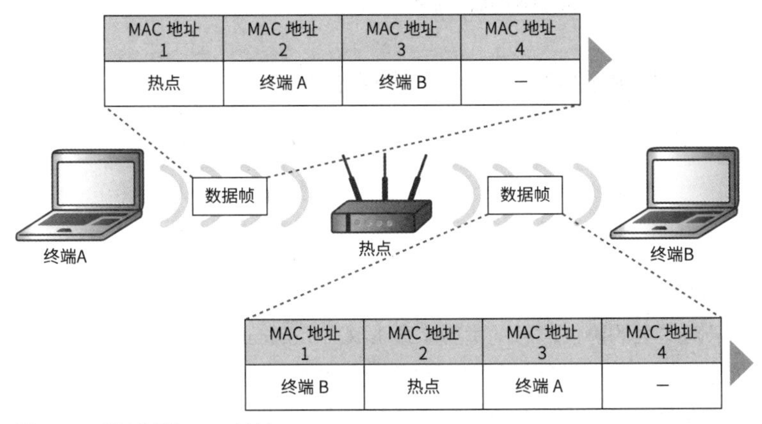

图3.2.7 • 管理帧的MAC 地址

控制帧的 MAC 地址

控制帧与管理帧相同，是一种只在无线局域网的终端和热点之间进行传输的数据帧。在控制帧中设置的 MAC 地址字段的数量会根据数据帧的用途而发生变化。例如，作为控制帧之一的 ACK 帧就只有一个 MAC 地址字段。

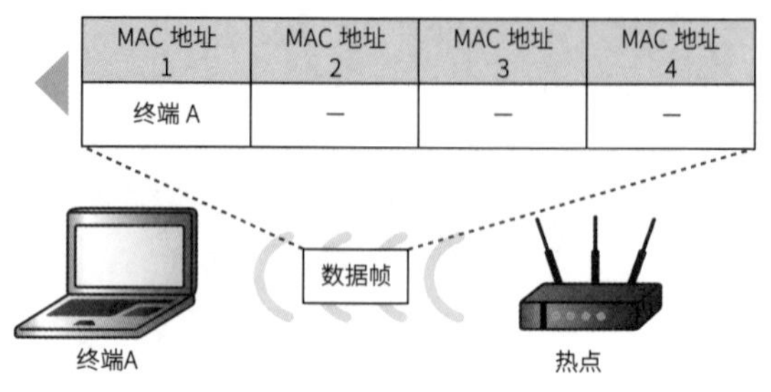

图3.2.8 • ACK 帧的MAC 地址

■ 序列控制

序列控制是一种由 4 比特的分片号和 12 比特的序列号组成的字段，可以在重新组合碎片（碎片化）帧时或者丢弃重复帧时使用。

正如前面所讲（见 P87），无线局域网是通过发送 ACK 帧确认答复的同时进行通信的。无线局域网的终端如果没有接收到来自热点的 ACK 帧，就会等待一定的时间再尝试发送。此时，需要在序列控制中设置的值与之前发送数据帧时设置的值相同。热点则会通过查看该值来判断其是否为重复帧。如果重复帧不断增加，就需要检查是否发生了问题，如存在无线电波干扰或者天线发生了故障等。

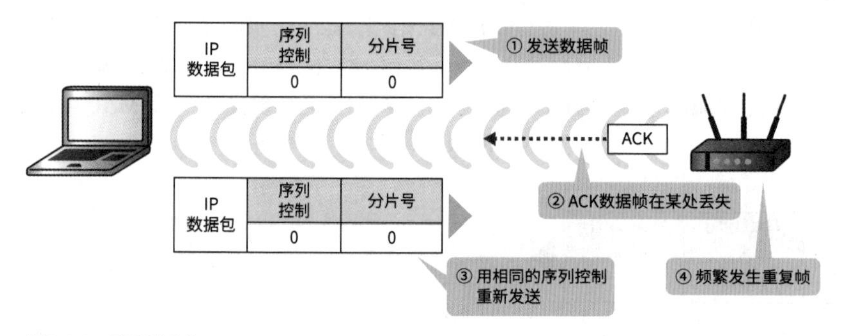

图3.2.9 • 序列控制

■ IEEE 802.11 载荷

IEEE 802.11 载荷中设置了上层的数据。

如果是数据帧，就是一种包含表示网络层的协议信息的类型字段 LLC（Logical Link Control，逻辑链路控制）首部；如果进一步进行封包处理，则需要包含网络层的数据，即 IP 数据包。

虽然以太网首部中包含类型字段，但是 IEEE 802.11 载荷中并没有包含。因此，需要添加由 64 比特组成的 LLC 首部，并通知大家网络层是由什么协议组成的。

如果是管理帧，就需要设置表示无线局域网名称的 SSID（Service Set ID，服务集 ID）、使用的信道、支持的传输速度等网络相关的各种信息。

控制帧中没有载荷，所有的信息都包含在首部中。

■ FCS

FCS 是用于确认 IEEE 802.11 载荷是否遭到损坏的一个 4 字节（32 比特）的字段。其原理与以太网相同（见 P76）。

3.2.2 无线局域网终端联网的步骤

无线局域网需要在任何人都可以接收无线电波的公共空间进行通信。因此，无线局域网的协议需要在确保无线局域网具有与有线局域网相同功能的同时，更加注重安全地进行连接。无线局域网需要经过联网、认证、生成共享密钥、加密通信 4 个阶段来进行加密通信。

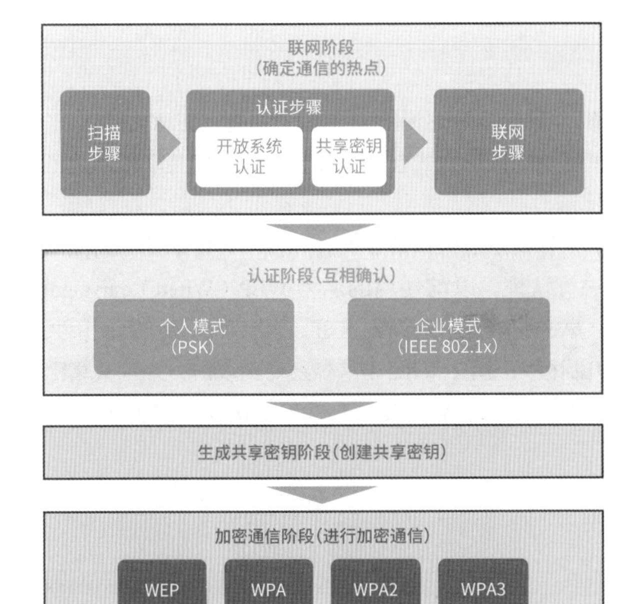

图3.2.10 • 4个阶段

联网阶段

联网阶段是指确定与哪个热点进行连接的阶段。该阶段由扫描、认证、联网 3 个步骤构成。

■ 扫描

扫描是指热点和无线局域网的终端相互识别对方的存在。无线局域网的终端会捕获热点定期发送的信标，并收集 SSID、信道、支持的传输速度等周边的无线局域网信息。当发现想要连接的 SSID 时，就会发送检测请求，并将自己的位置发送给热点。当接收到检测请求的热点检测到 SSID 和传输速度等多个参数匹配时，就会返回检测答复，并继续执行认证步骤。此外，如果无线局域网的终端从多个热点接收到相同的 SSID 的检测答复，则需要选择质量最好（容易建立连接）的热点，并对其进行认证处理[①]。

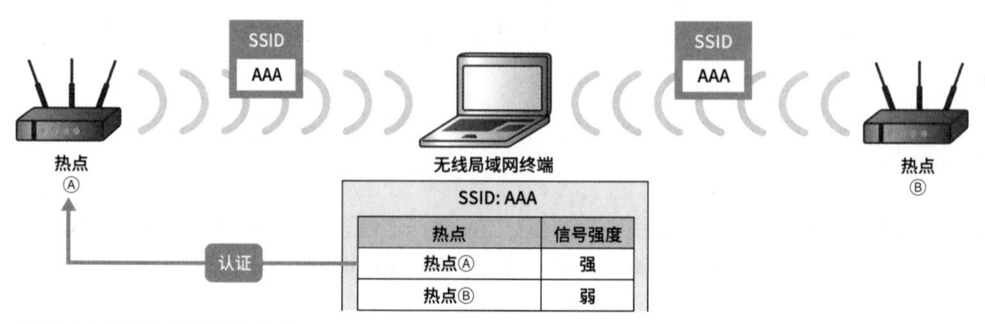

图3.2.11 • 选择需要连接的热点

■ 认证

认证，正如其名称所示，就是一个执行认证的步骤。但是在现代密码学中其并不是有真正意义的认证，只是作为一个形式上的步骤留存下来了而已。在这里所指的认证方式包括开放系统认证和共享密钥认证这两个种类。

开放系统认证不进行认证处理，即其会为所有的认证请求颁发认证许可。共享密钥认证则需要使用事先在无线局域网的终端和热点之间共享的密码进行认证。以前使用的名为 WEP（Wired Equivalent Privacy，有线等效保密）的加密方式中采用的就是共享密钥认证。阅读到这里，大家可能会觉得使用共享密钥认证的方式会更加安全，但是由于它的认证机制极为简单，因此非常容易受到攻击，并且共享密钥也很容易被解密。现在已经不再使用 WEP，在该步骤的认证会暂时使用开放系统认证方式通过认证，实际的认证则会在联网之后的认证阶段进行。

■ 联网

联网就是最终的确认。无线局域网的终端会向想要连接的热点发送联网请求；热点则会返回联网答复，并建立连接。至此，就完成了联网操作。

① 选择哪个热点取决于无线局域网的终端中安装的无线局域网驱动程序。大多数情况下会选择信号最强的热点。

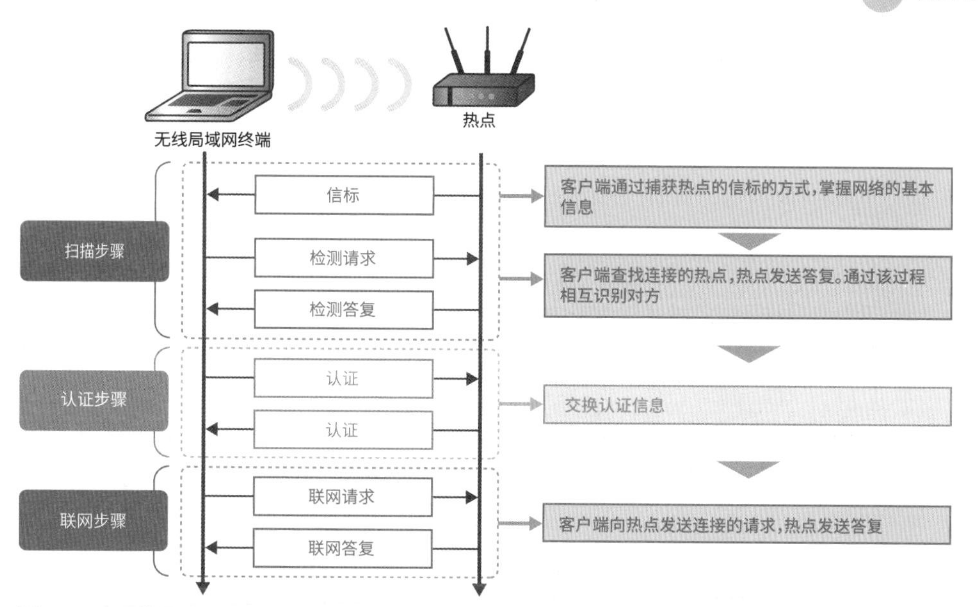

图3.2.12 • 无线局域网终端联网步骤

SSID

在联网中最为重要的元素是 SSID。SSID 是专门用于识别无线局域网的字符串，粗略来讲，它就是无线局域网的名称。如果空间中存在很多无线局域网，客户端就会无法知晓应当连接哪一个网络。因此，无线局域网会使用名为 SSID 的字符串对网络进行识别。当我们使用智能手机开启 WiFi 连接时，是否看到屏幕中显示了一些从未见过的网络呢？这些正是 SSID。智能手机会通过查看 WiFi 天线接收的信标中包含的 SSID 来显示网络。如果选择并点击想要连接的 SSID，检测请求就会被发送出去，并开始联网。

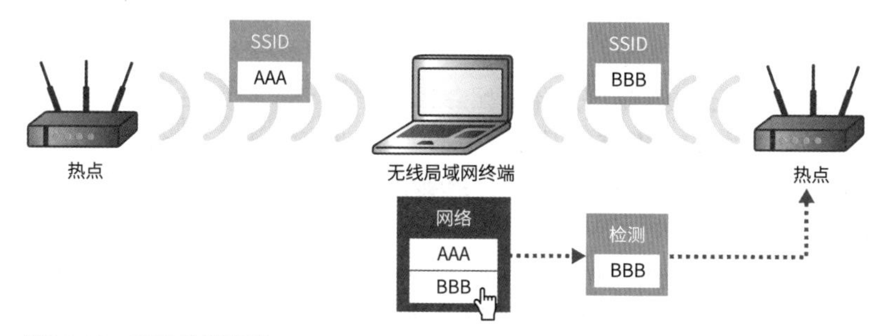

图3.2.13 • SSID就像暗号

SSID 原本是用于加强安全性的。但是，由于它是在没有经过加密处理的情况下进行传输的，因此现在不会将它用于安全目的，只会将它作为网络的名称使用。SSID 不会直接参与认证处理和加密处理。当 SSID 这个暗号匹配之后，就可以通过每个 SSID 中设置的认证方式和加密方式进行安全的处理。

认证阶段

连接无线局域网，就好比抓住空中的一根带有 SSID 标签的透明的局域网网线。但是，如果任何人都可以抓住这根网线进行连接，那就谈不上安不安全了。因此，热点和认证服务器会在完成联网之后确认连接对象是否为正确的终端，即进行身份认证。无线局域网的认证方式包括个人模式和企业模式。

■个人模式

个人模式是一种使用密码进行认证的方式。由于它也常用于家庭 WiFi 中，因此是一种大家都比较熟悉的认证方式。无线局域网的终端和热点在完成联网之后，需要根据密码生成名为主密钥的共享密钥的因子（素材）。

个人模式虽然简单，但是存在一旦密码被泄露，任何人都可以进行连接的风险。因此，需要定期更新密码，或者采取其他措施来保证安全级别。

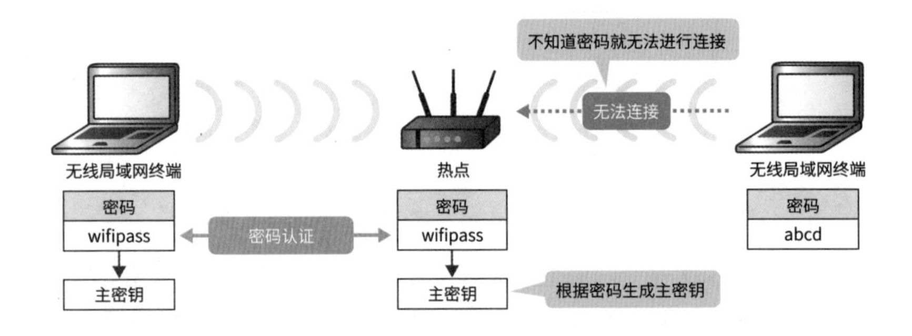

图3.2.14 • 个人模式

■企业模式

企业模式是一种使用数字证书、ID/ 密码和 SIM 卡进行身份认证的方式，被定义为 IEEE 802.1x 标准。由于企业模式可以使用认证服务器集中进行认证处理，因此常用于企业的无线局域网环境中。无线局域网的终端和认证服务器在完成联网之后，会相互交换自己的信息，并相互对对方进行认证（证明）。当成功完成认证之后，认证服务器就会为热点和无线局域网的终端分配会话，并基于这一会话生成主密钥。

在企业模式中，如员工辞职或者终端丢失，只需要对认证服务器中登记的信息进行变更，就可以继续保持安全级别。但是，由于需要单独对数字证书和 ID/ 密码进行管理和运用，因此存在持续管理成本较高的缺点。

IEEE 802.1x 标准需要使用名为 EAP（Extensible Authentication Protocol，可扩展认证协议）的认证协议进行认证处理。EAP 原本是作为拨号连接中使用的 PPP（见 P111）的扩展功能而被标准化的协议，因此无法完全照搬到局域网的传输方式中。为了能够让它支持局域网中的传输，需要使用名为 EAPoL（EAP over LAN，基于局域网的扩展认证协议）的协议对无线局域网的终端 - 热点之间进行封包处理，并使用名为 RADIUS（Remote Authentication Dial In User Service，远程拨号认证服务）的 UDP 的认证协议对热点 - 认证服务器之间进行封包处理。然后，热点会将承载在 EAPoL 中传递过来的 EAP 信息承载到 RADIUS 中，传递给认证服务器。

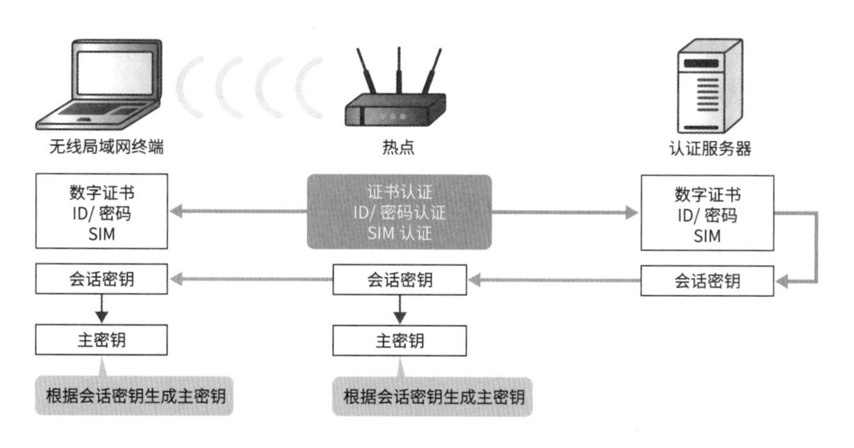

图3.2.15 • 企业模式

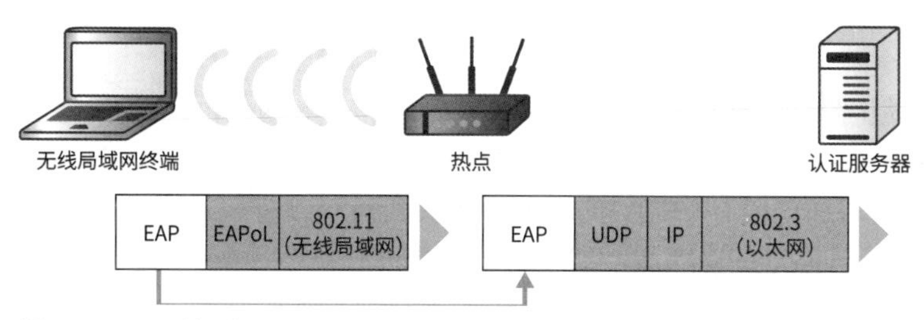

图3.2.16 • EAP的封包

此外，EAP 可以根据认证方法进一步细分为更多的协议。其中，最近常用的具有代表性的协议是 EAP-TLS、PEAP 和 EAP-SIM/AKA。

EAP-TLS

EAP-TLS 是一种使用数字证书进行双向认证的协议。数字证书是指一份证明“自己是自己”的文件。无线局域网的终端和认证服务器在连接时会相互交换自己持有的数字证书，并相互确认对方的身份。

PEAP

PEAP 是一种使用 ID/ 密码对无线局域网的终端进行认证，使用数字证书对认证服务器进行认证的协议。前面讲解的 EAP-TLS，因为需要使用数字证书，所以其安全级别肯定是比较高的。但是，由于安装在终端中的数字证书的管理较为烦琐，因此运用和管理较为困难。而 PEAP 由于可以使用 ID/ 密码对终端进行认证，因此可以省略对终端的数字证书的管理。但是，相应地，我们需要知道它的安全级别是稍低于 EAP-TLS 的。

EAP-SIM/AKA

EAP-SIM/AKA 是一种使用 SIM 卡的信息进行双向认证的协议。SIM 卡是 NTT DoCoMo 和 au 等移动电话运营商发行的用于识别用户的 IC 卡，其中保存了电话号码（MSISDN）和识别码（IMSI）等用户信息。EAP-SIM/AKA 由于需要使用只有移动电话运营商和用户才能知道的信息进行身份认证，因此可以保持较高的安全性。大家有没有发现，当我们在车站或餐厅启用智能手机的 WiFi 时，会在不知不觉中连接到移动电话运营商提供的公共无线局域网服务中呢？当智能手机进入公共无线局域网服务的无线电波的覆盖范围（基站）时，就会捕获信标，自动通过 EAP-SIM/AKA 协议进行身份认证。

表3.2.1 • 具有代表性的EAP

EAP的种类	EAP-TLS	PEAP	EAP-SIM/AKA
无线局域网终端的认证方法	数字证书	ID/ 密码	SIM
认证服务器的认证方法	数字证书	数字证书	SIM
安全级别	◎	○	◎
特征	虽然安全级别高，但是数字证书的管理可能会较为烦琐	通过使用 ID/ 密码对终端进行认证的方式，以应对 EAP-TLS 的烦琐	如果终端中插入了 SIM/USIM 卡，就可以自动进行认证

生成共享密钥阶段

生成共享密钥阶段是指根据在认证阶段生成的主密钥，生成实际在加密 / 解密过程中需要使用的共享密钥的阶段。在认证阶段生成的主密钥只是共享密钥的因子（素材），并不是共享密钥。在这个阶段，需要通过名为“四次握手”的处理，相互生成用于单播的共享密钥 PTK（Pairwise Transit Key，成对传输密钥）和用于组播的共享密钥 GTK（Group Temporal Key，组临时密钥）并进行共享。

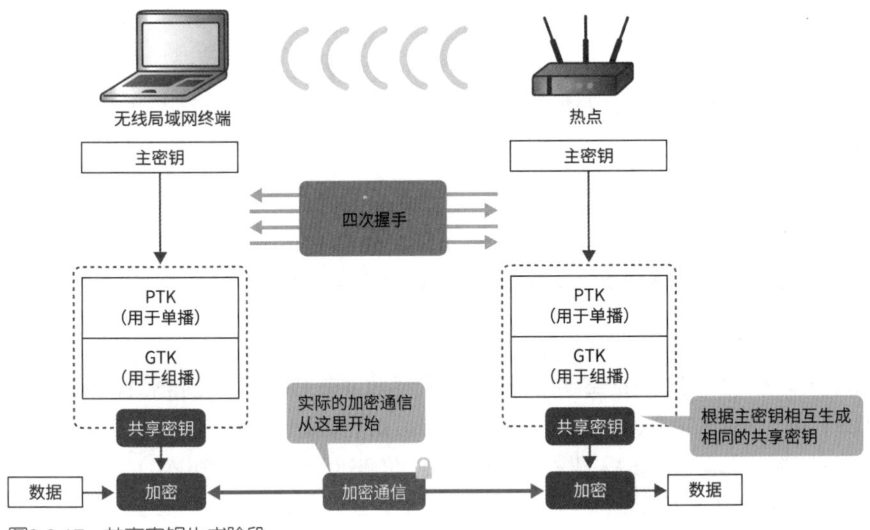

图3.2.17 • 共享密钥生成阶段

加密通信阶段

生成共享密钥之后，即可开始进行实际的加密通信。在无线局域网中使用的加密方式包括 WEP（Wired Equivalent Privacy，有线等效加密）、WPA（WiFi Protected Access，WiFi 网络安全接入）、WPA2（WiFi Protected Access 2）和 WPA3（WiFi Protected Access 3）4 种，按照 WEP → WPA → WPA2 → WPA3 的顺

序提升安全级别。

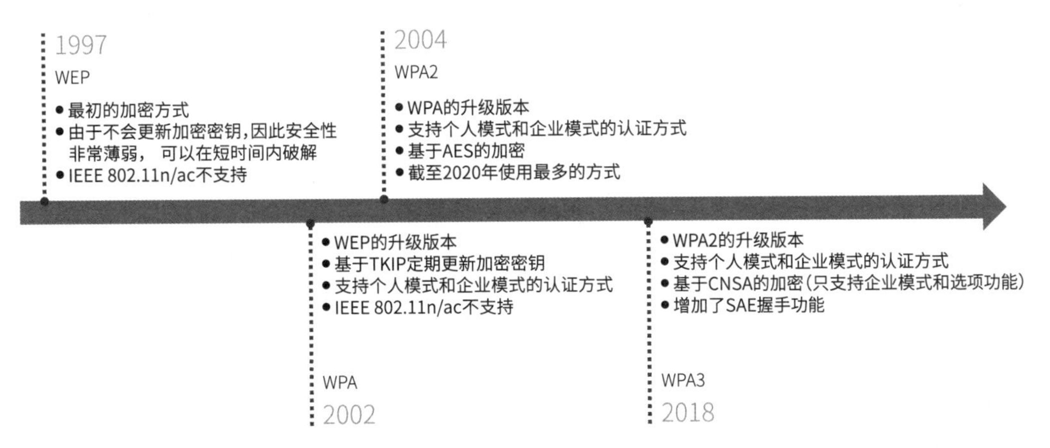

图3.2.18 • 无线局域网的加密方式发展历史

■ WEP

WEP 是一种在早期的无线局域网中使用的加密方式，采用的是一种名为 RC4（Rivest's Cipher 4/Ron's Code 4）的加密机制（算法）。由于 WEP 不仅会持续使用相同的共享密钥进行加密，而且由研究人员发现 RC4 算法本身存在致命的漏洞，因此现在已经很少会使用这种加密方式。比较新的无线局域网协议 IEEE 802.11n 和 IEEE 802.11ac 也不支持 WEP。此外，企业模式也不支持这种加密方式。

■ WPA

WPA 是一种对 WEP 进行了改进，并且减少了漏洞的加密方式。这种加密方式是通过在 RC4 中添加一种生成共享密钥并以一定间隔变更密钥的 TKIP（Temporal Key Integrity Protocol，临时密钥完整性协议）的方式来提高安全级别的。但是，由于它是基于 WEP 的加密方式，因此也被指出存在漏洞。与 WEP 相同，IEEE 802.11n 和 IEEE 802.11ac 也不支持 WPA。

■ WPA2

WPA2 是一种更进一步对 WPA 进行了改进的加密方式。两者最大的不同在于，WPA2 采用了 AES（Advanced Encryption Standard）作为加密算法。AES 是美国政府将其作为政府内部的标准而制定的加密算法，因此安全性也远高于 RC4 + TKIP。到目前为止，研究人员还未找到破解它的方法。可以说 WPA2 是截至 2020 年最流行的一种加密方式。

■ WPA3

WPA3 是进一步对 WPA2 进行了改进的加密方式。WPA3 作为企业模式的加密方式，可以支持比 AES 更加安全的 CSNA（Commercial National Security Algorithm，商业国家安全算法）。此外，这种加密方式是通过在四次握手中添加名为 SAE（Simultaneous Authentication of Equals，对等身份验证）握手的步骤，或者添加对特定的管理帧进行加密的 PMF（Protected Management Frame，受保护的管理帧）的方式来实现更加牢靠的安全级别的。

表3.2.2 • 无线局域网的加密方式的比较

功　能	WEP	WPA	WPA2	WPA3
制定年份	1997	2002	2004	2018
加密算法	RC4	TKIP+RC4	AES	AES、CNSA
个人模式	—	○	○	○
企业模式	—	○	○	○
SAE 握手	—	—	—	○
PMF	—	—	—	○
安全级别	×	△	○	◎

3.2.3 无线局域网的类型

无线局域网可以根据热点的运用和管理类型大致分为分散管理型、集中管理型和云管理型 3 种，网络的构成元素也会随之发生巨大的变化。接下来，将分别对这几种类型进行讲解。

表3.2.3 • 无线局域网的类型

无线局域网的类型	分散管理型	集中管理型	云管理型
必须提供的设备	热点	热点 无线局域网控制器（WLC）	热点 云控制器
热点的设置	每台热点	无线局域网控制器	云控制器
是否易于导入	容易	困难	容易
设置的运用和管理	低（要一台一台地设置，比较麻烦）	高（可以使用控制器集中进行管理，非常轻松）	高（可以使用控制器集中进行管理，非常轻松）
初始成本	低	高	中
运行成本	低（仅维修费）	低（仅维修费）	高（维修费 + 云服务使用费用）
瓶颈	无	存在无线局域网控制器的限制	无
互联网连接	不需要	不需要	需要

分散管理型

分散管理型是一种一个一个地设置热点，并对每个热点进行运用和管理的形式。家庭和小型办公室的无线局域网环境一般会采用这种形式。由于分散管理型只需要使用热点就可以构建无线局域网环境，因此可以有效地控制成本。而另外，它具有热点的数量越多，运用和管理就会越麻烦的缺点。此外，由于它很难自动适应周围不断变化的无线电波环境，因此需要注意保持洁净的无线电波环境。

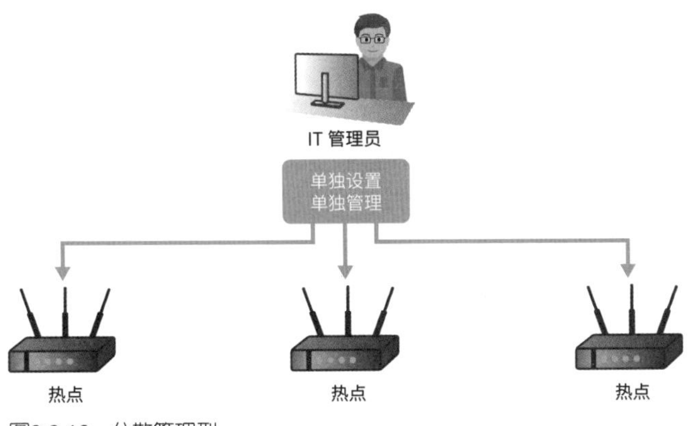

图3.2.19 • 分散管理型

集中管理型

集中管理型是一种使用名为无线局域网控制器（WLC）的服务器，对很多热点进行运用和管理的形式，常用于中型到大型办公室的无线局域网环境中。采用集中管理型时，即使热点的数量增加，由于可以使用无线局域网控制器集中进行运用和管理，因此运用和管理都不复杂。所有设置和固件更新都可以通过无线局域网控制器完成。此外，无线局域网控制器会通过热点了解每种无线电波的状况，检测无线电波干扰，并根据需要调整信道，以保持洁净的无线电波环境。集中管理型的缺点是初始成本和性能限制。由于必须准备无线局域网控制器，因此无论如何都需要支付前期费用。此外，每台无线局域网控制器可以管理的热点的数量也是有限制的，如果超过该限制，就需要购买新的控制器，此时也需要支付费用。

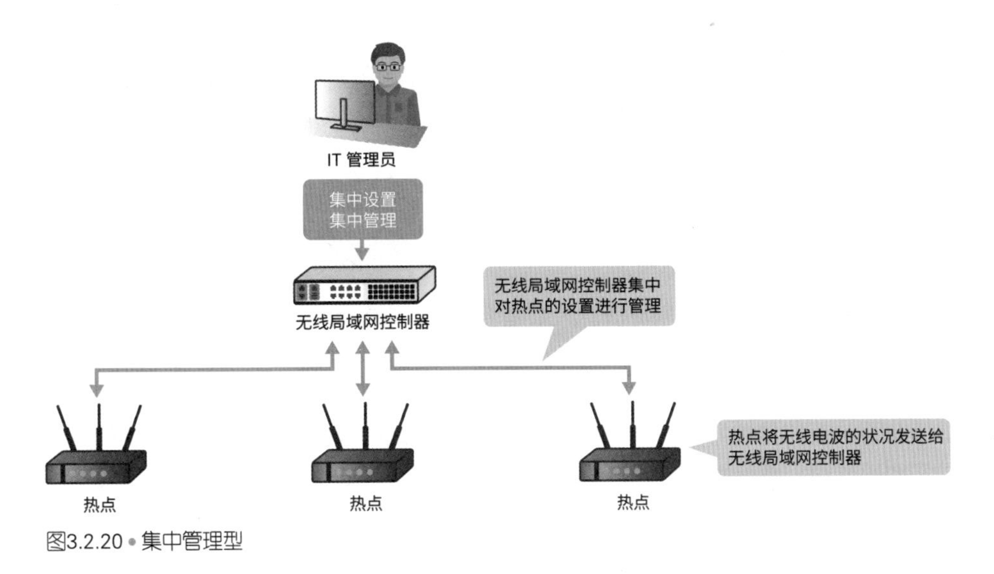

图3.2.20 • 集中管理型

云管理型

云管理型是集中管理型的进阶版本，是一种使用云控制器这种具备无线局域网控制器功能的控制器对热点进行管理的形式。虽然它的前提是需要具备热点与互联网连接的条件，但是由于无须准备无线局域网控制器，同时还可以得到与集中管理型相同的好处，因此是目前流行的一种形式。由于云管理型无须准备无线局域网控制器，因此可以将初始成本控制得很低。此外，无论增加多少热点，也不需要购买更多的设备。但是，由于需要使用云服务，因此存在运行成本高的缺点。

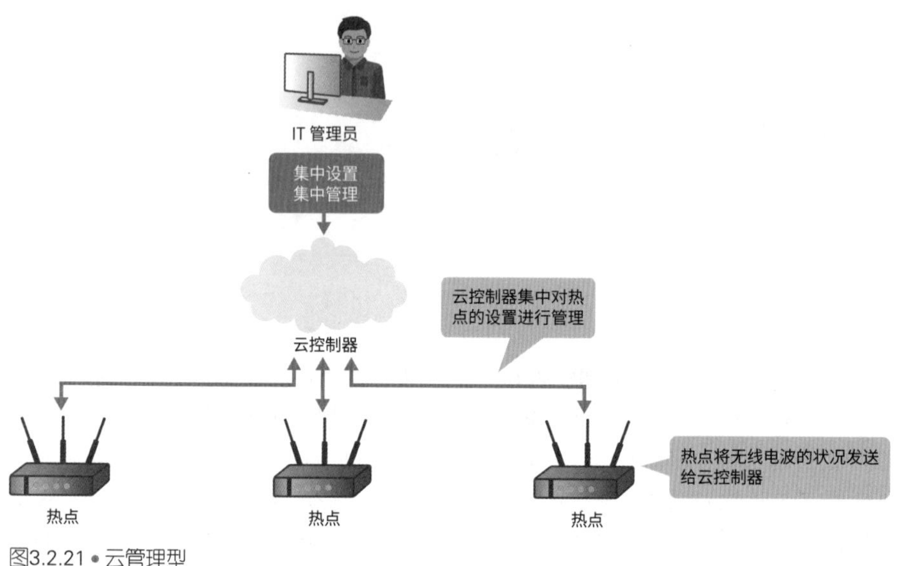

图3.2.21 • 云管理型

3.2.4 无线局域网相关的各种功能

构成无线局域网的设备具备多种多样的功能，不仅具备认证和加密功能，还具备保持更高安全级别的功能，以及维持洁净的无线电波环境的功能。在这里，将从中挑选几种在实际工作中经常会用到的功能进行讲解。

访客网络

访客网络就是指为访客提供的无线局域网环境。大家是否有过被来家里做客的朋友问“借 WiFi 用一下！”的经历呢？当然，我们也不是说不相信朋友，但是在自己家里的网络中有保存家庭照片和视频的硬盘，也有平时使用的个人电脑，如果随随便便就借给别人使用，多多少少会有一点抵触心理。如果使用访客网络功能，就可以创建只能访问互联网，即无法访问家庭网络的 SSID 的网络，并且我们只需要为访客提供 SSID 和密码即可。最近用于家庭的 WiFi 路由器也具备了这个功能，这种方式已经相当流行。

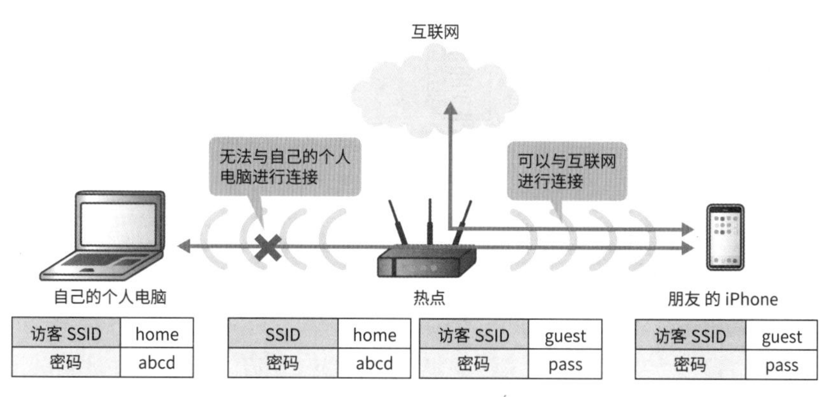

图3.2.22 • 访客网络

MAC 地址过滤

MAC 地址过滤就是一种根据终端的 MAC 地址进行过滤（允许 / 拒绝）的功能。需要事先将可以连接的终端的 MAC 地址登记到热点和无线局域网控制器中，并拒绝其他终端的连接。当需要更高的安全级别时，可以将它与前面讲解的 WPA 和 WPA2 一起结合使用。由于 MAC 地址过滤的操作简单，容易理解，因此常用于无线局域网的终端较少的应用场景中。但其缺点也不少，不光是对付不了 MAC 地址伪装这种操作成本很低的攻击，而且当终端数量增加时，运用和管理也会变得较为复杂。

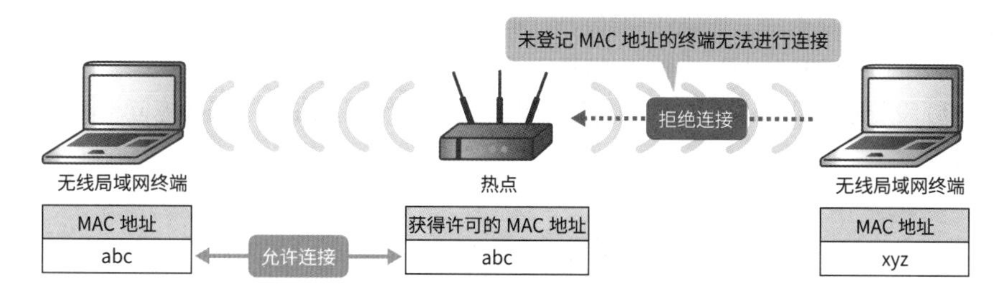

图3.2.23 • MAC地址过滤

Web 认证

Web 认证是一种在 Web 浏览器中输入用户名和密码进行认证的方式，通常与酒店和车站的公共无线局域网以及企业的访客 WiFi 的个人模式结合使用。当无线局域网的终端与目标 SSID 进行连接时，Web 浏览器就会启动，跳转至 Web 服务器的登录页面[①]。在页面中输入用户名和密码之后，Web 服务器就会对认证服务器进行认证。此外，由于用户名和密码已经使用 HTTPS（见 P284）进行了加密处理，因此无须担心被窥视或者被篡改。由于只要有 Web 浏览器就可以进行 Web 认证，因此大部分终端都可以使用这种认证方式。

① Web 服务器可以单独准备，也可以让无线局域网控制器和热点负责 Web 服务器的工作，方式有很多种。在本书中，为了便于理解，我们采用图解的方式展示了单独准备 Web 服务器的场合。

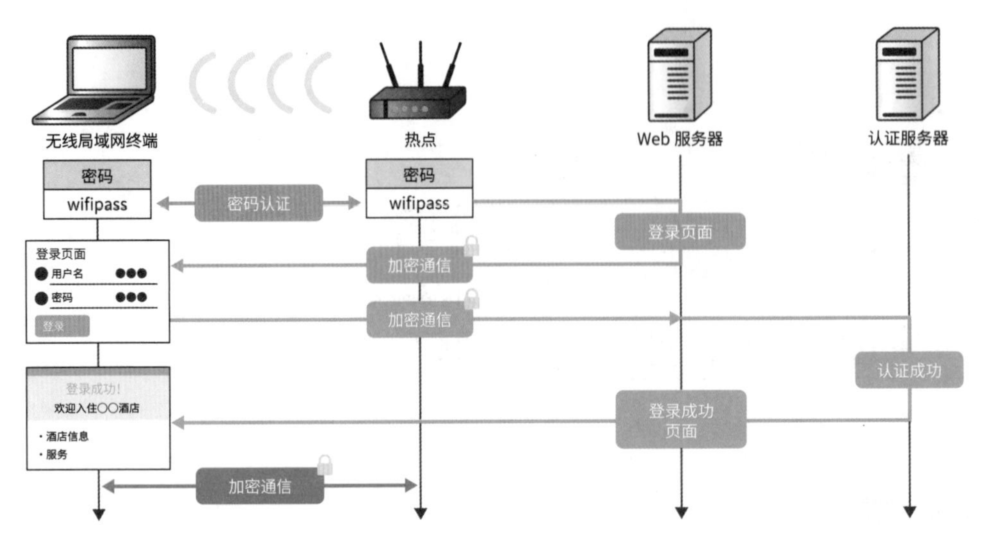

图3.2.24 • Web认证

频段转向

频段转向是一种将支持 2.4GHz 频段和 5GHz 频段（双频带）的无线局域网的终端引导到难以受到无线电波干扰的 5GHz 频段的功能，也可以将其称为频段选择。我们在 2.2.1 小节中已经讲解过，2.4GHz 频段的信道略有重叠，容易受到无线电波干扰。如果使用频段转向功能，支持双频段的无线局域网终端就可以优先使用像无线电波那样洁净的 5GHz 频段，从而保持稳定的通信。

双频段的终端会在两个频段发送检测请求。与之相对地，热点则只会使用 5GHz 的天线返回检测答复，让终端选择 5GHz 频段。

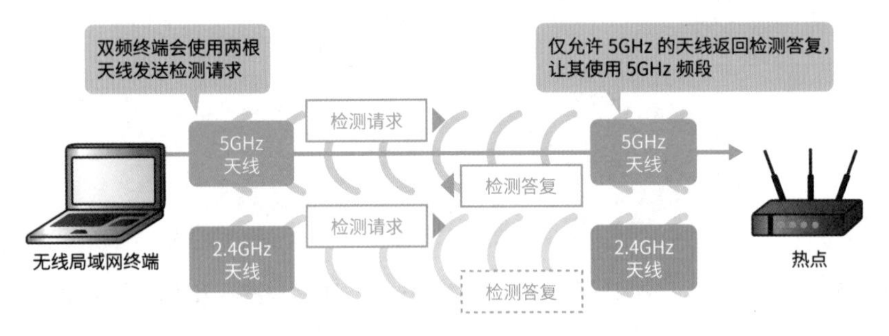

图3.2.25 • 频段转向

chapter 3-3 ARP

在网络世界中，只有两种地址，一种是之前讲解过的 MAC 地址，另一种是第 4 章中将要讲解的 IP 地址。MAC 地址是烧制在 NIC 网卡内部的物理地址，在数据链路层中运行；IP 地址则是在操作系统（OS）中设置的逻辑地址，在网络层中运行。ARP（Address Resolution Protocol，地址解析协议）就是负责将这两个地址关联起来，起着数据链路层和网络层之间的架桥作用的协议。虽然 ARP 是位于数据链路层和网络层中间（第 2.5 层）的协议，但本书中会将其作为数据链路层的协议进行讲解。

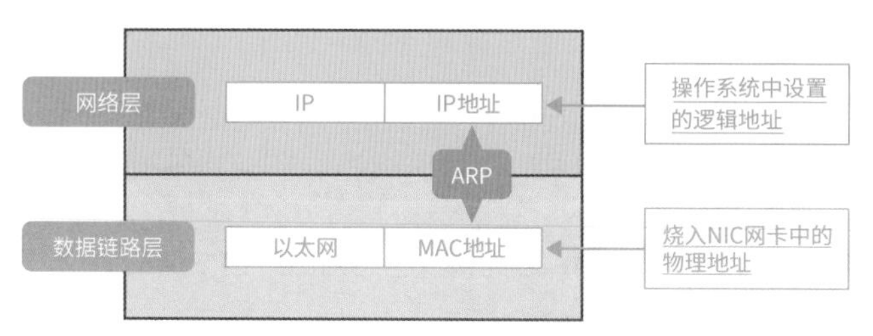

图3.3.1 • ARP 是将MAC 地址和IP地址相关联的协议

当某台终端发送数据时，需要将接收到的来自网络层的 IP 数据包封装成以太帧，并将其传输到缆线中。但是，如果只是接收了 IP 数据包，是不足以创建以太帧的，还需要其他信息。发送方 MAC 地址已经写入自己的 NIC 网卡中，因此是可知的，但是对接收方 MAC 地址却一无所知。因此，在实际进行数据通信之前，需要使用 ARP 根据接收方 IPv4 地址计算出接收方 MAC 地址，这一处理被称为地址解析[①]。

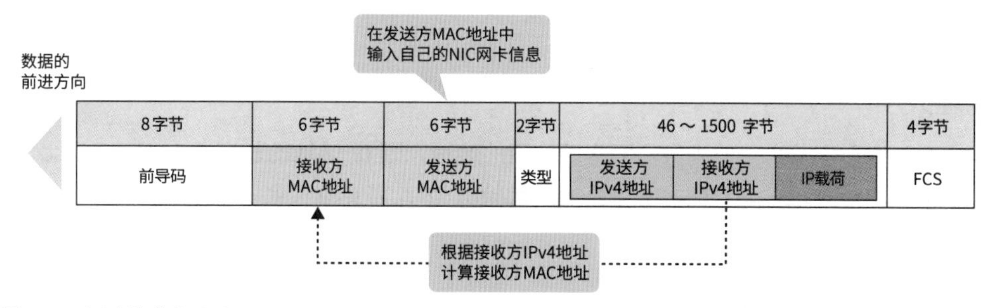

图3.3.2 • 以太帧的接收方MAC 地址需要根据接收方IPv4 地址计算

3.3.1 ARP 的数据帧格式

ARP 首先是由 RFC 826（An Ethernet Address Resolution Protocol or Converting Network Protocol Addresses）确定标准化的，然后在 RFC 5227（IPv4 Address Conflict Detection）和 RFC 5494（IANA Allocation Guidelines for the ARP）中进行了扩展。

① ARP 只会使用 IPv4 地址的地址解析。IPv6 地址的地址解析不是使用 ARP，而是使用 ICMPv6 进行（见 P195）。

ARP 在二层首部的类型代码中被定义为 0x0806（见 P75 表 3.1.1）。此外，它可以通过将数据链路层（层 2）和网络层（层 3）的信息封装在二层载荷中的方式来关联 MAC 地址和 IP 地址。

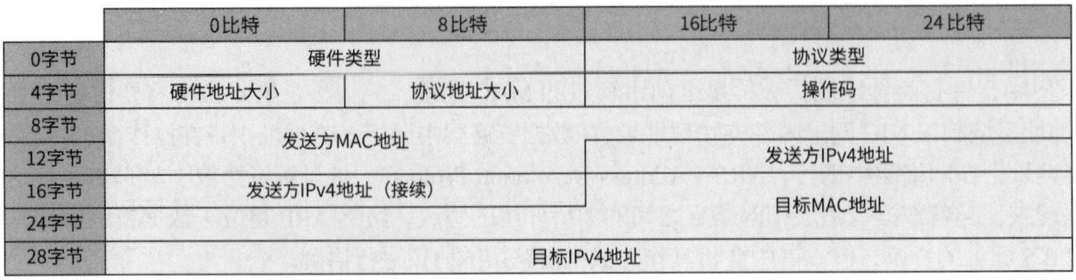

	0比特	8比特	16比特	24比特
0字节	硬件类型		协议类型	
4字节	硬件地址大小	协议地址大小	操作码	
8字节	发送方MAC地址			
12字节			发送方IPv4地址	
16字节	发送方IPv4地址（接续）		目标MAC地址	
24字节				
28字节	目标IPv4地址			

图3.3.3 • ARP的数据帧格式

接下来，将对 ARP 数据帧格式中的每个字段进行讲解。

■ 硬件类型

硬件类型是一个 2 字节（16 比特）的字段，表示使用的是第二层的协议。它对各种第二层的协议进行了定义，如果是以太网，硬件类型就是 0x0001。

■ 协议类型

协议类型是一个 2 字节（16 比特）的字段，表示使用的是第三层的协议。它对各种第三层的协议进行了定义，如果是 IPv4，协议类型就是 0x0800。

■ 硬件地址大小

硬件地址大小是一个以字节为单位来表示硬件地址，即 MAC 地址的长度为 1 字节（8 比特）的字段。由于 MAC 地址为 6 字节（48 比特），因此需要输入 6。

■ 协议地址大小

协议地址大小是一个以字节为单位来表示网络层使用的地址，即 IP 地址的长度为 1 字节（8 比特）的字段。由于 IP 地址（IPv4 地址）的长度为 4 字节（32 比特），因此需要输入 4。

■ 操作码

操作码（OP Code）是一种表示 ARP 帧的种类的 2 字节（16 比特）的字段。虽然定义了很多操作码，但是在实际构建系统的工作场合中经常会看到的代码是表示 ARP Request 的 1 和表示 ARP Reply 的 2 这两种。

表3.3.1 • ARP中具有代表性的操作码

操作码	内容
1	ARP Request
2	ARP Reply
3	Request Reverse（RARP 中使用）
4	Reply Reverse（RARP 中使用）

■ 发送方 MAC 地址 / 发送方 IPv4 地址

发送方 MAC 地址和发送方 IPv4 地址是一种表示发送 ARP 终端的 MAC 地址和表示 IPv4 地址的长度可变的字段。它们所表示的就是字面意思，无须太过深入地考虑。

■ 目标 MAC 地址 / 目标 IPv4 地址

目标 MAC 地址和目标 IPv4 地址是一种表示需要使用 ARP 进行地址解析的 MAC 地址和表示 IPv4 地址的长度可变的字段。由于一开始是无法知道 MAC 地址的，因此会设置虚拟的 MAC 地址（00:00:00:00:00:00）。

3.3.2 使用 ARP 进行地址解析的流程

ARP 的操作非常简单，也非常容易理解。大家可以想象一下，在医院里护士会对着在候诊室等待就诊的大家大声地喊“○○先生在吗？”，于是就会有人回答“是我！”的场景。ARP 中的“○○先生在吗？”的数据包被称为 ARP Request。ARP Request 会以广播的形式被发送给同一网络中的所有终端。此外，“是我！”的数据包则被称为 ARP Reply。ARP Reply 会通过 1:1 的单播发送。ARP 只会使用这两个数据包将 MAC 地址和 IP 地址关联起来。

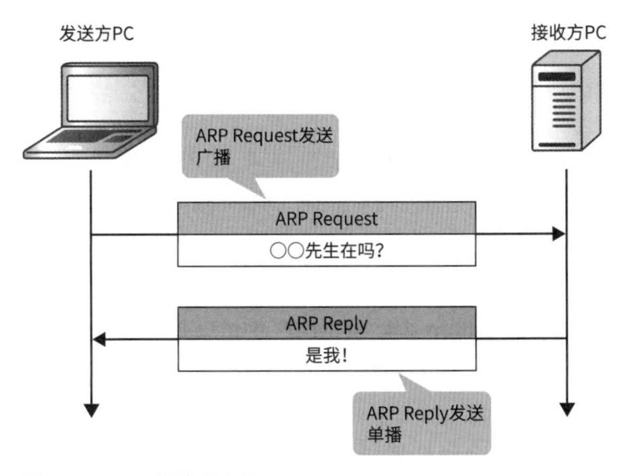

图3.3.4 • ARP的处理流程

具体的地址解析示例

接下来，将详细地讲解 ARP 是以什么样的方式将接收方 IPv4 地址和接收方 MAC 地址关联起来的。在这里，将假设 PC1 会对位于同一以太网网络中的 PC2 的 MAC 地址进行解析，并在此前提下对 ARP 的处理进行说明。

① PC1 会通过查看来自网络层的 IP 数据包中包含的接收方 IPv4 地址来搜索自己的 ARP 表。ARP 表是一个内存中的表，它保存了在一定时间内由 ARP 进行了地址解析的信息。当然，ARP 表一开始是空的。因此，需要继续进行 ARP Request 的处理。

此外，如果 ARP 表中已经存在相关信息，可以一口气跳过步骤①～⑤的处理，直接进入步骤⑥的处理。ARP 表可以在减少网络上的 ARP 流量的同时，帮助缩短实际数据通信之前所需的时间。

② PC1 为了发送 ARP Request，首先需要组建 ARP 的各个字段的信息。操作码是表示 ARP Request 的 1。发送方 MAC 地址和发送方 IPv4 地址是 PC1 自己的 MAC 地址和 IPv4 地址。

由于当前无法知道目标 MAC 地址，因此就需要使用虚拟的 MAC 地址（00:00:00:00:00:00）。目标 IPv4 地址会根据 IPv4 首部中包含的接收方 IPv4 地址而发生变化。如果接收方 IPv4 地址为相同的 IPv4 网络，就可以直接将接收方 IPv4 地址作为目标 IPv4 地址使用；如果接收方 IPv4 地址是不同的 IPv4 网络，那就需要将该网络的出口“下一跳点”作为目标 IPv4 地址使用。在本次的示例（图 3.3.5）中，由于 PC2 在同一个 IPv4 网络中，因此目标地址就直接是 PC2 的 IPv4 地址（10.1.1.200）。

然后，需要组建以太网首部。此时，ARP Request 需要使用广播。因此，接收方 MAC 地址就是广播地址（ff:ff:ff:ff:ff:ff），发送方 MAC 地址则是 PC1 的 MAC 地址（00:0c:29:ce:90:e4）。

③ ARP Request 会被送往同一以太网网络（VLAN1）中的所有终端。作为地址解析目标的 PC2 会判断出这是发给自己的 ARP 帧，并接收数据；而不是地址解析目标的 PC3 由于会判断出这是与自己无关的 ARP 帧，因此会将数据丢弃；位于不同以太网网络（VLAN2）中的 PC4 则不会收到 ARP 帧。

④ PC2 为了回复 ARP Reply，首先需要组建 ARP 各个字段的信息。操作码是表示 ARP Reply 的 2。发送方 MAC 地址和发送方 IPv4 地址是 PC2 自己的 MAC 地址和 IPv4 地址，目标 MAC 地址和目标 IPv4 地址则是 PC1 的 MAC 地址和 IPv4 地址。

然后，需要组建以太网首部。ARP Reply 需要使用单播。因此，接收方 MAC 地址就是 PC1 的 MAC 地址（00:0c:29:ce:90:e4），发送方 MAC 地址则是 PC2 的 MAC 地址（00:0c:29:5e:f5:ab）。

⑤ PC1 会通过查看 ARP Reply 的 ARP 字段中包含的发送方 MAC 地址（00:0c:29:5e:f5:ab）和发送方 IPv4 地址（10.1.1.200）来对 PC2 的 MAC 地址进行识别。此外，PC1 还会将相关信息登记到 ARP 表中，进行临时保存。

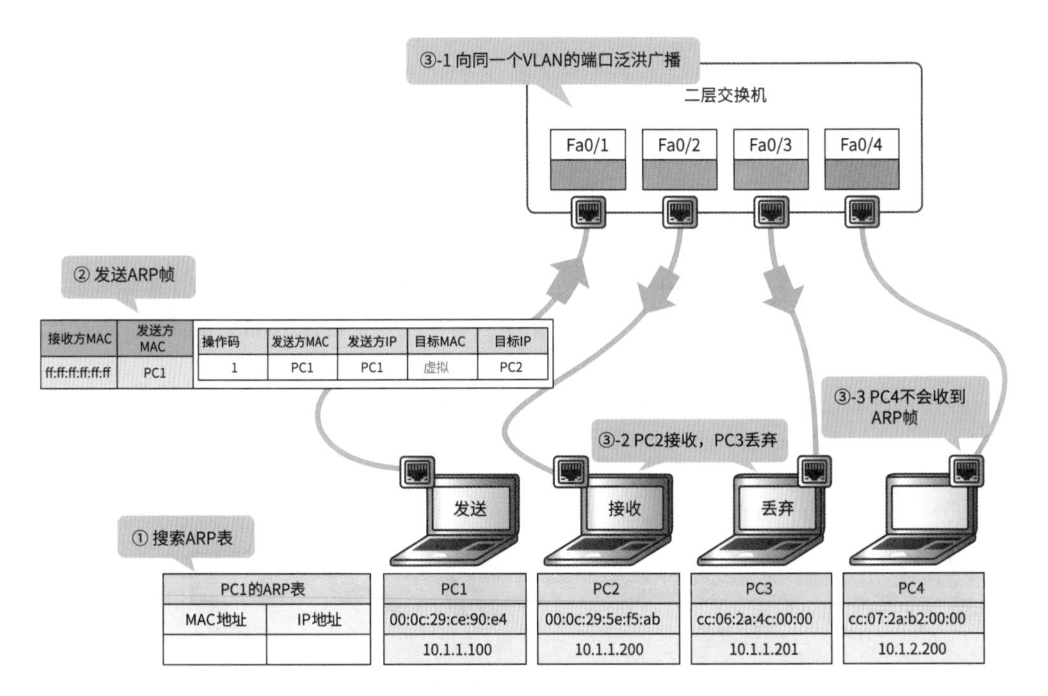

图3.3.5 • ①～③的处理

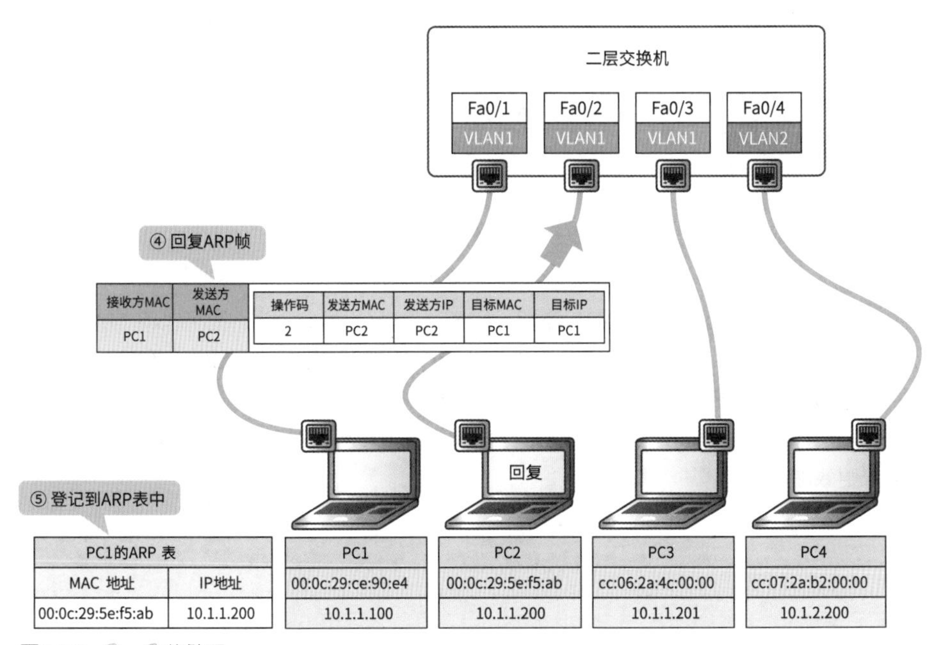

图3.3.6 • ④～⑤的处理

⑥ PC1 会将经过地址解析的 PC2 的 MAC 地址（00:0c:29:5e:f5:ab）放入以太网首部的接收方 MAC 地址中，将 IPv4 地址放入 IPv4 首部的接收方 IPv4 地址中，然后开始进行通信。

3.3.3 ARP 的缓存功能

经过上述讲解，想必大家已经理解了 ARP 对 TCP/IP 通信而言具有举足轻重的作用。所有的通信都需要从 ARP 开始。只有经过 ARP 处理，知道数据包应当发送给哪一个 MAC 地址，才能开始进行通信。

不过，该 ARP 也存在致命的缺陷，即“需要以广播为前提”。由于一开始是不知道对方的 MAC 地址的，因此使用广播也是一种必然的做法。但是，广播是一种会向同一网络中的所有终端发送数据的低效的通信方式。例如，假设网络中有 1000 台终端，那么广播就会将流量传输给这 1000 台的终端。如果大家在每次通信时都发送 ARP，那么网络就会被 ARP 流量淹没。

原本 MAC 地址和 IPv4 地址也是不会经常改变的。因此，ARP 具备了对经过地址解析的内容临时进行保存的缓存功能。

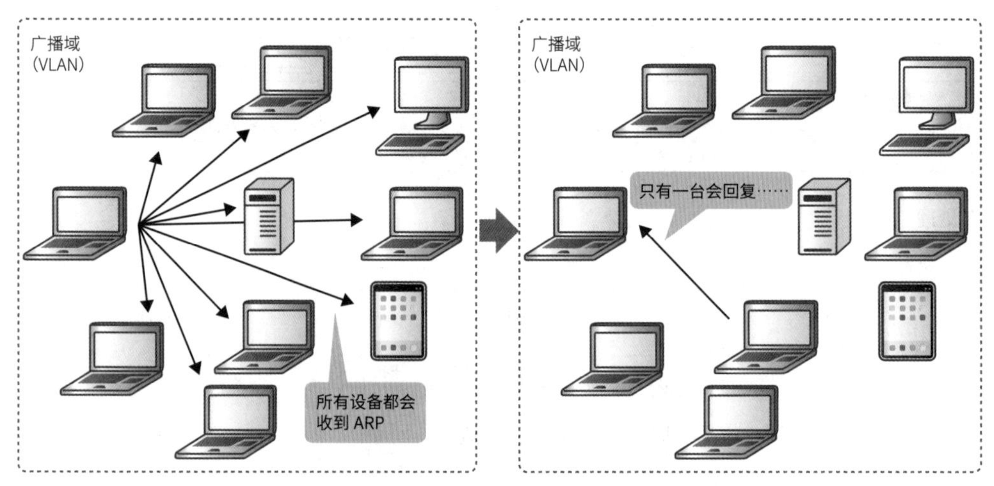

图3.3.7 • 因为一个地址解析处理，而需要向所有终端发送数据是非常低效的做法

ARP 缓存功能的操作如图 3.3.8 所示。经过 ARP 处理，知道了 MAC 地址之后，就可以将 MAC 地址作为 ARP 表的 Entry（数据）添加并保存在表中。终端在保存 Entry 的期间不会发送 ARP。然后，在经过一定时间（超时时间）后，就会删除 Entry，再次发送 ARP Request。超时时间的长短取决于使用的设备和操作系统。例如，Windows 10 的超时时间是 10 分钟，Cisco 公司生产的设备的超时时间是 4 小时。当然，这两个时间都是可以进行更改的。

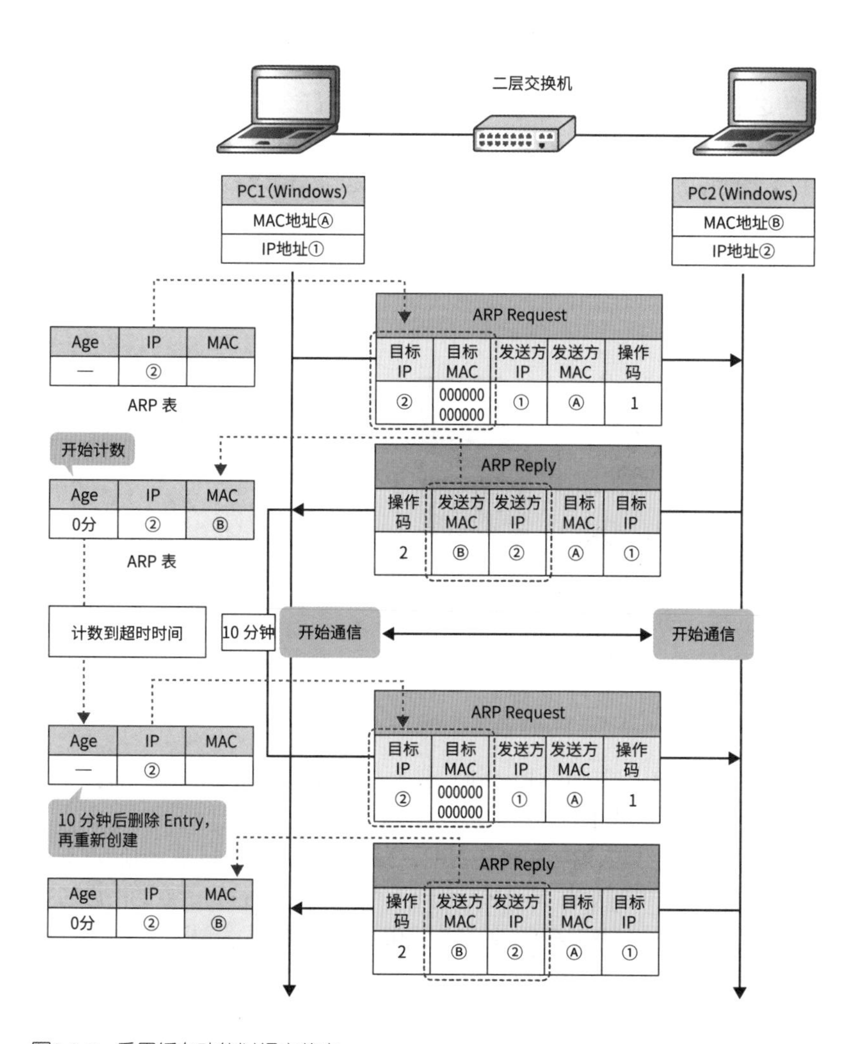

图3.3.8 • 采用缓存功能以提高效率

3.3.4 使用 GARP 的功能

ARP 是一种支持早期阶段的 TCP/IP 的非常重要的协议。如果卡在 ARP 这里，后续的通信将无法建立。因此，除了常规的 ARP 之外，还存在可以高效实现地址解析的特殊的 ARP，这种 ARP 被称为 GARP（Gratuitous ARP，无故 ARP）。

GARP 是一种在 ARP 字段的目标 IPv4 地址中设置了自己的 IPv4 地址的特殊的 ARP，常用于 IP 地址的重复检测和相邻设备的表更新中。

IPv4 地址的重复检测

大家有没有在公司或学校的网络环境中不小心设置了与其他人相同的 IP 地址的经历呢？在这种情况下，如果使用的是 Windows 操作系统，就会显示“检测到 IP 地址冲突”的错误信息。

当设置了 IPv4 地址时，操作系统就会发送一个将该 IPv4 地址设置为目标 IPv4 地址的 GARP（ARP Request），并询问所有人“可以使用这个 IPv4 地址吗？”。由于必须向所有人进行询问，因此需要使用广播。此外，如果存在使用该 IPv4 地址的终端，就会返回单播的 ARP Reply。接收到 ARP Reply 之后，操作系统就会判断出存在具有相同 IPv4 地址的终端，并显示错误信息；如果没有返回 ARP Reply，就会显示需要设置 IPv4 地址。

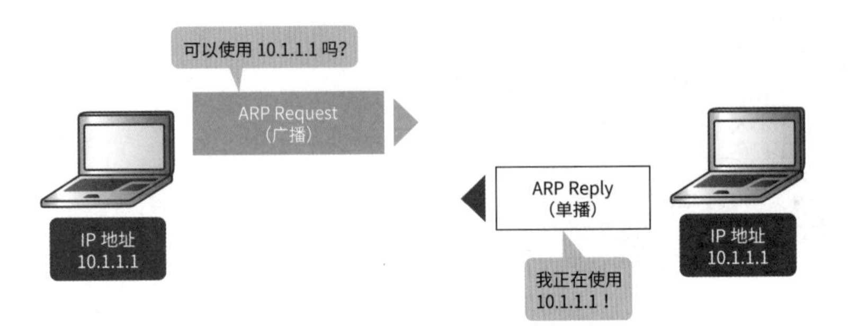

图3.3.9 • IP地址的重复检测

相邻设备的表更新

这里的表是指 ARP 表和 MAC 地址表。可以使用 GARP 声明“我的 IPv4 地址和 MAC 地址是这个！”，并提示需要更新相邻设备的 ARP 表和 MAC 地址表的信息。

如果因为某些原因，如设备出现故障等，导致需要更换设备时，设备更换前后的 MAC 地址是不一样的。因此，更换的设备需要在启动后连接网络时发送 GARP，将自己的 MAC 地址已经改变的消息通知大家，来对相邻设备的 ARP 表和 MAC 地址表① 进行更新。如果是二层交换机和个人电脑这类相邻设备，由于可以通过 GARP 知道更换后的设备的新的 MAC 地址，因此可以立即开始进行通信。

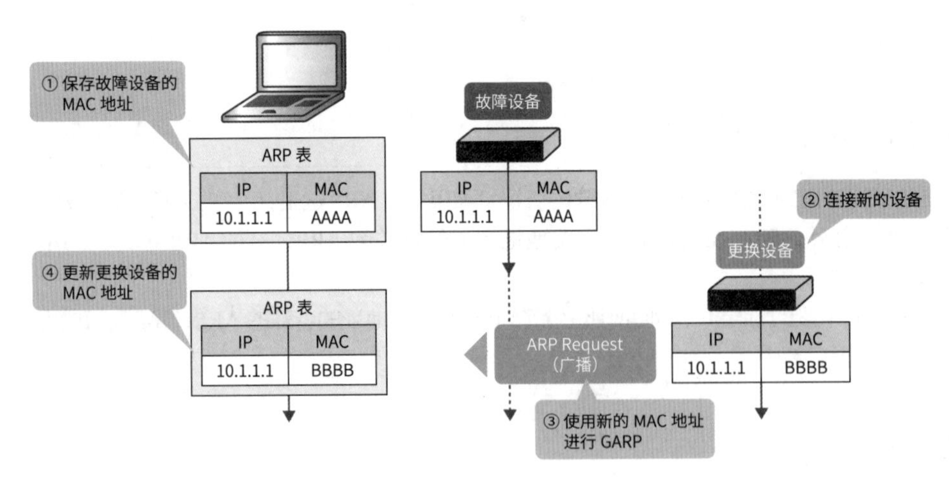

图3.3.10 • 将新的MAC 地址通知给相邻设备

① 有些设备不会发送 GARP。这种情况下，需要暂时删除相邻设备的 ARP 表，重新学习新设备的 MAC 地址。

3-4 其他二层协议

在本章的最后一节中，我们将挑选几个除了 IEEE 802.3、IEEE 802.11 和 ARP 之外的二层协议进行讲解。接下来将要讲解的协议虽然是在数据链路层中运行的，但是它们都是二层交换机和热点无法进行处理的协议，而是路由器和防火墙等上层设备可以处理的协议。由于正文中经常会出现网络层和传输层这类专业术语，因此如果大家在阅读的过程中感到困惑，请在阅读完第 4 章和第 5 章之后，再回过头来进行阅读。

3.4.1 PPP

PPP（Point to Point Protocol，点对点协议）是一种使用 1:1 的方式对点和点进行连接的二层协议。该协议由 RFC 1661 The Point-to-Point Protocol（PPP）确定标准化。PPP 是在终端和终端之间创建一个名为“数据链路”的 1:1 的逻辑通道，并在其中传输 IP 数据包的。以前，它被用于直接使用电话线连接互联网的拨号连接中。

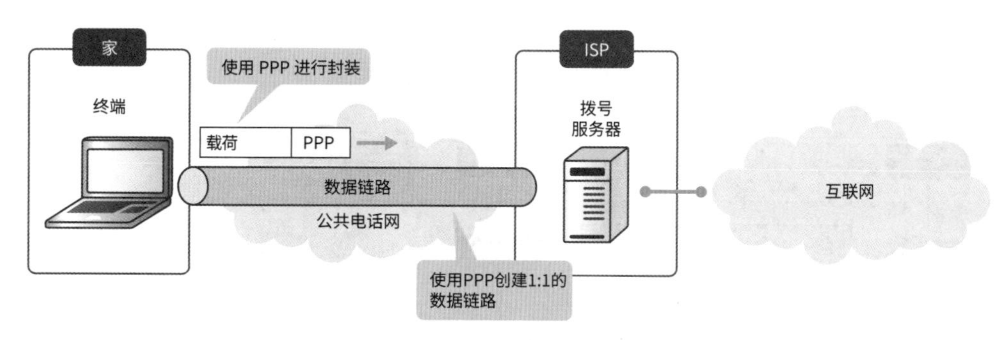

图3.4.1 • 基于PPP 的拨号连接

PPP 需要结合使用建立、维护和断开链路的 LCP（Link Control Protocol，链路控制协议）、进行认证的 PAP 和 CHAP（见 P112 和 P113），以及分发 IP 信息的 NCP（Network Control Protocol，网络控制协议）来创建数据链路。下面是连接处理的流程。

① 使用 LCP 协商建立数据链路所需要的信息，如认证类型和最大接收数据大小（Maximum Receive Unit，MRU）等，然后根据该信息建立数据链路。

② 建立好数据链路之后，设置好认证类型即可进行认证处理。认证时需要使用对 PAP 或 CHAP 的认证方式进行定义的认证协议（将在下一小节进行说明），并在使用 LCP 创建的数据链路上进行认证。如果没有设置认证类型，则需要跳过认证，进入步骤③。

③ 使用 NCP 通知 IP 地址和 DNS 服务器的 IP 地址，以便可以在 IP 层级进行通信[①]。如果已经准备好了这一步骤，就可以使用 PPP 对 IP 数据包进行封包处理，并通过 IP 进行通信。

④ 可以进行通信之后，就需要使用 LCP 监视数据链路的状况。PPP 服务器每隔一段时间就会发送 LCP 的 Echo Request，与之相对地，PPP 客户端则会返回 Echo Reply。如果在一定时间内没有返回 Echo Reply，数据链路就会断开（结束）。

⑤ 如果不再使用数据链路，或者链路被管理员断开，LCP 就会进入结束链路的处理当中。

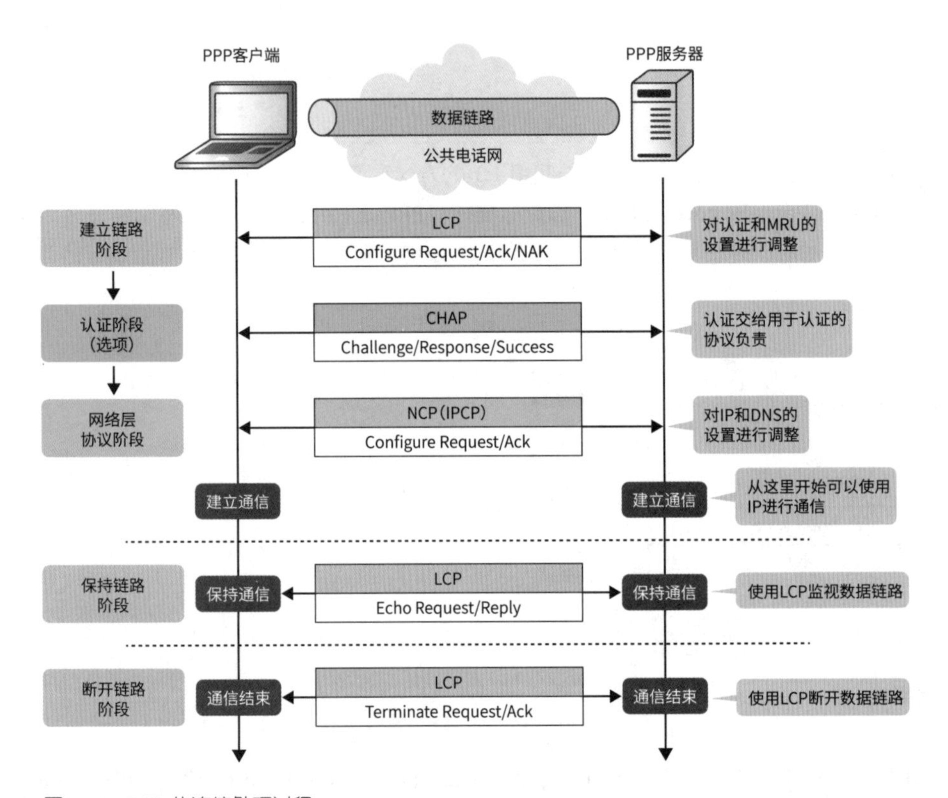

图3.4.2 • PPP 的连接处理过程

PAP

在 PAP（Password Authentication Protocol，密码认证协议）中，需要通过 PPP 客户端发送用户 ID 和密码（Authenticate Request，验证请求），并基于服务器预先设置的用户 ID 和密码进行认证（Authenticate Ack）。虽然操作非常简单易懂，但是由于用户 ID 和密码都是以明文（未进行加密处理的字符串）的方式进行传输，如果在中途被他人窥视就会很危险。因此，这种方式现在很少使用，而且已经被接下来将要讲解的 CHAP 所取代。

① NCP 可以被使用的三层协议进一步细分。使用 IP 的 NCP 是 IPCP。

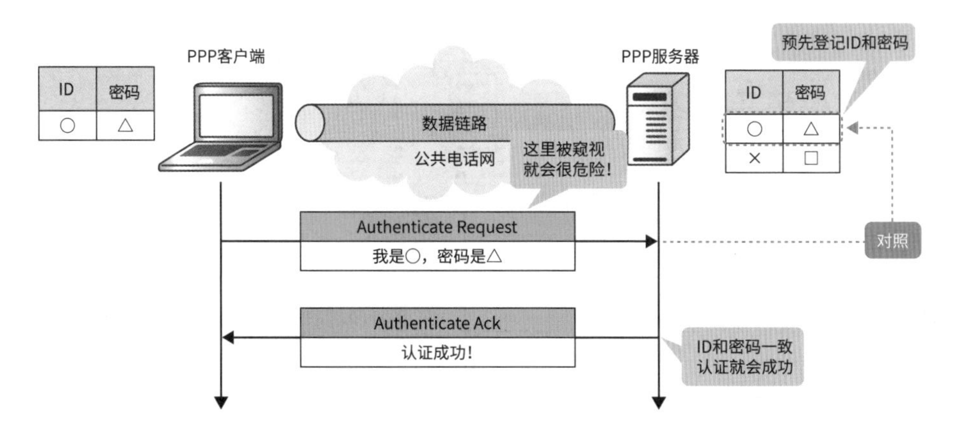

图3.4.3 • PAP容易被窥视

CHAP

CHAP（Challenge Handshake Authentication Protocol，挑战握手身份认证协议）是一种弥补了 PAP 的安全漏洞，并且进行了升级的协议。大家可以认为后面将要讲解的 PPPoE 和 L2TP over IPsec 等 PPP 相关协议的认证基本上都需要使用 CHAP。CHAP 的认证过程如下。

1. 当 LCP 建立好数据链路时，服务器会将一个名为“挑战值”的随机字符串传递给客户端。每次认证都需要使用不同的挑战值。服务器会保存挑战值，以便之后进行计算。

2. 接收了挑战值的客户端需要使用挑战值、ID 和密码对哈希值进行计算，并将结果和 ID 一起发送回去。哈希值就像是根据某种计算得出的数据的汇总。由于无法从哈希值反向计算出数据，因此即使哈希值被人窥视，他人也无法推导出密码。

3. 服务器也需要计算相同的哈希值，如果得到的结果与哈希值相同，就表示认证成功。

到目前为止，为了便于理解，我们着重对 PPP 客户端和 PPP 服务器这两个“出场人物”进行了讲解。在实际环境中，由于需要处理大量的用户信息，因此还需要使用认证服务器。当 PPP 服务器接收到来自 PPP 客户端的用户名和挑战值时，就会将它们与自己发送的挑战值一起发送给认证服务器。与认证服务器的通信需要使用名为 RADIUS（Remote Authentication Dial In User Service，远程身份认证拨号用户服务）的 UDP 的认证协议。认证服务器需要根据该信息计算哈希值，如果哈希值相同，就会允许进行连接。

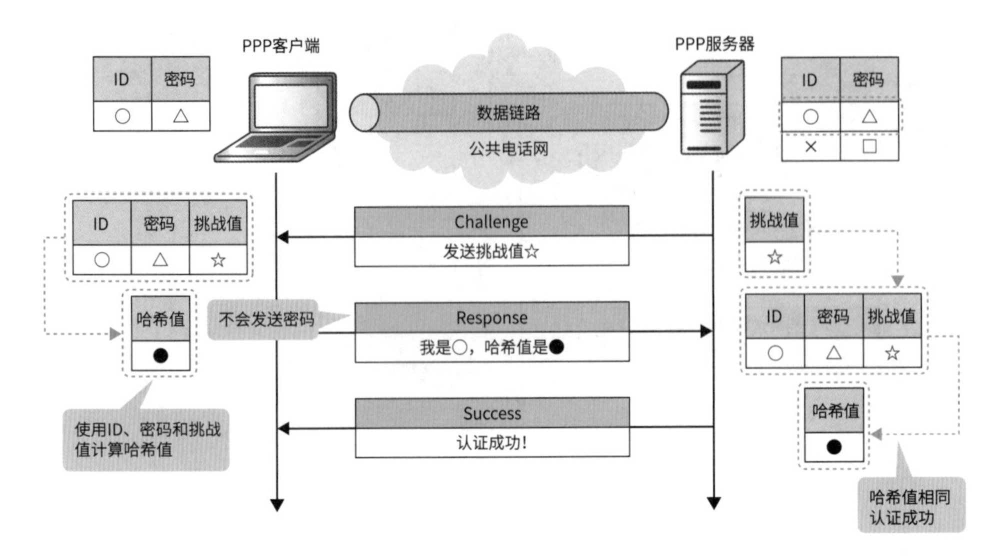

图3.4.4 • CHAP 可防止窥视

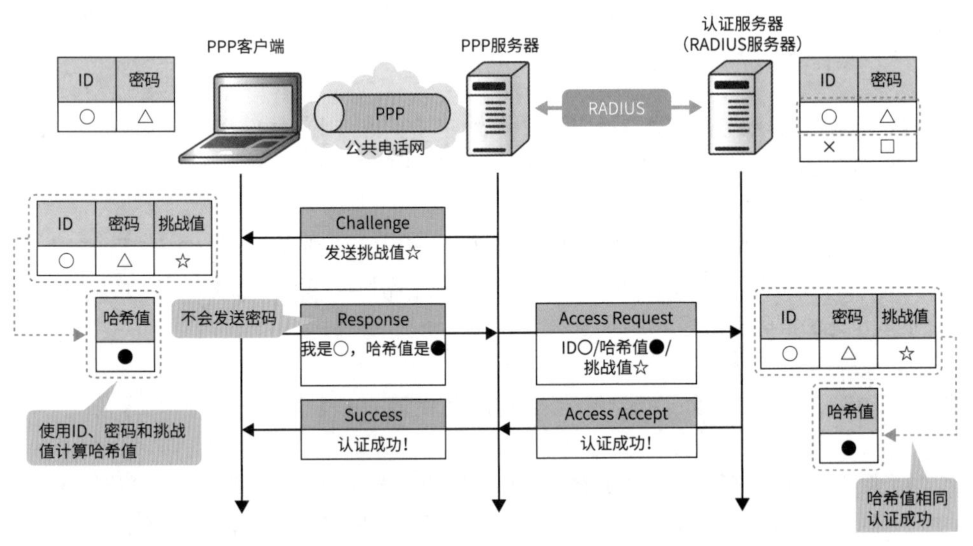

图3.4.5 • 认证服务器与CHAP 的组合

3.4.2 PPPoE

PPPoE（Point to Point Protocol over Ethernet，以太网上的点对点协议）是一种对 PPP 进行了扩展，使原本用于拨号连接的 PPP 也可以在以太网网络中使用的协议。它由 RFC 2516 A Method for Transmitting PPP over Ethernet（PPPoE）确定标准化，主要用于连接 NTT 东日本 / 西日本提供的互联网连接线路服务 FLET'S Hikari Next 中的、被称为 FLET'S 网络（NGN 网）的私域网。WiFi 路由器等室内设置的家庭网关（Home Gateway，HGW）需要使用 ONU（Optical Network Unit，光网络单元）[①] 连接 NTT 的 FLET'S 网络，并使用 PPPoE 对连接 FLET'S 网络和各个 ISP 的网络终端设备（Network Termination Equipment，NTE）进行连接。网络终端设备会向各个 ISP 的认证服务器（RADIUS 服务器）询问使用 PAP/CHAP 接收的用户名和密码，如果认证成功，则可以通过 FLET'S 网络和 ISP 的网络连接互联网。

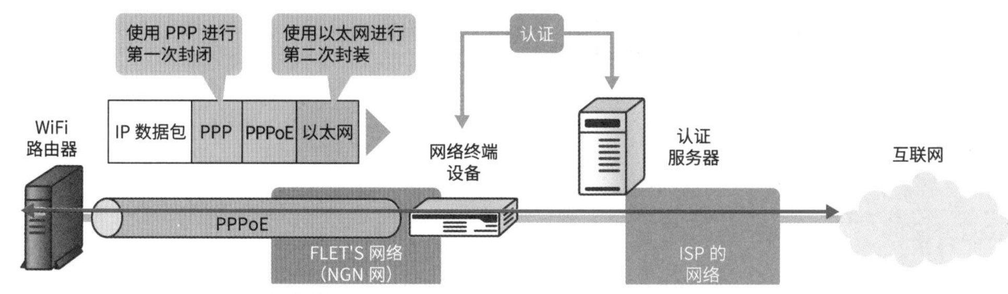

图3.4.6 ● 使用PPPoE 连接FLET'S 网络

参考　○○ over △△

在网络世界当中，有几种协议是以“○○ over △△”的形式表示的，如 HTTP over TLS 和 SMTP over SSL/TLS 等，这是指“使用△△对○○进行封装”的意思。例如，HTTP over TLS 就是实现在互联网中经常会听到的 HTTPS（HTTP Secure）的协议之一，它是使用 TLS（Transport Layer Security，传输层安全协议）对 HTTP 进行封包处理的。PPPoE 使用 PPP 封装好 IP 数据包之后，会进一步使用以太网进行封装，因此数据链路层实际上是进行了两次封装[②]。

3.4.3 IPoE

使用 PPPoE 连接 FLET'S 网络时，存在一个致命的缺陷，那就是在某些时间段和某一时期，网络终端设备的数据包会拥塞（拥挤），从而导致难以连接到互联网[③]。因此，研究者们重新开发了一种 FLET'S 的连接方式 IPoE（Internet Protocol over Ethernet）。它无须像 PPPoE 那样使用 PPP 进行封包处理，可以直接使用以太网和 IP，因此也可称为本机连接方式。安装在室内的 WiFi 路由器（家庭网关）需要使用 ONU 连接 NTT 的 FLET'S 网络（NGN 网），并使用网关路由器[④] 和名为 VNE（Virtual Network Enabler）[⑤] 的特定的通信运营商的网络与互联网进行连接。由于其不会经由瓶颈的网络终端设备，因此可以保持高速通信。此外，需要使用线路信息进行认证，无须使用用户名和密码。

① 一种介质转换器，在使用光线路时需要使用该设备。
② 由于 PPP 无法直接使用以太网进行封装，因此需要先将 PPPoE 首部作为缓冲材料夹在中间，然后使用以太网首部进行封包处理。
③ 由于连接网络终端设备和 ISP 的链路的带宽小于用户流量而导致发生拥塞。
④ 指连接 FLET'S 网络和 VNE 的路由器具有宽带链路，可以处理大数据包。
⑤ 向 ISP 批发 IPv6 互联网连接功能的通信运营商。具有代表性的 VNE 有 Japan Network Enabler Corporation（JPNE）和 Internet Multifeed Co. 等。

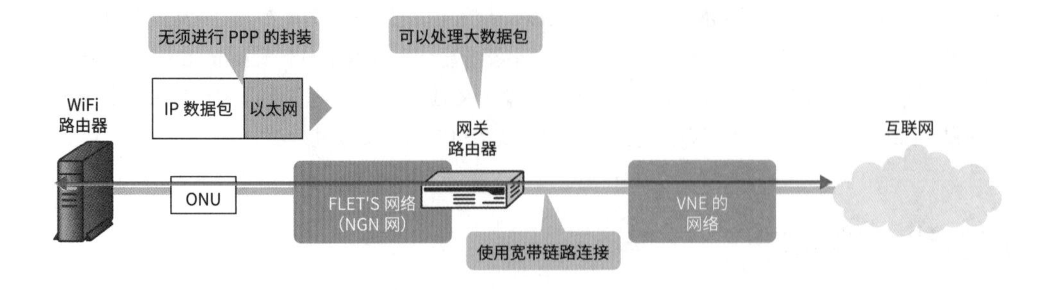

图3.4.7 • 基于IPoE 连接FLET'S 网络

3.4.4 PPTP

PPTP（Point to Point Tunneling Protocol，点对点隧道协议）与 IPsec（见 P197）相同，是一种在互联网上创建虚拟专用线路（隧道）的 VPN 协议。它最初由微软公司、3Com 公司和美国 Ascend 公司共同研发，后来被标准化为 RFC 2637 Point-to-Point Tunneling Protocol（PPTP）。

PPTP 在使用 TCP① 建立控制连接之后，需要使用 PPP 的功能进行认证处理和分配私有 IP 地址②。分配好 IP 地址之后，需要使用名为 GRE（Generic Routing Encapsulation，通用路由封装）的协议建立数据连接，传输实际的数据。在数据连接中传输的数据包，在使用 PPP 和 GRE 对包含私有 IP 地址首部的原始 IP 数据包进行封装后，需要进一步被可以通过互联网传输的、包含全局 IP 地址③ 的 IP 首部进行封包处理。

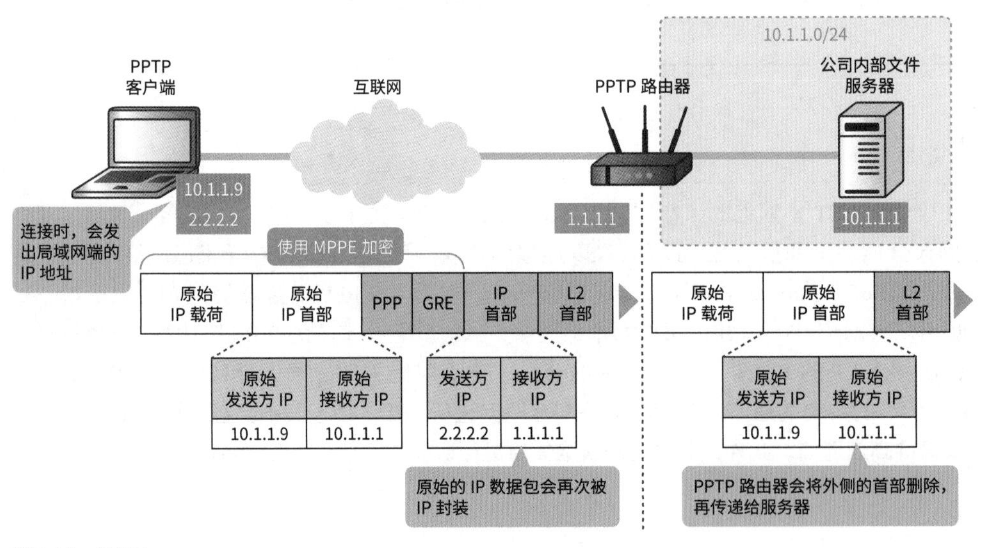

图3.4.8 • PPTP

---

① 使用 TCP 的 1723 号。

② 指仅在公司内部局域网和家庭内部局域网等有限的环境中使用的 IP 地址。图 3.4.8 中的 10.1.1.x 就是这类 IP 地址（见 P131）。

③ 指可以在互联网中使用的 IP 地址。图 3.4.8 中的 1.1.1.1 和 2.2.2.2 就是这类 IP 地址（见 P130）。

参考　PPTP 的利用趋势

由于使用 RFC 定义的 PPTP 不具备加密功能，在安全方面可以肆意地被破解和被窥视。因此，大多数设备在使用 PPTP 时，会在连接时使用 MS-CHAP 进行认证，使用 GRE 进行封装之前会使用 MPPE（Microsoft Point to Point Encryption）对 PPP 数据帧进行加密处理，以确保安全性。但是，由于发现了它们也存在漏洞，因此 PPTP 有逐渐被弃用的趋势。macOS 也从 Sierra（10.12 版本）开始停止了对这种协议的支持。

3.4.5 L2TP

L2TP（Layer 2 Tunneling Protocol，第二层隧道协议）也与 IPsec 和 PPTP 相同，是一种在互联网中创建虚拟专用线路的协议，由 RFC 2661 Layer 2 Tunneling Protocol（L2TP）确定标准化。它结合了前一小节中讲解的 PPTP 和 Cisco 公司为远程访问而开发的 L2F（Layer 2 Forwarding）。L2TP 在使用 PPP 和 L2TP 对原始的 IP 数据包进行封装后,会进一步使用包含 UDP① 以及全局 IP 地址的 IP 首部进行封包处理。

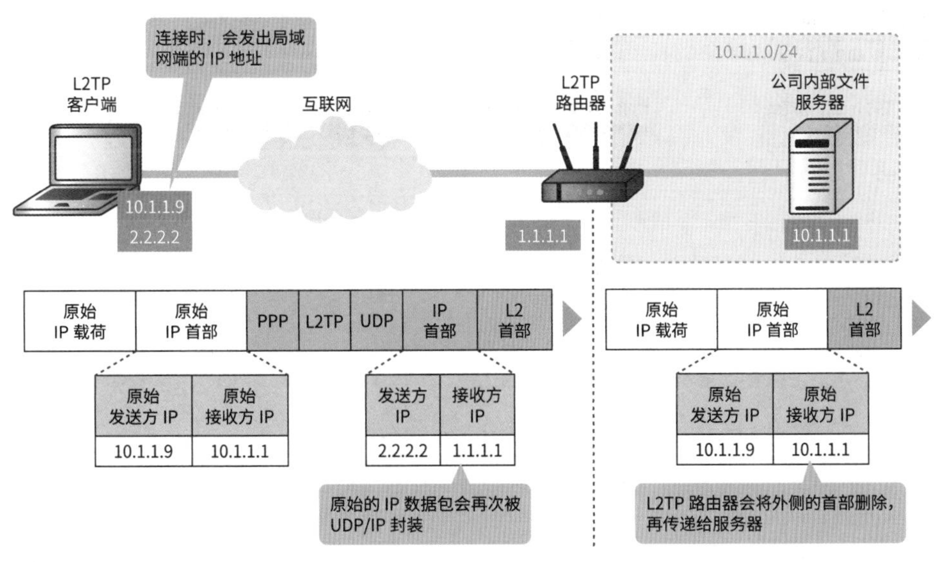

图3.4.9 • L2TP

L2TP over IPsec

由于使用 RFC 定义的 L2TP 不具备加密功能，因此在实际中不会单独使用 L2TP。大多数情况下会将它与具备安全功能的 IPsec 结合起来，作为 L2TP over IPsec（L2TP/IPsec）使用。它是由 RFC 3193 Securing L2TP Using IPsec 确定标准化的。

L2TP over IPsec 使用 L2TP 对原始的 IP 数据包进行封装后，需要使用名为 ESP（Encapsulating

① 使用 UDP 的 1701 号。

Security Payload，封装安全负载）的协议进行封装[①]，并一起进行加密处理[②]。此外，认证功能会分两个阶段使用 PPP 认证 MS-CHAP 和 CHAP，以及 IPsec 的认证功能（事先共享密钥认证和证书认证）。

最近，由于大力提倡远程办公，在自己家里或者外出时，通过远程访问 VPN 以访问办公室进行工作的情况也变多了。L2TP over IPsec 不仅支持 Windows 操作系统和 macOS，还支持 iOS 和 Android 操作系统。如果大家不想安装第三方 VPN 软件，那么就难免需要选择 L2TP over IPsec。

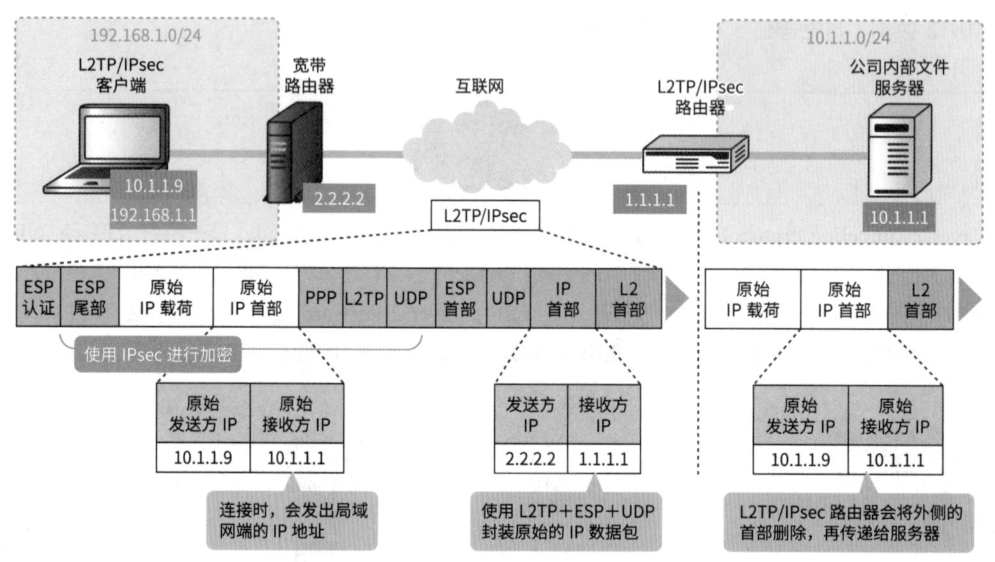

图3.4.10 • L2TP over IPsec

① 如果需要经由 NAT 设备，就需要基于 NAT 穿透的功能，在使用 UDP 进行封装后，使用 ESP 进行封装。有关 NAT 穿透的内容，将在 4.5.4 小节进行详细的讲解。图 3.4.10 是结合实际的网络环境，以使用 NAT 穿透为前提进行绘制的。

② 具体来说，需要通过在 IPsec 的处理过程中确定的加密算法来进行加密。

chapter

4

网 络 层

那些发布在互联网上的 Web 网站并不都是存在于同一个网络中的，而是存在于世界各地不计其数的不同规模的网络之中。本章中将要讲解的网络层就是一种通过将网络与网络连接起来的方式，来确保互联网等不同网络中的终端之间可以顺利连接的网络模型分层。

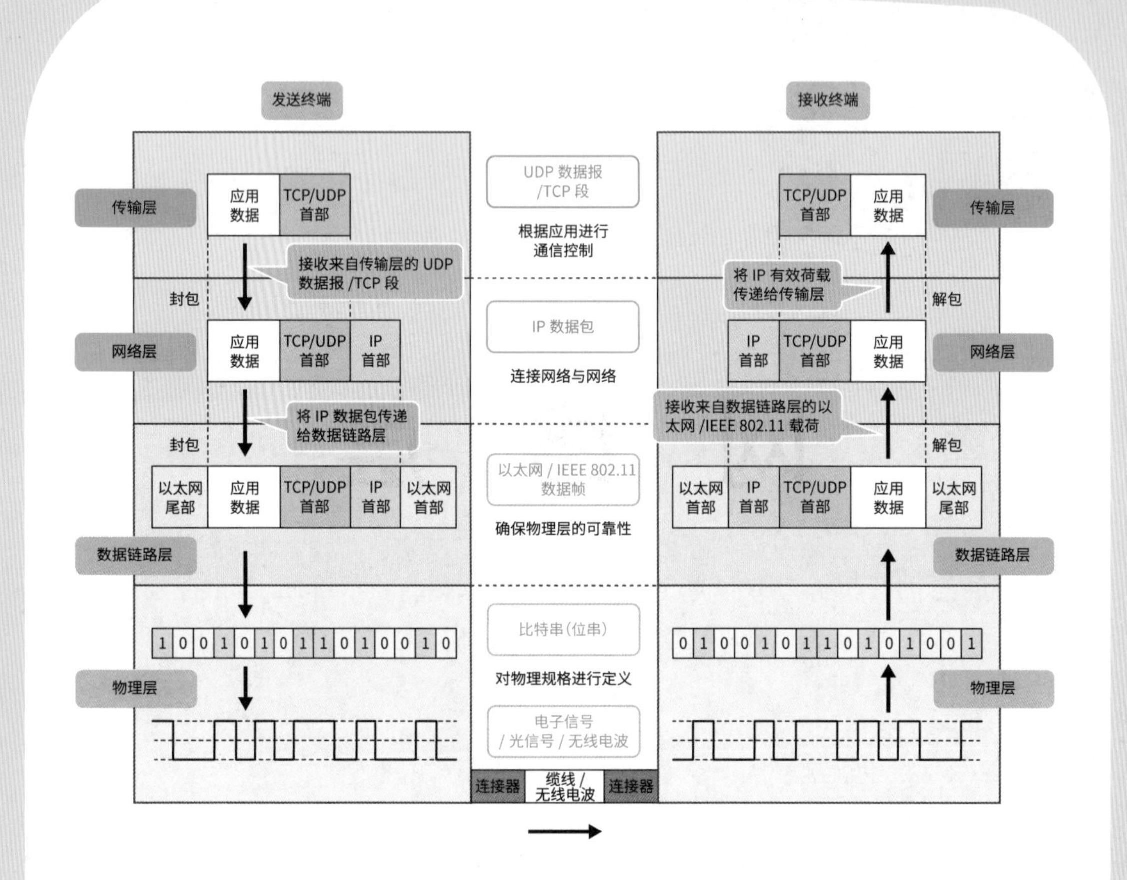

网络层是一种将由以太网和无线局域网组成的网络连接起来，从而确保与其他网络中的终端可以相互连接的网络模型分层。数据链路层只负责连接存在于同一网络中的终端，而不负责其他任何工作。例如，当我们想要尝试连接国外的Web服务器时，由于该服务器存在于其他网络中，因此在数据链路层中是无法进行连接的。而网络层则可以将由数据链路层创建的小型网络连接起来，构建成一个大型的网络。现代社会日常生活中不可或缺的互联网，就是根据将网络相互连接的意思创造出来的，描述网络层这一级的新名词。本质上，它就是一种将很多不同类型的网络连接在一起，构建而成的被称为“互联网”的超大规模网络。

在网络层中所使用的协议基本上就只有IP（Internet Protocol，互联网协议）这一种选择。IP 协议又可分为IPv4（Internet Protocol version 4，第4版互联网协议）和IPv6（Internet Protocol version 6，第6版互联网协议）这两个版本，它们之间无法直接兼容[①]。它们是虽然看上去相似，实质上却有很大区别的两种协议。

① 此外，还存在 IPv5，由于它是出于实验目的而创建的，因此一般情况下不会使用。

IPv4

IPv4 是于 1981 年发布的，由 RFC 791 Internet Protocol 确定标准化的无连接型的协议（见 P16），在 L2 首部的类型代码中被定义为 0x0800。在 RFC 791 中，对 IPv4 以哪种格式（形式）进行封装、组成的字段需要具备什么样的功能等规范进行了定义。

4.1.1 IPv4 的数据包格式

使用 IP 协议封装的数据包被称为 IP 数据包。IP 数据包由可以设置各种控制信息的 IP 首部和表示数据本身的 IP 载荷两部分组成。其中，在分组交换通信过程中，最为关键的部分是 IP 首部。IP 首部中集成了用于对连接 IP 网络的终端进行识别的信息，以及对数据进行细分的信息。

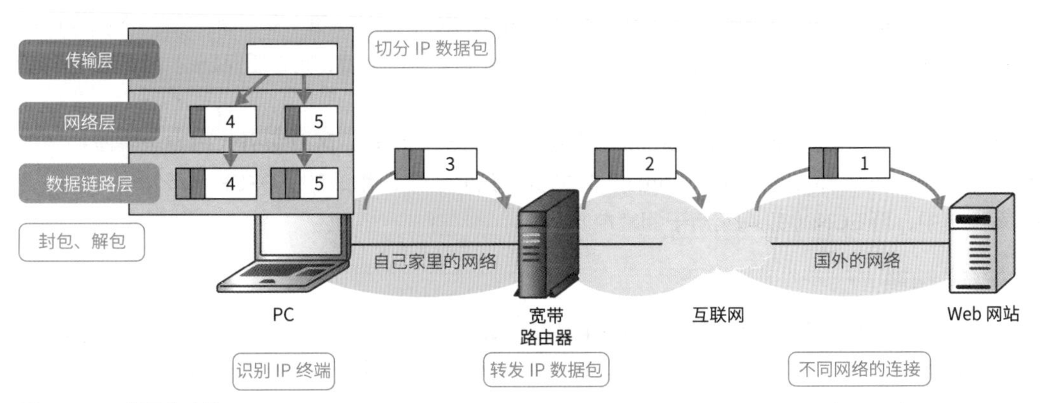

图4.1.1 • IP的各种功能

虽然我们平时可以随意浏览国外的 Web 网站，但是在我们看不见的地方，IP 数据包是需要上天入海，翻山越岭，穿越峡谷，奔走在全世界的各个角落的。IP 首部可以巧妙地化解全世界环境的差异，将 IP 数据包发往目的地的终端。如图 4.1.2 所示，IP 数据包是由大量字段所组成的。

	0比特		8比特	16比特		24比特
0字节	版本	首部长度	ToS	数据包长度		
4字节	标识符			Flag	片偏移	
8字节	TTL		协议号	首部校验和		
12字节	发送方IPv4 地址					
16字节	接收方IPv4 地址					
可变	IP载荷（TCP 段/UDP数据报）					

图4.1.2 • IPv4的数据包格式（无选项）

接下来将对 IP 首部中的各个字段进行讲解。

■ 版本

版本是一个用于表示 IP 版本的 4 比特的字段。因此，IPv4 的版本需要填入 4（用二进制数表示就是 0100）。

■ 首部长度

首部长度（Internet Hader Length，IHL）是一个表示 IPv4 首部长度的 4 比特的字段。接收数据包的终端需要通过查看这个值来判断到哪个位置为止的部分是 IPv4 的首部。首部长度中需要填入将 IPv4 首部的长度换算成以 4 字节（32 比特）为单位的值。由于 IPv4 首部的长度通常是 20 字节（160 比特 = 32 比特 ×5），因此需要填入 5。

■ ToS

ToS（Type of Service，服务类型）是一个表示 IPv4 数据包优先级的 1 字节（8 比特）的字段，常用于优先级控制、带宽控制和拥塞控制[①] 等 QoS（Quality of Service，服务质量）中。如果预先在网络设备中设置了“如果看到这个值，就需要最优先地进行转发”“如果看到这个值，就需要保证这个级别的带宽”等选项，就可以根据服务要求进行 QoS 处理。

ToS 是由开头 6 比特的 DSCP（Differentiated Services Code Point，区分服务代码点）字段和结尾 2 比特的 ECN（Explicit Congestion Notification，显式拥塞通知）字段组成的。DSCP 字段常用于优先级控制和带宽控制中，而 ECN 字段则常用于拥塞控制。

■ 数据包长度

数据包长度是一个表示包括 IPv4 首部和 IPv4 载荷的数据包整体长度的 2 字节（16 比特）的字段。接收数据包的终端需要通过查看这个字段来确认到哪个位置为止的数据是 IPv4 数据包。例如，如果是一个以太网默认的填满了 MTU（Maximum Transmission Unit，最大传输单元）那么长数据的 IPv4 数据包，数据包长度的值就是 1500（用十六进制数表示则是 05dc）。

■ 标识符

在分组交换方式的通信中，不是直接将数据原封不动地进行传输的，而是需要将数据切分成小份以便于传输。使用 IP 切分数据的处理被称为 IP 分片。正如我们在 3.1.1 小节中所讲解的 L2 载荷，即名为 IP 数据包的小包裹中只能保存 MTU 大小范围内的数据。因此，如果接收了比传输层的 MTU 更大的数据，或者出口接口的 MTU 小于入口接口的 MTU，就需要对数据进行切分处理，使其能够放入 MTU 中。标识符、Flag 和片偏移中保存了 IP 分片的相关信息。

标识符是一种在创建数据包时随机分配的数据包的 ID，由 2 字节（16 比特）组成。如果 IPv4 数据包的大小超过 MTU，并且途中进行了分片处理，分片数据包就会复制并持有相同的标识符。接收分片数据包的终端则需要通过查看这个标识符的值来确定通信途中数据是否被执行了分片处理，并对数据包进行重组。

---

① 网络处于拥挤的状态被称为拥塞。

■ Flag

Flag 由 3 比特构成，并且第 1 比特不会使用。第 2 比特被称为 DF（Don't Fragment）比特，表示 IP 数据包是否可以进行分片处理。如果是 0，则表示允许分片；如果是 1，则表示不允许分片。即使是在允许进行分片处理的网络环境中，也并不意味着我们可以不假思索地对数据包进行分片处理。如果贸然地进行了分片处理，就会出现相应的延迟，性能也会受到影响。由于考虑到处理会有所延迟，因此最近的应用程序都不允许进行分片处理，即会将 DF 比特设置为 1，在上层（传输层到应用层）对数据的大小进行调整。第 3 比特被称为 MF（More Fragments）比特，表示后面是否有分片的 IPv4 数据包。如果是 0，则表示后面没有分片的 IPv4 数据包；如果是 1，则表示后面有分片的 IPv4 数据包。

■ 片偏移

片偏移是一个 13 比特的字段，用于表示在分片时，该数据包位于距原始数据包开头的哪个位置。最开始被分片的数据包需要输入 0，之后的数据包则需要输入表示位置的值。接收数据包的终端需要查看这个值，以正确地对 IP 数据包进行排序。

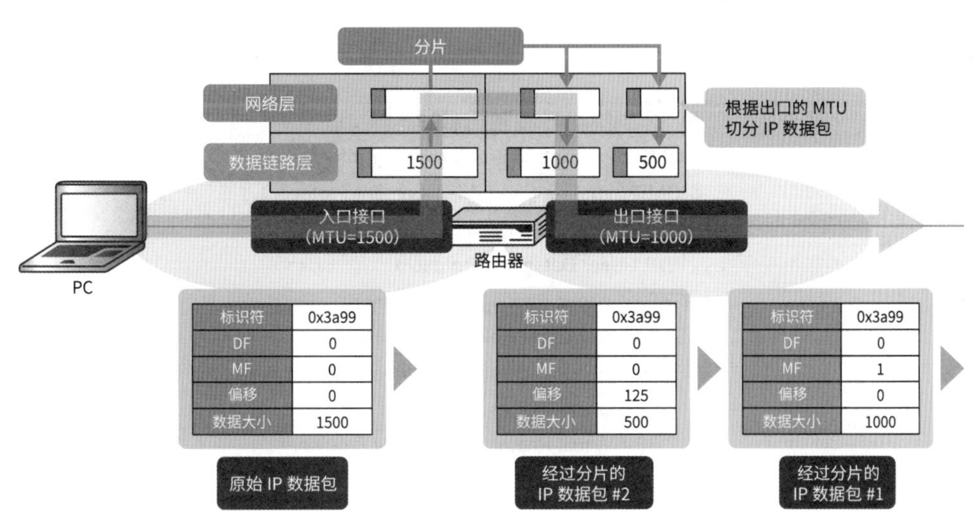

图4.1.3 • 根据片偏移排列顺序

■ TTL

TTL（Time To Live，生存时间）是一个表示数据包寿命的 1 字节（8 比特）的字段。在 IP 世界中，IP 数据包的寿命是使用经过的路由器的数量进行表示的。经过的路由器的数量被称为跳数。TTL 的值在每次经过路由器时①，即每次经过网络时都会减少 1，当值变成 0 时，数据包就会被丢弃。丢弃数据包的路由器会返回名为 Time-to-live exceeded（类型为 11/ 代码为 0）的 ICMPv4 数据包（见 P190），将丢弃数据包的信息通知给发送方终端。

① 实际上是使用在网络层之上的分层中运行的所有设备来进行减法运算。例如，即使是经过三层交换机、防火墙和负载均衡装置，TTL 也会进行减法运算。

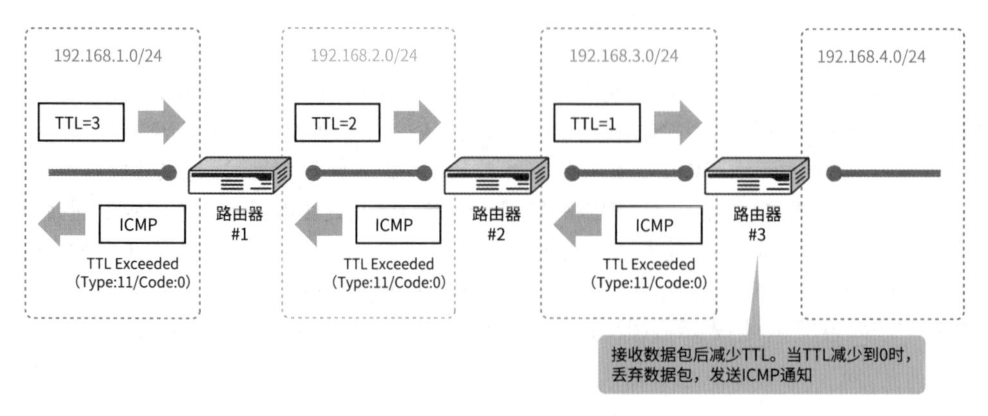

图4.1.4 ● 当TTL 变成0时，就会丢弃IP 数据包，并使用ICMP 通知发送方

■ 协议号

协议号是一个表示 IPv4 载荷由什么协议构成的 1 字节（8 比特）的字段。表示协议的号码是由 RFC 790 ASSIGNED NUMBERS 标准化文档约定的。

表4.1.1 ● 协议号示例

协议号	用　途
1	ICMP（Internet Control Message Protocol）
2	IGMP（Internet Group Management Protocol）
6	TCP（Transmission Control Protocol）
17	UDP（User Datagram Protocol）
47	GRE（Generic Routing Encapsulation）
50	ESP（Encapsulating Security Payload）
88	EIGRP（Enhanced Interior Gateway Routing Protocol）
89	OSPF（Open Shortest Path First）
112	VRRP（Virtual Router Redundancy Protocol）

■ 首部校验和

首部校验和是一个用于检查 IPv4 首部完整性的 2 字节（16 比特）的字段。首部校验和的计算在 RFC 1071 Computing the Internet Checksum 中进行了定义，采用的是名为“1 的补码运算”的计算方法。

■ 发送方 / 接收方 IPv4 地址

IPv4 地址是一种表示连接在 IPv4 网络中的终端的 4 字节（32 比特）的识别 ID。大家可以把它想象成一个 IPv4 网络中的地址。个人电脑和服务器的 NIC 网卡、路由器、防火墙，以及在二层交换机中也可以进行管理的二层交换机[①] 等，使用 IP 网络进行通信的所有终端，都需要分配 IP 地址。此外，并不是每台终端都只能分配一个 IP 地址，根据设备的种类和用途，也可以为一台终端分配多个 IP 地址。例如，

① 可以查看设备的运行状态、检测故障和进行管理的二层交换机被称为智能二层交换机。相反地，无法执行管理操作的二层交换机则被称为非智能二层交换机。非智能二层交换机无法设置 IP 地址。

路由器为了连接 IP 网络，需要为每个端口分配 IP 地址，为了进行统一管理而提供的以太网管理端口也需要分配 IP 地址。

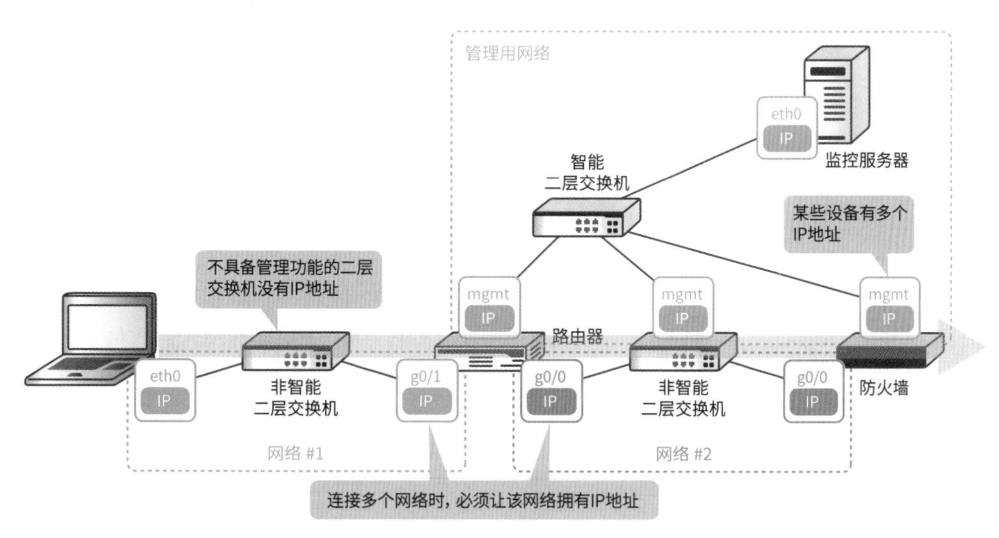

图4.1.5 ● 需要使用IP 地址的位置

发送方的终端需要将自己的 IPv4 地址设置为发送方 IPv4 地址，并将想要送达数据包的终端的 IPv4 地址设置为接收方 IPv4 地址，再将数据包传递给数据链路层。另外，接收方的终端则需要查看来自数据链路层的数据包的发送方 IPv4 地址来判断这是来自哪一台终端的数据包。此外，接收方的终端在返回 IPv4 数据包时，需要将接收到的 IPv4 数据包的发送方 IPv4 地址设置为接收方 IPv4 地址再进行发送。有关 IPv4 地址的内容，我们将在下一小节中进行详细的讲解。

参考　必须使用 MAC 地址和 IP 地址的理由

MAC 地址是分配给 NIC 网卡的物理地址，作为指定“接下来要向哪台设备传递数据帧”的地址使用；而 IP 地址则是分配给操作系统的逻辑地址，作为指定“最终要将数据包传递到哪里”的地址使用。正如我们在 3.3 节中所讲解的，将这两个地址关联在一起时需要使用 ARP 协议。

使用以太网网络进行通信时需要使用 MAC 地址，而使用 IP 网络进行通信时则需要使用 IP 地址。因此，通常在数据链路层中使用以太网，网络层中使用 IP 的现代网络中，就必然需要使用这两个地址。例如，如果在数据链路层中使用 PPP，则不需要使用 MAC 地址。

■ 选项

选项是一个长度可变的字段，用于保存 IPv4 数据包通信中的扩展功能。虽然其中提供了用于记录数据包经由路径的 Record Route、用于指定经由路径的 Loose source route 等各种功能，但是至少笔者在实际工作当中并没有看到有谁使用它。

■ 填充

填充是一个用于调整 IPv4 首部的比特数量的字段。在规格上，IPv4 首部长度必须以 4 字节（32 比特）为单位。然而，由于选项的长度并不确定，因此我们就不知道它的长度是否刚好为 4 字节的整数倍。如果不是 4 字节的整数倍，就需要在末尾填充 0，使其成为 4 字节的整数倍。

4.1.2 IPv4 地址与子网掩码

在 IP 首部中，最为重要的字段是发送方 IP 地址和接收方 IP 地址。可以毫不夸张地说，网络层是一个离不开 IP 地址的分层。

IPv4 地址是一个用于识别连接着 IPv4 网络的终端的 ID。它由 32 比特（4 字节）组成，需要像 192.168.1.1 和 172.16.1.1 这样，每隔 8 比特（1 字节）用点进行分隔，并用十进制数表示。这种表示方法被称为点分十进制表示法。用点分隔的组被称为八比特组，从头开始依次为第 1 个八比特组、第 2 个八比特组……

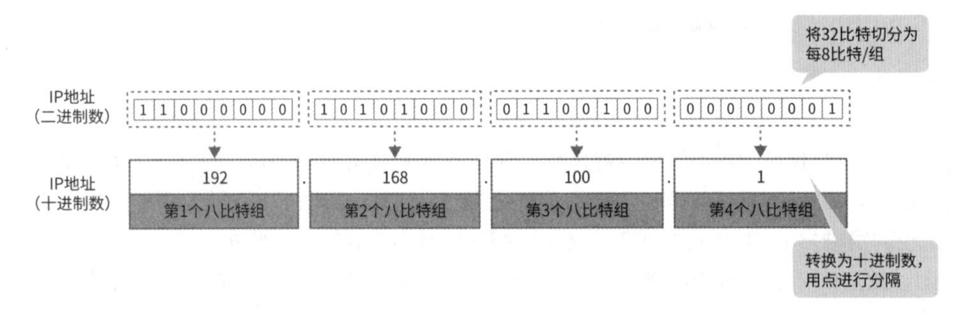

图4.1.6 • IPv4 地址的表示方法

子网掩码是网络和主机的分界线

IPv4 地址不是单独进行使用的，它需要与名为子网掩码的 32 比特的值结合使用。

IPv4 地址由网络部分和主机部分这两个部分组成。网络部分表示“在哪一个 IPv4 网络中”，主机部分则表示“哪一台终端”。子网掩码就相当于区分这两个部分的标记，1 的比特表示网络部分，0 的比特表示主机部分。我们可以通过查看 IPv4 地址和子网掩码的组合来确定“这是位于哪一个 IPv4 网络中的哪一台终端”。

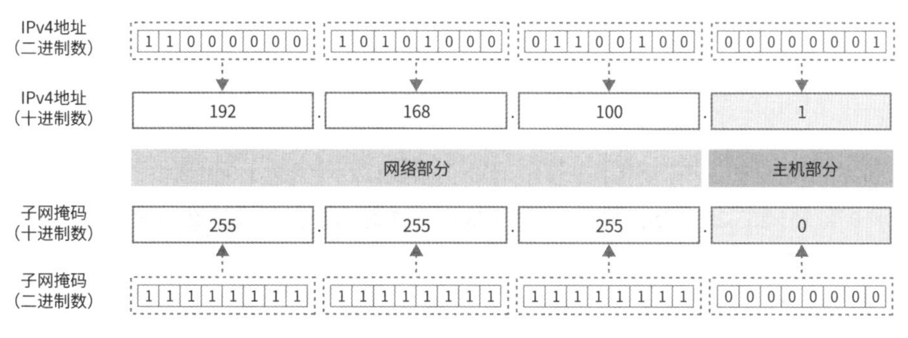

图4.1.7 • IPv4地址与子网掩码

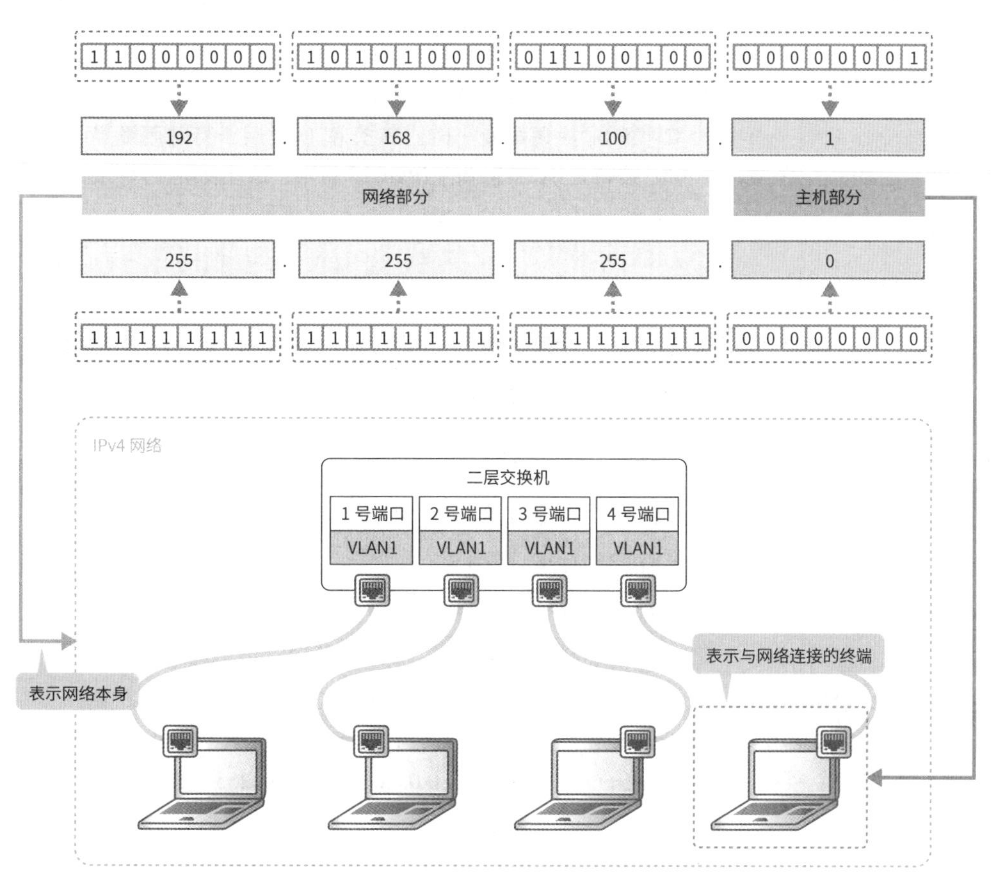

图4.1.8 • 网络部分与主机部分

十进制数表示法与 CIDR 表示法

在子网掩码中，存在十进制数表示法和 CIDR 表示法这两种表示方法。十进制数表示法与 IPv4 地址相同，都是将 32 比特分为每 8 比特的 4 个小组，并将其转换为十进制数，用点进行分隔表示。CIDR 表示法则需要在 IPv4 地址的后面加上“/”（斜杠）和子网掩码的 1 的比特的个数。例如，在 IPv4 地址

192.168.100.1 中设置名为 255.255.255.0 的子网掩码时，如果是 CIDR 表示法，就是 192.168.100.1/24。可以看到，无论选择哪一种表示方法，网络部分都是 192.168.100，主机部分都是 1。

4.1.3 各种 IPv4 地址

IPv4 地址从 0.0.0.0 到 255.255.255.255，共有 2^{32}（约 43 亿）个地址。虽然有这么多的地址，但是也并不表示我们可以随意使用。通常，我们需要根据 RFC 确定可以使用的地址的范围，以及如何使用。本书中将根据使用用途、使用场所、特殊地址 3 种分类方式对这一使用规则进行讲解。

根据使用用途进行分类

IPv4 地址可以根据使用用途分为 A 类到 E 类 5 个地址类，其中常用的是 A 类到 C 类的地址。这些地址设置在终端，主要用于单播，即 1:1 的通信中。粗略来讲，这 3 个种类的区别在于网络规模的差异。规模是按照 A 类→ B 类→ C 类的顺序逐渐变小的。D 类和 E 类用于特殊用途当中，一般情况下不会使用。D 类用于将流量分配给特定组的终端的 IPv4 组播中，E 类则是为将来保留的 IPv4 地址。

表4.1.2 ● 根据使用用途对IPv4 地址进行分类

地址类	用　途	开头的比特	开始IP 地址	结束IP 地址	网络部分	主机部分	最大分配IP 地址数量
A 类	单播（大规模）	0	0.0.0.0	127.255.255.255	8 比特	24 比特	16777214（$=2^{24}-2$）
B 类	单播（中规模）	10	128.0.0.0	191.255.255.255	16 比特	16 比特	65,534（$=2^{16}-2$）
C 类	单播（小规模）	110	192.0.0.0	223.255.255.255	24 比特	8 比特	254（$=2^{8}-2$）
D 类	组播	1110	224.0.0.0	239.255.255.255	—	—	—
E 类	用于研究和保留	1111	240.0.0.0	255.255.255.255	—	—	—

地址类根据 32 比特的 IPv4 地址的开头第 1 ～ 4 比特进行分类。因此，我们自然就可以根据开头的比特确定可用的 IPv4 地址的范围。例如，如果是 A 类，开头的第 1 比特就是 0，其余 31 比特则可以采用都是 0 或者都是 1 的格式。因此，可以使用的 IP 地址范围为 0.0.0.0 ～ 127.255.255.255。

■ 有类编址

基于地址类分配 IPv4 地址的方式称为有类编址。有类编址是一种以八比特组（8 比特）为单位运用子网掩码的方法，如表 4.1.2 所示，网络部分和主机部分就是 8 比特、16 比特或者 24 比特。

这种方式的优点是非常容易理解，也非常容易管理。相反地，其缺点则是由于太过随意，因此浪费比较多。例如，如表 4.1.2 所示，A 类可分配的 IP 地址超过 1600 万个。大家想一想，一家企业或团体组织会不会需要 1600 万个 IPv4 地址呢？大概率是不需要的。企业在分配好所需的地址之后，剩余的 IPv4 地址就处于闲置状态，这就过于浪费了。因此，为了解决这一问题，就出现了一种对有限的 IP 地址进行有效利用的分配方式，即无类编址。

■ 无类编址

可以不必受限于以 8 比特为单位的地址类，对 IPv4 地址进行分配的方式称为无类编址，也可以称为子网划分或 CIDR（Classless Inter-Domain Routing，无类别域间路由选择）。

在无类编址中，除了网络部分和主机部分外，还导入了名为子网部分的新概念来创建新的网络部分。子网部分原本是作为主机部分使用的，我们可以灵活地运用这一机制将地址划分成更小的单位。这样就可以不以 8 比特为单位，而是以 1 比特为单位自由地使用子网掩码实现网络的划分。

在这里将以对 192.168.1.0 进行子网划分处理为例进行说明。如表 4.1.2 所示，192.168.1.0 是 C 类的 IP 地址，因此网络部分是 24 比特，主机部分是 8 比特。我们将从这个主机部分划分出子网部分。可以为子网部分分配多少比特是需要根据必要的 IP 地址数量和必要的网络数量来决定的。这里将尝试对 16 个网络进行划分子网处理。要划分出 16 个网络，就需要 4 比特（$16 = 2^4$）。因此，需要将 4 比特作为子网部分使用，来创建新的网络部分。这样一来，就可以创建出从 192.168.1.0/28 到 192.168.1.240/28 经过子网划分处理的 16 个网络。此外，还可以为每个网络分配最多 14 个（2^4-2）① IP 地址。

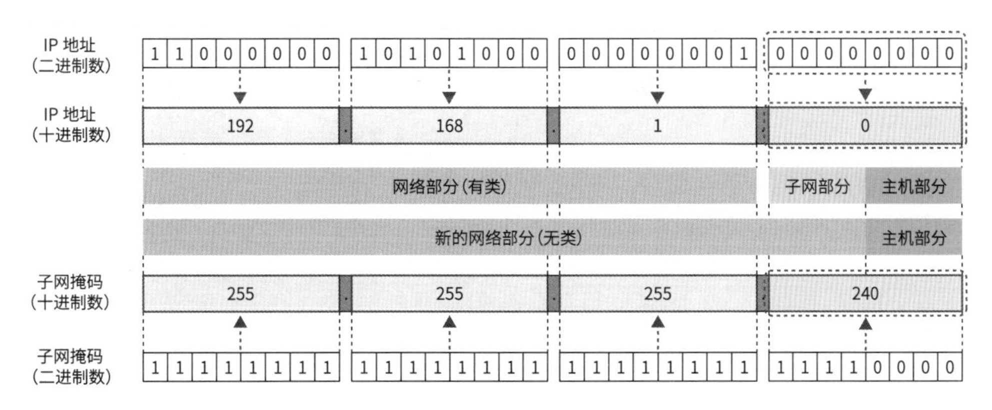

图4.1.9 • 无类编址

由于无类编址可以对有限的 IP 地址进行有效的利用，因此其是现代分配方式中主流的做法。此外，管理全球 IP 地址的 IANA（Internet Assigned Numbers Authority，因特网编号分配机构）也采用了无类编址的分配方式。

① 由于无法将网络地址和广播地址分配给终端，因此将它们除外。网络地址和广播地址的相关内容将在“特殊地址”部分进行讲解（见 P132）。

表4.1.3 • 根据需要的IP 地址数量和需要的网络数量进行子网划分处理

十进制数表示法	255.255.255.0	255.255.255.128	255.255.255.192	255.255.255.224	255.255.255.240
CIDR 表示法	/24	/25	/26	/27	/28
最大 IP 数	254（=256−2）	126（=128−2）	62（=64−2）	30（=32−2）	14（=16−2）
分配网络	192.168.1.0	192.168.1.0	192.168.1.0	192.168.1.0	192.168.1.0
					192.168.1.16
				192.168.1.32	192.168.1.32
					192.168.1.48
			192.168.1.64	192.168.1.64	192.168.1.64
					192.168.1.80
				192.168.1.96	192.168.1.96
					192.168.1.112
		192.168.1.128	192.168.1.128	192.168.1.128	192.168.1.128
					192.168.1.144
				192.168.1.160	192.168.1.160
					192.168.1.176
			192.168.1.192	192.168.1.192	192.168.1.192
					192.168.1.208
				192.168.1.224	192.168.1.224
					192.168.1.240

根据使用场所进行分类

接下来将根据使用场所进行分类。虽说是使用场所，但也并不是表示“室外用这个 IPv4 地址，室内用那个 IPv4 地址”这样的物理场所，它表示的是网络中的逻辑场所。

IPv4 地址根据使用场所可以分为全局 IPv4 地址（公共 IPv4 地址）和私有 IPv4 地址（本地 IPv4 地址）两个种类。前者是互联网中唯一（没有其他相同的地址，单个的）的 IPv4 地址，后者是企业和家庭网络等特定组织内的唯一的 IPv4 地址。如果用电话来打比方，全局 IPv4 地址就是外线，私有 IPv4 地址就是内线。

■ 全局 IPv4 地址

全局 IPv4 地址是由名为 ICANN（Internet Corporation for Assigned Names and Numbers，互联网名称与数字地址分配机构）的非营利性机构的职能部门之一 IANA 及其下属组织（RIR、NIR、LIR[①]）进行分级管理的，不允许自由分配的 IPv4 地址。例如，中国的全局 IPv4 地址就是由 CNNIC（Chinese Internet Network Information Center，中国互联网络信息中心）进行管理的。近年来，由于全局 IPv4 地址的库存已经枯竭，因此新地址的分配也受到了很大限制。

① RIR：区域互联网注册（Regional Internet Registry）；NIR：国家互联网注册（National Internet Registry）；LIR：本地互联网注册（Local Internet Registry）。

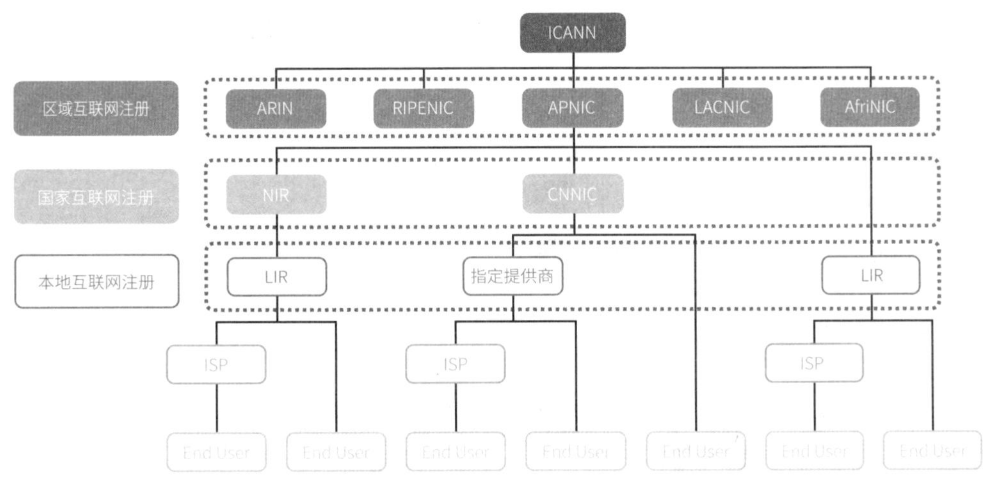

图4.1.10 • ICANN 及其下属组织负责管理全局IPv4 地址

■ 私有 IPv4 地址

私有 IPv4 地址是一种可以在组织内部自由分配的 IPv4 地址。由 RFC 1918 Address Allocation for Private Internets 确定标准化。表 4.1.4 中对每个地址类进行了定义①。例如，大多数在家庭中使用宽带路由器的用户就会设置 192.168.x.x 的 IPv4 地址。192.168.x.x 就是 C 类中定义的私有 IPv4 地址。

表4.1.4 • 私有IPv4 地址是以地址类为单位进行定义的

类	开始 IP 地址	结束 IP 地址	子网掩码	最大分配节点数
A 类	10.0.0.0	10.255.255.255	255.0.0.0（/8）	16777214（$=2^{24}-2$）
B 类	172.16.0.0	172.31.255.255	255.240.0.0（/12）	1048574（$=2^{20}-2$）
C 类	192.168.0.0	192.168.255.255	255.255.0.0（/16）	65534（$=2^{16}-2$）

私有 IPv4 地址是只在组织内部有效的 IPv4 地址，因此我们是无法直接使用私有 IPv4 地址与互联网进行连接的。与互联网进行连接时，需要将私有 IPv4 地址转换为全局 IPv4 地址。转换 IP 地址的功能称为 NAT（Network Address Translation，网络地址转换）。如果大家在家里使用的是宽带路由器，宽带路由器就会将发送方 IPv4 地址从私有 IPv4 地址转换为全局 IPv4 地址。此外，有关 NAT 的内容，我们将在 4.5 节中进行讲解。

① 2012 年 4 月，在 RFC 6589 Considerations for Transitioning Content to IPv6 最新定义中，将 100.64.0.0/10 作为私有 IPv4 地址。100.64.0.0/10 是电信运营商在运行的大型 NAT（Career-Grade NAT、CGNAT）环境中分配给用户（订阅者）的私有 IPv4 地址。由于是用于特定用途的私有 IPv4 地址，因此为了方便大家理解，本书中将省略相关的讲解。

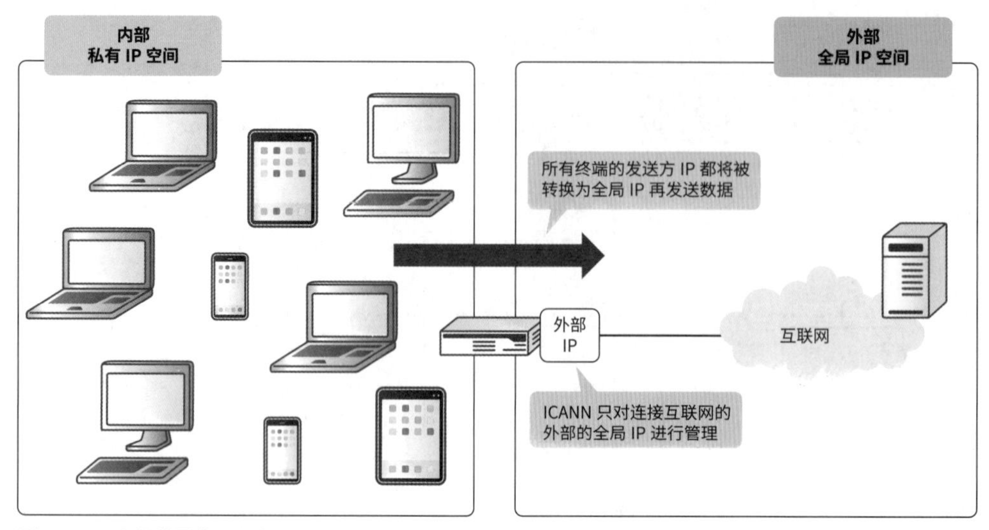

图4.1.11 • 内部分配的是私有IPv4 地址

特殊地址

在 A 类到 C 类的地址中，还有一些用于特殊用途的、无法在终端中进行设置的地址。其中，在实际工作中较为重要的 IP 地址包括网络地址、广播地址和本地回环地址 3 种。

■ 网络地址

网络地址是主机部分的比特都为 0 的 IPv4 地址，表示的是网络本身。例如，如果在名为 192.168.100.1 的 IPv4 地址中设置子网掩码为 255.255.255.0，则 192.168.100.0 就是网络地址。

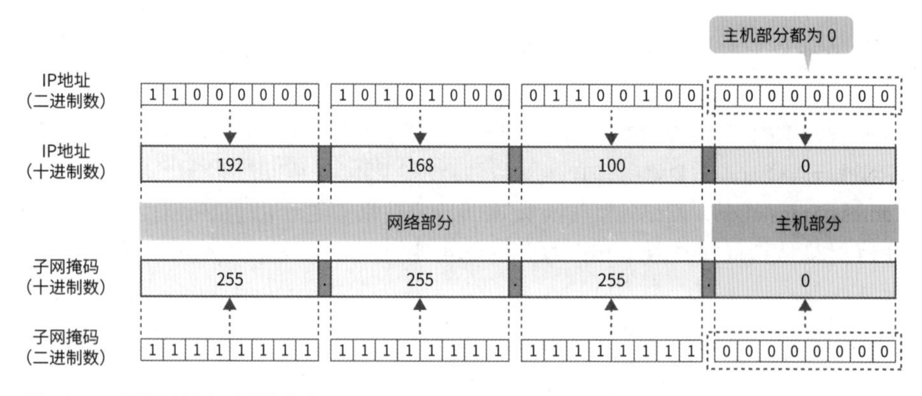

图4.1.12 • 网络地址表示网络本身

此外，一种网络地址的极限用法，即将 IPv4 地址和子网掩码都设置为 0 的 0.0.0.0/0 是默认路由地址。默认路由地址表示的是所有网络。

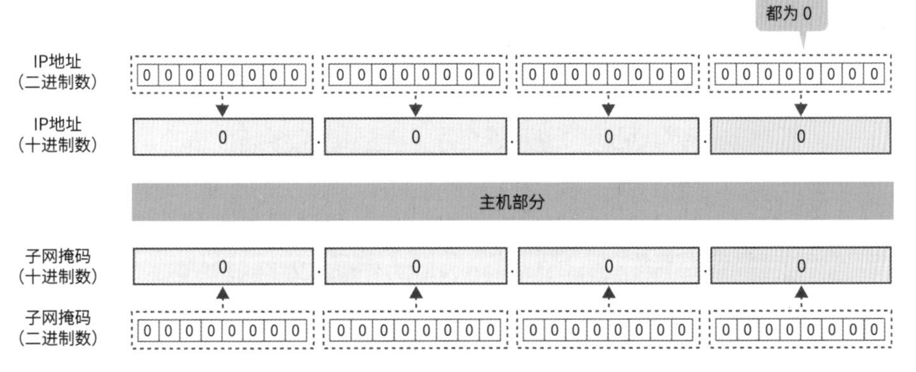

图4.1.13 • 默认路由地址表示的是所有网络

■ 广播地址

广播地址是一种主机部分的比特都为 1 的 IPv4 地址，表示的是同一网络中存在的所有终端。例如，如果在名为 192.168.100.1 的 IP 地址中设置子网掩码为 255.255.255.0，则 192.168.100.255 就是广播地址。

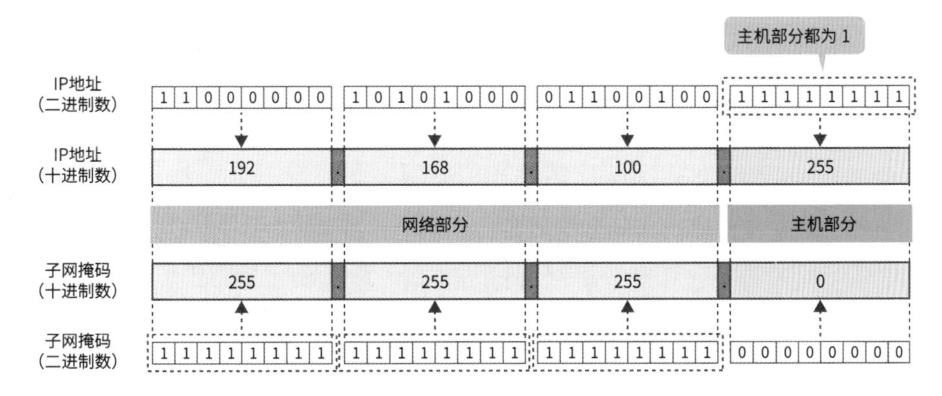

图4.1.14 • 广播地址表示的是同一网络中的所有终端

此外，一种广播地址的极限用法，即将 IPv4 地址和子网掩码都设置为 1 的 255.255.255.255/32 是有限广播地址。如果尝试使用 255.255.255.255/32 进行通信，就会和广播地址一样，向同一网络中的所有终端发送数据包。有限广播地址通常在不知道自己的 IPv4 地址或网络地址时或者使用 DHCPv4（见 P171）获取地址时使用。

■ 本地回环地址

本地回环地址是一个表示自己本身的 IPv4 地址，由 RFC 1122 Requirements for Internet Hosts - Communication Layers 确定标准化。本地回环地址是第 1 个八比特组为 127 的 IPv4 地址。只要第 1 个八比特组为 127，使用其中的任何一个地址都是可以的，但是通常情况下都会使用 127.0.0.1/8。在 Windows 操作系统和 macOS 中，除了会自动设置用于通信的 IPv4 地址之外，还会自动设置地址 127.0.0.1/8。

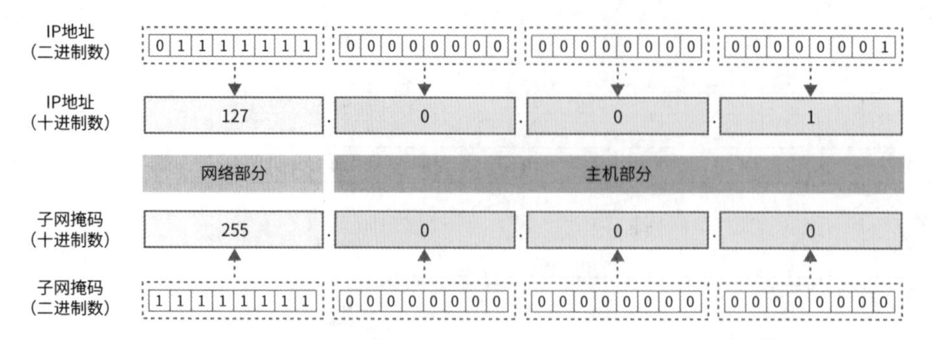

图4.1.15 • 本地回环地址表示的是自己本身

chapter 4-2 IPv6

IPv4 地址是一种长度为 32 比特（4 字节）的地址，因此无论如何努力，其都只能分配大约 43 亿个（= 2^{32}）IP 地址[①]。虽说有 43 亿个 IP 地址，从数量上看是相当多的，但是全球人口大约有 80 亿，即平均一个人都分配不到一个 IP。当然，也并不是所有人都需要使用 IP 地址。不过，由于互联网已经成为我们日常生活的一部分，现在不仅个人电脑和服务器需要使用 IP 地址，家电和传感器等大大小小的设备都需要使用 IP 地址。因此，显而易见，将来有一天需要使用的 IP 地址数量必然会超过 43 亿个。那么，展望着距离并不遥远的未来，我们确实需要使用 IPv6 这一重新制定的 IP 协议标准。

IPv6 是由 2017 年公布的 RFC 8200 IPv6 Specification 进行标准化的协议，L2 首部的类型代码被定义为 0x86DD。RFC 8200 标准化文档对 IPv6 以哪种格式（形式）进行封装、组成的字段需要具备怎样的功能等问题进行了定义。

4.2.1 IPv6 的数据包格式

由于地址变得更长，因此 IPv6 的首部整体也变得比较长，但是由于字段的种类减少了，而且长度是固定的，因此它的格式反而非常简单。

	0比特	8比特	16比特	24比特
0字节	版本 / 流量类别	流量类别	流标签	流标签
4字节	载荷长度	载荷长度	下一个首部	跳数限制
8字节	发送方IPv6地址			
12字节	发送方IPv6地址			
16字节	发送方IPv6地址			
20字节	发送方IPv6地址			
24字节	接收方IPv6地址			
28字节	接收方IPv6地址			
32字节	接收方IPv6地址			
36字节	接收方IPv6地址			
可变	IPv6载荷（TCP 段/UDP数据报）			

图4.2.1 • IPv6的数据包格式

关于每个字段所对应的功能，会在稍后进行详细的讲解。这里首先粗略地对 IPv6 首部和 IPv4 首部的差异进行讲解。IPv6 首部和 IPv4 首部的不同之处在于首部的长度和字段数量的减少这两点。

首部的长度

由于 IPv4 中包含长度可变的选项字段，因此首部是 20 字节（160 比特）以上的可变长度数据。而

① 这里的 IP 地址是指互联网中全局唯一的 IPv4 地址。

IPv6 会将 IPv4 中很少使用的选项字段分离到被称为扩展首部的单独首部中，并将其配置在 IP 载荷的前面，从而将首部的长度固定为 40 字节（320 比特）。由于首部的长度是固定的，因此无须逐一对接收到的数据包的首部长度进行检查。这样一来，就可以减轻网络设备的处理负荷，提高设备的性能。

字段数量的减少

考虑到将来的可扩展性，IPv4 中特地加入了各种丰富的功能。IPv6 则如图 4.2.2 所示，通过删除那些跟不上时代的、阻碍性能提升的字段，以实现彻底简化。由于最大限度地减少了字段的数量，因此无须逐一对接收到的数据包中包含的大量字段进行检查，故而可以减轻网络设备的处理负荷，提高设备的性能。

IPv6首部	
字段名称	长度
版本	4比特
流量类别	1字节(8比特)
流标签	20比特
载荷长度	2字节(16比特)
下一个首部	1字节(8比特)
跳数限制	1字节(8比特)
发送方IPv6地址	16字节(128比特)
接收方IPv6地址	16字节(128比特)

IPv4首部		
字段名称	长度	注释
版本	4比特	相同的字段
首部长度	4比特	由于IPv6的首部长度是固定的，因此废除
ToS	1字节(8比特)	相同的字段
数据包长度	2字节(16比特)	只继承载荷的长度
标识符	2字节(16比特)	与分片相关的字段作为扩展首部分配
Flag	3比特	
片偏移	13比特	
TTL	1字节(8比特)	变更名称
协议号	1字节(8比特)	也包括扩展首部的指定，但基本上是继承
首部校验和	2字节(16比特)	可以将功能本身交给传输层，因此废除
发送方IPv4地址	4字节(32比特)	扩展地址大小
接收方IPv4地址	4字节(32比特)	扩展地址大小
选项+填充	长度可变	作为字段废除，但是作为扩展首部进行分配

图4.2.2 • IPv4 首部与IPv6 首部的比较

从框架上进行了大致的讲解之后，接下来将一边与 IPv4 进行比较，一边对 IPv6 的每个字段进行讲解。

■ 版本

版本就是一个表示 IP 版本的 4 比特的字段。由于是 IPv6，因此需要填入 6（二进制数就是 0110）。

■ 流量类别

流量类别是一个表示 IPv6 数据包优先级的 1 字节（8 比特）的字段。它相当于 IPv4 的 ToS 字段，用于优先级控制、带宽控制、拥塞控制等 QoS 中（关于 ToS 请参考 P122）。

■ 流标签

流标签是一种识别通信流的 20 比特的字段。在 IPv4 中没有与之对应的字段。

在 IPv4 中，是基于发送方 IP 地址、接收方 IP 地址、发送方端口号、接收方端口号和 L4 协议这

5 个信息[①] 对通信流进行识别的。而在 IPv6 中，则会将它们作为流标签集中在一起进行定义。使用流标签，就可以进行“如果是这个值，就可以进行这样的处理”这类灵活的处理[②]。

■ 载荷长度

载荷长度是一个表示 IPv6 载荷长度的 2 字节（16 比特）的字段。在 IPv4 中，会将其作为数据包长度，使用将首部和载荷的长度相加的值进行表示。由于 IPv6 的首部长度是固定的 40 字节（320 比特），因此无须包含首部的长度，只需包含载荷的长度即可。

■ 下一个首部

下一个首部是一个表示紧接着 IPv6 首部之后的首部的 1 字节（8 比特）的字段。如果有扩展首部，就是填入表示扩展首部的值；如果没有扩展首部，其作用就与 IPv4 的协议号相同。

■ 跳数限制

跳数限制是一个表示跳数上限的 1 字节（8 比特）的字段，相当于 IPv4 的 TTL。

■ 发送方 / 接收方 IPv6 地址

IPv6 地址是一个表示连接 IPv6 网络终端的 16 字节（128 比特）的识别 ID。其作用大致与 IPv4 地址相同，大家可以把它当作 IPv6 网络中的一个地址。

发送方的终端会将自己的 IPv6 地址设置为发送方 IPv6 地址，并将想要送达数据包的终端的 IPv6 地址设置为接收方 IPv6 地址，再将数据包传递给数据链路层。另外，接收方的终端则需要查看来自数据链路层的数据包的发送方 IPv6 地址，以判断这是来自哪一台终端的数据包。此外，接收方的终端在返回 IPv6 数据包时，需要将接收到的 IPv6 数据包的发送方 IPv6 地址设置为接收方 IPv6 地址再进行发送。

有关 IPv6 地址的内容，将在下一小节中进行详细的讲解。

4.2.2 IPv6 地址与前缀

IPv4 地址和 IPv6 地址之间最大的区别仍然是长度。IPv4 地址只有 32 比特（4 字节），而 IPv6 地址则多达 128 比特（16 字节）。IPv6 地址可以通过将 IP 地址的长度增加到 4 倍的方式，实现分配大约为 340 涧（$2^{128} \approx 340 \times 10^{36} \approx$ 340 兆的 1 兆倍的 1 兆倍速）这一天文数字数量的 IP 地址。

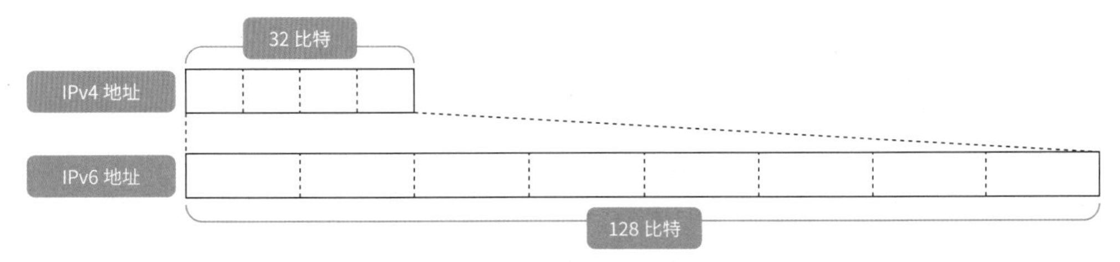

图4.2.3 ● IPv4 地址与IPv6 地址长度的差异

① 通常将这 5 个信息称为 5 tuple（五元组）。
② 但是，据笔者所知，目前并没有在实际工作中使用这个字段的情形，基本上都是填入 0。

表4.2.1 • IPv4 地址与IPv6 地址的比较

比较项目	IPv4地址	IPv6地址
长度	32 比特	128 比特
可分配的 IP 地址数量	约 43 亿 (= 2^{32}) (= 4294967296)	约 340 涧 (= 2^{128}) (= 340282366920938463463374607431768211456)
分隔符	.(点)	:(冒号)
分隔间隔	8 比特(1 字节)	16 比特(2 字节)
表示的进制数	十进制数	十六进制数
最大表示字符数[①]	12 个字符(3 个字符 ×4)	32 个字符(4 个字符 × 8)
分隔部分的名称	八比特组(第 1 个八比特组、第 2 个八比特组、…)	字段[②] (第 1 个字段、第 2 个字段、…)
示例	192.168.100.254	2001:0db8:1234:5678:90ab:cdef:1234:5678

IPv4 地址是类似 192.168.1.1 或 10.2.1.254 这样，使用“.”(点)将 32 比特的地址分隔为每 8 比特一组的 4 组数字，并用十进制数表示；而 IPv6 地址则是类似 2001:0db8:1234:5678:90ab:cdef:1234:5678 这样，使用“:”(冒号)将 128 比特的地址分隔为每 16 比特一组的 8 组数据，并用十六进制数表示。

例如，2001:0db8:1234:5678:90ab:cdef:1234:5678 中开头的 32 比特，即第 1 个字段和第 2 个字段，就是图 4.2.4 中所示的以每 16 比特一组，用十六进制数表示的 IPv6 地址。

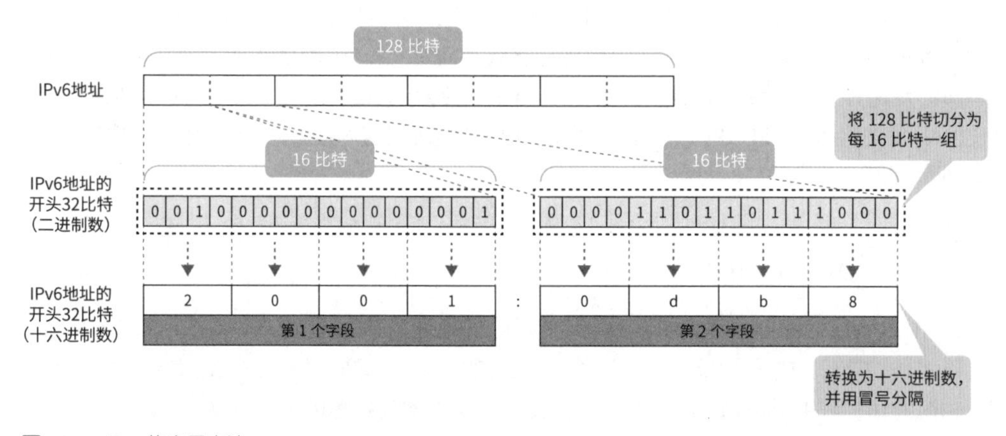

图4.2.4 • IPv6的表示方法

子网前缀与接口 ID

IPv6 地址由对网络进行识别的子网前缀和对终端进行识别的接口 ID(IID)两个部分组成。子网前缀相当于 IPv4 地址中的网络部分，而接口 ID 则相当于 IPv4 地址中的主机部分。至于从哪个位置到哪个位置是子网前缀，就与 IPv4 的 CIDR 表示法一样，需要使用位于“/”(斜杠)之后的数字来表示。例如，如果是 2001:db8:0:0:0:0:0:1/64，就说明这表示的是属于 2001:db8:0:0 网络中的名为 0:0:0:1 的终端。

① 不包括分隔符。

② 虽然没有规定具体的名称，但是 RFC 文档中将其称为字段。

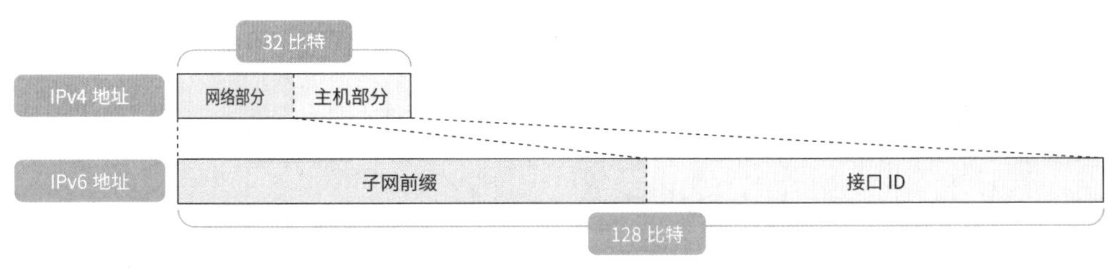

图4.2.5 • 子网前缀与接口ID

IPv6 地址的表示规范

由于 IPv6 地址是长度为 128 比特的地址，因此即使使用十六进制数表示，也有 32 个字符。虽说这是没有办法的事，但也的确太长了。因此，对于 IPv6 地址，RFC 4291 IPv6 Addressing Architecture 和 RFC 5952 A Recommendation for IPv6 Address Text Representation 对若干个地址的表示规范进行了标准化定义。在实际当中，具体需要根据如下规则进行省略显示。

■ 如果每个字段的开头有连续的 0，则可以省略 0

如果每个字段的开头有连续的 0，则可以省略 0。例如，0001 的字段就可以省略为 1。此外，如果字段中都是 0，就可以省略为 0。

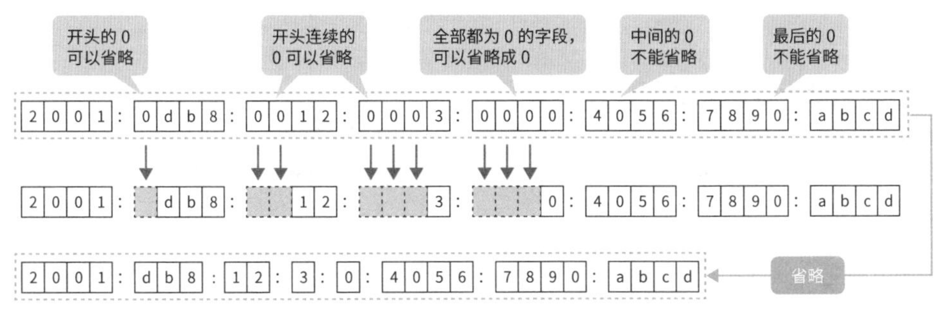

图4.2.6 • 每个字段中开头连续的 0 可以省略

■ 跨多个字段的连续的 0 可以省略为“::”

如果是跨多个字段的连续的 0，则可以将 0 省略，用“::”进行表示。例如，2001:db8:0:0:0:0:0:1234 就是跨 5 个字段出现了连续的 0，那么就可以将第 3 ～ 7 个字段省略为“::”，表示为 2001:db8::1234。

此外，使用“::”进行省略时，还可以根据下列规则进行进一步的省略。

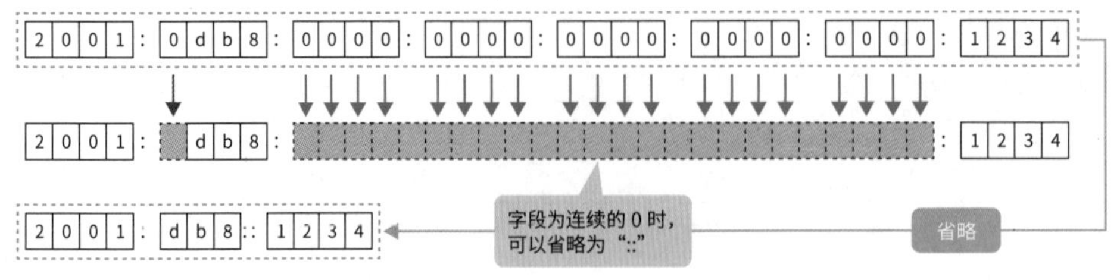

图4.2.7 • 跨多个字段的连续的 0 可以省略为“::”

只能省略一次

即使有多个可以使用“::”进行省略的字段，也只能省略一次。例如，2001:db8:0:0:1234: 0:0:abcd 就无法像 2001::1234::abcd 这样进行两次“::”的省略，只能省略成“2001:db8::1234:0:0: abcd”。

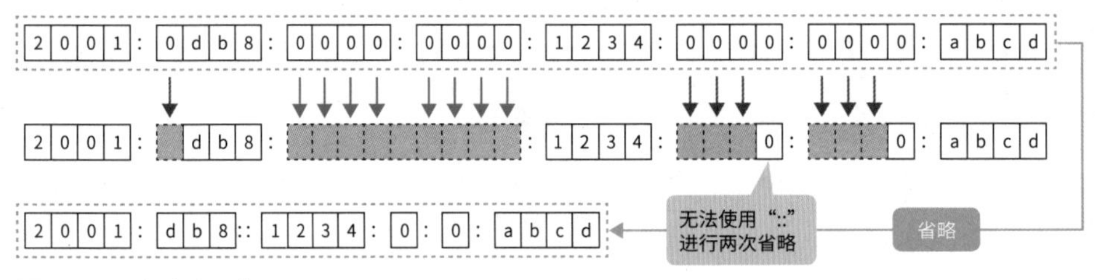

图4.2.8 • 只能省略一次

只有一个字段全部为 0 时无法进行省略

只有出现跨字段的连续的 0 才可以使用“::”进行省略。如果没有跨字段，是以一个字段完结时，就无法将其省略为“::”。例如，2001:db8:1234:a:b:0:c:d 就无法省略为 2001:db8: 1234:a:b::c:d。

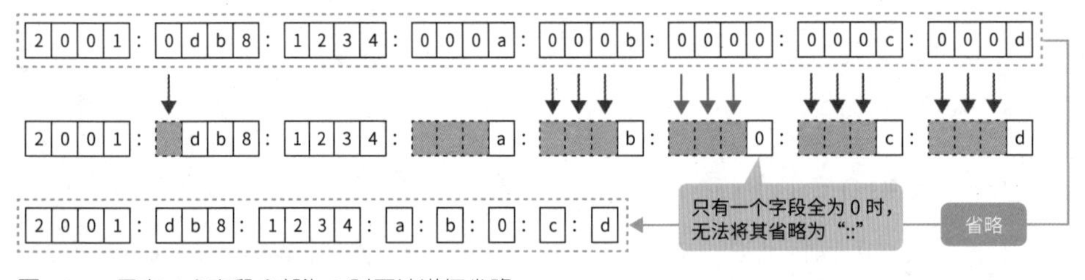

图4.2.9 • 只有一个字段全部为 0 时无法进行省略

尽可能地缩短长度

可以使用“::”进行省略时，需要尽可能地将字段缩短。既然可以使用“::”进行省略，那么中间的字段就不能用 0 表示。例如，2001:db8::0:1 就可以将第 7 个字段也包含在内一起使用“::”进行省略。在这种情况下，就需要将其省略到最短，表示为 2001:db8::1。

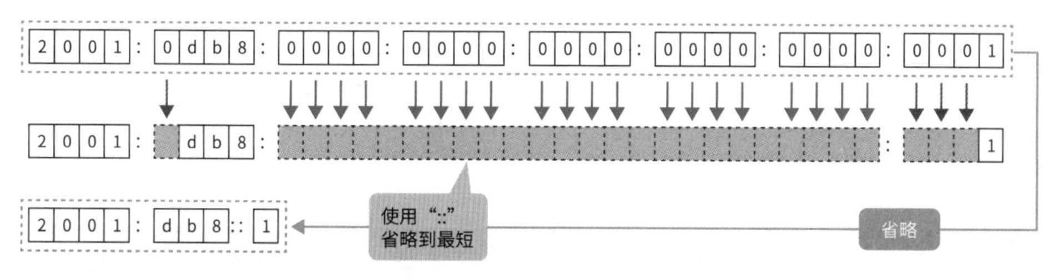

图4.2.10 • 尽可能地缩短长度

在能省更多的位置进行省略

如果有多个位置的字段可以进行省略，就需要极尽可能地让地址变得更短。例如，在 2001:0:0:0:1:0:0:2 中，第 2 ~ 4 个字段，以及第 6、7 个字段的这两个位置就是省略的“候补选手”。在这种情况下，就可以将第 2 ~ 4 个字段省略成“::”，表示为 2001::1:0:0:2。

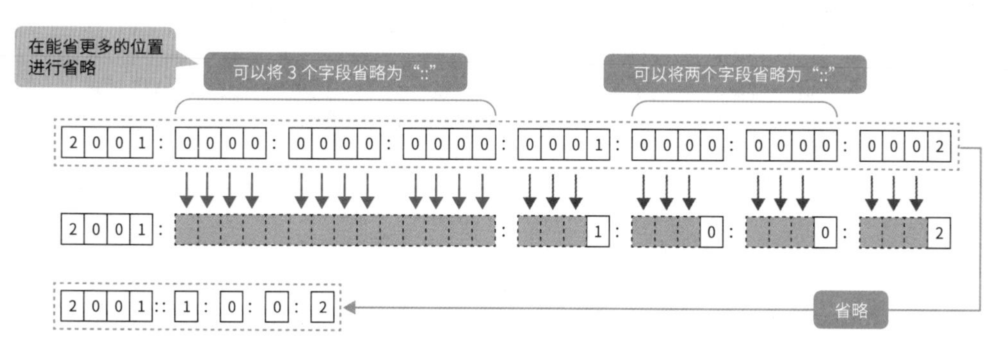

图4.2.11 • 在能省更多的位置进行省略

当多个位置可省略的字段长度相同时，就对第一个位置进行省略

如果存在多处可以进行省略的字段，且长度相同时，就需要对第一个位置的字段进行省略。例如，在 2001:db8:0:0:1:0:0:2 中，第 3、4 个字段的位置，以及第 6、7 个字段的位置就是两个“候补选手”。在这种情况下，就可以将第 3、4 个字段省略为“::”，表示为 2001:db8::1:0:0:2。

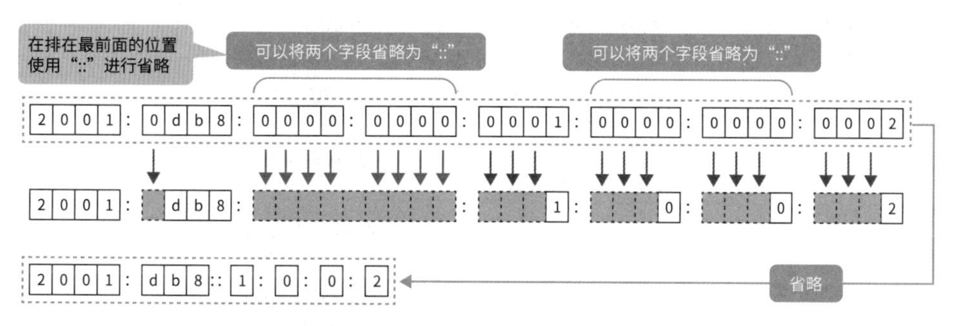

图4.2.12 • 当多个位置可省略的字段长度相同时，就对第一个位置进行省略

■ 用小写字母表示

最后，对系统设计者和管理员而言，还有一点是需要重点关注的，即 IPv6 地址必须以小写字母表示。如果用十六进制数表示，就会包含 A ~ F 的 6 个字母。这些字母不能使用大写的 ABCDEF 表示，必须使用小写的 abcdef 表示。

> **参 考　如何与 IPv6 地址相处**
>
> 综上所述，对 IPv6 的表示规范进行了详细的讲解。想必大部分读者看到这里会觉得“太多了，根本记不住”。想当年笔者又何尝不是呢。虽然地址太长也是没有办法的事，但是也不可否认，它的难以理解或许就是 IPv6 普及速度缓慢的原因之一。实际上，即使在不遵循这些表示规范的情况下进行设置，大部分网络设备也会在一定程度上自动进行更正。因此，在进行设置时，不必太过担心这些表示规范。但是，容易出现问题的是使用文档对 IP 地址进行归类时。通常情况下，我们会使用 IP 地址管理表对哪台终端中设置了哪个 IP 地址进行管理。此时，如果不遵循表示规范，就可能会发生即使进行搜索，也找不到目标 IPv6 地址的情况；如果遵循表示规范，就可以避免这种不必要情况的发生，降低运营成本。
>
> 上述表示规范的确难以理解，但是最终也就是习惯了就好的事。如果经常接触 IPv6 地址，终究是会慢慢变得习以为常的。因此，在熟练掌握之前，我们也只能耐着性子跟它好好“相处”了。

4.2.3 各种各样的 IPv6 地址

IPv6 地址可以分为单播地址、组播地址和任播地址。在 RFC 文档中，对如何对它们进行分类、应当使用哪一部分的 IPv6 地址，以及如何使用等问题进行了定义。

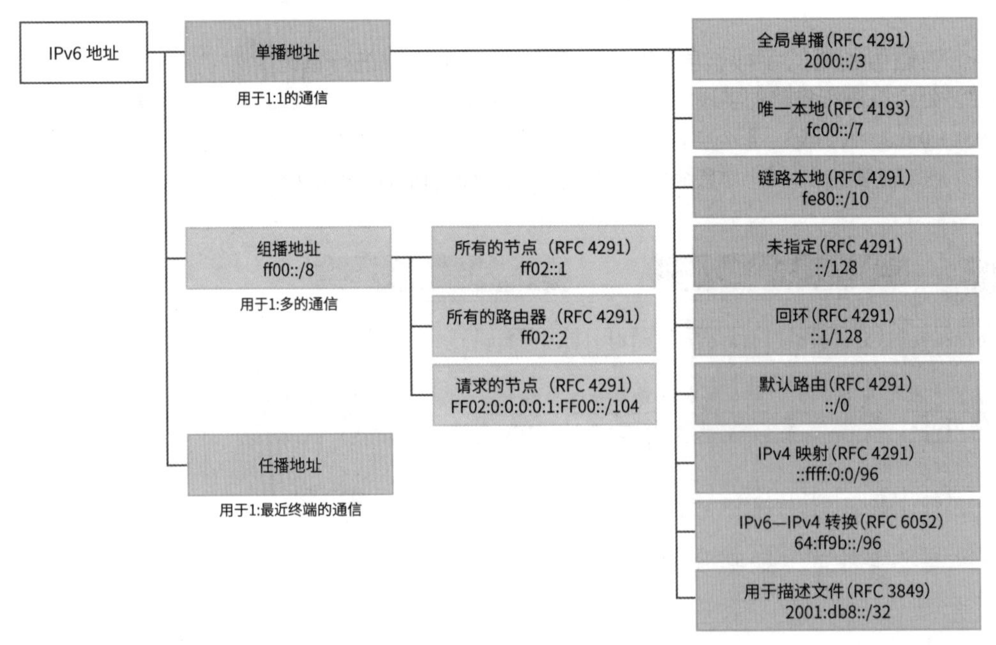

图4.2.13 • IPv6地址的分类

单播地址

单播地址是一种在 1:1 的单播通信中使用的 IPv6 地址。像 Web 和电子邮件的通信，就是只在客户端和服务器之间进行数据传输的单播。因此，可以毫不夸张地讲，需要使用互联网的通信几乎都是单播通信。在单播地址中对若干种具有特殊作用的地址进行了定义，其中特别重要的地址是全局单播地址、唯一本地地址和链路本地地址这 3 种。

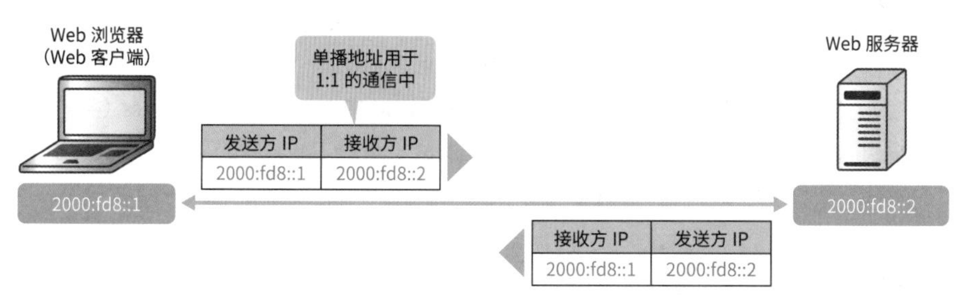

图4.2.14 • 单播

■ 全局单播地址（2000::/3）

全局单播地址相当于 IPv4 地址中的全局 IPv4 地址，是互联网上唯一的 IPv6 地址。其与全局 IPv4 地址一样，是由 ICANN 及其下属组织（RIR、NIR、LIR）在全球范围内分级进行管理的，不允许自由进行分配。

全局单播地址是开头的 3 比特为 001 的 IPv6 地址，用十六进制数表示就是 2000::/3。子网前缀是由 ISP 分配给各个组织机构的全局路由前缀和组织内部分配的子网 ID 组成的。从 IPv4 的角度来看，全局路由前缀就相当于网络部分，子网 ID 则相当于子网部分。

接口 ID 基本上会分配成 64 比特的长度。但是，也不是非得这样分配不可，可以根据具体用途决定。例如，在终端较多的局域网环境中，由于 SLAAC（Stateless Address Autoconfiguration，无状态地址自动配置）（见 P171）会自动生成 IPv6 地址，因此必须是 64 比特的 ID。但是，在终端较少的服务器站点中，由于 64 比特过于庞大，因此通常会分配 48 比特或 32 比特的 ID。

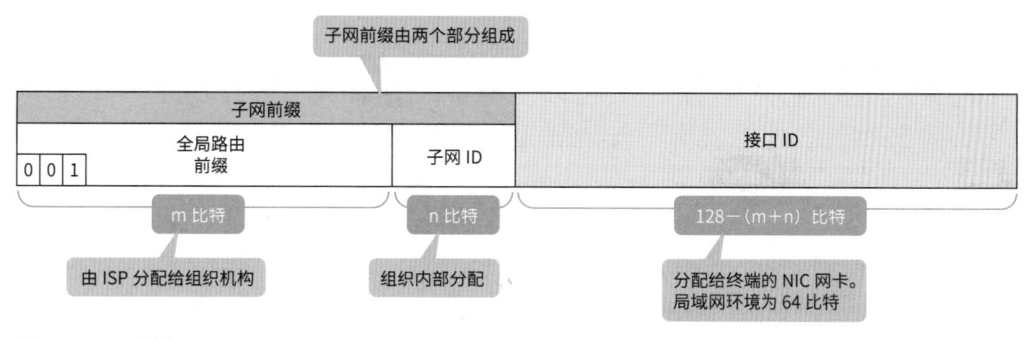

图4.2.15 • 全局单播地址

■ 唯一本地地址（fc00::/7）

唯一本地地址相当于 IPv4 地址中的私有 IPv4 地址（如 10.0.0.0/8、172.16.0.0/12、192.168.0.0/16），是组织内部唯一的 IPv6 地址。其主要用于对多台服务器和网络设备进行冗余化处理的集群服务中所使用的心跳网络[①]，以及用于网络存储的网络等无须与外部（互联网）进行数据传输，只在企业内部完成通信的网络中。

唯一本地地址是开头的 7 比特为 1111110 的 IPv6 地址，用十六进制数表示就是 fc00::/7。第 8 比特是一个表示是否在本地进行管理的比特,0 表示未定义,1 表示本地。由于 RFC 还未对 0 的含义进行定义，因此第 8 比特只有 1，这就意味着唯一本地地址实际上只有 fd00::/8。紧接着的全局 ID 是一个对站点进行识别的 40 比特的字段。为了保持它的唯一性，RFC 4193 Unique Local IPv6 Unicast Addresses（唯一本地 IPv6 单播地址）要求根据某种计算方法[②] 随机生成这一字段。位于全局 ID 之后的 16 比特是对子网进行识别的子网 ID，紧接其后的是 64 比特的接口 ID。

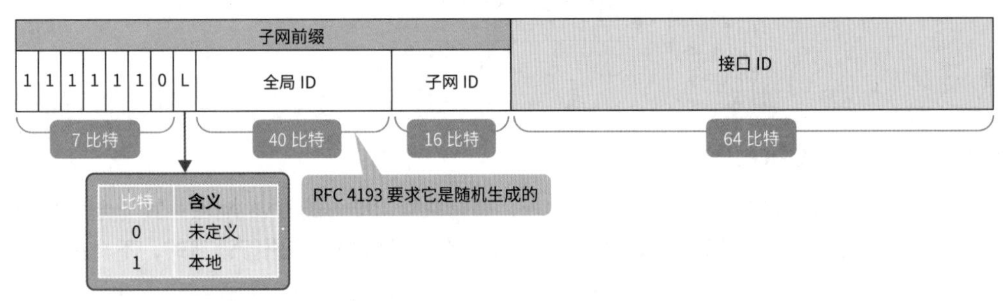

图4.2.16 • 唯一本地地址

■ 链路本地地址（fe80::/10）

链路本地地址是一个只能在同一个 IPv6 网络中进行通信的 IPv6 地址，可以在相当于 IPv4 中的 ARP 的 NDP（邻居发现协议）(见 P194）和路由协议 OSPFv3（见 P157）中使用。在 IPv6 中，所有的接口都必须分配链路本地地址，默认情况下是自动进行分配的。

链路本地地址是开头的 10 比特为 1111111010 的 IPv6 地址，用十六进制数表示就是 fe80::/10。第 11 比特之后，是 54 比特的 0 和 64 比特的接口 ID。

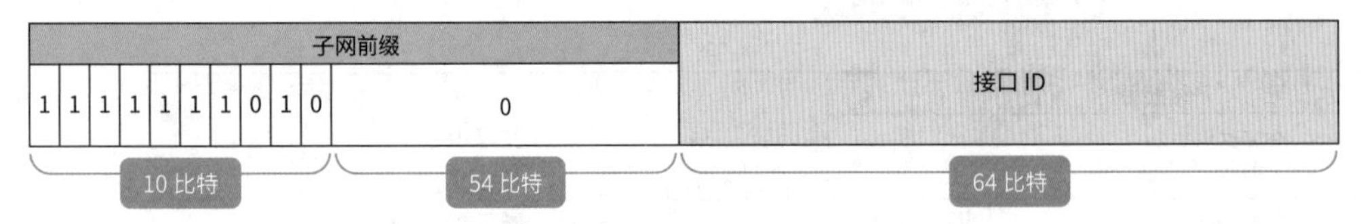

图4.2.17 • 链路本地地址

在单播地址中，除了上述几种地址之外，还对其他具有特殊作用的地址进行了定义。我们从中挑选了几种在实际工作中经常看到的地址，在表 4.2.2 中进行了汇总。表 4.2.2 中还包含具有同样作用的 IPv4

① 在集群服务中，需要提供用于传输对彼此状态进行监控的数据包心跳包的网络。
② 在 RFC 4193 Unique Local IPv6 Unicast Addresses 中注明了计算方法。

地址，大家可以一边对它们进行对照，一边加深理解。

表4.2.2 • 其他的单播地址

地　　址	网络地址	说　　明	等效的IPv4 地址
未指定地址	::/128	在设置 IPv6 地址之前使用的地址	0.0.0.0/32
回环地址	::1/128	表示自身的地址	127.0.0.0/8
默认路由地址	::/0	表示所有网络的地址	0.0.0.0/0
IPv4 映射地址	::ffff:0:0/96	IPv6 应用程序使用 IPv4 进行通信时使用的地址	无
IPv4—IPv6 转换地址	64:ff9b::/96	进行 NAT64 时使用的地址	无
用于描述文件地址	2001:db8::/32	仅作为文档中的示例使用的地址	192.0.2.0/24 198.51.100.0/24 203.0.113.0/24

组播地址

组播地址是一种相当于 IPv4 中的 D 类地址（224.0.0.0/4）的 IPv6 地址，专门用于针对特定小组（组播组）的通信中。IPv4 的组播只用于一部分视频分发服务、证券交易的应用程序和路由协议等有限的用途中。而在 IPv6 中，IPv6 中的 ARP，即 NDP 中也使用了组播，其发挥着举足轻重的作用。此外，IPv4 中的广播在 IPv6 中被吸收到了组播功能内，变成了组播的子功能。

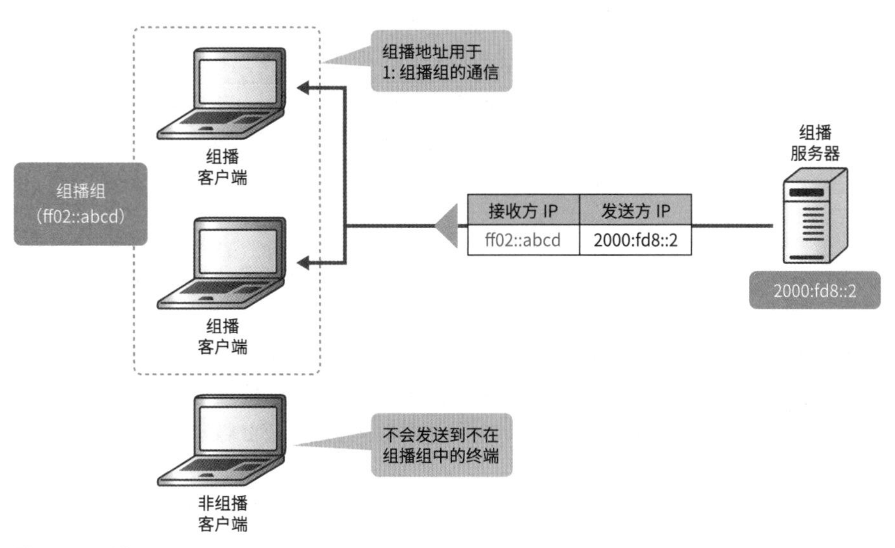

图4.2.18 • 组播

组播地址是开头的 8 比特都为 1 的地址，用十六进制数表示就是 ff00::/8；紧接其后的 4 比特是由 IANA 保留的部分，表示是否为永久地址；紧跟其后的 4 比特表示的则是组播的传播范围；最后的 112 比特表示对组播组进行识别的 ID。

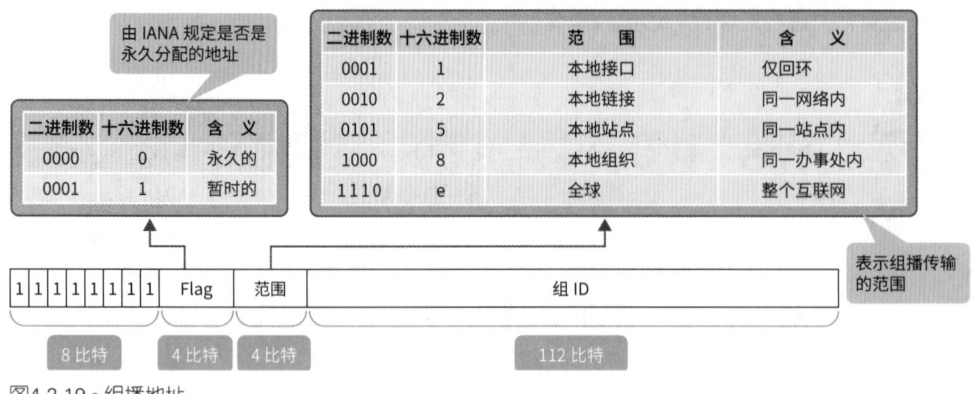

图4.2.19 • 组播地址

在 IANA 的 Web 网站中汇总了由 IANA 保留的 IPv6 地址。表 4.2.3 对实际工作中经常会接触到的地址进行了总结。

表4.2.3 • IANA保留的组播地址

网络地址	含　义	等效的IPv4 地址
ff02::1	在同一网络中的所有终端	广播地址
ff02::2	在同一网络中的所有路由器	224.0.0.2
ff02::5	在同一网络中的所有的 OSPFv3 路由器	224.0.0.5
ff02::6	在同一网络中的 OSPFv3 DR/BDR 路由器	224.0.0.6
ff02::9	在同一网络中的 RIPng 路由器	224.0.0.9
ff02::a	在同一网络中的 EIGRP 路由器	224.0.0.10
ff02::1:2	在同一网络中的 DHCP 服务器 / 中继代理	无
ff02::1:ff00:0/104	请求节点组播地址（由 NDP 使用）	无

任播地址

任播地址是一种多台终端可以共享的全局单播地址。全局单播地址是分配给一台终端使用的，用于执行 1:1 通信的地址。如果将一个全局单播地址分配给多台终端，就表示它是任播地址。任播地址和全局单播地址在外观上无法进行区分。但是，由于需要作为任播地址进行处理，因此就需要在每台终端中显式地设置任播地址。

接下来将以客户端与具有任播地址的服务器之间的通信为例进行说明。客户端会向在外观上与单播地址毫无差别的任播地址发送数据包，该数据包会被路由器转发到路由距离最近的服务器中。由于任播可以使用距离更近的服务器返回应答信息，因此与单纯地使用单播进行通信相比，可以提高响应的速度。此外，任播还具有多种优点，如在广域网范围内实现均衡负载，以及将 DDoS（Distributed Denial of Service，分布式拒绝服务）攻击[①] 局部化等。使用 DNS（见 P312）进行域名解析时，位于顶部的 DNS 根服务器也同样采用了任播机制。

① 一种使用大量的计算机向目标服务器发送大量数据包，以迫使服务宕机的攻击。

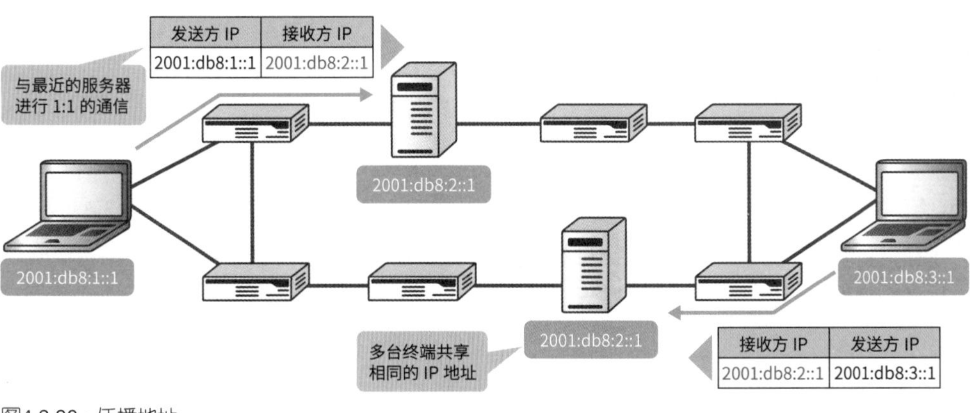
发送方 IP
接收方 IP
2001:db8:1::1
2001:db8:2::1
与最近的服务器
进行 1:1 的通信
2001:db8:2::1
2001:db8:1::1
2001:db8:3::1
2001:db8:2::1
多台终端共享
相同的 IP 地址
接收方 IP
发送方 IP
2001:db8:2::1
2001:db8:3::1

图4.2.20 • 任播地址

chapter 4-3

IP 路由

说到在网络层中运行的网络设备，那肯定就是指路由器和三层交换机了。正如在 1.3.3 小节中所讲解的，这两种设备严格来讲是有区别的，但是在连接不同网络转发 IP 数据包这一点上，两者的作用是相同的。我们需要使用大量的路由器和三层交换机才能将 IP 数据包传输到分布于世界各地的网络中。

4.3.1 路由

路由器和三层交换机通过管理与接收方 IP 地址进行对照的名为接收方网络的信息，和表示应当将 IP 数据包转发到相邻设备的 IP 地址的名为下一跳点的信息，来切换 IP 数据包的转发目的地。这种切换 IP 数据包转发目的地的功能被称为路由。此外，对接收方网络和下一跳点进行管理的表则被称为路由表。路由器需要根据路由表进行路由。

路由器对 IP 数据包进行路由的示意图

接下来，将要讲解路由器是如何对 IP 数据包进行路由的。在这里，我们假设 PC1（192.168.1.1/24）会通过两台路由器与 PC2（192.168.2.1/24）进行 IP 数据包的传输，在此基础上进行说明（图 4.3.1）。此外，为了让大家对路由的操作有一个纯粹的理解，我们假设所有的设备都已经完成了对相邻设备的 MAC 地址的学习。

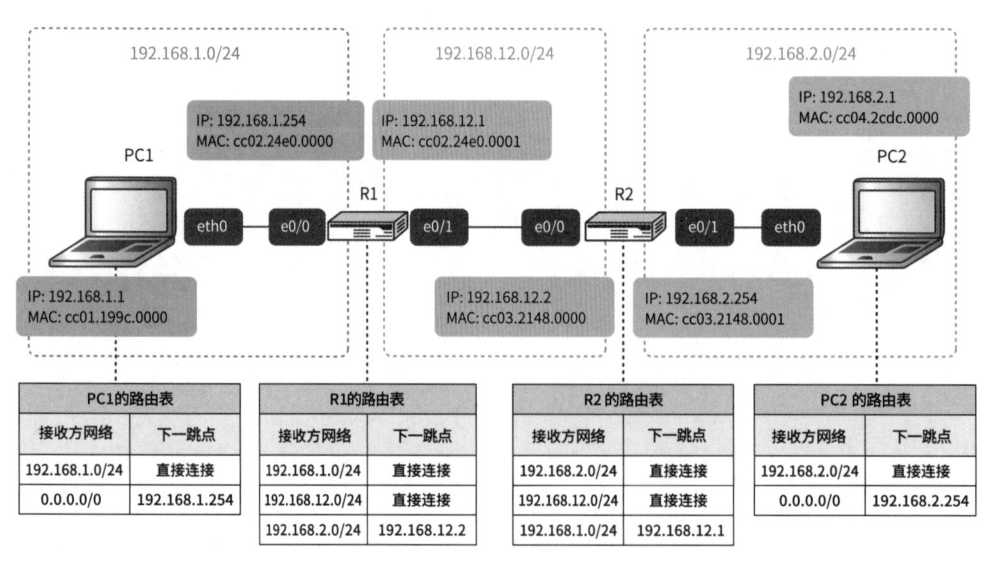

PC1的路由表	
接收方网络	下一跳点
192.168.1.0/24	直接连接
0.0.0.0/0	192.168.1.254

R1的路由表	
接收方网络	下一跳点
192.168.1.0/24	直接连接
192.168.12.0/24	直接连接
192.168.2.0/24	192.168.12.2

R2 的路由表	
接收方网络	下一跳点
192.168.2.0/24	直接连接
192.168.12.0/24	直接连接
192.168.1.0/24	192.168.12.1

PC2 的路由表	
接收方网络	下一跳点
192.168.2.0/24	直接连接
0.0.0.0/0	192.168.2.254

图4.3.1 • 通过网络结构理解路由

① PC1 会将发送方 IP 地址设置为 PC1 的 IP 地址（192.168.1.1），将接收方 IP 地址设置为 PC2 的 IP 地址（192.168.2.1），并使用 IP 首部进行封装，对自己的路由表进行搜索。192.168.2.1 不会与直接连接的 192.168.1.0/24 进行匹配，而是会与表示所有网络的默认路由地址（0.0.0.0/0）进行匹配。

然后，需要在 ARP 表中搜索默认路由地址的下一个跳点的 MAC 地址。192.168.1.254 的 MAC 地址是 R1（e0/0）。因此，需要将发送方 MAC 地址设置为 PC1（eth0）的 MAC 地址，将接收方 MAC 地址设置为 R1（e0/0）的 MAC 地址，使用以太网帧进行封装之后，就可以将数据传输到缆线中。

此外，通常将默认路由的下一个跳点称为默认网关。终端在对存在于互联网中的大量网站进行访问时，首先会将 IP 数据包发送给默认网关，然后将路由处理交由默认网关的设备负责执行。

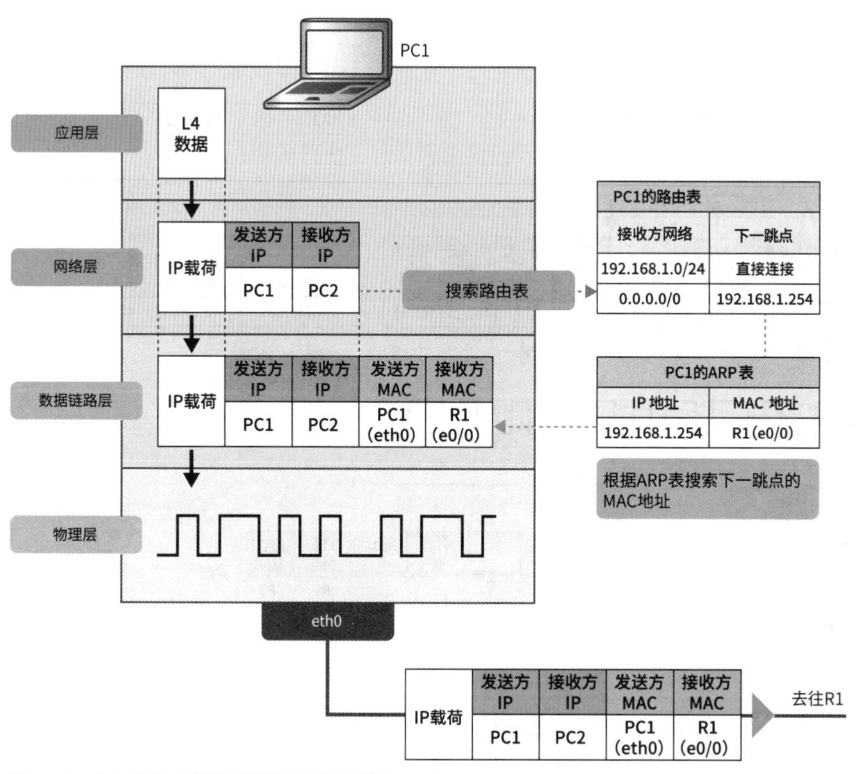

图4.3.2 • PC1首先会将数据发送给默认路由

参考 家庭局域网环境中的默认网关

家庭局域网环境中的个人电脑的默认网关就是宽带路由器（的 IP 地址）。而宽带路由器的默认网关则设置成了我们签订合约的通信服务商 ISP（的 IP 地址）。我们在使用个人电脑进行互联网通信时，需要传输的 IP 数据包首先会被转发到默认网关，即宽带路由器中；接着，被转发到宽带路由器的默认网关，即 ISP 那里；然后，从 ISP 经由大量的路由器传输到互联网中。

② 接收了来自 PC1 的 IP 数据包的 R1 会查看 IP 首部中的接收方 IP 地址，并对路由表进行搜索。由于接收方 IP 地址是 192.168.2.1，因此会与路由表的 192.168.2.0/24 匹配。接下来，就需要在 ARP 表中搜索 192.168.2.0/24 的下一跳点 192.168.12.2 的 MAC 地址。

192.168.12.2 的 MAC 地址是 R2(e0/0)。因此，需要将发送方 MAC 地址设置为出口的接口 R1(e0/1) 的 MAC 地址，将接收方 MAC 地址设置为 R2（ e0/0 ）的 MAC 地址，使用以太帧进行封装之后，就可以将数据传输到缆线中了。

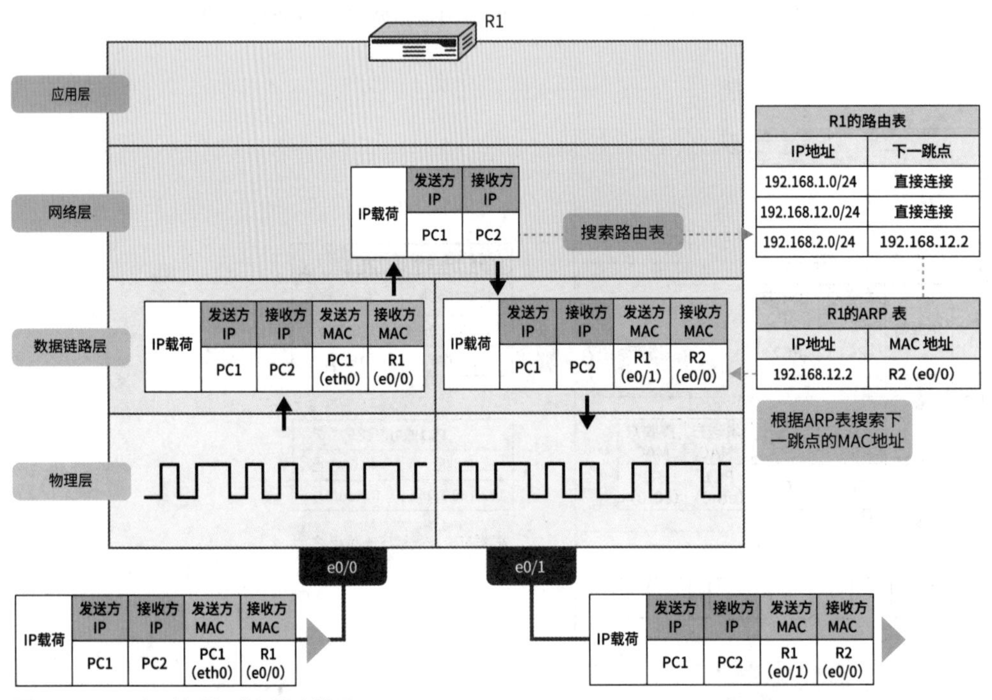

图4.3.3 • R1 对IP 数据包进行路由处理

③ 从 R1 接收了 IP 数据包的 R2 会查看 IP 首部的接收方 IP 地址，并对路由表进行搜索。由于接收方 IP 地址是 192.168.2.1，因此可以与路由表中的 192.168.2.0/24 匹配。然后，需要在 ARP 表中搜索 192.168.2.1 的 MAC 地址。

192.168.2.1 的 MAC 地址是 PC2(eth0)。因此，需要将发送方 MAC 地址设置为出口的接口 R2(e0/1) 的 MAC 地址，将接收方 MAC 地址设置为 PC2（ eth0 ）的 MAC 地址，并再次使用以太帧进行封装之后，将数据传输到缆线中。

④ 从 R2 接收了 IP 数据包的 PC2 会查看数据链路层的接收方 MAC 地址和网络层的接收方 IP 地址，接收数据包，并将数据转交给上层（传输层到应用层）进行处理。

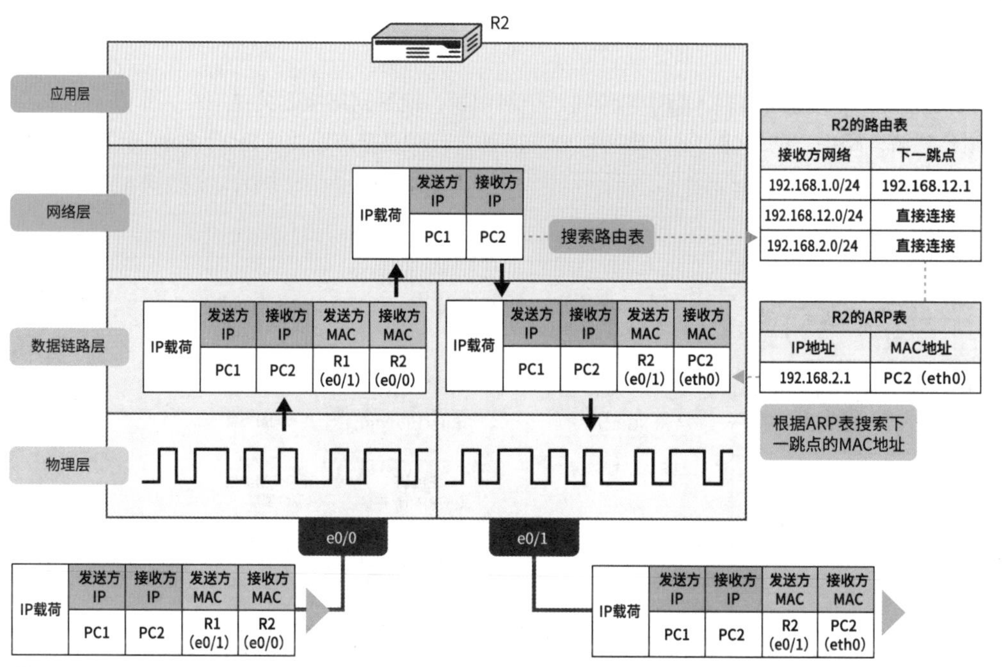

图4.3.4 • R2 对IP 数据包进行路由处理

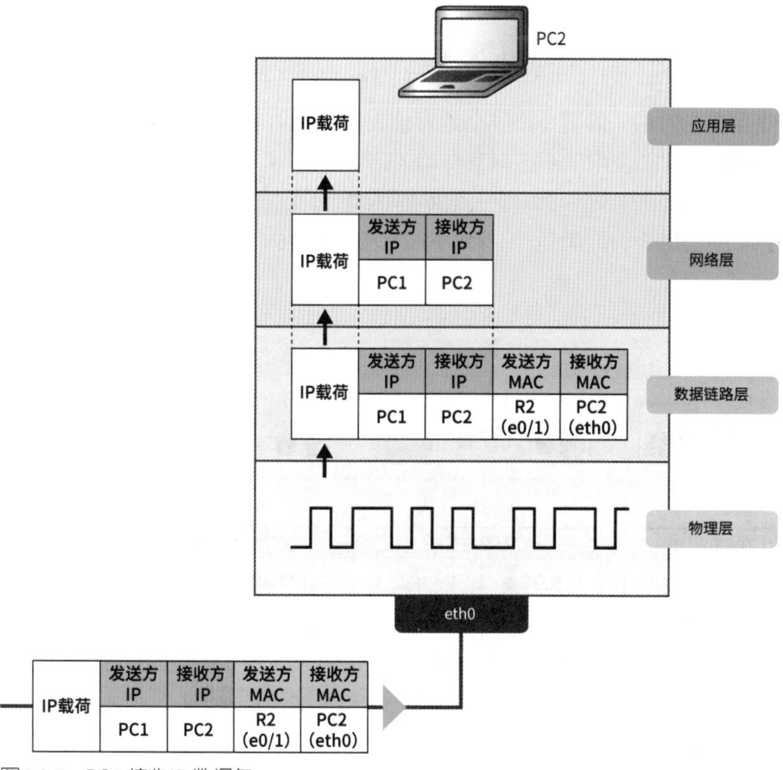

图4.3.5 • PC2 接收IP 数据包

4.3.2 路由表

负责对路由进行管理的是路由表。而如何创建这个路由表，就是网络层的关键所在。本书将对其中重要的部分进行讲解。路由表的创建方式大致可以分为两种，一种是静态路由（Static Routing），另一种是动态路由（Dynamic Routing）。这两种方式都可以如图 4.3.6 所示进一步进行细分。接下来，将逐一对它们进行讲解。

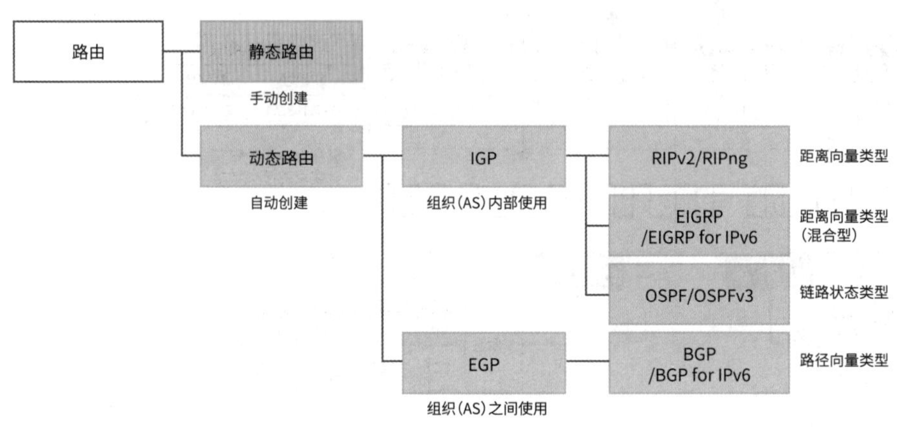

图4.3.6 • 路由的方式

静态路由

静态路由是一种手动创建路由表的方法，需要一个一个地对接收方网络和下一跳点进行设置。由于易于理解，也易于运用和管理，因此非常适合用于小型网络环境的路由管理中。但是，由于需要对所有的路由器逐一设置接收方网络和下一跳点，因此不适用于大型网络环境中。

例如，如图 4.3.7 所示的 IPv4 配置场合，就需要在 R1 中静态设置 192.168.2.0/24 的路由，在 R2 中静态设置 192.168.1.0/24 的路由。

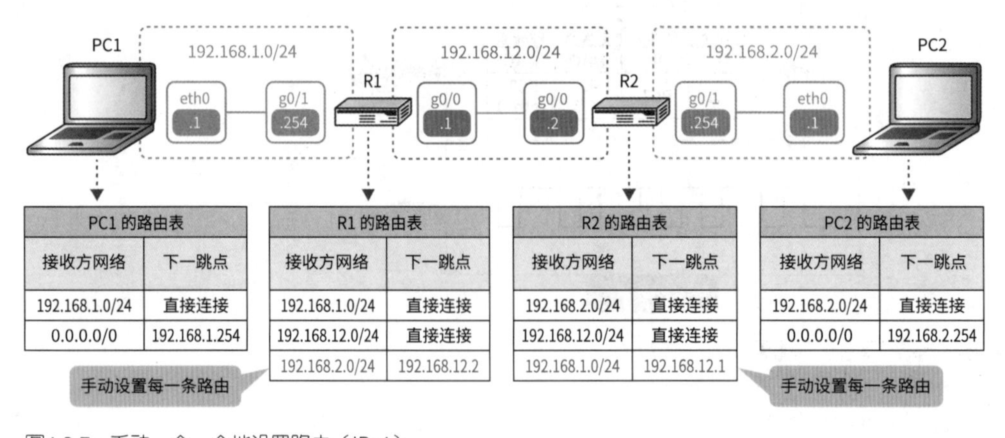

图4.3.7 • 手动一个一个地设置路由（IPv4）

IPv6 也与此相似。例如，如果是图 4.3.8 所示的 IPv6 配置场合，就需要手动在 R1 中静态设置 2001:db8:2::/64 的路由，在 R2 中静态设置 2001:db8:1::/64 的路由。如果要说 IPv6 和 IPv4 有什么区别，那就是可以在下一跳点中使用链路本地地址。正如我们在 4.2.3 小节中所讲解的，在 IPv6 接口中，需要设置只能在同一网络中进行通信的链路本地地址。一般情况下，下一跳点会设置成链路本地地址。

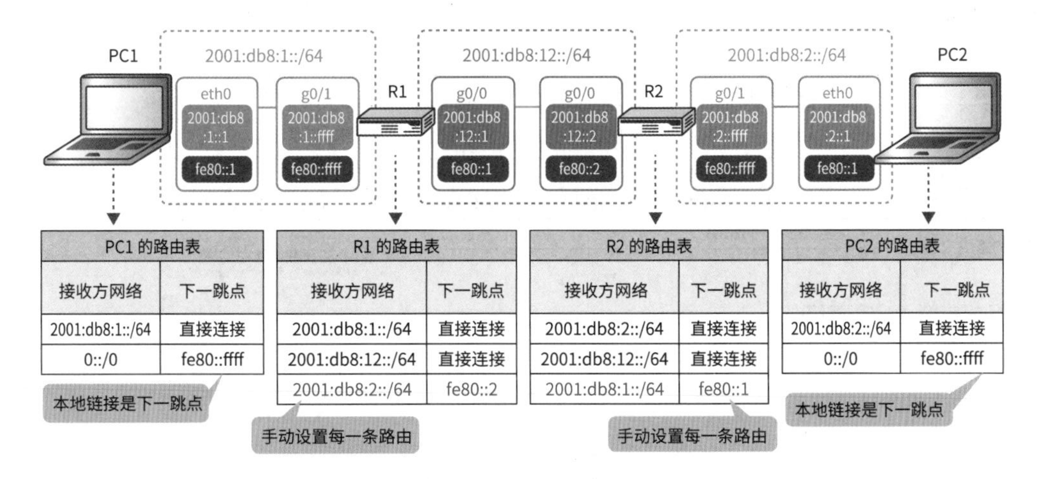

图4.3.8 • 手动一个一个地设置路由（IPv6）

动态路由

动态路由是一种相邻路由器之间通过相互交换自身路由信息的方式，实现路由表的自动创建的方法。用于交换路由信息的协议被称为路由协议。如果是大型网络环境，或者是配置容易发生变化的环境，使用动态路由就会比较合适。如果使用静态路由，每次增加网络节点时都必须登录所有的路由器并修改路由设置；如果使用动态路由，由于需要设置的路由器是有限的，因此即使网络节点数量增加，管理起来也不费事。此外，即使接收方的某处发生故障，路由器也会自动搜索迂回路线，因此可以有效地提高容错能力。

然而，虽说动态路由算得上是万能的，但并不表示它就是完美的。如果经验尚浅的管理员在没有经过深思熟虑的情况下便贸然进行错误的设置，该设置信息就可能会传播到网络中并给通信带来负面影响。因此，动态路由的设置需要严格遵循设计规则，并交由训练有素的管理员进行管理。

接下来，将对与静态路由配置相同的动态路由进行介绍。图 4.3.9 中，路由器 R1 和路由器 R2 会相互交换路由信息，并将交换的信息添加到路由表中。

图 4.3.10 就是在图 4.3.9 所示的环境中添加了新的网络的例子。在添加了新的路由器之后，同样需要与新的路由器交换路由信息，并对整个路由表进行更新。如果使用动态路由，就无须在路由器中逐一设置路由，这些处理会交由路由协议来负责。网络上的路由器对所有的路由能够正确识别的状态被称为收敛状态，所需花费的时间则被称为收敛时间。

此外，路由协议还具有容错作用。例如，假设有多条通往接收方的路线，其中一条路线发生了故障，如果使用动态路由，就会通过自动更新路由表或者通知变更的方式来确保新路线的自动建立，而无须特地设置迂回路由。在图 4.3.11 所示的环境中，当 192.168.12.0/24 的网络出现故障时，路由器就会像图 4.3.12 所示那样自动切换路线。

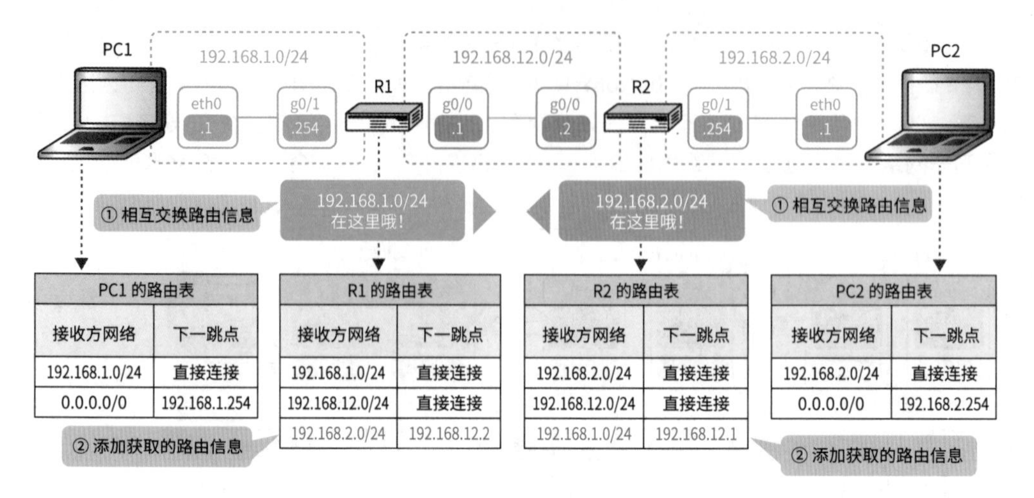

图4.3.9 • 交换路由信息，自动创建路由表

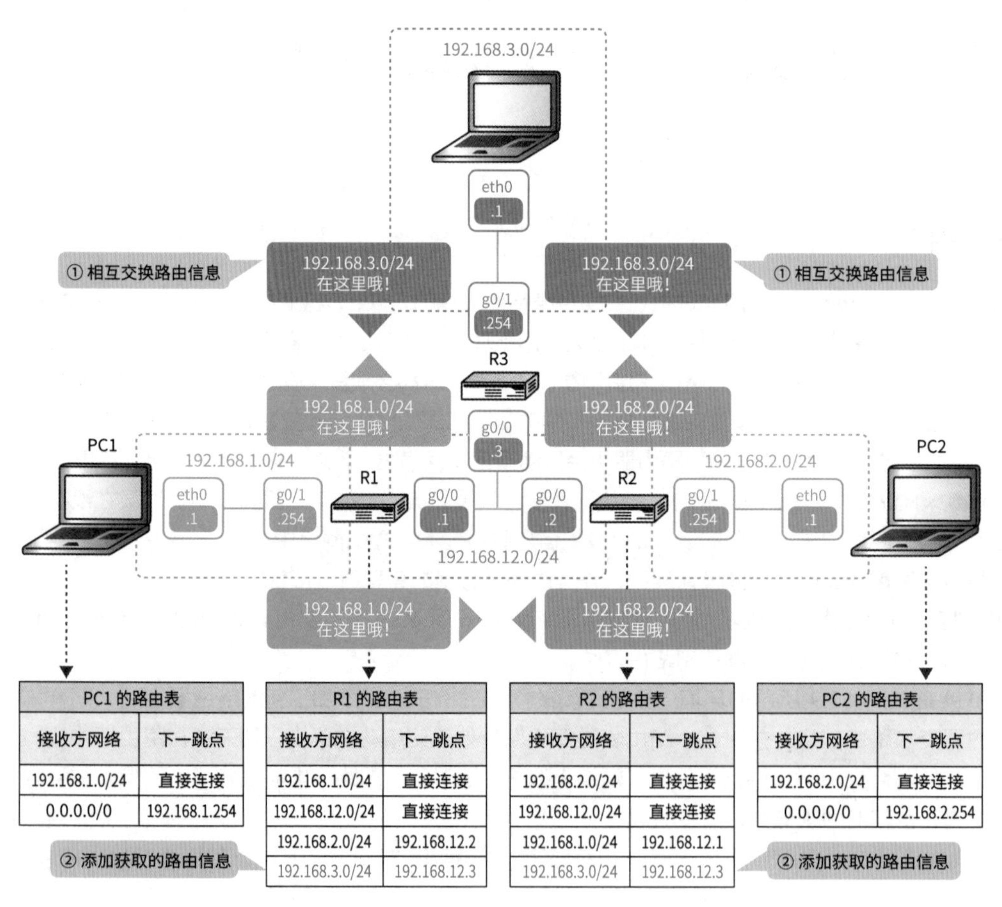

图4.3.10 • 使用动态路由可以轻松地添加网络

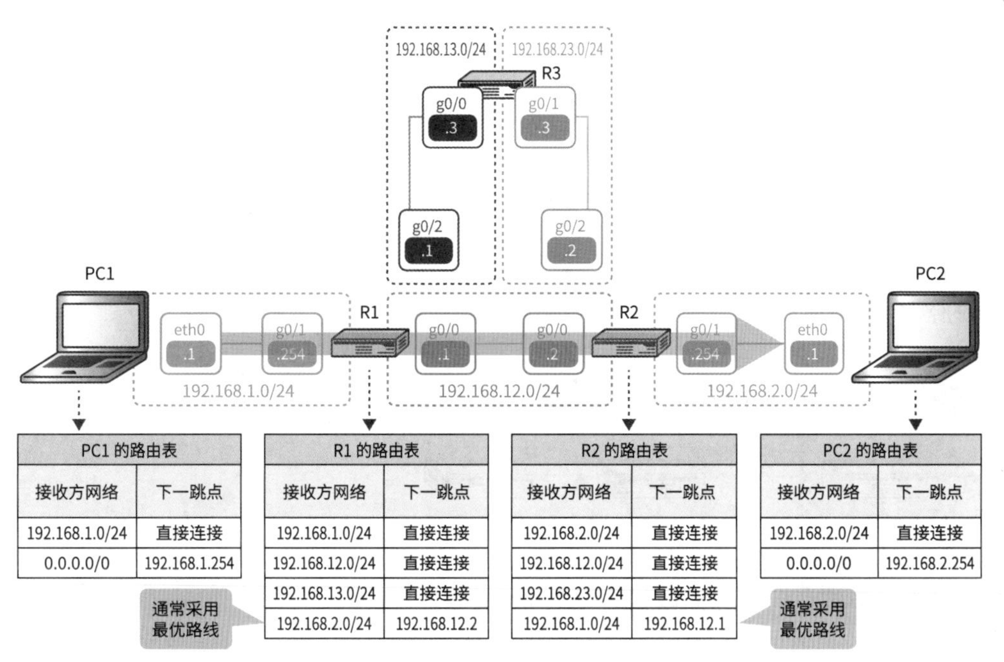

PC1 的路由表	
接收方网络	下一跳点
192.168.1.0/24	直接连接
0.0.0.0/0	192.168.1.254

R1 的路由表	
接收方网络	下一跳点
192.168.1.0/24	直接连接
192.168.12.0/24	直接连接
192.168.13.0/24	直接连接
192.168.2.0/24	192.168.12.2

R2 的路由表	
接收方网络	下一跳点
192.168.2.0/24	直接连接
192.168.12.0/24	直接连接
192.168.23.0/24	直接连接
192.168.1.0/24	192.168.12.1

PC2 的路由表	
接收方网络	下一跳点
192.168.2.0/24	直接连接
0.0.0.0/0	192.168.2.254

图4.3.11 • 正常时使用最优路线

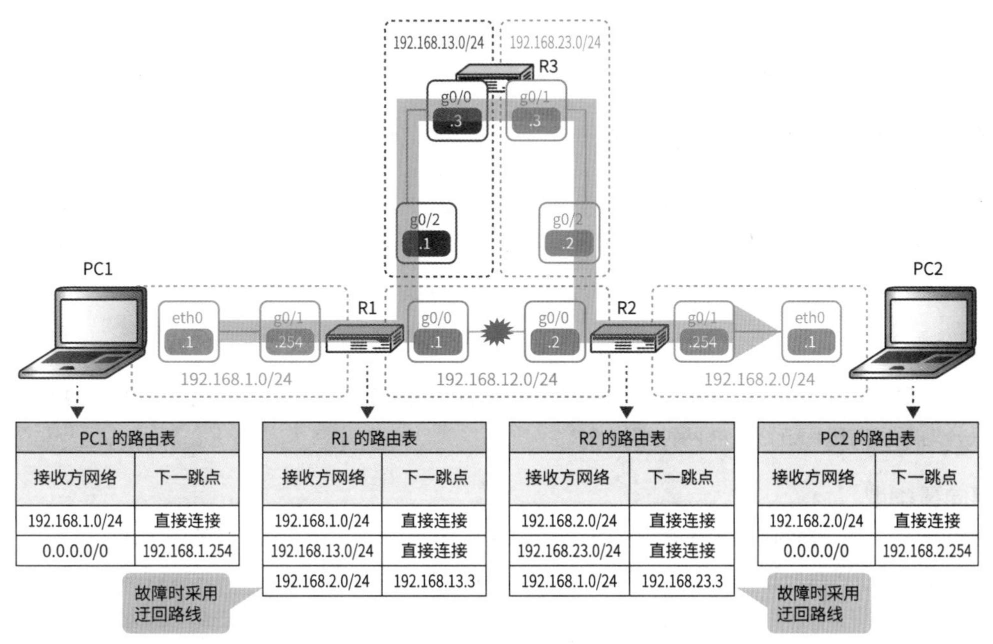

PC1 的路由表	
接收方网络	下一跳点
192.168.1.0/24	直接连接
0.0.0.0/0	192.168.1.254

R1 的路由表	
接收方网络	下一跳点
192.168.1.0/24	直接连接
192.168.13.0/24	直接连接
192.168.2.0/24	192.168.13.3

R2 的路由表	
接收方网络	下一跳点
192.168.2.0/24	直接连接
192.168.23.0/24	直接连接
192.168.1.0/24	192.168.23.3

PC2 的路由表	
接收方网络	下一跳点
192.168.2.0/24	直接连接
0.0.0.0/0	192.168.2.254

图4.3.12 • 即使出现故障也能确保迂回路线

4.3.3 路由协议

路由协议可以根据其控制范围分为 IGP（Interior Gateway Protocol，内部网关协议）和 EGP（Exterior Gateway Protocol，外部网关协议）两种。

对这两种协议进行区分的根据是 AS（Autonomous System，自治系统）。AS 是一种基于一个策略进行管理的网络的集合。这个概念可能会让人感觉有一点复杂，但是在这里我们可以粗略地认为"AS = 组织（ISP、企业、研究机构、网络节点）"。所以，对 AS 内部进行控制的路由协议是 IGP，对 AS 和 AS 之间进行控制的路由协议则是 EGP。

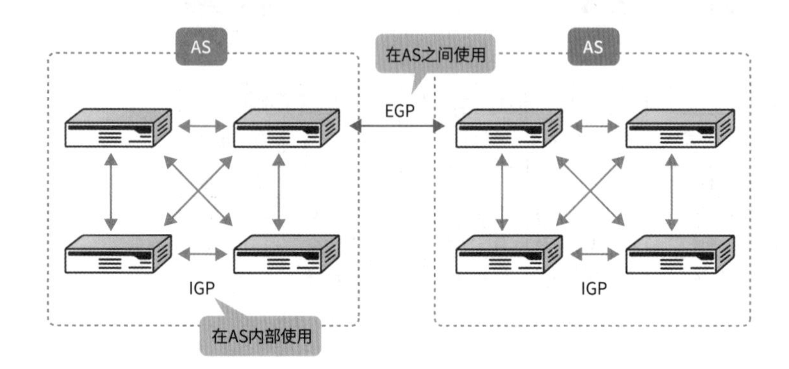

图4.3.13 • 路由协议可以根据控制范围分为两种

IGP 的重点是路由算法和度量值

IGP 是一种在 AS 内部使用的路由协议。虽然存在很多 IGP 协议，但是大家可以认为目前的网络环境中最常用的协议是 RIP、OSPF 及 EIGRP。要理解这些协议，需要掌握两个要点，即路由算法和度量值。

■ 路由算法

路由算法是一种如何创建路由表的规则。路由算法的差异与收敛时间和应用规模直接相关。IGP 的路由算法可以分为距离向量和链路状态两种类型。

距离向量类型

距离向量类型是一种根据距离（Distance）和方向（Vector）对最优路由进行计算的路由协议。这里的距离表示去往接收方需要经过的路由器的数量（跳数），方向则表示输出接口。到达接收方需要经过的路由器的数量是最优路由的判断标准。每台路由器都需要通过相互交换路由表的方式创建路由表。

链路状态类型

链路状态类型是一种根据链路的状态（State）对最优路由进行计算的路由协议。每台路由器需要通过相互交换自己链路（接口）的状态、带宽和 IP 地址等各种信息的方式创建数据库，并根据相关信息创建路由表。

■ 度量值

度量值表示的是到接收方网络的距离。这里的距离不是物理距离，而是网络中的逻辑距离。例如，假使是与地球另一端进行通信，也并不一定意味着度量值就会很大。逻辑距离的计算方法因路由协议而异。

IGP 包括 RIP、OSPF 和 EIGRP 3 种协议

在目前的网络环境中使用的路由协议是 RIP、OSPF 以及 EIGRP。理解了这 3 种协议，就可以理解 IGP。接下来，将在着眼于路由算法和度量值的同时，对这 3 种协议进行讲解。

表4.3.1 • IGP 包括RIP、OSPF、EIGRP 3种协议

路由协议	RIP	OSPF	EIGRP
正式名称	Routing Information Protocol	Open Shortest Path Fast	Enhanced Interior Gateway Routing Protocol
IPv4	RIPv2	OSPF	EIGRP
IPv6	RIPng	OSPFv3	EIGRP for IPv6
路由算法	距离向量类型	链路状态类型	距离向量类型（混合类）
度量值	跳数	成本	带宽 + 延迟
更新间隔	定期的	当结构发生变更时	当结构发生变更时
用于更新的 IPv4 组播地址	224.0.0.9	224.0.0.5（所有 OSPF 路由器） 224.0.0.6（所有 DR/BDR）	224.0.0.10
用于更新的 IPv6 组播地址	ff02::9	ff02::5（所有 OSPF 路由器） ff02::6（所有 DR/BDR）	ff02::a
适用规模	小规模	中规模到大规模	中规模

■ RIP

RIP（Routing Information Protocol，路由信息协议）是一种距离向量类型的路由协议。它的历史久远，在目前的网络环境中正在逐步迁移到 OSPF 和 EIGRP 协议中。在今后计划建设的网络中并不会特意使用 RIP。

RIP 需要通过定期交换路由表本身的方式来创建路由表。虽然它的原理非常简单，但是路由表越大，消耗的网络带宽就会越多，收敛时间也越长，因此不适合用于大型网络环境中。

度量值中需要使用跳数。跳数表示的是去往接收方网络需要经过的路由器的数量，经过的路由器越多，距离就越远。它的原理也非常简单，十分容易理解，但其也存在即使是在路由中途存在带宽较小的情况，也依然会将跳数较少的路由判定为最优路由的问题。

根据 IP 版本的不同，RIP 需要使用的协议也不同。在 IPv4 环境中，需要使用由 RFC 2453 RIP version 2 进行标准化的 RIPv2；而在 IPv6 环境中，则需要使用由 RFC 2080 RIPng for IPv6 进行标准化的 RIPng。

■ OSPF

OSPF（Open Shortest Path Fast，开放式最短路径优先）是一种链路状态类型的路由协议。由于它是一种长期以来使用 RFC 制定标准化的传统的路由协议，因此常用于混用了多家供应商的中型到大型的网络环境中。

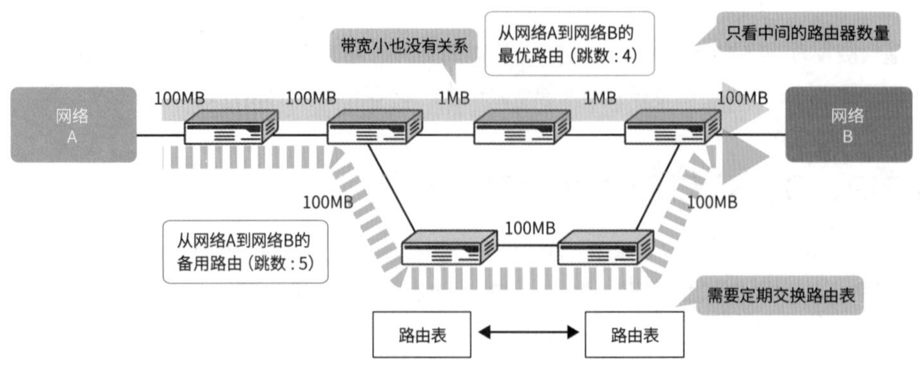

图4.3.14 • RIP根据跳数确定路径

OSPF 需要通过每台路由器相互交换链路状态、带宽、IP 地址、子网掩码等信息的方式创建链路状态数据库（LSDB），然后基于此数据库对最优路由进行计算，并创建路由表。前面讲解的 RIP 需要定期相互发送路由表，而 OSPF 则只需要在状态发生变化时更新路由表。此外，由于路由器通常会发送一种名为 Hello 的小数据包来检查对方是否仍在正常运行，因此不会过度占用带宽。OSPF 的关键性概念是“区域”。为了防止以收集信息的方式创建的 LSDB 尺寸过大，需要将网络划分为多个区域，只与同一个区域中的路由器共享 LSDB。

度量值中需要使用“成本”。默认情况下，成本是以“100 ÷ 带宽（Mb/s）[①]”的方式计算出的整数值，并且每经过一条路由器都会在输出接口添加数值。因此，路由的带宽越高，越容易成为最短路由。如果路由器学习到的路由的成本是完全相同的，就可以使用所有成本相同的路由对通信进行负载均衡处理。这种处理被称为 ECMP（Equal Cost Multi Path，等价多路径路由）。ECMP 不仅可以提高容错能力，还可以用于扩展带宽，可以在很多不同的网络环境中使用。

OSPF 需要根据不同的 IP 版本使用不同的协议。在 IPv4 环境中，需要使用由 RFC 2328 OSPF version 2 进行标准化的 OSPFv2；在 IPv6 环境中，则需要使用由 RFC 5340 OSPF for IPv6 进行标准化的 OSPFv3。

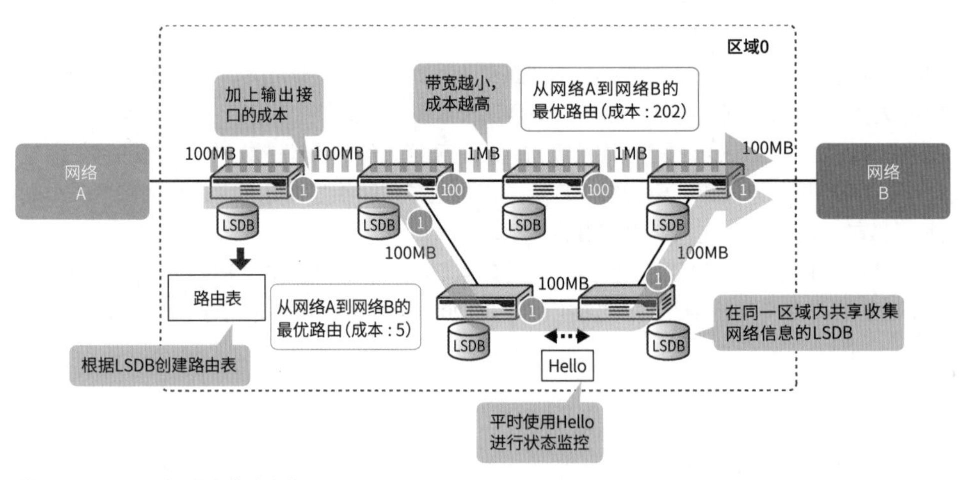

图4.3.15 • OSPF根据成本确定路由

① 由于成本是以整数值进行计算的，因此传输速度超过 100Mb/s 的接口都具有相同的值。近年来人们普遍采取了将分子 100 增大的做法。

■ EIGRP

EIGRP（Enhanced Interior Gateway Routing Protocol，增强内部网关路由协议）是一种对距离向量类型协议进行了扩展的协议。它原本是 Cisco 公司独有的路由协议，后来才作为 RFC 7868 Cisco's Enhanced Interior Gateway Routing Protocol（EIGRP）规范正式对外公布。

EIGRP 是一种结合了 RIP 和 OSPF 优点的路由协议。路由器之间首先会相互交换自己的路由信息，并创建各自的拓扑表，从中提取最优路由信息，然后创建路由表。这部分处理与 RIP 类似。此外，只有在发生变更时才需要更新路由表。通常情况下，路由器会发送名为 Hello 的小数据包来检查对方是否处于正常运行状态。这部分处理则与 OSPF 相似。

度量值会默认使用带宽和延迟。带宽需要使用“10000 ÷ 最小带宽（Mb/s）”的方式进行计算，需要使用去往接收方网络的路由中最小的值进行计算。延迟需要使用“微秒（μs）÷ 10”的方式进行计算，并在每次经过路由器时添加输出接口。将这两者相加再乘以 256 的结果，就是 EIGRP 的度量值。EIGRP 也和 OSPF 一样，默认的处理是 ECMP。如果度量值完全相同，就可以使用所有相同的路由，对通信进行负载均衡处理。

EIGRP 需要根据不同的 IP 版本使用不同的协议，在 IPv4 环境中需要使用 EIGRP，在 IPv6 环境中则需要使用 EIGRP for IPv6。

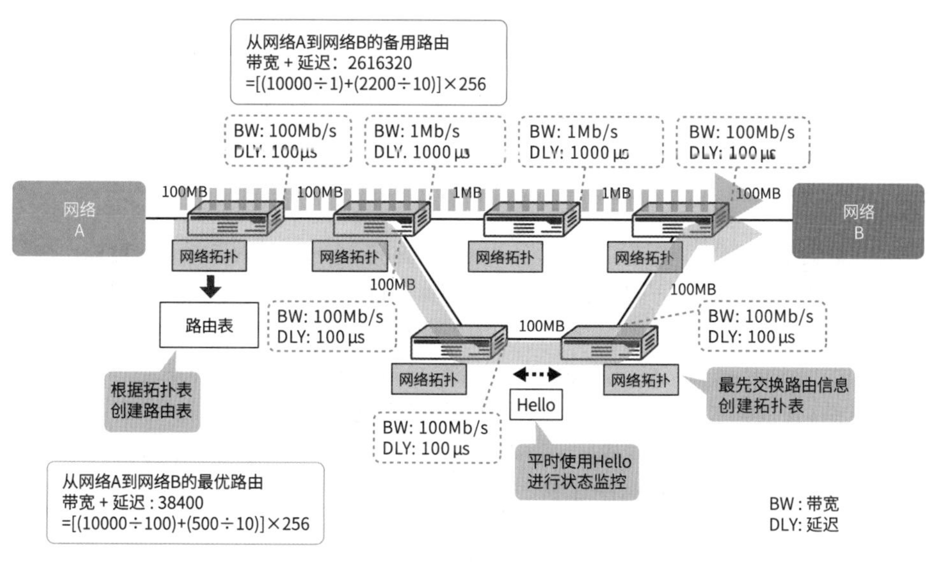

图4.3.16 • EIGRP根据带宽和延迟确定路由

EGP 只有 BGP 一种选择

EGP 是一种用于对 AS 和 AS 进行连接的路由协议。在目前的网络环境中，通常会使用 BGP（Border Gateway Protocol，边界网关协议）[①]。此外，由于目前使用的 BGP 是版本 4，因此也可称其为 BGP4 或 BGPv4。

① BGP 也可以在 AS 内部使用。在 AS 内部使用的 BGP 被称为 iBGP，在 AS 之间使用的 BGP 则被称为 eBGP。

BGP 的重点是 AS 号、路由算法和最优路径选择算法。

■ AS 号

互联网是由运行了 BGP 的路由器将全球范围内的 AS 连接起来而构成的一个大型网络。因此，需要使用通过路由器交换 BGP 的方式创建的全球路由信息“完整路由”，以击鼓传花的方式将发送到互联网的数据包传输到具有接收方 IP 地址的终端。

对 AS 进行识别的号码被称为 AS 号。AS 号是 0 ~ 65535 的数字，但是 0 和 65535 属于保留号码，无法使用。因此，可以根据用途使用 1 ~ 65534 之间的数字。

表4.3.2 • AS号

AS号	用　途
0	保留
1 ~ 64511	全局 AS 号
64512 ~ 65534	私有 AS 号
65535	保留

全局 AS 号是互联网上唯一的 AS 号。与全局 IP 地址一样，也是由 ICANN 及其下属组织（RIR、NIR、LIR）进行管理的，是一种分配给 ISP、数据中心提供商、电信运营商等组织机构的号码。私有 AS 号则是指该组织内部可以自由使用的 AS 号。

■ 路由算法

BGP 是一种路径向量类型的协议，需要根据路径（Path）和方向（Vector）对路由进行计算。这里的路径表示去往接收方需要经过的 AS，方向则表示 BGP 对等体（将在后面的内容中进行讲解）。去往接收方需要经过多少个 AS 是判断最优路径的标准之一，BGP 对等体则是指交换路由信息的对象。BGP 需要指定对象（Peer）建立 1:1 的 TCP 连接，并在其中交换路由信息。BGP 需要与 BGP 对等体交换路由信息并创建 BGP 表，然后根据相应的规则（最优路径选择算法）选择最优路径。之后，在将最优路径添加到路由表的同时，将其传播给 BGP 对等体。BGP 也和 OSPF、EIGRP 一样，只需在发生变化时更新路由表。在更新路由表时需要使用 UPDATE 消息。此外，通常情况下，需要使用 KEEPALIVE 消息检查对方是否正常运行。

■ 最优路径选择算法

最优路径选择算法表示的是一种判断哪条路径为最优路径（Best Path）的规则。互联网是一种使用 BGP 将全球范围内的 AS 连接起来的网状结构。一旦涉及需要连接整个地球，就会牵涉到国家、政治、金钱等因素，让情况变得复杂。为了能够灵活应对这些情况，BGP 中提供了大量的路由控制功能。BGP 的路由控制中需要使用属性（Attribute）功能。因此，BGP 会在 UPDATE 消息中嵌入 NEXT_HOP 和 LOCAL_PREF 等各种属性，并将这些属性一起登记在 BGP 表中。我们可以根据图 4.3.18 所示的算法选出最优路径。通过从上到下依次进行比赛的方式，一旦决出胜负之后，就不会再继续进行之后的比赛。然后，需要将选出的最优路径添加到路由表中，同时将最优路径传播给 BGP 对等体。

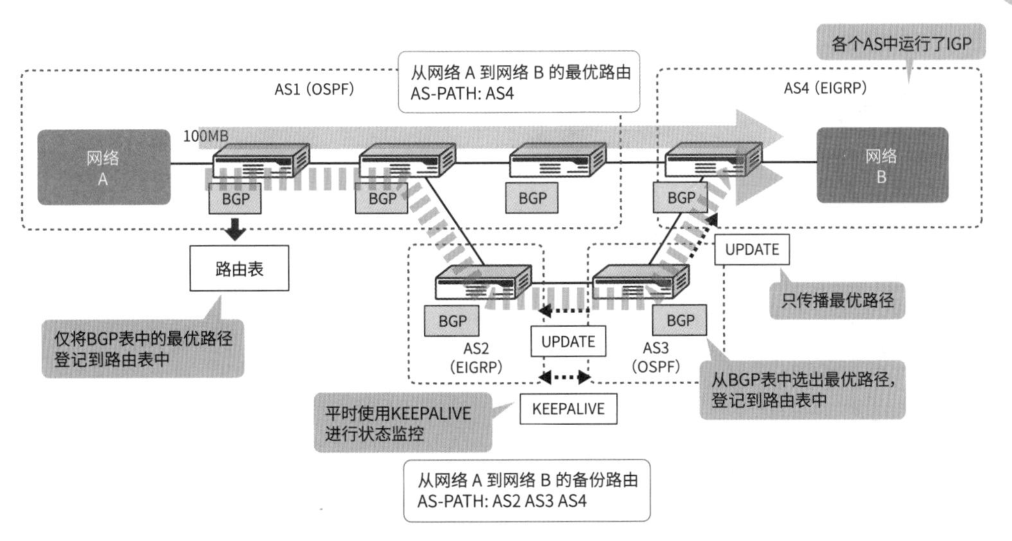

图4.3.17 • BGP默认根据经过的AS 的数量确定路径

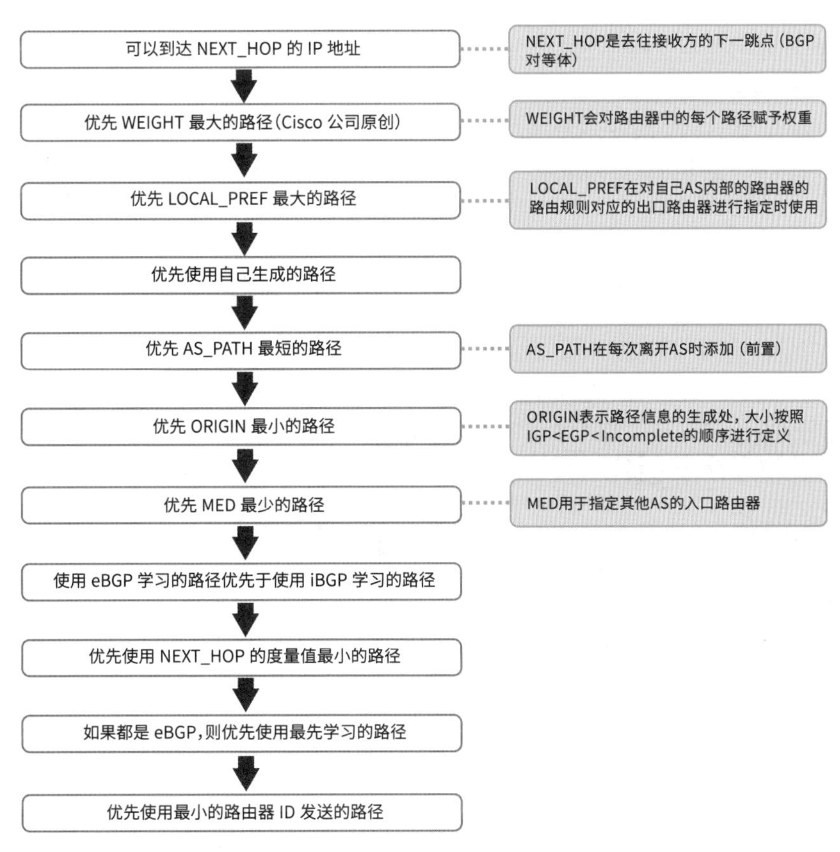

图4.3.18 • 根据最优路径选择算法选择最优路径

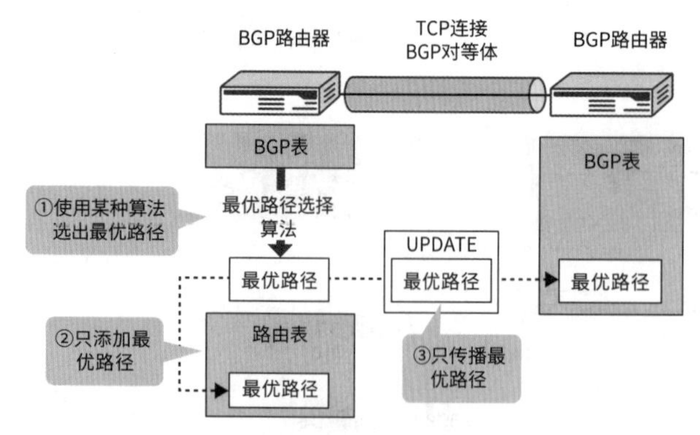

图4.3.19 • 从BGP 表中选择最优路径

4.3.4 重新发送

在上一小节中，对 RIP、OSPF、EIGRP 和 BGP 4 种路由协议进行了讲解。每种协议需要使用不同的路由算法和度量值，且处理进程[①] 也不同，无法相互兼容。然而，对于管理员而言，能够只使用一种路由协议构建统一的网络，当然是最简单且最理想的做法。但是，现实往往没有那么丰满。因为公司可能会合并也可能会被拆分，或者设备一开始就不支持该协议，像这样各种情况接踵而至，就迫使我们不得不使用多种路由协议进行应对。在这种情况下，就需要灵活地对它们进行转换，使它们可以协同工作。这一转换处理被称为重新发送。虽然也可以称其为重新发布或再发布（Redistribution），但指代的都是同一种处理。

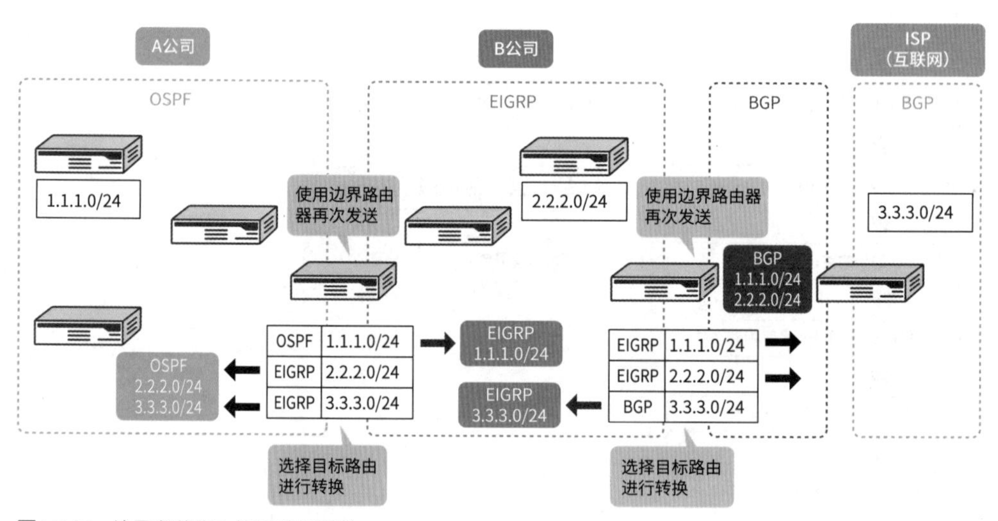

图4.3.20 • 使用多种路由协议重新发送

我们需要在连接路由协议和路由协议的边界路由器中设置重新发送。边界路由器需要从路由表中选出转换前的路由协议所学习过的路由进行转换和传播。

① 正在运行的程序被称为进程，这里是指对路由协议进行处理的程序。

4.3.5 路由表的规范

到目前为止，重点对如何创建路由表进行了讲解。接下来，将要讲解如何使用创建的路由表，重点内容为最长匹配、路由聚合和 AD 值。

优先更精细的路径（最长匹配）

最长匹配是一条路由规则，当存在多个路由与接收方 IP 地址的条件匹配时，应当使用子网掩码最长的路由。路由器接收到 IP 数据包后，需要对该接收方 IP 地址和路由表中登记的路由进行对照。此时，需要采用最匹配的路由，即子网掩码最长的路由，将数据包转发给下一跳点。

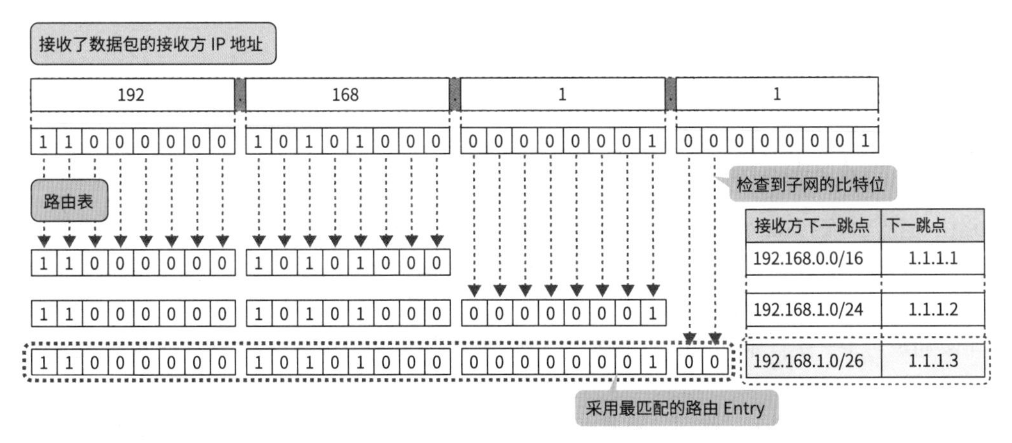

图4.3.21 • 检查子网掩码的比特，并采用最匹配的路由

接下来，将以实际的网络环境为例对这一路由规则进行讲解。如图 4.3.22 所示，假设具有 192.168.0.0/16、192.168.1.0/24 和 192.168.1.0/26 路由的路由器接收了接收方 IP 地址为 192.168.1.1 的 IP 数据包。在这种情况下，所有路由都是与 192.168.1.1 匹配的，此时就可以使用最长匹配。因此，路由器会选择子网掩码最长的路由 192.168.1.0/26，将数据转发给 1.1.1.3。

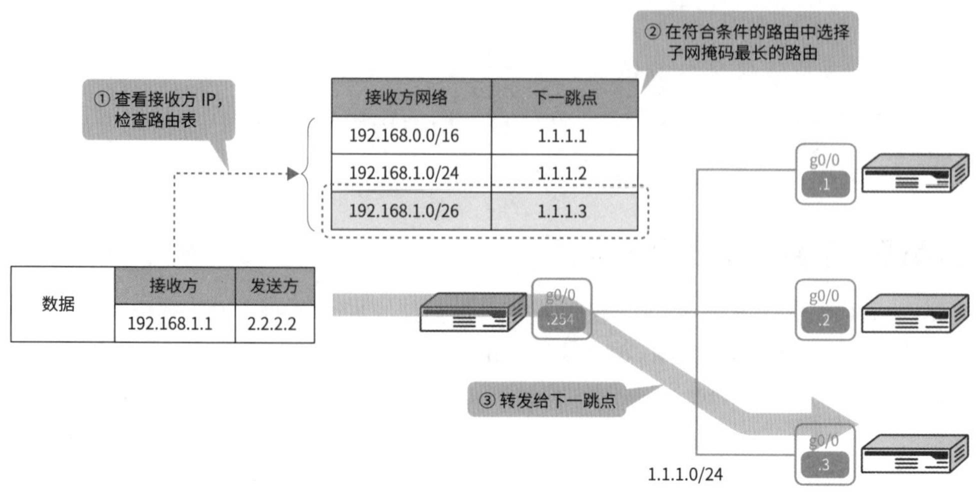

图4.3.22 • 采用子网掩码最长的路由信息

使用路由聚合汇总路由

对多个路由进行汇总的做法被称为路由聚合。当路由器接收到 IP 数据包时，需要对路由表中登记的每一条路由进行搜索。这种机制存在路由越多路由器的负载越大这一致命缺陷。现代网络为了提高效率，通常会采用无类划分子网的结构，这就会导致当路由增加时，负载也会随之增加的问题。而路由聚合则可以通过对下一跳点中相同的多个路由进行汇总的方式来减少路由数量，从而降低路由器的负载。

其实路由聚合的方法非常简单，我们只需要将下一跳点中相同路由的网络地址转换为比特，再将子网移动到相同的比特即可。例如，假设这里有一条路由器具有表 4.3.3 所示的 4 个路由。在这种状态（路由聚合前）下接收 IP 数据包，就需要进行 4 次检查。

表4.3.3 • 路由聚合前的路由

接收方网络	下一跳点
192.168.0.0/24	1.1.1.1
192.168.1.0/24	1.1.1.1
192.168.2.0/24	1.1.1.1
192.168.3.0/24	1.1.1.1

接下来，将尝试对这些路由进行路由聚合处理。将表 4.3.3 中的接收方网络转换成比特之后，就变成如图 4.3.23 所示的到 22 比特为止都是相同的比特数组。因此，路由就可以聚合成 192.168.0.0/22。如果在这里接收 IP 数据包，就只需要进行一次检查即可。虽然图 4.3.23 的示例中只是将 4 次检查减少到 1 次，但是在实际当中，我们可以将几十万个路由聚合成一条路由，来使路由表的尺寸产生急剧的变化。

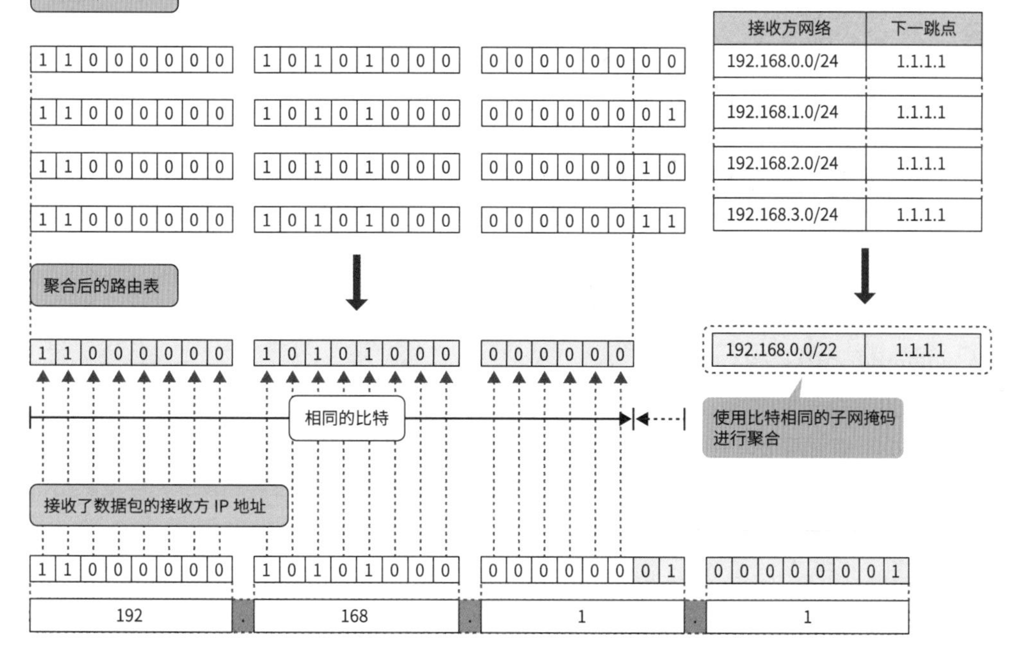

图4.3.23 • 使用相同的比特进行聚合

将路由聚合的作用发挥到极致的是，将所有的路由聚合成一条路由的默认路由。默认路由需要将默认路由地址 0.0.0.0/0 登记到路由器中。当路由器接收到 IP 数据包时，如果没有与接收方 IP 地址匹配的路由，路由器就会将数据包转发给默认路由的下一跳点（默认网关）。

想必大家都知道，我们在个人电脑中设置 IP 地址时也会有默认网关这一项。个人电脑在对自身所属的 IP 网络之外的 IP 网络进行访问时，会查看自己的路由表，但是由于没有与接收方 IP 地址匹配的路由，因此会将数据包转发给默认网关。

如果接收方网络完全相同，就用 AD 值“一决胜负”

AD（Administrative Distance，管理距离）值相当于为每个路由协议设置的优先级。AD 值越小，优先级越高。

如果使用多个路由协议，或者使用静态路由对完全相同的路由进行了学习，就无法使用最长匹配，此时就可以使用 AD 值。我们可以对路由协议的 AD 值进行比较，只将 AD 值较小，即优先级较高的路由登记到路由表中，并优先使用该路由。

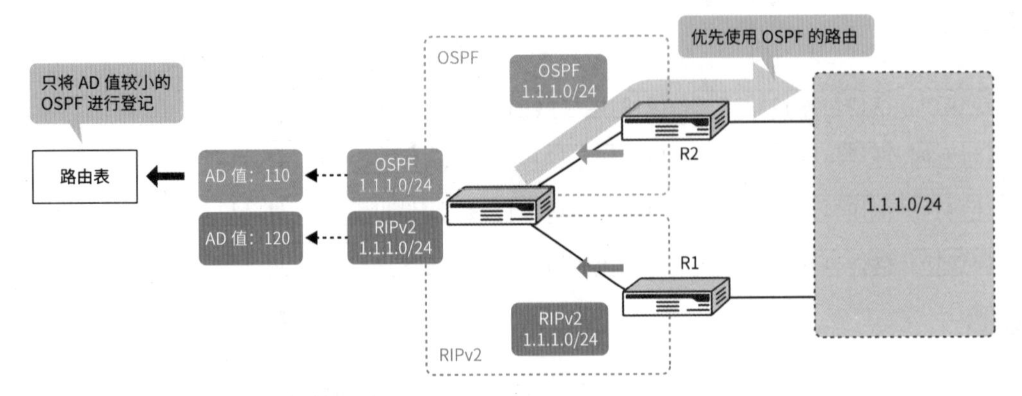

图4.3.24 • 只将AD 值较小的路由登记到路由表中

AD 值的设置取决于每台网络设备，Cisco 公司生产的路由器和三层交换机设置的是表 4.3.4 所示的 AD 值。除了直接连接之外，其他都可以进行更改。它常用于重新发送时的路由环路预防和浮动静态路由①中。

表4.3.4 • AD值越小越优先

学习路线的来源路由协议	AD值（默认）	优先级
直接连接	0	高
静态路由	1	↑
eBGP	20	
内部 EIGRP	90	
OSPF	110	
RIPv2	120	
外部 EIGRP	170	↓
iBGP	200	低

4.3.6 VRF

VRF（Virtual Routing and Forwarding，虚拟路由转发）是一种让一台路由器具有多个独立路由表的虚拟化技术。它与 VLAN 的路由器版本相似。正如在 3.1.3 小节中所讲解的，VLAN 是一种使用名为 VLAN ID 的数字虚拟地对一台交换机进行划分的技术。VRF 则是一种使用名为 RD（Route Distinguisher，路由标识）的数字虚拟地对一台路由器进行划分的技术。

使用 VRF 创建的路由表是完全独立的，因此使用相同 IP 子网也不会有任何问题，可以正常运行。此外，还可以根据每个 RD 运行不同的路由协议。

最近的路由器性能已经非常高，不会因为一点点问题就导致处理性能不够②。因此，如果使用 VRF，就可以在物理层面将若干台旧的路由器合并为一台，以减少需要管理的路由器数量。

① 一种只有在无法使用路由协议对路由信息进行学习时才使用静态路由的路由备份方法，通过设置较高的静态路由的 AD 值来实现。

② 当然，根据对未来流量的预测来调整大小还是有必要的。

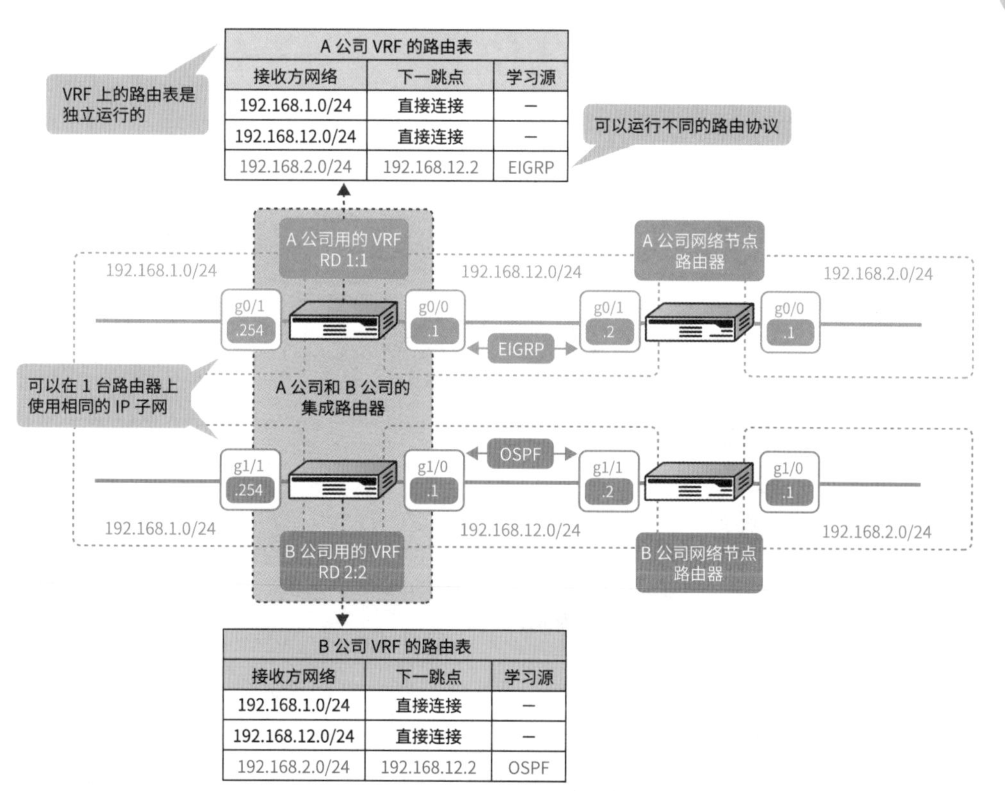

图4.3.25 • VRF

4.3.7 策略路由

策略路由（Policy Based Routing，PBR）是一种根据策略进行路由的技术。在此之前讲解的路由是一种根据接收方网络切换转发目的地的技术，而策略路由则是一种根据发送方网络、特定的端口号等各种条件来切换转发目的地的技术。如果使用策略路由，就可以不受限于路由表，进行大范围的灵活的转发处理。但是相反地，它存在容易产生延迟且易于产生较大的处理负载等缺点。因此，在实际工作中，通常会使用传统路由进行设计，只有存在传统路由无法应对的需求时，才会在例外的情形使用策略路由进行应对。

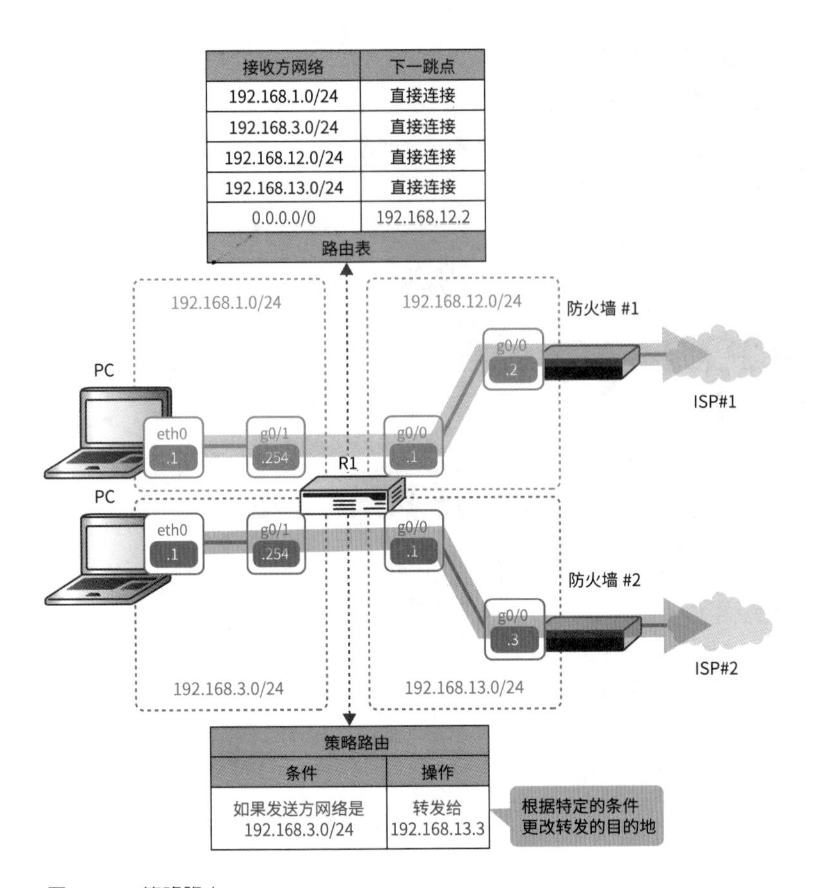
接收方网络
下一跳点
192.168.1.0/24
直接连接
192.168.3.0/24
直接连接
192.168.12.0/24
直接连接
192.168.13.0/24
直接连接
0.0.0.0/0
192.168.12.2
路由表
192.168.1.0/24
192.168.12.0/24
防火墙 #1
PC
g0/0
.2
ISP#1
eth0
.1
g0/1
.254
g0/0
.1
R1
PC
eth0
.1
g0/1
.254
g0/0
.1
防火墙 #2
g0/0
.3
ISP#2
192.168.3.0/24
192.168.13.0/24
策略路由
条件
操作
如果发送方网络是 192.168.3.0/24
转发给 192.168.13.3
根据特定的条件
更改转发的目的地

图4.3.26 • 策略路由

IP 地址的分配方法

接下来，对如何将 IP 地址分配给终端（的 NIC 网卡）的方法进行讲解。IP 地址的分配方法大致可以分为静态分配和动态分配两种，动态分配还可以根据 IP 的版本进一步细分为各种方式。下面，将逐一对它们进行讲解。

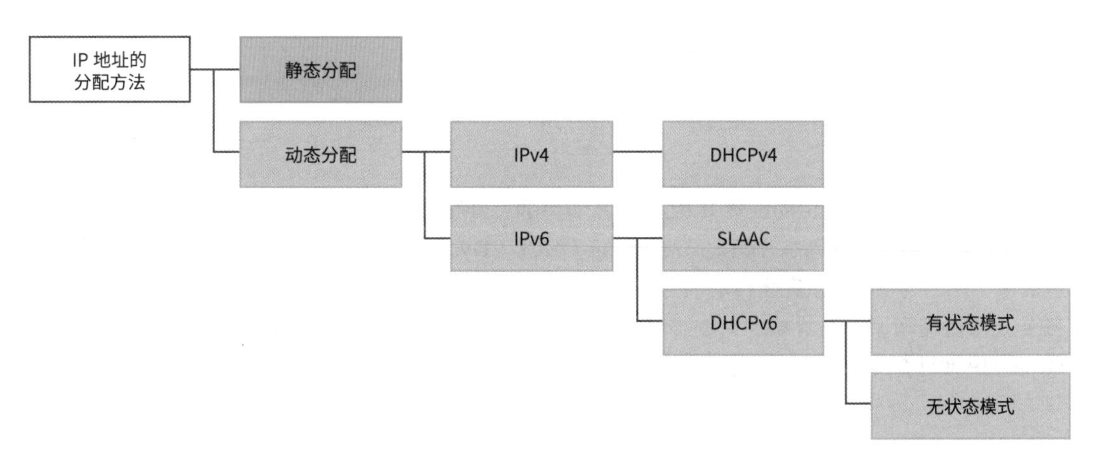

图4.4.1 • IP地址的分配方法

4.4.1 静态分配

静态分配是一种手动为终端逐一设置 IP 地址的方法。连接网络的终端用户会请求系统管理员提供一个空闲的 IP 地址，并对其进行设置。如果 IP 地址经常发生变化，就会对服务器和网络设备的通信带来影响，因此大多数情况下会采用静态分配方法。此外，在那些只有几十个人的小型办公室的网络环境中，当系统管理员想要完全把握哪台终端中设置了哪个 IP 地址时，也可以采用这种分配方法。

由于静态分配会对终端和 IP 地址进行唯一的关联，因此具有便于管理 IP 地址的优点。例如，当发生了“具有这个 IP 地址的服务器通信急剧增加了”“从这个 IP 地址到互联网上的特定的服务器之间发生了奇怪的通信”等现象时，马上就可以判断出是哪台终端出现了异常。但是，当终端数量变得越来越多时，就可能会不知道为哪台终端分配了哪个 IP 地址，导致管理趋于复杂和烦琐。例如，在有几万台终端的局域网环境中，要一个一个地对 IP 地址进行管理也是不现实的。因此，在那些大型局域网环境中，通常会采用动态分配的方法。

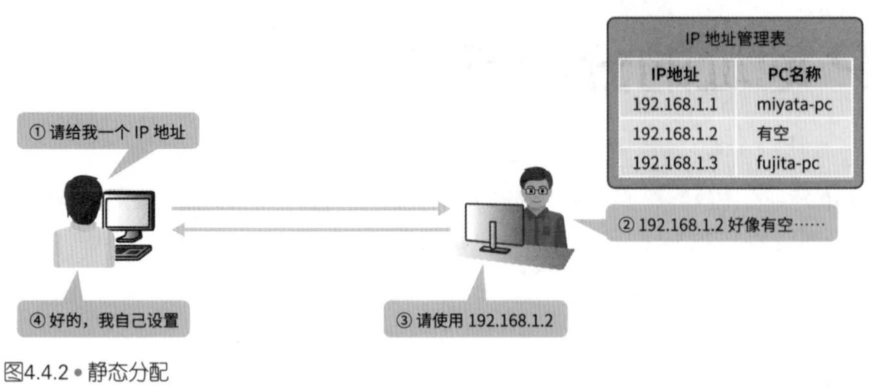

图4.4.2 • 静态分配

4.4.2 动态分配

动态分配是一种为终端自动设置 IP 地址的方法。静态分配是用户向系统管理员请求提供空闲的 IP 地址，并手动进行设置。而动态分配则是使用包括 DHCP（Dynamic Host Configuration Protocol，动态主机配置协议）在内的多种协议完全自动执行所有的这些处理。

即使是那些设置了大量终端的大型局域网环境，也可以使用动态分配集中地对 IP 地址进行管理，省去烦琐的 IP 地址管理。但是，其也存在很难掌握何时为哪台终端设置了哪个 IP 地址的缺点①。

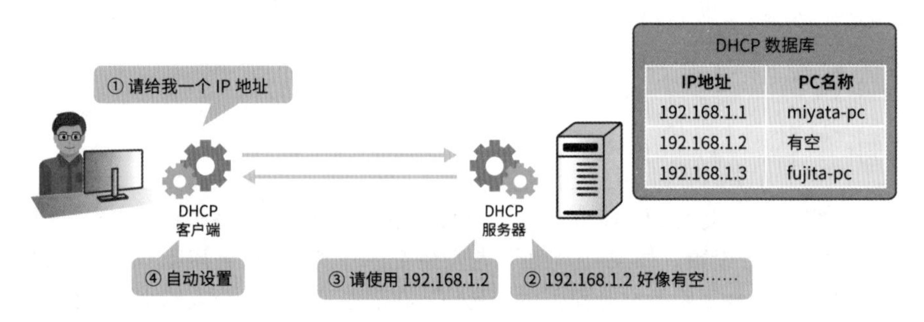

图4.4.3 • 动态分配

IPv4 和 IPv6 使用的动态分配方法是不同的，接下来分别对它们进行讲解。

IPv4 的动态分配

IPv4 地址的动态分配需要使用 DHCPv4（Dynamic Host Configuration Protocol version 4，动态主机配置协议版本 4）。DHCPv4 是一种将连接网络所需的设置（IPv4 地址、默认网关、DNS② 服务器的 IP 地址等）从 DHCPv4 服务器分发给终端的协议。

① 特别是当必须要查找过去的分配记录时较为麻烦。
② DNS 是一种将域名转换为 IP 地址的协议，将在 6.3 节中对其进行说明。

DHCPv4 需要在一边使用广播和单播的同时，一边使用 UDP[①] 进行传输。首先，DHCPv4 客户端[②]会使用广播在同一网络中询问大家“有谁可以给我一个网络设置吗？”，然后 DHCPv4 服务器就会使用单播进行“请使用这个设置”的答复。于是，DHCPv4 客户端就可以根据该信息进行各种设置。

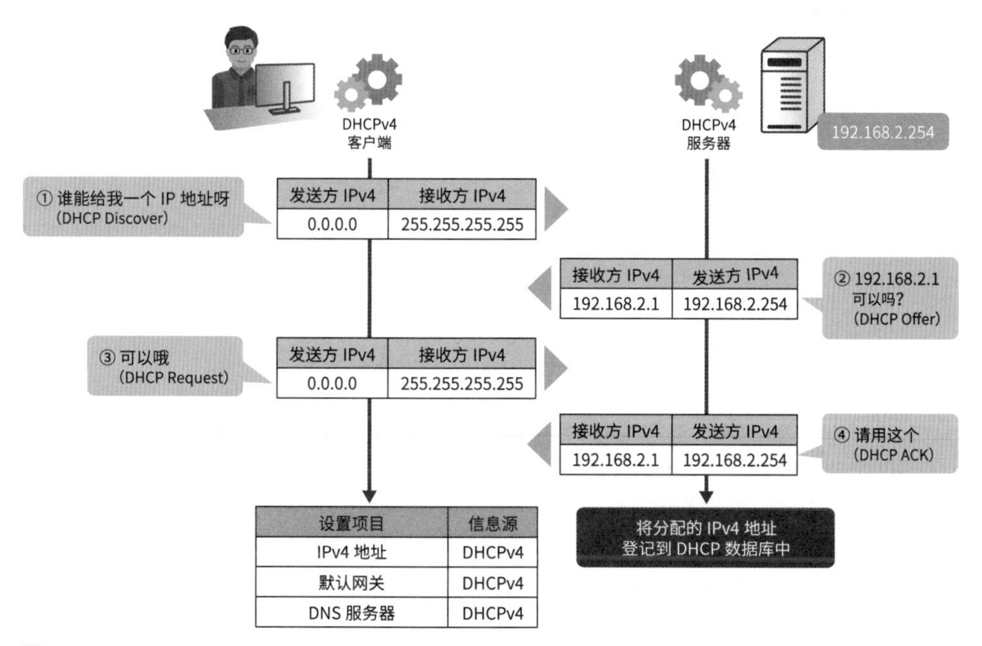

图4.4.4 • DHCPv4

IPv6 的动态分配

IPv6 地址的动态分配方法包括 SLAAC（Stateless Address Autoconfiguration，无状态地址自动配置）和 DHCPv6 两种。接下来将分别对这两种分配方法进行讲解。

■ SLAAC

SLAAC 是一种根据路由器公布的网络信息（子网前缀、DNS 服务器的 IP 地址[③] 等）自动对 IPv6 地址进行设置的功能，由 RFC 4862 IPv6 Stateless Address Autoconfiguration 确定标准化。SLAAC 需要一边使用组播和单播，一边使用 ICMPv6 进行传输。首先，SLAAC 客户端[④] 需要使用名为 RS（Router Solicitation）的组播[⑤] 的 ICMPv6 数据包向同一网络中的所有路由器询问“请给我一份网络的信息”，然后路由器（SLAAC 服务器）则会使用名为 RA（Router Advertisement）的单播的 ICMPv6（见 P193）数据包答复“这是网络的信息”。在这些处理当中，除了最开始的组播之外，其他处理都需要使用链路本地地址进行。SLAAC 客户端接收到答复之后，会根据该信息自动生成前缀长度为 64 比特的 IPv6 地址，并对默认网关和 DNS 服务器的 IP 地址等各种项目进行设置。

① 具体是在服务器端使用 UDP 的 67 端口，在客户端则使用 UDP 的 68 端口。有关端口号的内容将在 5.1.2 小节中进行讲解。
② 绝大多数的操作系统都标准配置了 DHCP 客户端的功能，因此大家可以认为“DHCP 客户端 = 操作系统”。
③ 使用 RA 分配 DNS 服务器（缓存服务器）的 IP 地址时，需要支持 RDNSS 选项（RFC 8106）。
④ 由于绝大多数操作系统都标准配置了 SLAAC 客户端的功能，因此大家可以认为“SLAAC 客户端 = 操作系统”。
⑤ ff 02::2 表示所有路由器的组播地址。

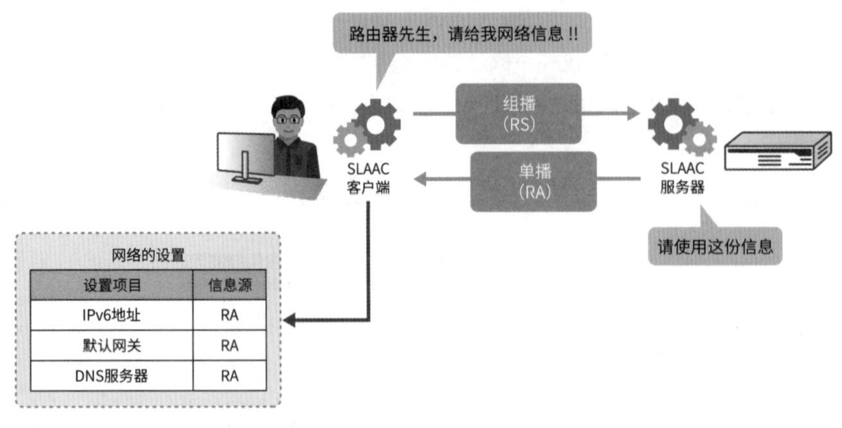

图4.4.5 • SLAAC

■ DHCPv6

DHCPv6（Dynamic Host Configuration Protocol version 6，动态主机配置协议版本 6）在使用 DHCP 服务器向终端分配 IP 地址这一点上与 DHCPv4 相同，但两者并不兼容，是完全不同的协议。虽然 DHCPv6 也使用 UDP 协议，但端口号是不同的[①] 。此外，它不是单独使用 DHCP 进行处理，而是需要与 RS/RA 协同工作。DHCPv6 客户端在交换了路由器和 RS/RA 之后，需要使用组播[②] 的 DHCPv6 数据包查找 DHCPv6 服务器，然后 DHCPv6 服务器就会返回请求的信息。在这些处理中，除了组播之外，其他处理都需要使用链路本地地址进行。

此外，DHCPv6 包括有状态模式和无状态模式两种。在有状态模式中，DHCPv6 服务器不仅会分发 DNS 服务器的 IP 地址等可选设置，还会连 IPv6 地址一起进行分发；相反地，在无状态模式中，DHCPv6 服务器只会分发可选设置，IPv6 地址则是由 SLAAC 自动生成。此外，在任何模式下，默认网关都是根据 RA 的信息进行设置的。

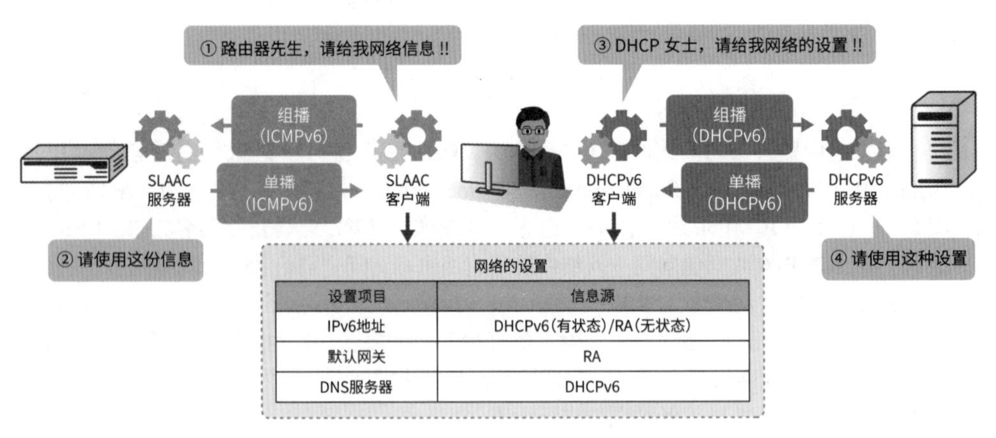

图4.4.6 • DHCPv6

① 具体是在服务器端使用 UDP 的 567 端口，在客户端则使用 UDP 的 568 端口（端口号相关内容请参考 5.1.2 小节）。
② ff 02::1:2 表示所有 DHCPv6 服务器的组播地址。

参考　IPv6 的动态分配现状

在 IPv6 的动态分配中，仅涉及 RS/RA 和 DHCP 的部分就已经足够复杂了。然而，接下来要说明的内容将会更加令初学者难忘。根据终端的操作系统及其版本不同，实际中可能会支持这种分配方法，也可能不会支持，此外，网络设备可能支持也可能不支持，支持的方式也各式各样。例如，Windows 操作系统在 Windows 10 build 1563（Creators Update）中首次支持 RA 的 RDNSS 选项的操作系统。此外，Android 自 2020 年 11 月起就不再提供 DHCPv6 的支持。因此，在实际工作中，我们需要仔细确认可能需要使用的终端的兼容性，再谨慎地选择网络设备，并讨论实际使用中应当采用哪种方式。

4.4.3 DHCP 中继代理

无论是在 DHCPv4 中还是在 DHCPv6 中，运行 DHCP 都需要以客户端和服务器都在同一网络中（VLAN、广播域）为前提。但是，在网络众多的环境中，逐一准备 DHCP 服务器并不现实。因此，DHCP 中提供了一种名为 DHCP 中继代理的功能。DHCP 中继代理是一种可以将 DHCP 数据包转换成单播的功能，它在从 DHCP 客户端开始的第 1 个（第 1 跳）路由器上启用。由于是单播，因此即使在不同网络中设置了 DHCP 服务器，也可以分配 IP 地址。此外，即使存在很多网络，也可以使用一台 DHCP 服务器进行覆盖。

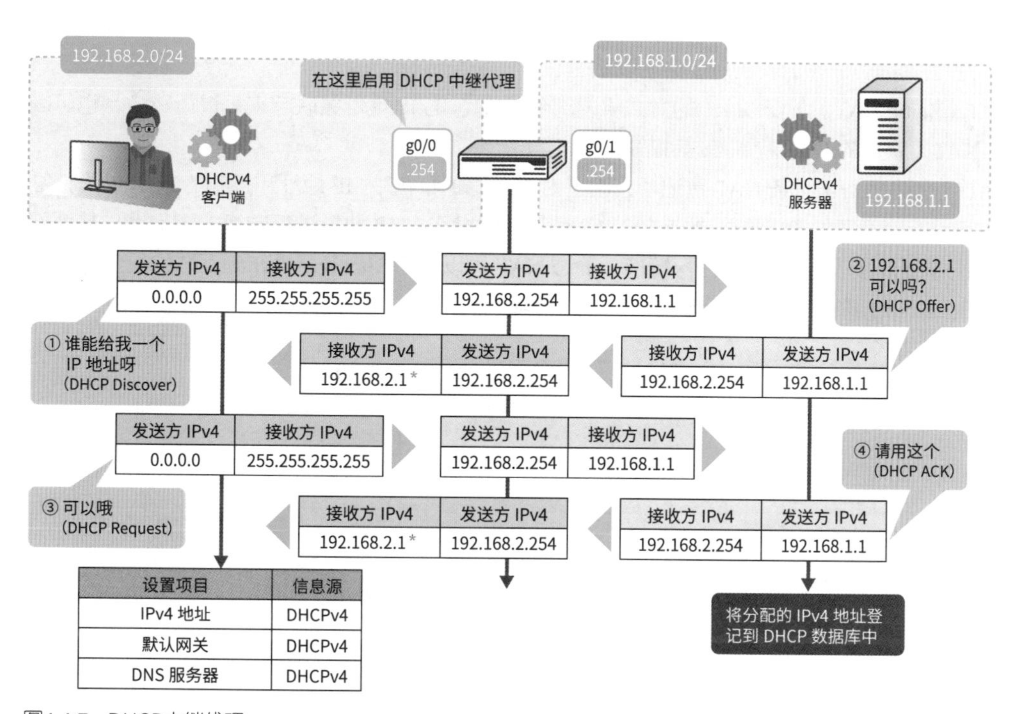

设置项目	信息源
IPv4 地址	DHCPv4
默认网关	DHCPv4
DNS 服务器	DHCPv4

图4.4.7 • DHCP中继代理

* DHCP Offer 和 DHCP ACK 可以根据 DHCP Discover 中包含的广播 Flag 的值变成广播或者变成单播。当广播 Flag 为 0 时，就是图 4.4.7 所示的单播；当广播 Flag 为 1 时，接收方 IP 地址就是 255.255.255.255 的广播地址。

chapter 4-5

NAT

对 IP 地址进行转换的技术被称为 NAT（Network Address Translation，网络地址转换）。使用 NAT 可以解决 IP 环境中潜在的各种问题，如可以节约数量趋于不足的全局 IP 地址，或者可以在具有同一网络地址的系统之间进行通信。NAT 需要使用一种名为 NAT 表的内存中的映射表将转换前后的 IP 地址和端口号关联起来进行管理。NAT 需要配合 NAT 表一起使用。

NAT 包括广义的 NAT 和狭义的 NAT。广义的 NAT 是指对 IP 地址进行转换的整个技术。在本书中，为了方便大家理解 NAT 相关的各种技术之间的差异，将会对狭义的 NAT 进行深入讲解。

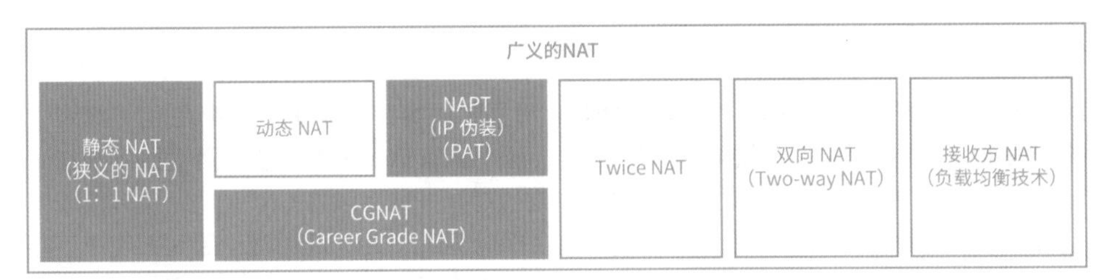

图4.5.1 • 各种NAT

4.5.1 静态 NAT

静态 NAT（Static NAT）需要以 1:1 的方式将内部和外部[①] 的 IP 地址关联起来再进行转换。也可以将其称为 1:1 NAT，狭义的 NAT 就是指这种静态 NAT。

静态 NAT 中预先准备了一条 NAT 登记项，用于对 NAT 表中内部的 IP 地址和外部的 IP 地址进行唯一关联。从内部访问外部时，就需要根据这条 NAT 登记项对发送方 IP 地址进行转换；相反地，从外部访问内部时，则需要对接收方 IP 地址进行转换。静态 NAT 可以用于将服务器公布到互联网的情形，也可以用于特定的终端使用特定的 IP 地址与互联网进行传输的情形。

① 由于我们有时会在局域网内部的系统的边界使用 NAT，因此会使用内部和外部这类词语。不是很理解内部和外部的读者，可以将内部当作局域网，外部当作互联网来理解。

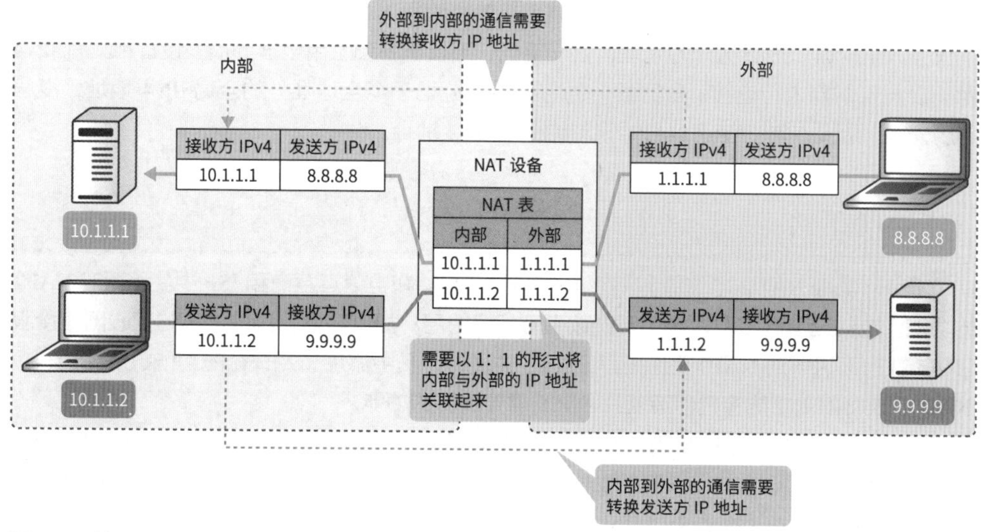

图4.5.2 • 静态NAT

4.5.2 NAPT

NAPT（Network Address Port Translation，网络地址端口转换）需要以 n:1 的方式将内部和外部的 IP 地址关联起来再进行转换。虽然也可称其为 IP 伪装或 PAT（Port Address Translation），但是指代的都是同一种处理。

NAPT 会动态添加 / 删除在 NAT 表中对内部的 IP 地址 + 端口号和外部的 IP 地址 + 端口号进行唯一关联的 NAT 登记项。从内部访问外部时，不仅需要转换发送方 IP 地址，还需要转换发送方端口号。由于需要通过查看哪台终端使用哪个端口号的方式来分配数据包，因此可以转换为 n:1 的形式。

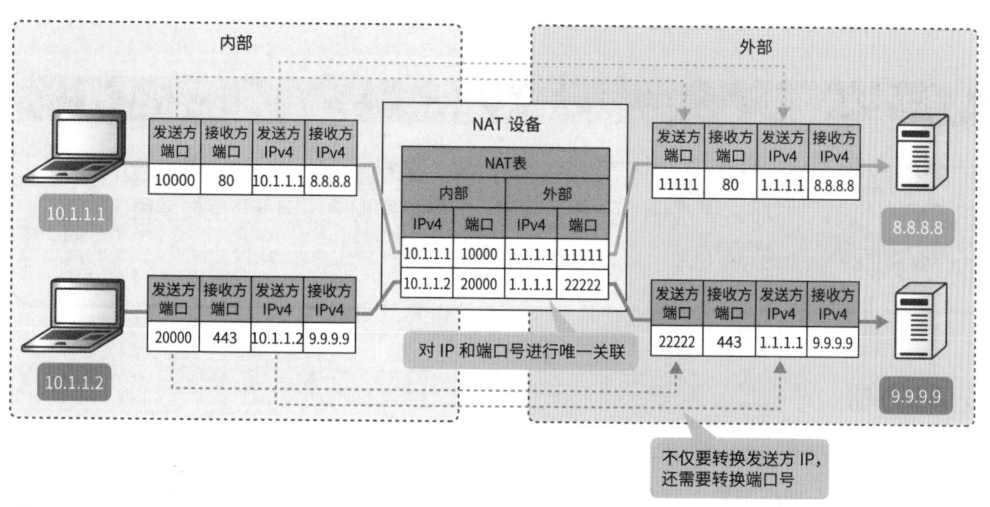

图4.5.3 • NAPT

家庭中使用的宽带路由器和进行网络共享的智能手机就是使用 NAPT 对个人电脑和互联网进行连接的。最近，不仅个人电脑可以进行这样的处理，智能手机、平板电脑和家用电器等很多设备都具有 IPv4 地址，因此都可以与互联网进行连接。如果逐一为每台设备分配一个全球唯一的全局 IPv4 地址，没一会儿地址就得用光了。因此，需要使用 NAPT 来节约全局 IPv4 地址。

4.5.3 CGNAT

CGNAT（Carrier Grade NAT，电信级 NAT）是一种为了能够在电信运营商和 ISP 中使用而对 NAPT 进行了扩展的功能。这些运营商需要为数十万到数百万规模的用户提供高效且集成度高的互联网连接服务，因此 CGNAT 在前面讲解的 NAPT 的基础上进行了扩展，在其中添加了端口分配功能、EIM/EIF 功能（全锥形 NAT）、连接限制功能等电信运营商和 ISP 需要具备的功能。

大家有没有见过为智能手机的 LTE 天线分配的 IP 地址呢？如果电信运营商是 NTT DoCoMo、au、Rakuten Mobile，应该就会分配“10.x.x.x”的私有 IPv4 地址①。智能手机的数据包会被电信运营商的 LTE 网络中使用的 CGNAT 设备转换到全局 IPv4 地址，再被发送到互联网中。

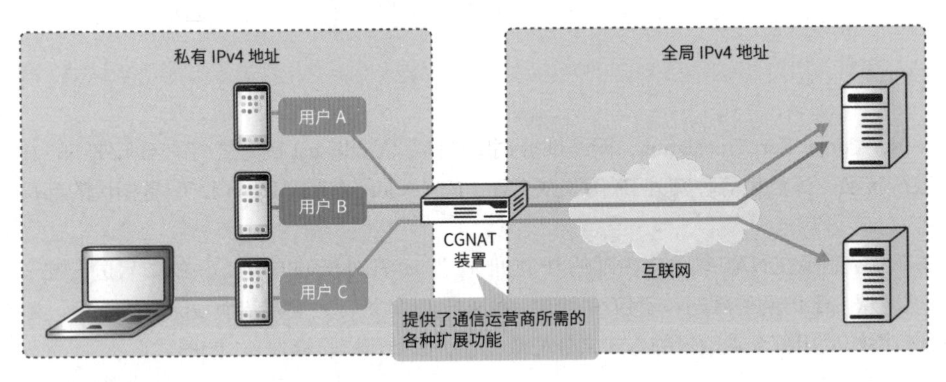

图4.5.4 • CGNAT

> **参考　关于接下来的讲解**
>
> 接下来将会对 CGNAT 中具有代表性的功能进行讲解。要理解 CGNAT，需要具备比 NAPT 更深层的知识。不过，大家也不用勉强自己死记硬背，如果觉得现阶段自己不需要掌握这些知识，将这段内容跳过去也没有关系。

端口分配功能

NAPT 是一种使用端口号以 n:1 的形式将内部和外部的 IP 地址关联起来并进行转换的技术。但是，到了电信运营商这种规模，理所当然，只有一个外部的 IPv4 地址是远远不够的。每个 IPv4 地址可以为

① 如果是 Rakuten Mobile，除了会分配 IPv4 地址之外，还会分配 IPv6 地址。

用户分配的端口号数量是 64512（65535-1024+1）个[①]。如果数十万用户一起使用,端口号就会在瞬间耗尽，从而导致无法分配 IP 地址。如果无法分配地址，那么就无法进行通信。因此，CGNAT 会将外部的 IP 地址汇总成多个 IP 地址池，并将它们以 n:n 的方式关联起来。

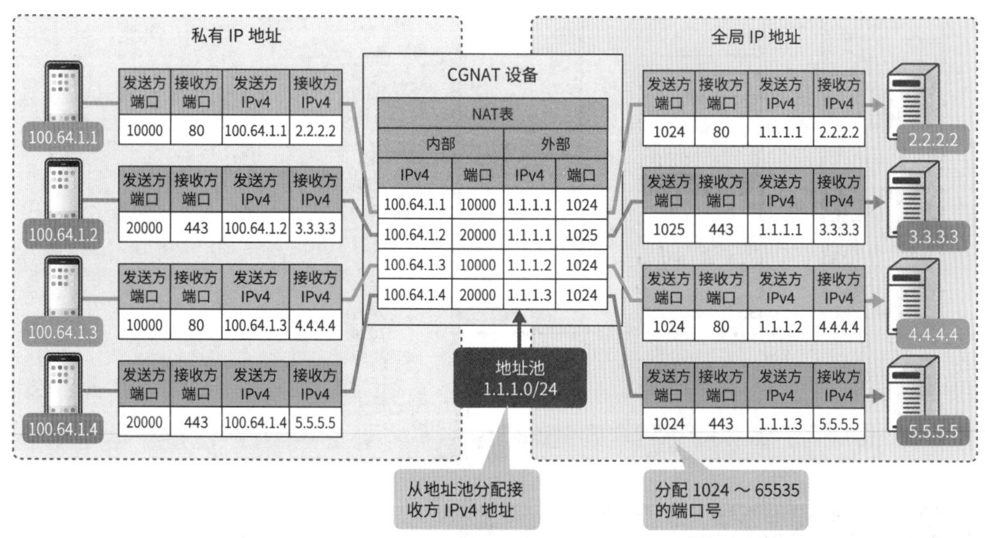

图4.5.5 ● IP地址池

CGNAT 可以根据如何分配 IP 地址池和与之关联的端口号分为静态分配、PBA（Port Block Allocation，端口数据块分配）和动态分配 3 种。采用哪种分配方式，取决于表示可以容纳多少用户的聚合效率和识别用户的日志输出量这两个方面。

■ 静态分配

静态分配是一种静态为用户分配预先准备好数量的端口号的方法。无论用户的使用状况如何，都会以“从这里到那里的部分给这个用户使用”的方式分配端口号。静态分配与 PBA 和动态分配相比，虽然聚合效率较差，但是不需要获取日志。

■ PBA

PBA 是一种位于静态分配和动态分配中间位置的分配方法，用于将指定的端口数据块（端口号的范围）动态分配给用户。虽然与静态分配相比，PBA 的聚合效率更高，但是需要获取日志；此外，与动态分配相比，虽然聚合效率更低，但是可以减少输出日志的数量。

■ 动态分配

动态分配是一种为用户动态分配端口号的方法。由于可以对分配的所有端口号进行高效利用，因此可以提高聚合效率；但是，由于需要以日志的方式记录何时、由谁（哪一个私有 IPv4 地址）在使用哪一个全局 IPv4 地址和端口号，因此会输出大量的日志。

图 4.5.6 对这 3 种分配方式进行了比较，并展示了如何对分配给一个 IPv4 地址的每个端口号进行使用。

① 有关端口号的内容，将在第 5 章进行详细的讲解。

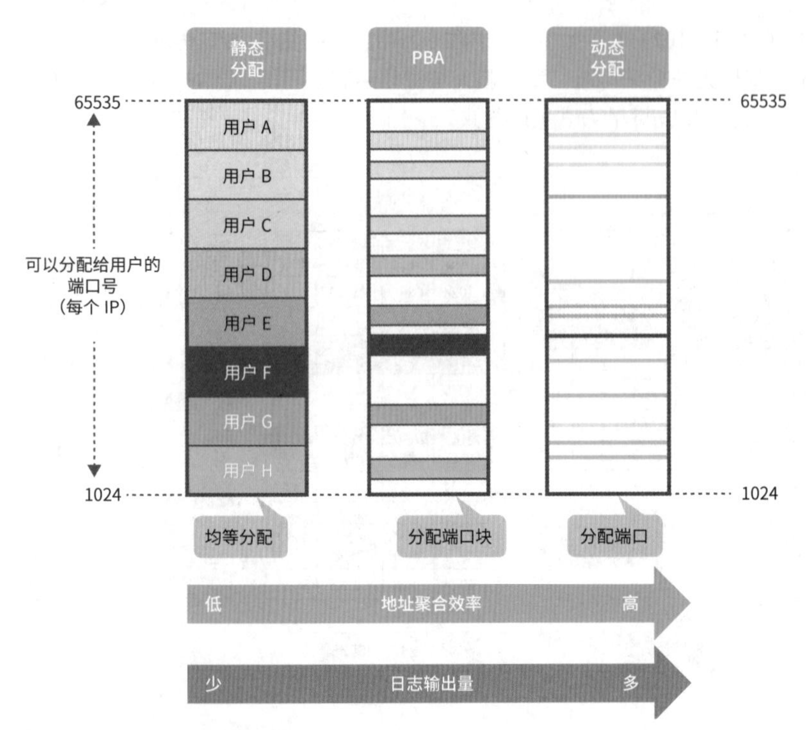

图4.5.6 • 端口分配方式的比较

EIM/EIF 功能（全锥形 NAT）

EIM（Endpoint Independent Mapping，端点独立映射）是一种即使接收方不同，也可以在一段时间内持续地为相同的发送方 IP 地址和发送方端口号的通信分配相同的地址池和端口号的功能。此外，EIF（Endpoint Independent Filter，端点独立过滤器）则是一种可以在一段时间内接收 EIM 分配的地址池和端口号的入站请求（来自互联网的通信）的功能。启用 EIM 和 EIF 的 NAT 被称为全锥形 NAT。

最近的在线竞技游戏采用的是在服务器端匹配对手之后，进行 P2P（点对点）[①] 通信的方式。由于 NAT 下属的用户终端只具有私有 IPv4 地址，因此无法通过互联网直接进行 P2P 的通信。但是，如果使用全锥形 NAT，就可以在一段时间内分配相同的发送方 IPv4 地址和发送方端口号，并在一段时间内允许它们进行通信。因此，就好像该用户终端拥有一个全局 IPv4 地址一样，可以进行集成度高的处理，进行 P2P 的通信[②]。

① 一种不使用服务器、在用户终端之间直接进行传输的方式。
② 实际上，需要与后面将要讲解的 STUN 结合起来实现 P2P 通信。

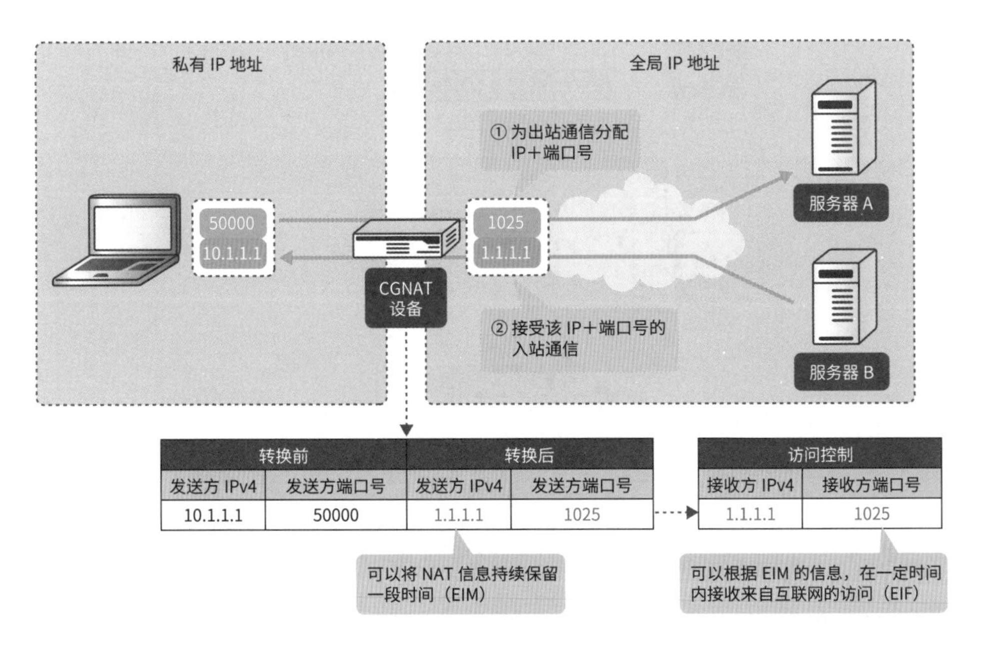

图4.5.7 • EIM/EIF功能

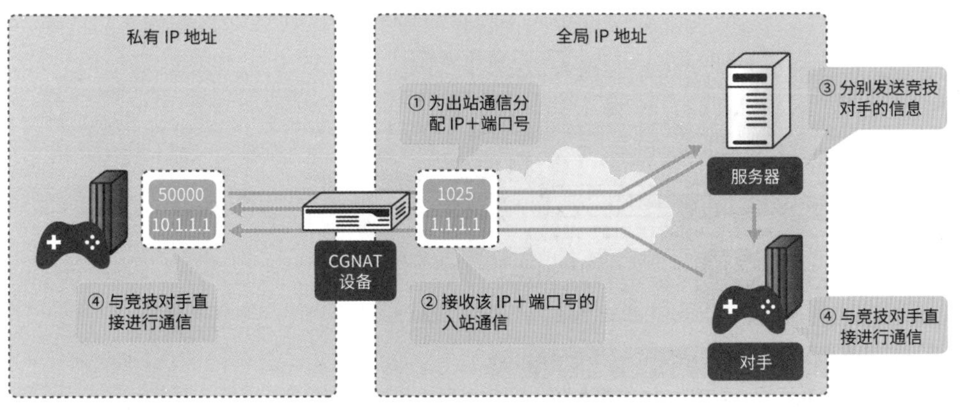

图4.5.8 • 在线竞技的流程

NAT 回环

NAT 回环是一种在同一 CGNAT 设备下的用户终端之间，使用全局 IPv4 地址实现回传通信的功能。其基本概念和前面讲解的全锥形 NAT 没有太大区别。全锥形 NAT 是假设与 CGNAT 设备外部的终端进行通信，而 NAT 回环则是假设与同一 CGNAT 设备下的终端进行通信。

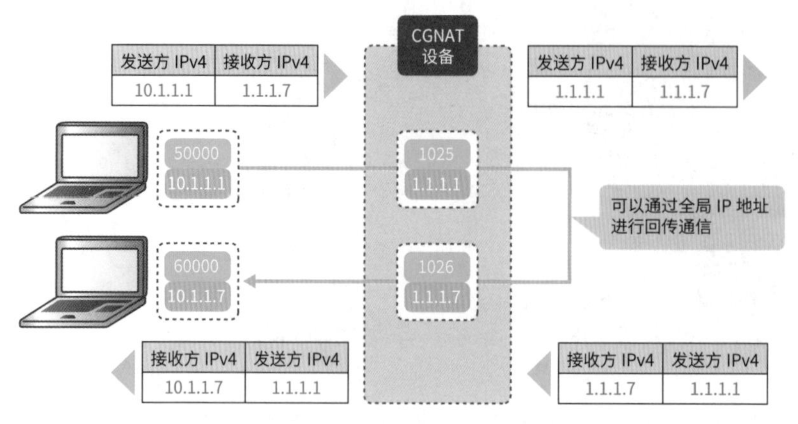

图4.5.9 • NAT回环

连接限制

连接限制是一种限制一台用户终端可使用的端口数量的功能。如果一台用户终端挥霍无度地使用端口，那么无论有多少端口都是不够用的。因此，需要对一台用户终端可使用的端口数量进行限制，尽可能让所有用户可以公平地使用端口。

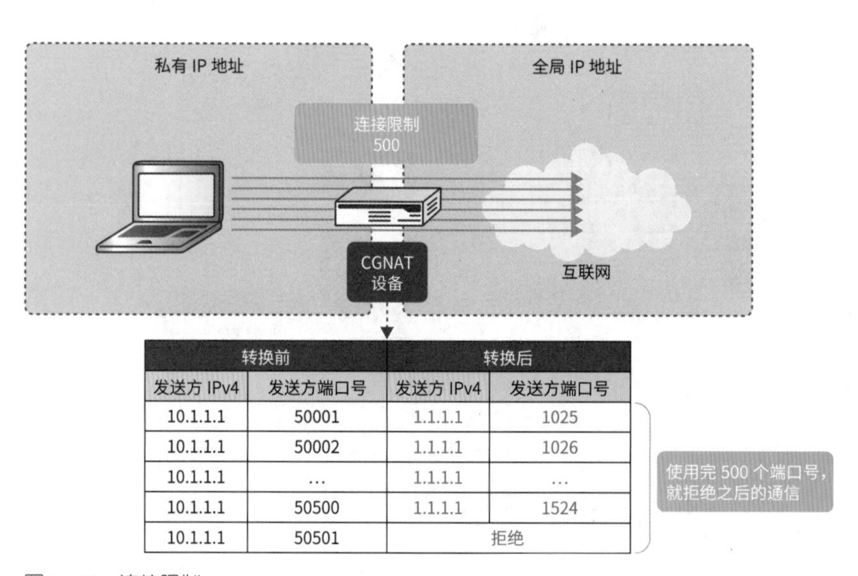

转换前		转换后	
发送方 IPv4	发送方端口号	发送方 IPv4	发送方端口号
10.1.1.1	50001	1.1.1.1	1025
10.1.1.1	50002	1.1.1.1	1026
10.1.1.1	…	1.1.1.1	…
10.1.1.1	50500	1.1.1.1	1524
10.1.1.1	50501	拒绝	

图4.5.10 • 连接限制

4.5.4 NAT 穿透

由于 NAT 下的终端只拥有私有 IP 地址，因此无法通过互联网直接进行通信。于是，NAT 提供了一种可以穿越 NAT 设备、让终端之间直接进行通信的 NAT 穿透（NAT Traversal）技术。NAT 穿透可以大致分为端口转发、UPnP、STUN 和 TURN。

端口转发

端口转发是一种将特定的 IP 地址 / 端口号的通信转发给预设的内部终端的功能，可以在需要将内部（局域网）的服务器向外部（互联网）公布的情况下使用。

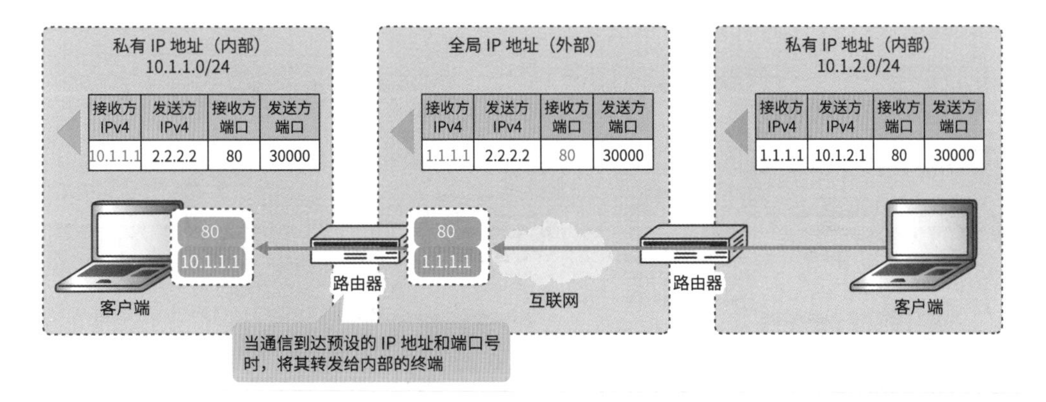

图4.5.11 • 端口转发

UPnP

UPnP（Universal Plug and Play，通用即插即用）是一种可以根据终端的请求，自动进行端口转发的功能。终端在连接网络时会查找路由器，并发送端口转发的请求；路由器则会响应该请求，动态地进行端口转发处理。

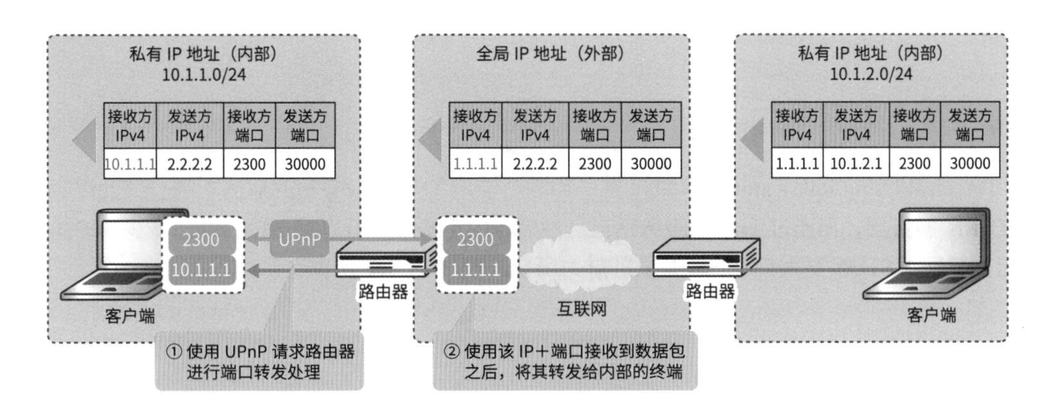

图4.5.12 • UPnP

STUN

STUN（Session Traversal Utilities for NATs，NAT 会话穿透工具）是一种允许使用 UDP、从外部（互联网）与内部（局域网）进行通信的功能。其也被称为 UDP 打洞，常用于索尼 PlayStation 4 的 NAT 类型判断中。当终端从内部（局域网）向外部（互联网）发送 UDP 数据包时，大多数路由器为了发送作为答复的数据包，会允许一段时间内从外部到内部进行访问。我们可以运用这个属性。首先，每台终端会使用 UDP 与 STUN 服务器进行通信，并识别自己与通信对象的全局 IPv4 地址和端口号。此时，路由器会允许每个全局 IPv4 地址和端口号在一段时间内进行通信。因此，每台终端在访问全局 IPv4 地址和端口号时就可以直接进行通信。

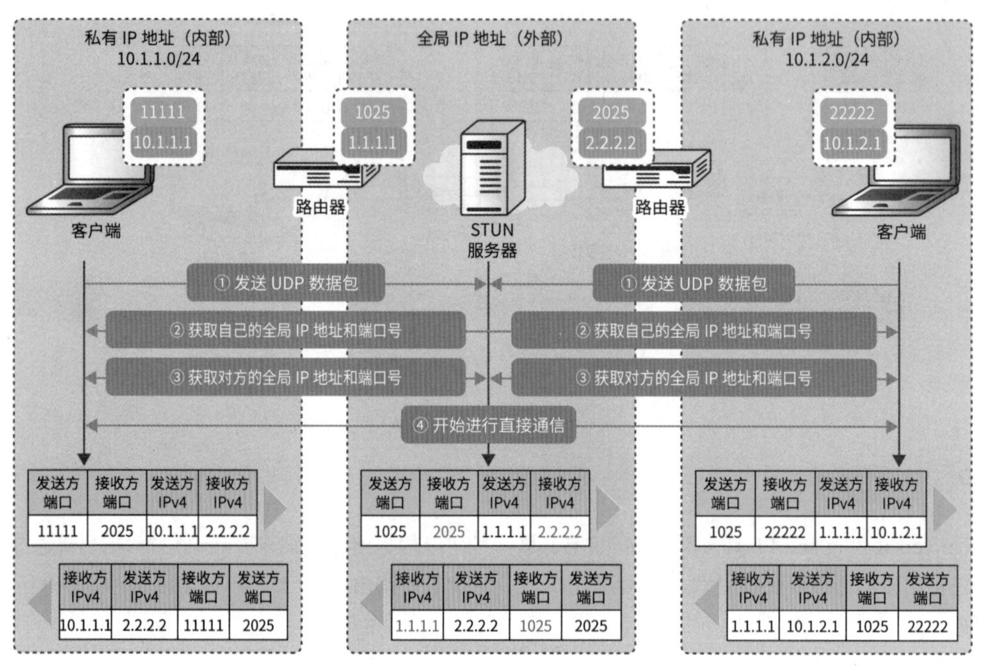

图4.5.13 • STUN

TURN

TURN（Traversal Using Relay around NAT）是一种需要使用 TURN 服务器的通信功能。每台终端都需要访问 TURN 服务器，再通过 TURN 服务器进行通信。由于不是进行直接通信，虽然多少会产生一些通信延迟，但是比 STUN 更为简单也正是它的魅力所在。

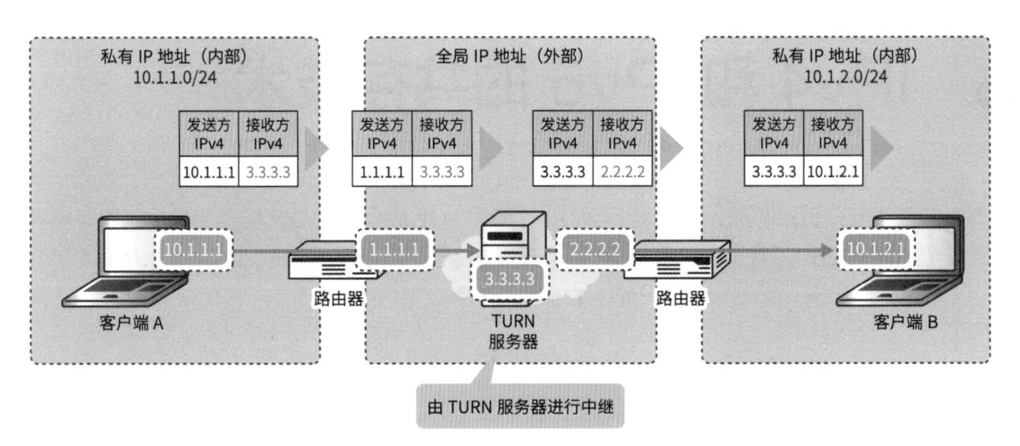

图4.5.14 • TURN

具体使用哪种方法取决于使用的应用程序，有些应用程序会在启动时尝试使用几种方法之后采用易于连接的方法。

chapter 4-6 IPv4 和 IPv6 的共存技术

正如在本章的开头部分所讲解的，虽然 IPv4 和 IPv6 都称为 IP 协议，但是它们无法直接兼容，两者非常相似但是完全不同。因此，为了让这两种 IP 协议标准可以共存，双协议栈、DNS64 / NAT64 和网络隧道这 3 种技术也随之出现。接下来，将分别对它们进行讲解。

4.6.1 双协议栈

双协议栈是一种为一台终端分配 IPv4 地址和 IPv6 地址的技术。与 IPv4 终端进行通信时，需要使用 IPv4 地址；与 IPv6 终端进行通信时，则需要使用 IPv6 地址。由于双协议栈可以直接使用 IPv4 地址，因此即使需要支持新的 IPv6，也不会影响现有的 IPv4 环境，这是它的优点。此外，由于需要对 IPv4 和 IPv6 双方进行运用和管理，因此会产生两种管理负担，这是它的缺点。

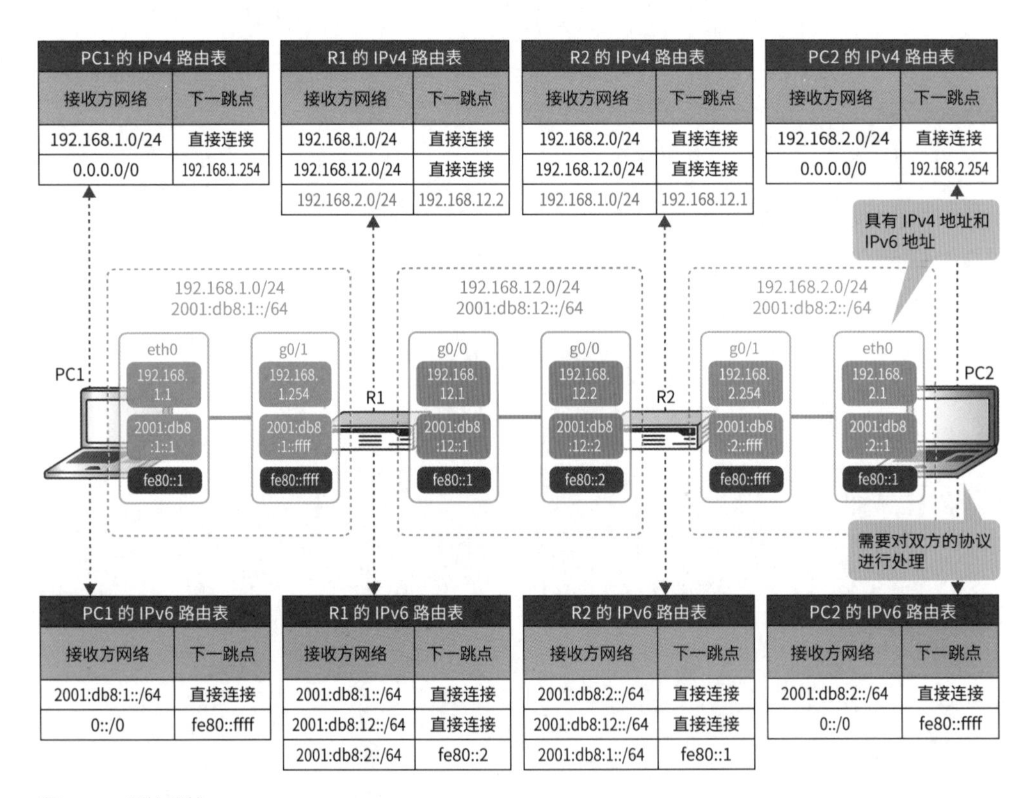

图4.6.1 • 双协议栈

4.6.2 DNS64/NAT64

DNS64/NAT64 是一种利用 DNS 服务器的功能，使 IPv6 终端可以和 IPv4 终端进行通信的技术。即使将我们自己的网络设置成纯 IPv6 环境，也并不意味着通信对象一定是支持 IPv6 地址的。因此，需要将 DNS 和 NAT 结合起来运用，才能让通信成为可能。

有关 DNS 的内容，将在第 6 章中进行详细的讲解，在这里大家只要知道它是将域名[①] 和 IP 地址关联起来的协议即可。此外，DNS64/NAT64 的处理较复杂，建议大家不要勉强，不要期望阅读一次就能全部理解。可以在第 6 章中完成了 DNS 的学习之后，再回过头来反复阅读。

接下来介绍其实际处理流程。在这里，将以 IPv6 终端访问具有 1.1.1.1 的 IPv4 地址的 www.example.com 为例，对流程进行讲解。

1. IPv6 终端会向 DNS 服务器查询 www.example.com 的 IPv6 地址（AAAA 记录）。该过程就相当于在询问“请告诉我 www.example.com 的 IPv6 地址”。

2. DNS 服务器只有 www.example.com 的 IPv4 地址（A 记录）。因此，DNS 服务器需要将 IPv4 地址转换成十六进制数，将其嵌入 64:ff9b::/96[②] 后面的 32 比特中，并将其作为 AAAA 记录发回给 IPv6 终端。由于 www.example.com 的 IPv4 地址是 1.1.1.1，因此需要将“64:ff9b::101:101”作为 AAAA 记录发送。该步骤就是 DNS64 的处理。

3. 这样一来，IPv6 终端就可以对接收到的 AAAA 记录的 IPv6 地址 64:ff9b::101:101 进行访问。

4. 当 NAT 设备（路由器）接收到接收方 IPv6 地址为 64:ff9b::/96 的数据包时，就可以确定这是发往 IPv4 终端的通信。然后，从接收方 IPv6 地址中提取接收方 IPv4 地址。并且，同时将发送方 IPv4 地址转换为任意的地址。该步骤就是 NAT64 的处理。

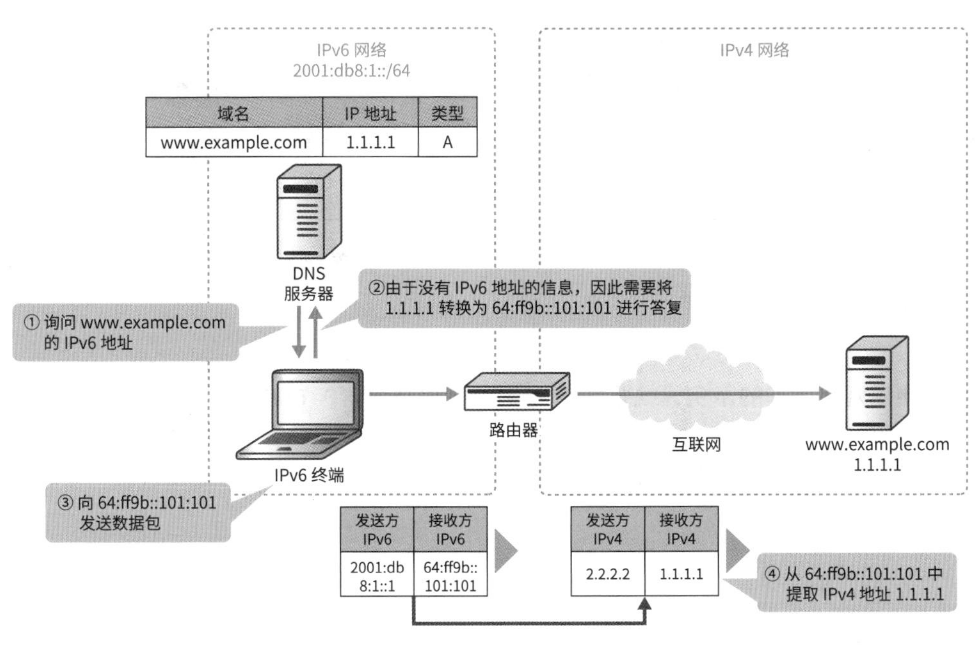

图4.6.2 • DNS64/NAT64

① 域名是指包含在 URL 地址中的 www.████.com 和 www.████.co.jp，或者包含在电子邮件地址中的 gmail.com 等服务器地址的名称。
② 64:ff 9b::/96 是为 DNS64 保留的网络。

4.6.3 网络隧道

网络隧道是一种使用 IPv6 网络传递 IPv4 数据包，或者相反地，使用 IPv4 网络传递 IPv6 数据包的技术。前者被称为 IPv4 over IPv6，后者则被称为 IPv6 over IPv4。

这种技术用于终端之间没有使用同一网络进行直接连接，且路由过程中存在不同版本的网络时，通过使用路由过程中的版本将原始版本的数据包封包的方式实现通信。

接下来将对实际的处理流程进行讲解。在这里，将以 IPv4 终端通过 IPv6 网络发送 IPv4 数据包为例，即以 IPv4 over IPv6 为例进行讲解。

① IPv4 终端 A 会向默认网关，即路由器发送 IPv4 数据包。

② 路由器会使用 IPv6 对接收到的 IPv4 数据包进行封包处理，并将其发给对端的路由器。

③ 对端的路由器会从 IPv6 数据包中提取原始的 IPv4 数据包，并将其发送给 IPv4 终端 B。

④ IPv4 终端 B 会接收原始的 IPv4 数据包。

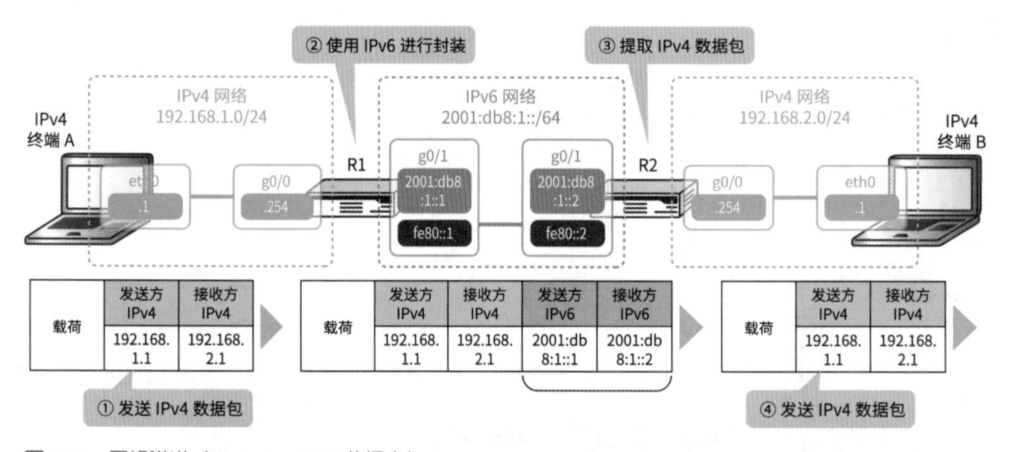

图4.6.3 • 网络隧道（IPv4 over IPv6 的场合）

一个典型的使用网络隧道的示例，就是使用 IPoE（见 P115）连接 FLET'S 网络。IPoE 是一种 PPPoE 的扩展连接协议，不支持 IPv4。因此，要连接 IPv4 的网络，就需要在 VNE（Virtual Network Enabler）提供的路由器中临时创建 IPv4 over IPv6 的网络隧道，再通过该网络隧道与 IPv4 的网络进行连接。

4-7 ICMPv4

还有一个网络层的协议是不可忽视的。虽然它不像 IP 协议那样万众瞩目，但是它是一种可以在背后给予 IP 协议大力支持的协议，它就是 ICMP（Internet Control Message Protocol，因特网控制消息协议）。ICMP 可以检查 IP 层面的通信，报告各种错误，是一种在 IP 网络中不可或缺的、极为重要的协议。工作中涉及 IT 系统的读者应该都听过 ping 这样的术语吧。ping 是一种专门用于发送 ICMP 数据包的网络诊断程序（网络诊断命令）。

ICMP 可以大致分为用 IPv4 格式创建的 ICMPv4 和用 IPv6 格式创建的 ICMPv6 这两种。本小节将对 ICMPv4 进行讲解。

4.7.1 ICMPv4 的数据包格式

ICMP 是一种传输控制（Control）互联网（Internet）消息（Message）的协议（Protocol）。其中，ICMPv4 是由 RFC 791 Internet Protocol 进行定义的，一种对 IP 进行了扩展的协议，并由 RFC 792 Internet Control Message Protocol 文档确定了规范标准。在 RFC 792 中注明了 ICMP is actually an integral part of IP, and must be implemented by every IP module（ICMP 是 IP 中不可或缺的一部分，必须在所有的 IP 模块中实现），任何网络终端都必须配套地实现 IPv4 和 ICMPv4。

ICMPv4 是一个直接将 ICMP 消息嵌入 IPv4 中的、协议号为 1 的 IPv4 数据包。由于它只负责返回通信结果，或者返回较为琐碎的错误内容，因此其数据包格式非常简单。

	0比特		8比特	16比特		24比特
0字节	版本	首部长度	ToS	数据长度		
4字节	标识符			Flag	片偏移	
8字节	TTL		协议号	首部检验和		
12字节	发送方IPv4地址					
16字节	接收方IPv4地址					
20字节	类型		代码	校验和		
可变	ICMP载荷					

图4.7.1 • ICMPv4的数据包格式

构成 ICMPv4 的字段中，最为重要的是位于消息开头的类型和代码。查看这两个值的组合，就可以知道在 IP 层面大概出现了什么状况。表 4.7.1 中汇总了一些具有代表性的类型和代码的定义。

表4.7.1 • 具有代表性的ICMPv4 的类型和代码

类型		代码		含义
0	Echo Reply	0	Echo reply	回显响应
3	Destination Unreachable	0	Network unreachable	无法到达目标网络
		1	Host unreachable	目标主机无法访问
		2	Protocol unreachable	协议不可达
		3	Port unreachable	端口不可达
		4	Fragmentation needed but DF bit set	需要分片，但是由于 DF 比特为 1，因此无法进行分片处理
		5	Source route failed	未知来源路线
		6	Network unknown	未知目标网络
		7	Host unknown	未知目标主机
		9	Destination network administratively prohibited	与目标网络的通信被管理员拒绝（Reject）
		10	Destination host administratively prohibited	与目标主机的通信被管理员拒绝（Reject）
		11	Network unreachable for ToS	无法使用指定的 ToS 值到达目标网络
		12	Host unreachable for ToS	无法使用指定的 ToS 值到达目标主机
		13	Communication administratively prohibited by filtering	通过过滤的方式在管理上禁止通信
		14	Host precedence violation	主机优先级冲突
		15	Precedence cutoff in effect	由于优先级过低而被中止生效
5	Redirect	0	Redirect for network	将与目标网络的通信转发（重定向）到指定的 IP 地址
		1	Redirect for host	将与目标主机的通信转发（重定向）到指定的 IP 地址
		2	Redirect for ToS and network	将目标网络与 ToS 值的通信转发（重定向）到指定的 IP 地址
		3	Redirect for ToS and host	将目标主机与 ToS 值的通信转发（重定向）到指定的 IP 地址
8	Echo Request	0	Echo request	回显请求
11	Time Exceeded	0	Time to live exceeded in transit	TTL 超时

4.7.2 具有代表性的 ICMPv4 的操作

接下来将对实际网络中具有代表性的 ICMPv4 的操作进行讲解，并以此确认 ICMPv4 是如何检查 IP 层面的通信状态，以及如何报告错误的。在 ICMP 中，无论是 ICMPv4 还是 ICMPv6，都有类型和代码。因此，着眼于这两个字段，可以有助于加深理解。

Echo Request/Reply

在 IP 层面检查通信状态时，需要使用的 ICMPv4 数据包是 Echo Request（回显请求）和 Echo Reply（回显响应）。当在 Windows 操作系统的命令提示符或者 Linux 操作系统的终端执行 ping 命令时，就需要向指定的 IP 地址发送类型为 8、代码为 0 的回显请求；接收到回显请求的终端则会发送类型为 0、代码为 0 的回显响应作为答复。

在实际网络中，大多数情况下，故障排除是从 ping 命令，即 ICMP 的回显请求开始的。使用 ping 命令确认网络层级的通信时，如果会返回回显响应，就需要向上检查传输层（TCP、UDP）、应用层（HTTP、SSL、DNS 等）的通信；如果不会返回回显响应，就需要向下检查网络层（IP）、数据链路层（ARP、以太网）、物理层（缆线、物理端口、无线环境）的通信。

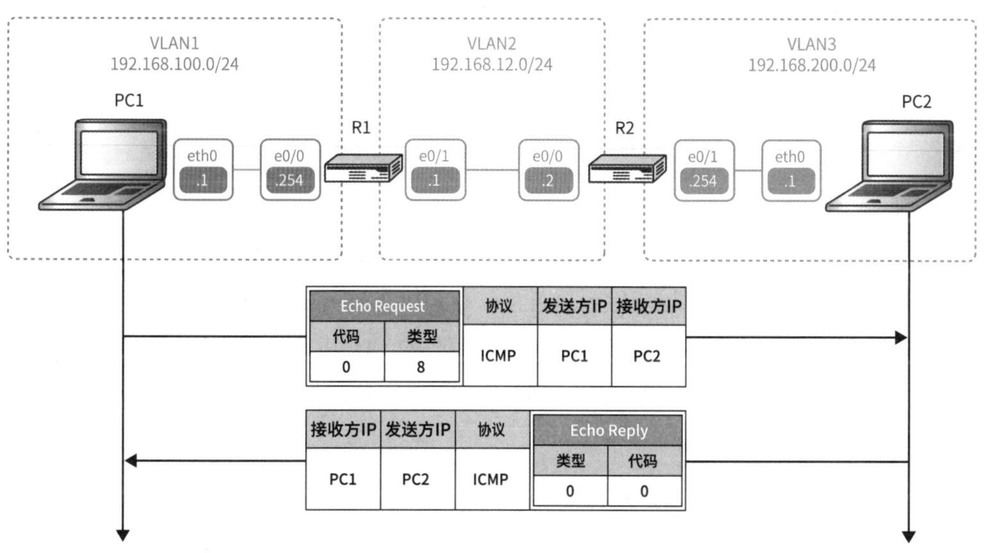

图4.7.2 • Echo Request与Echo Reply

Destination Unreachable

如果无法将 IPv4 数据包路由到接收方 IPv4 地址的终端，报告错误的 ICMPv4 数据包就是 Destination Unreachable（无法到达接收方）。路由 IPv4 数据包失败的路由器会将目标 IP 数据包丢弃，同时将类型为 3 的 Destination Unreachable 数据包发送给发送方 IPv4 地址。此外，发送的代码也会根据丢弃的理由不同而有所不同。

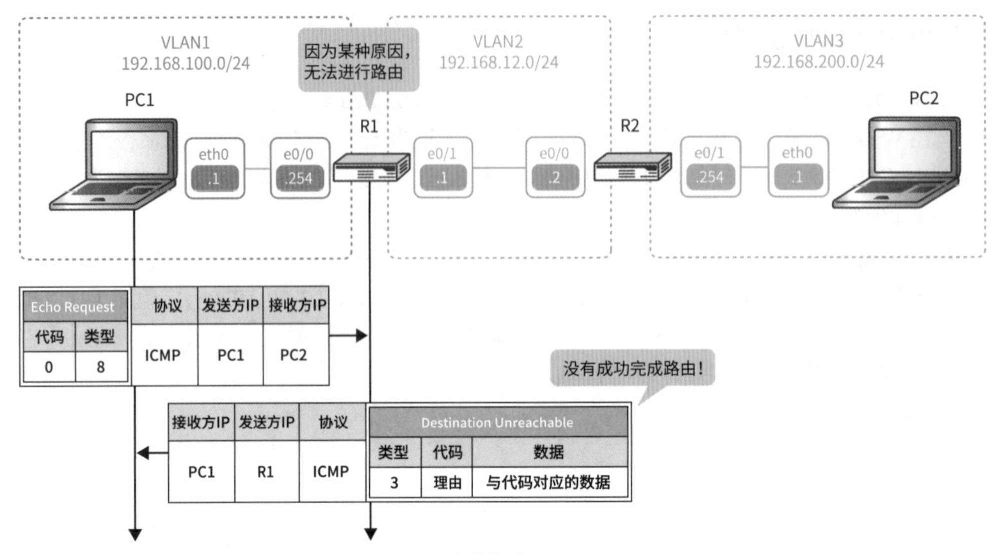

图4.7.3 • 使用Destination Unreachable 报告路由失败的原因

Time-to-live exceeded

当 IPv4 数据包的 TTL 变成 0 被丢弃时，需要将这一情况通知给发送方终端所使用的数据包是 Time-to-live exceeded（超过生存时间，在后面的内容中将其简称为 TTL Exceeded）。TTL Exceeded 具有两个作用，一是预防路由环路，二是确认通信路径。接下来将分别对它们进行讲解。

■ 预防路由环路

由于路由设置错误而导致 IP 数据包在多台路由器之间循环游走的现象被称为路由环路。由于以太网和无线局域网数据包中没有检测和中止环路的字段，因此存在一旦出现路由环路，就会导致数据包永不停歇地在环路中循环传输的致命缺陷。IPv4 中则包含了克服这种缺陷的字段，即 TTL。

接下来将以图 4.7.4 所示的网络结构为例，对产生路由环路和 TTL Exceeded 的处理机制进行讲解。如图 4.7.4 中的结构所示，由于原本必须定向到互联网的路由器 R2 的默认网关被定向到了路由器 R1，因此产生了路由环路问题。

下面将使用该网络结构从 PC1 对 Google 的公共 IPv4 地址 8.8.8.8 执行 ping 命令。这样一来，R1 和 R2 就会无休止地传递数据包，处于路由环路状态。然后，当 TTL 变成 0 时，TTL Exceeded 数据包就会被发送出去。

■ 确认通信路径

可以根据 TTL Exceeded 的操作确认通信路径的程序有 traceroute（Linux 操作系统的场合）和 tracert（Windows 操作系统的场合）。traceroute 通过发送从 1 开始逐一增加 TTL 的 IPv4 数据包的方式来检查数据是通过哪一条路径到达接收方 IP 地址的。

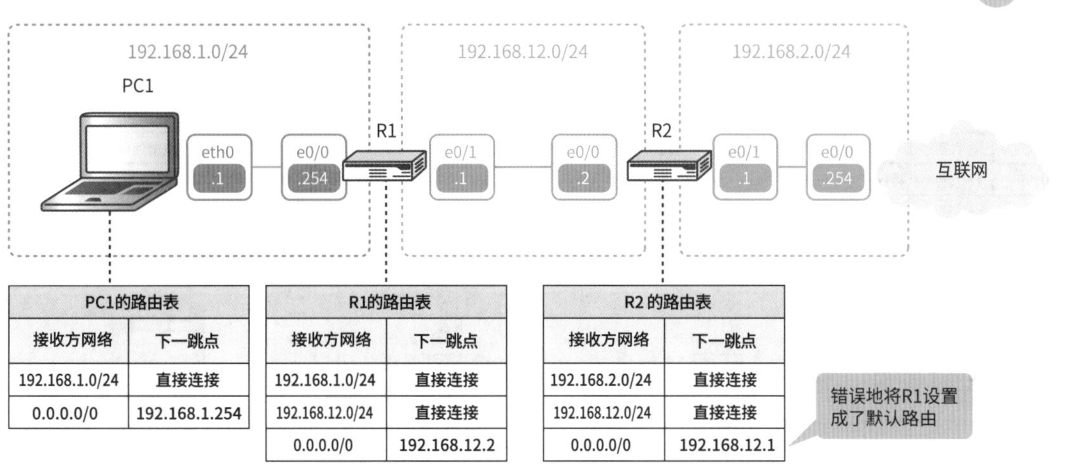

图4.7.4 • 路由设置错误导致路由环路的产生

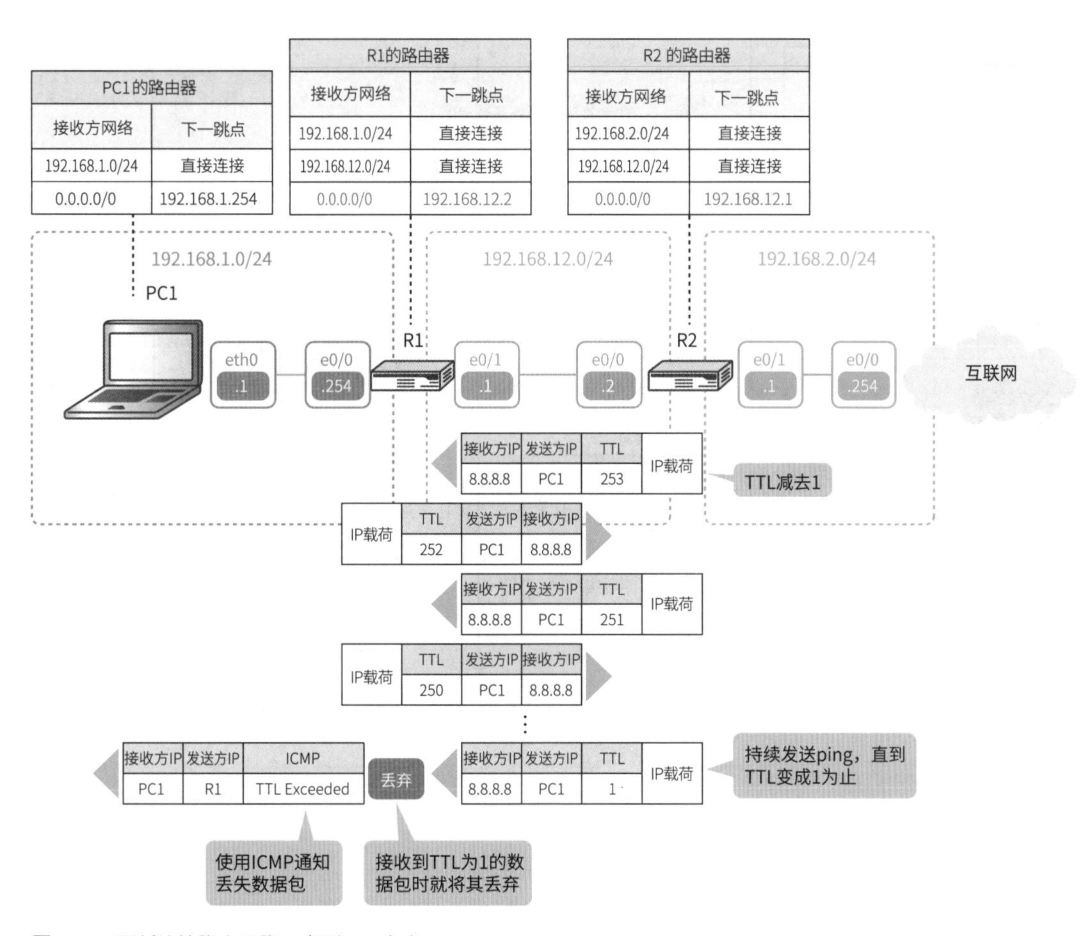

图4.7.5 • 不断持续路由环路，直到TTL 变成1

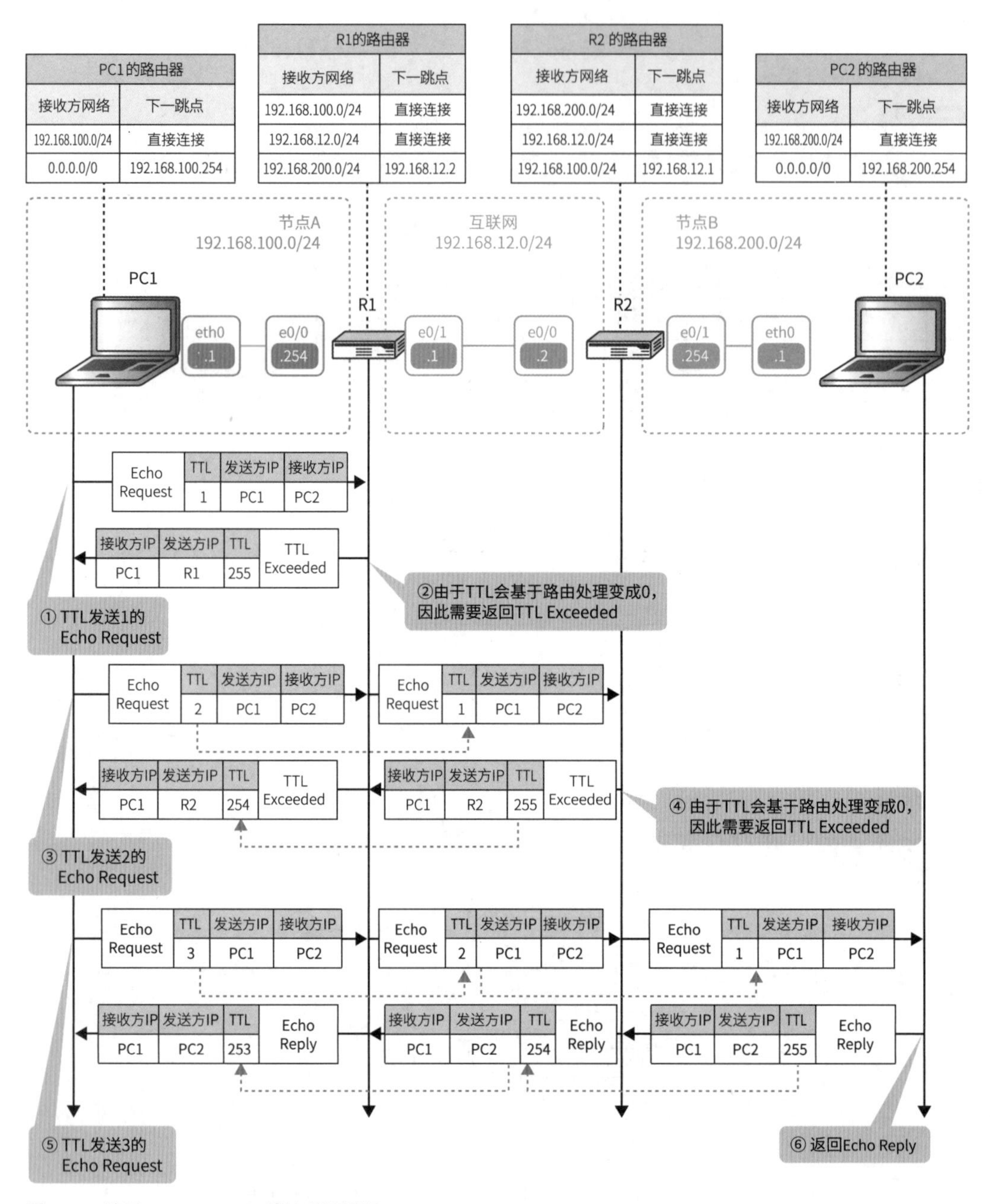

图4.7.6 • 使用TTL Exceeded 确认通信路径

4-8 ICMPv6

ICMP 的 IPv6 版本是 ICMPv6。ICMPv6 除了具有 ICMPv4 那样强大的底层功能之外，还具有学习 MAC 地址、检测重复地址，以及提供网络信息等功能，因此也具有极为重要的作用。

4.8.1 ICMPv6 的数据包格式

ICMPv6 是由 RFC 4443 Internet Control Message Protocol (ICMPv6) for the Internet Protocol version 6 (IPv6) Specification 确定标准化的。ICMPv6 与 ICMPv4 相同，在 RFC 4443 中注明了 ICMPv6 is an integral part of IPv6, and the base protocol (all the messages and behavior required by this specification) Must be fully implemented by every IPv6 node [ICMPv6 是 IPv6 中不可或缺的一部分，基础协议（本规范要求的所有的消息和行为）必须在所有的 IPv6 终端实现]，任何网络终端都必须配套地实现 IPv6 和 ICMPv6。

ICMPv6 是一种将 ICMP 消息直接嵌入 IPv6 中、协议号为 58 的 IP 数据包。与图 4.7.1 进行对比，就会知道差别只是首部变成了 IPv6 而已。与 ICMPv4 一样，由于它只负责返回通信结果和较为琐碎的错误内容，因此其数据包格式非常简单。

	0比特	8比特	16比特	24比特
0 字节	版本 / Traffic Class		流标签	
4 字节	载荷长度		下一个首部	跳数限制
8 字节～20 字节	发送方IPv6地址			
24 字节～36 字节	接收方IPv6地址			
40 字节	类型	代码	校验和	
可变	ICMP载荷			

图4.8.1 • ICMPv6的数据包格式

在 ICMPv6 中，类型和代码也同样重要。与 ICMPv4 一样，将这两个值结合起来就可以知道在 IP 层面大概出现了什么状况。表 4.8.1 中汇总了一些具有代表性的类型和代码的定义。

表4.8.1 • 具有代表性的ICMPv6的类型和代码

类型		代码		含义
1	Destination Unreachable	0	No route to destination	路由表中不存在接收方网络
		1	Communication with destination administratively prohibited	被系统管理员用防火墙等方式禁止通信
		2	Beyond scope of source address	接收方 IPv6 地址超出发送方 IPv6 地址
		3	Address unreachable	地址不可达
		4	Port unreachable	端口不可达
		5	Source address failed ingress/egress policy	输入 / 输出策略不允许发送方 IPv6 地址
		6	Reject route to destination	到目的地的路径被拒绝
2	Packet Too Big	0	Packet Too Big	数据包大于输出接口的 MTU
3	Time Exceeded	0	Hop limit exceeded in transit	超过了跳数限制
		1	Fragment reassembly time exceeded	在对分片的数据包进行重组时超时
4	Parameter Problem Message	0	Erroneous header field encountered	包含了错误的首部字段
		1	Unrecognized Next Header type encountered	包含了无法识别的下一个首部类型
		2	Unrecognized IPv6 option encountered	包含了无法识别的 IPv6 选项
128	Echo Request	0	Echo Request	回显请求
129	Echo Reply	0	Echo Reply	回显响应
133	Router Solicitation	0	Router Solicitation	向路由器询问网络的信息（网络地址和前缀等）
134	Router Advertisement	0	Router Advertisement	路由器返回网络的信息（网络地址和前缀等）
135	Neighbor Solicitation	0	Neighbor Solicitation	向相邻的终端询问 MAC 地址，或者询问是否可以使用链路本地地址
136	Neighbor Advertisement	0	Neighbor Advertisement	相邻的终端返回 MAC 地址，或者通知地址是否重复
137	Redirect	0	Redirect	向相邻的终端传递不同的下一跳点

4.8.2 具有代表性的 ICMPv6 的操作

接下来将对 ICMPv6 相关的各种操作进行讲解。首先，关于 Echo Request/Reply 和 Destination Unreachable，虽然类型和代码的值会发生变化，但是操作和 ICMPv4 并没有显著差别。针对回显请求，会使用回显响应进行答复，如果无法到达接收方终端，则会返回 Destination Unreachable。ICMPv6 除了具备 ICMPv4 的这些基本功能之外，还具备邻居发现协议（Neighbor Discovery Protocol，NDP）功能。在这里，将对邻居发现协议的若干操作进行介绍。

IPv6 地址的重复检测

正如在 3.3.4 小节中所讲解的，IPv4 是使用 GARP 检测是否存在重复的 IP 地址的。在 IPv6 中，这一处理是由 ICMPv6 进行的。IPv6 终端设置 IP 地址的方式多种多样，可以通过 SLAAC 自动生成 IPv6

地址，也可以由 DHCPv6 服务器分配。此时，就需要进行一种检查地址是否重复的名为 DAD（Duplicate Address Detection，重复地址检测）的处理。

接下来看看它是如何进行处理的。在这里，将对 IPv6 终端连接网络设置链路本地地址时，即使用 SLAAC 和 DHCPv6 设置 IPv6 地址之前的处理进行讲解。

① 当 IPv6 终端连接网络时，会自动生成一个临时的链路本地地址。

② IPv6 终端会发送一个类型为 135 的 NS（Neighbor Solicitation，相邻节点请求）数据包来检查该链路本地地址是否可以使用，即检查该地址是否重复。此时的发送方 IPv6 地址是 ::/128（未指定地址），接收方 IPv6 地址是 ff02::1:ff 加上链路本地地址的低 24 比特的地址。此外，需要将自己的临时链路本地地址嵌入载荷部分的目标地址字段中。

③ 如果返回了类型为 136 的 NA（Neighbor Advertisement，相邻节点通告）数据包，就可以判断出这是重复的地址；如果没有返回，就表示该临时的链路本地地址没有被使用，可以作为真正的地址设置到接口中。

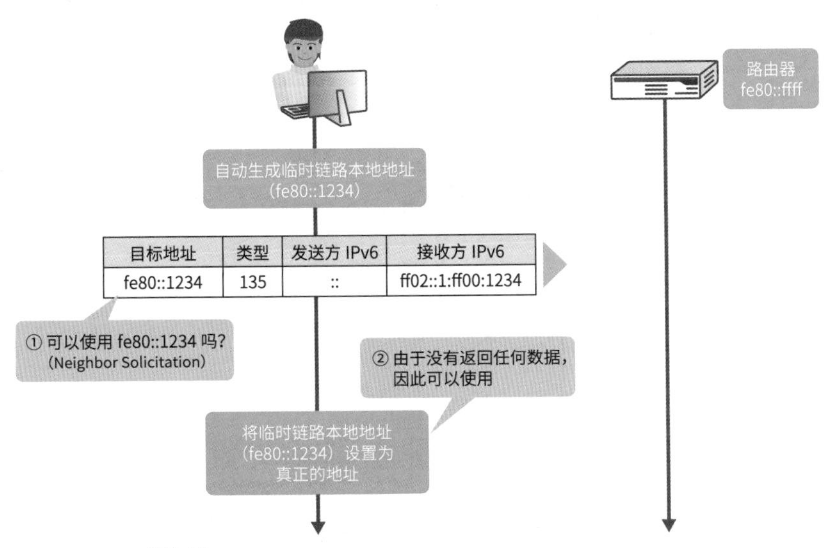

图4.8.2 • DAD的流程

根据接收方 IPv6 地址获取接收方 MAC 地址

正如在 3.3 节中所讲解的，IPv4 需要使用 ARP 对地址进行解析。在 IPv6 中也需要使用 ICMPv6 的 NS 数据包和 NA 数据包进行地址解析，大致的处理与 ARP 并没有太大差别。如果发送组播的 NS 数据包询问“○○先生，在吗？”，就会有人发送单播的 NA 数据包回答“是我！”。

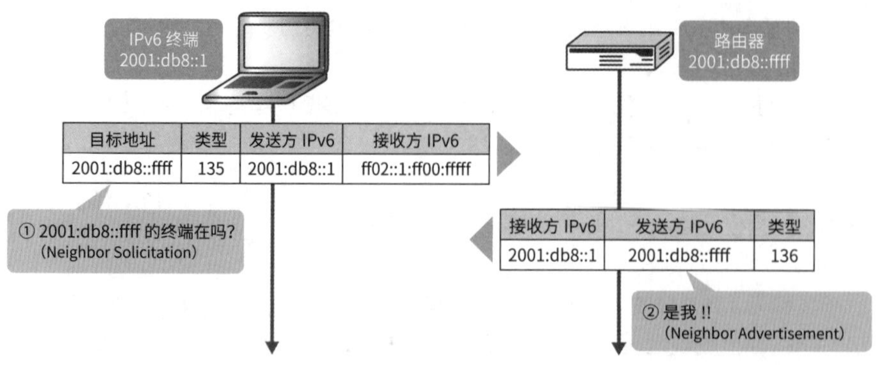

图4.8.3 • 获取MAC地址

提供网络信息

SLAAC 和 DHCPv6 的无状态模式是从路由器接收网络信息生成 IPv6 地址的。这一处理中也需要使用 ICMPv6。如果设置链路本地地址，IPv6 就会发送类型为 133 的 RS（Router Solicitation，路由请求）数据包查询网络信息。然后,路由器会将 MAC 地址、MTU 大小、前缀等信息嵌入类型为 134 的 RA(Router Advertisement，路由通告）数据包中并将其返回。路由器将继续定期地向 ff02::1（所有终端）发送 RA 数据包。

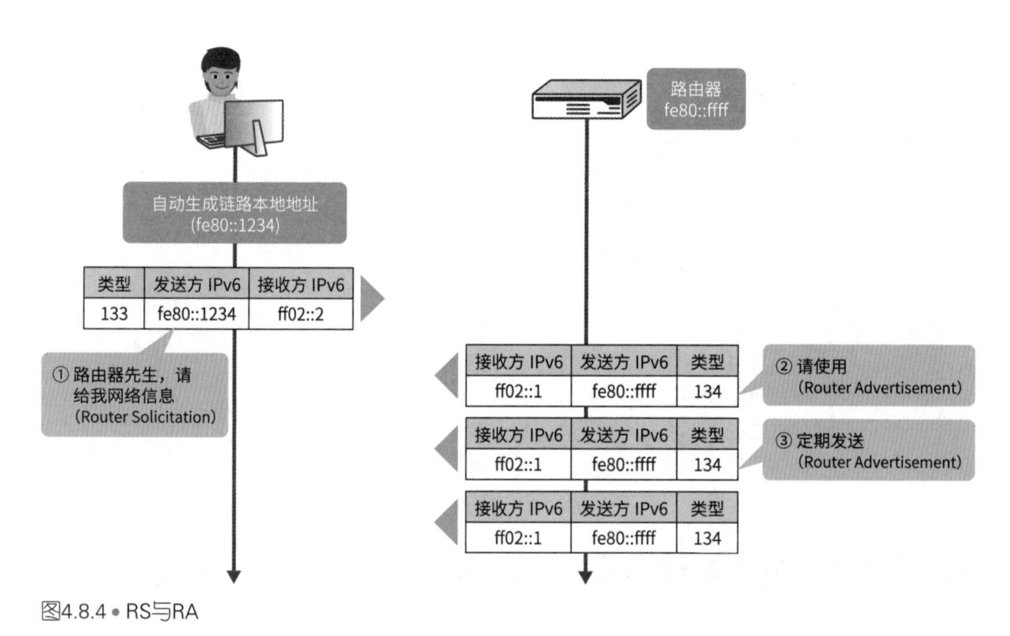

图4.8.4 • RS与RA

4-9 IPsec

IPsec（Security Architecture for Internet Protocol，互联网络层安全协议）是一种使用网络层进行 IP 数据包的封包、认证和加密处理的，在互联网上创建虚拟专用线路（隧道）的虚拟化技术。IPsec 大约从 2010 年开始就作为一种可以安全且低成本连接站点和远程用户的技术，被广泛且普遍地运用。最近，它还用于连接公司内部构建的环境（内部部署）和公共云环境，以构建一种混合云的云服务模式。一路走来，IPsec 更进一步地提升了它在网络通信中的地位。

4.9.1 站点间 IPsec VPN 与远程访问 IPsec VPN

IPsec 可以分为连接站点的站点间 IPsec VPN 和连接终端的远程访问 IPsec VPN 两种类型。

站点间 IPsec VPN

站点间 IPsec VPN 专门用于连接在不同位置设有网络节点（分公司和云环境等）的企业。如果使用专用线路[①] 连接世界各地的每一个网络节点，有多少钱都是不够的。因此，可以使用 IPsec 在互联网上创建隧道（虚拟的直连线路），就像使用专用线路一样对各个节点的网络进行连接。这样一来，不仅可以对隧道像专用线路那样进行使用，还可以只用支付互联网的连接费用就可以连接网络节点，因此可以显著地降低使用成本。

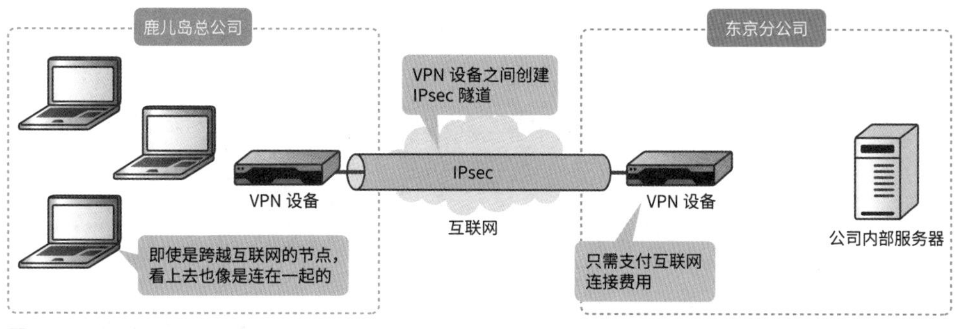

图4.9.1 • 站点间IPsec VPN

远程访问 IPsec VPN

远程访问 IPsec VPN 通常用于移动用户和远程办公人员的远程访问过程中。如果需要在家远程办公，就可以使用操作系统的标准功能或第三方的 VPN 软件创建用于 VPN 的虚拟的 NIC 网卡，从而在 VPN 设备（路由器和防火墙等）之间建立 IPsec 隧道。

① 由电信运营商提供的，以 1:1 的方式连接站点的线路服务。虽然其可以独享宽带，进行高质量的通信，但是价格也偏高。

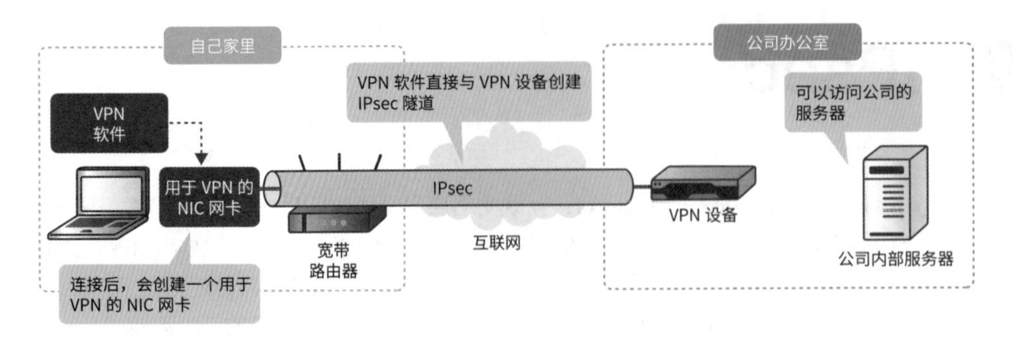

图4.9.2 • 远程访问IPsec VPN

4.9.2 IPsec 协议具备的功能

IPsec 需要结合 IKE（Internet Key Exchange，互联网密钥交换）、ESP（Encapsulating Security Payload，封装安全负载）和 AH（Authentication Header，身份认证头协议）3 种协议提供创建 VPN 所需的功能。

表4.9.1 • IPsec提供的功能

功　能	相关协议	说　明
密钥交换功能	IKE	在创建 VPN 时交换加密需要使用的加密密钥，并定期进行交换
用户认证功能	IKE	使用共享密钥（Pre-Shared Key）和证书对对方进行认证
隧道功能	ESP/AH	使用新的 IP 首部对 IP 数据包进行封包，创建 VPN
加密功能	ESP	为了保持 VPN 的安全，使用 3DES 和 AES 对数据进行加密处理
消息认证功能	IKE/ESP/AH	使用消息认证代码（MAC）对消息进行认证，以检测是否遭到篡改
重放攻击防御功能	IKE/ESP/AH	为发送的数据包分配序列号和随机数，以防御对相同的数据包进行复制和发送的重放攻击

IKE

IPsec 无法突然之间心血来潮就创建出隧道，而是需要做好安全通信的事先准备工作，才能着手创建隧道。这种事先准备，或者说准备工作中需要使用的协议被称为 IKE。IKE 是一个发送方端口号和接收方端口号均为 500 的 UDP 数据包，包括 IKEv1 和 IKEv2 两个版本。这两个版本无法相互兼容，行为也略有不同。接下来将分别对它们进行讲解。

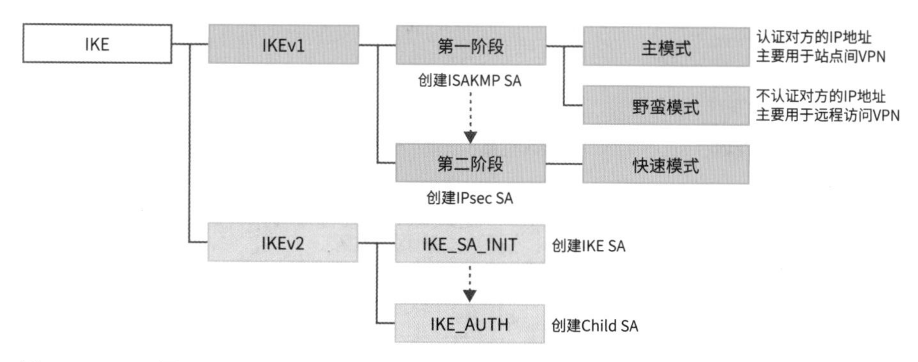

图4.9.3 • IKEv1与IKEv2

■ IKEv1

IKEv1 由第一阶段和第二阶段组成。

第一阶段是创建控制隧道的 ISAKMP SA（Internet Security Association and Key Management Protocol Security Association，网络安全协会和密钥管理协议安全协会）的阶段。要创建 ISAKMP SA，需要获得设置（加密算法、哈希函数、认证方式等）的许可，共享加密密钥，以及认证连接对象。在第一阶段中，有主模式和野蛮模式两种交换步骤。

表4.9.2 • 第一阶段确定的典型的设置内容

设置项目	可提供的内容	说　明
加密算法	DES 3DES AES	如何对使用 ISAKMP SA 交换的信息进行加密处理。 按照 DES < 3DES < AES 的顺序提高安全级别
哈希函数	MD5 SHA-1 SHA-2	如何保护使用 ISAKMP SA 进行交换的信息不被篡改。 由于 MD5 和 SHA-1 中都发现了漏洞，最近主要使用 SHA-2
认证方式	Pre-Shared Key 数字证书 公开密钥加密 改进型公开密钥加密	如何对连接对象进行认证。 在日本，大多数情况下使用 Pre-Shared Key
密钥交换方式	DH Group 1 DH Group 2 DH Group 5 DH Group 19 DH Group 20 DH Group 21	如何交换 ISAKMP SA 使用的加密密钥。 采用了一种名为 DH 密钥共享的方式，虽然值越大安全级别越高，但是相应的处理负载也高
寿命	s	ISAKMP SA 的生存时间

主模式需要按照设置的许可、加密密钥的共享、连接对象的认证的顺序进行 3 个步骤的处理。虽然在连接之前要逐一完成这几个步骤，需要花费一些时间，但是由于认证步骤是加密的，因此具有安全级别高的优点。另外，野蛮模式是主模式的简化模式，可以直接完成设置的许可、加密密钥的共享、连接对象的认证等多个步骤。由于所有的处理都是一步完成的，因此连接时间短，但是由于认证信息（表示连接源身份的 ID）没有进行加密就会被发送出去，因此也存在安全级别低于主模式的缺点。

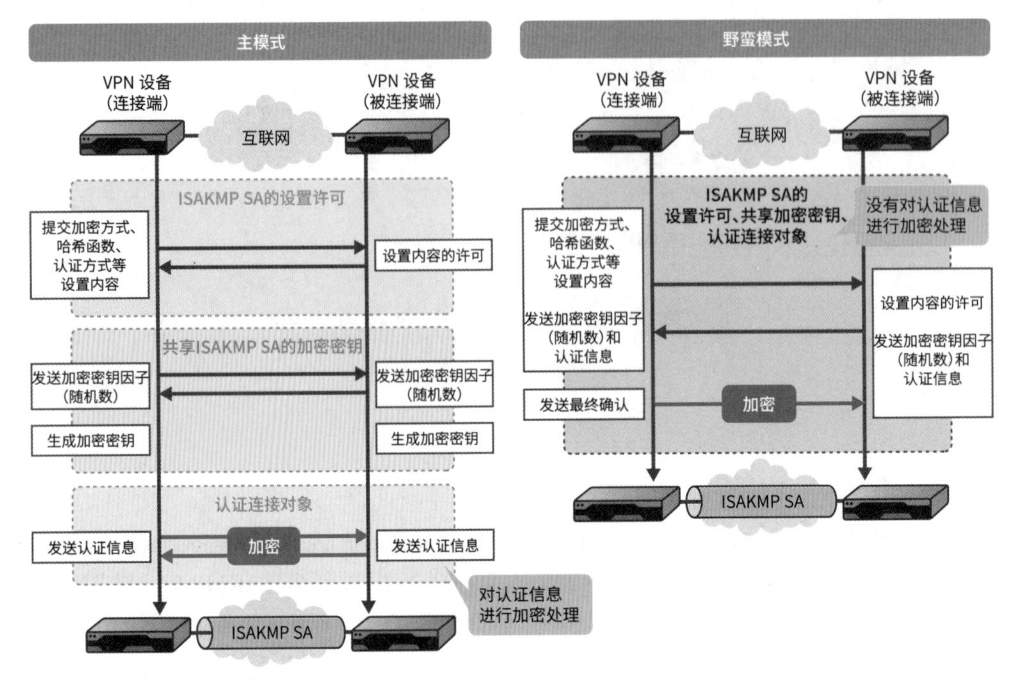

图4.9.4 ● 第一阶段的流程

完成了第一阶段的处理，创建好了 ISAKMP SA 之后，就需要进入第二阶段。第二阶段是创建传输实际数据的 IPsec SA 的阶段，也可以将交换步骤本身称为快速模式。在第二阶段中，需要在第一阶段创建的 ISAKMP SA 中进行创建 IPsec SA 所需的设置（加密算法、哈希函数等）的许可，进行加密密钥的共享，创建用于上行通信和下行通信的两个 IPsec SA。此外，ISAKMP SA 将继续对加密密钥的交换进行管理。

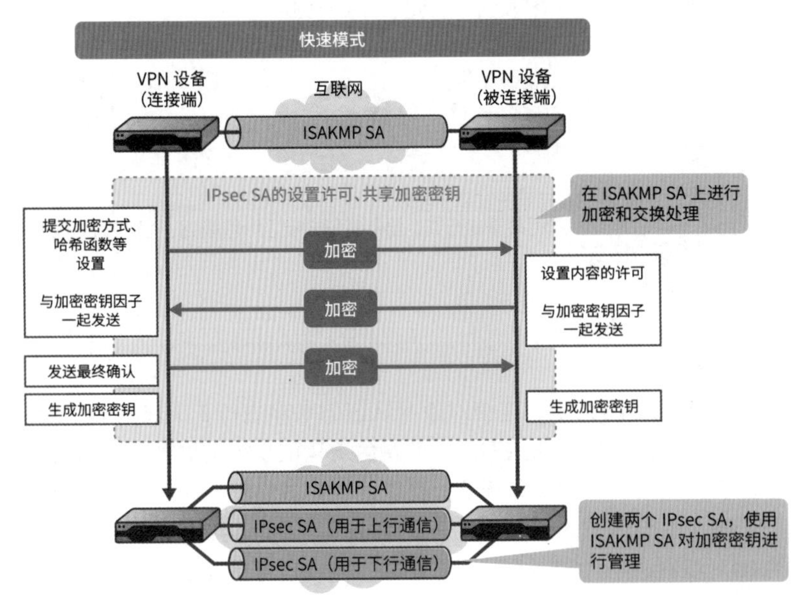

图4.9.5 ● 第二阶段的流程

表4.9.3 • 第二阶段确定的典型的设置内容

设置项目	可提供的内容	说　明
加密算法	DES 3DES AES	如何对使用 IPsec SA 交换的信息进行加密处理。 按照 DES < 3DES < AES 的顺序提高安全级别
哈希函数	MD5 SHA-1 SHA-2	如何保护使用 IPsec SA 进行交换的信息不被篡改。 在 MD5 和 SHA-1 中都发现了漏洞，最近主要使用 SHA-2
封包协议	AH ESP	IPsec SA 使用的封包协议。 至少在日本只使用 ESP
操作模式	隧道模式 传输模式	IPsec SA 使用的操作模式。 基本使用隧道模式。但是，由于 L2TP/IPsec 会将封包处理交给 L2TP 执行，因此使用传输模式
寿命	s	IPsec SA 的生存时间

■ IKEv2

毫无疑问，IKEv1 是一种长期为 IPsec VPN 提供支持的协议。但是，由于其根据时代的需要添加了各种扩展功能，因此如果厂商、型号、版本不同，实现情况也有所不同，故而存在容易出现兼容性问题的缺点。笔者自己也出于不得已而负责过几个不同厂商之间的 IPsec VPN 连接项目，同样也遇到过“为什么连不上？”“昨天还连接得好好的啊……”之类的难以理解的情况。关于厂商之间的兼容性问题，如果老老实实地对数据包和日志进行细致的解析，也许是找得出原因的。但是，最终还是需要升级版本或者更换设备，非常麻烦。

IKEv2 就是为了消除这种混乱状态，而整合了各种功能的一种新的标准化协议。最近，Windows 操作系统、macOS、iOS 和 Android 都已经支持了这种协议，且正在逐渐得到普及。

表4.9.4 • IKEv1与IKEv2 的比较

设置项目	IKEv1	IKEv2
相关 RFC	RFC 2407（DOI） RFC 2408（ISAKMP） RFC 2409（IKE） RFC 2412（Oakley、DH 密钥共享） RFC 3706（DPD、Dead Peer Detection） RFC 3947（NAT 穿越）	RFC 7296
阶段	第一阶段 第二阶段	无
操作模式	主模式 野蛮模式 快速模式	无
为了进行 VPN 连接所需交换的数据包数量	主模式 / 快速模式：9 个数据包 野蛮模式 / 快速模式：6 个数据包	2 + 2*n* 数据包 （*n* 是 Child SA 的数量）
用于交换密钥的隧道	ISAKMP SA	IKE SA
用于收发数据的隧道	IPsec SA	Child SA

IKEv2 由 IKE_SA_INIT 和 IKE_AUTH 两个步骤组成。

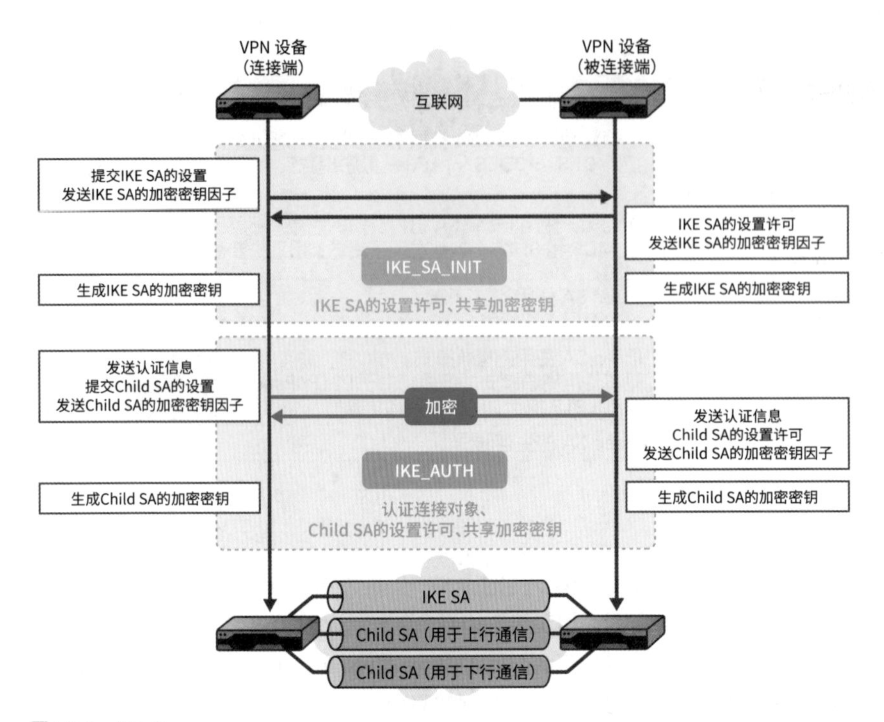

图4.9.6 • IKEv2

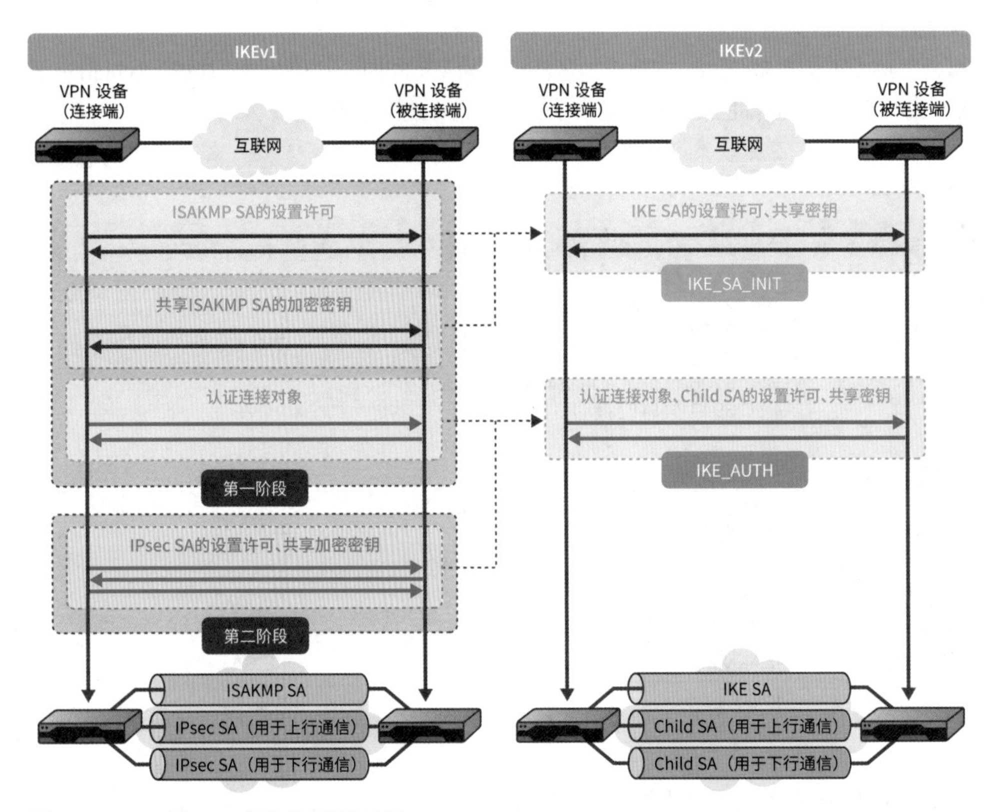

图4.9.7 • IKEv1与IKEv2 的连接步骤的比较

IKE_SA_INIT 是创建控制隧道连接的 IKE SA 的步骤，其作用与 IKEv1 的第一阶段类似。为了创建 IKE SA，需要进行必要的设置，共享加密密钥。创建好了 IKE SA 之后，就进入了 IKE_AUTH 阶段。

IKE_AUTH 是创建实际进行数据传输的隧道 Child SA 的步骤，其作用与 IKEv1 的第二阶段类似。需要在使用 IKE_SA_INIT 创建的 IKE SA 中进行创建 Child SA 所需的设置，共享加密密钥，以及对连接对象进行认证，创建用于上行通信和下行通信的两个 Child SA。

IKEv1 和 IKEv2 之间传输的信息并没有太大区别，可以通过减少传输的次数或者改变步骤来简化连接的过程。

ESP/AH

使用 IKE 完成了事先准备工作之后，接下来就需要在 IPsec/Child SA 的上方开始转发数据。在 IPsec/Child SA 中，需要使用 ESP 或者 AH 协议。ESP 和 AH 的区别在于是否具备加密功能，ESP 具备加密功能，AH 则不具备加密功能。AH 是一种主要在数据加密算法受到限制的国家中使用的协议，至少日本是没有相关规定的，因此没有选择 AH 的必要，故只有 ESP 一种选择。

表4.9.5 • IPsec/Child SA中使用的协议

协　议		隧道功能	加密功能	消息认证功能	重放攻击防御功能
ESP	Encapsulating Security Payload	○	○	○	○
AH	Authentication Header	○	—	○	○

在 IPsec/Child SA 中存在隧道模式和传输模式两种操作模式。隧道模式是一种用更新的 IP 首部对原始 IP 数据包进行封包的模式，用于站点间 IPsec VPN 和一般的远程访问 IPsec VPN 中。传输模式是一种将用于隧道的首部插入原始 IP 数据包中的模式，用于 3.4.5 小节介绍的 L2TP over IPsec 中。L2TP over IPsec 会将封包（隧道化）处理交给 L2TP 执行，加密则交给 IPsec（ESP）执行。

隧道模式和传输模式具有不同的加密范围和消息认证范围，具体取决于是使用 ESP 还是使用 AH，相关的详细内容请参考图 4.9.8。

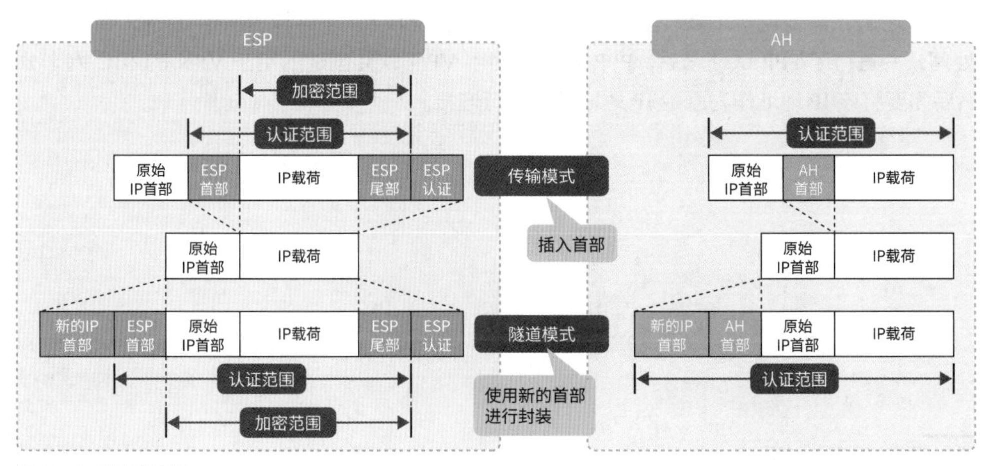

图4.9.8 • ESP与AH

例如，如果在 ESP 的隧道模式中，在 192.168.1.0/24 和 192.168.2.0/24 之间部署了站点间 VPN 处理，就需要像图 4.9.9 那样，使用 ESP 进行封包和加密之后再进行连接。

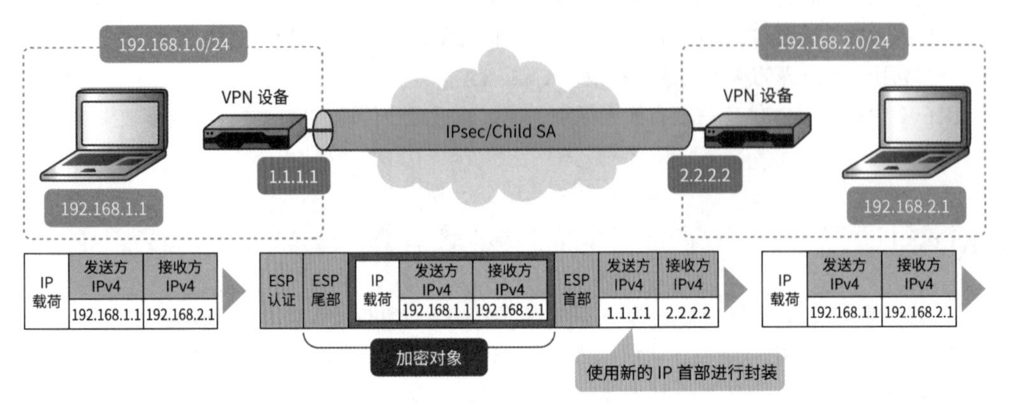

图4.9.9 • 使用ESP 的隧道模式进行连接的场合

NAT 穿透

如前所述，IPsec 为了顺应时代的发展，加入了很多扩展技术。其中，在远程访问 IPsec VPN 时，会在不知不觉间使用的一项重要的功能就是 NAT 穿透。NAT 穿透是一种穿越 NAT（见 P180）的技术，但是 IPsec 中的 NAT 穿透和之前讲解的内容有所不同。在这里，首先会对为何需要在 IPsec 中使用 NAT 穿透进行讲解，然后对 NAT 穿透如何穿越 NAT 进行讲解。

在前一小节中已经讲解过 ESP 会对原始的 IP 数据包（IP 首部 + IP 载荷）进行加密处理。这样一来，TCP/UDP 首部中包含的发送方端口号就会被加密，变成不可见。如果是 NAPT 的场合，就需要将发送方端口号和发送方 IP 地址关联起来，实现 n:1 的通信。因此，如果看不到发送方端口号，就无法进行关联，从而无法进行 NAPT 处理。

在 NAT 穿透中，首先需要使用 IKE 彼此识别“支持 NAT 穿透①”和“使用了 NAPT 设备②”，然后将发送方 / 接收方端口号从 500 更改成 4500，之后的通信则需要使用 UDP 的 4500 号进行。使用 IKE 完成了事先准备工作之后，需要使用 UDP 的 4500 号对 ESP 进行封包，并穿越 NAPT 设备。在完成了 IPsec 的连接处理，并进行了 PPP 认证之后，PPP 就会为使用 VPN 软件创建的用于 VPN 的 NIC 网卡分配 IP 地址，然后需要将该 IP 地址作为原始 IP 地址尝试进行连接。

① 在 IKE 中设置表示“支持 NAT 穿透”的信息。

② 具体是在 IKE 中设置根据 IP 地址和端口号计算得到的哈希值，再基于该信息的变化检测 NAPT 设备。

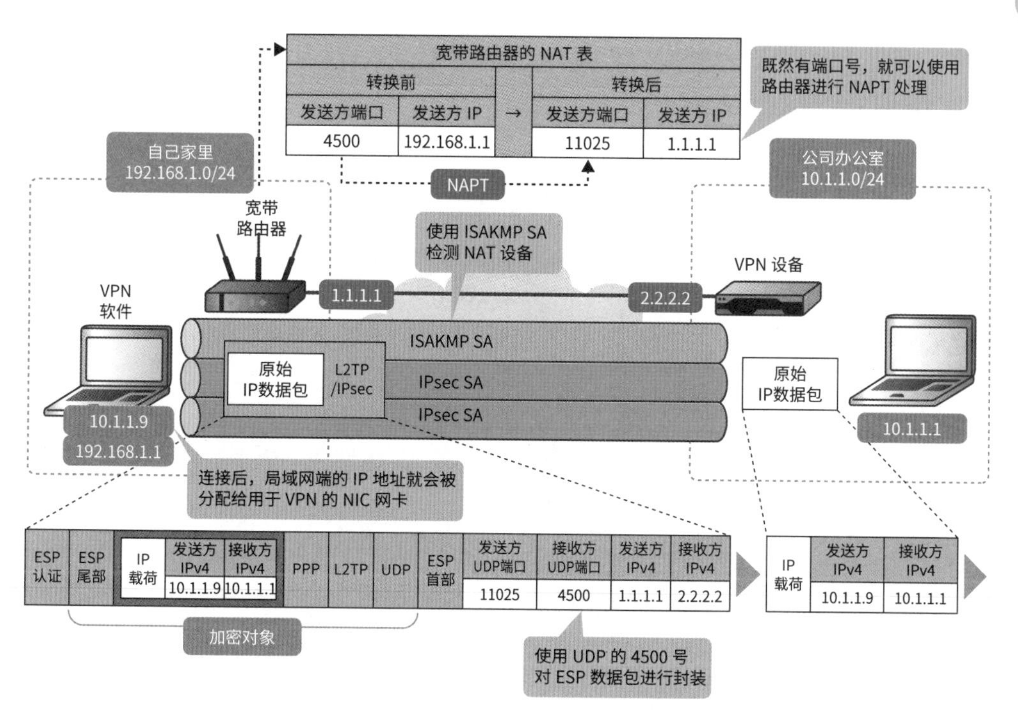

宽带路由器的 NAT 表
转换前
转换后
发送方端口
发送方 IP
4500
192.168.1.1
11025
1.1.1.1
既然有端口号，就可以使用路由器进行 NAPT 处理
自己家里
192.168.1.0/24
NAPT
公司办公室
10.1.1.0/24
宽带路由器
使用 ISAKMP SA 检测 NAT 设备
VPN 设备
VPN 软件
1.1.1.1
2.2.2.2
ISAKMP SA
原始 IP数据包
L2TP /IPsec
IPsec SA
IPsec SA
10.1.1.9
192.168.1.1
10.1.1.1
连接后，局域网端的 IP 地址就会被分配给用于 VPN 的 NIC 网卡
ESP 认证
ESP 尾部
IP 载荷
发送方 IPv4
接收方 IPv4
10.1.1.9
10.1.1.1
PPP
L2TP
UDP
ESP 首部
发送方 UDP端口
接收方 UDP端口
11025
4500
1.1.1.1
2.2.2.2
加密对象
使用 UDP 的 4500 号对 ESP 数据包进行封装

图4.9.10 • NAT穿透

chapter

5

传　输　层

传输层是一种相当于连接网络与应用程序的桥梁的网络分层。通过网络层的协议传输到服务器的数据包，会由传输层负责分发给执行相应处理的应用程序。

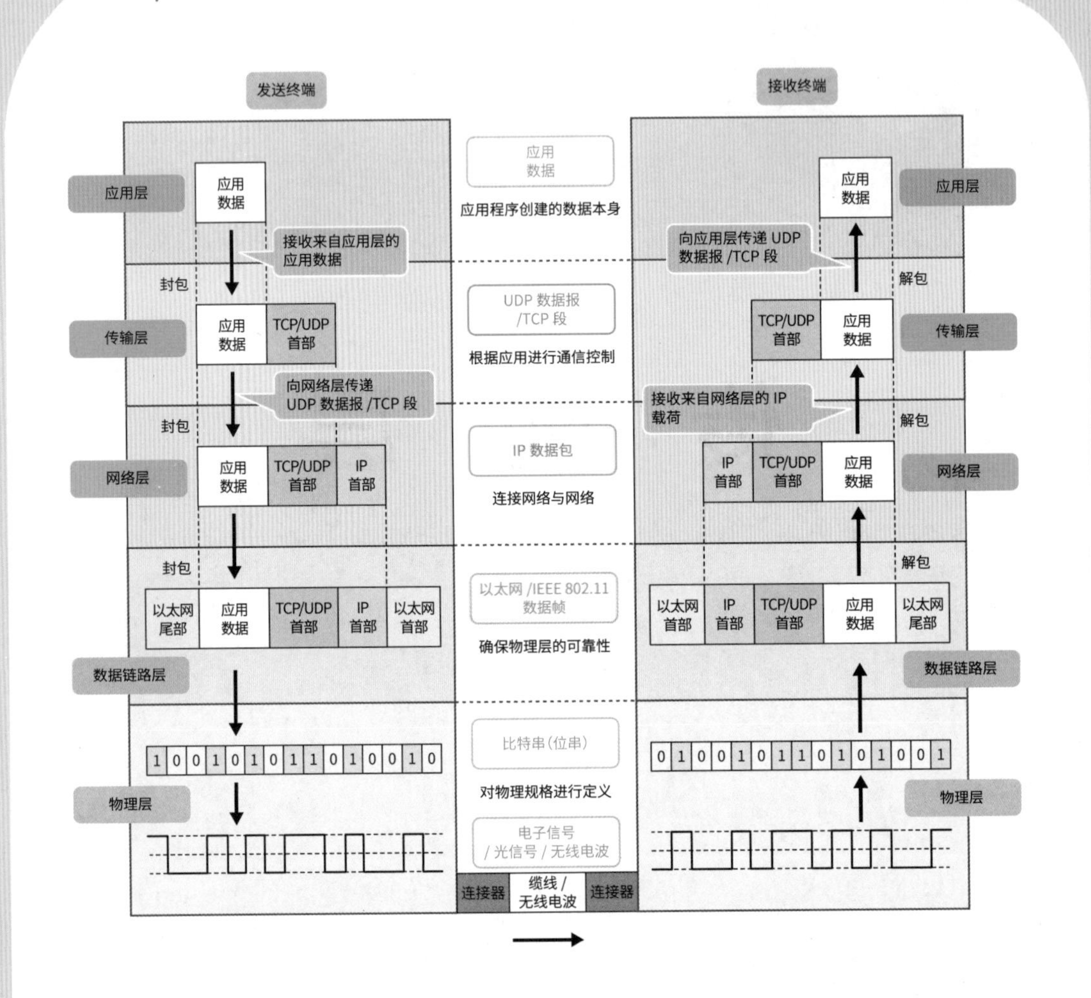

传输层是一种通过识别应用程序和根据需求控制转发的方式连接网络与应用程序的分层。网络层的主要工作是跨越各种不同的网络将数据包发送给通信对象，除此之外的任何处理都不参与。例如，即使通过网络层的协议成功访问了国外的服务器，服务器也无法知道应当如何将接收到的数据包转发给相应的应用程序执行处理。因此，传输层需要使用端口号对传递数据包的应用程序进行识别。此外，需要根据应用程序的需求对数据包的收发数据量进行控制，对转发途中丢失的数据包进行补发。

在传输层中所使用的协议是UDP（User Datagram Protocol，用户数据报协议）或者TCP（Transmission Control Protocol，传输控制协议）。当应用程序需要追求即时性（实时性）时可以使用UDP协议，需要追求通信的可靠性时则可以使用TCP协议。

chapter 5-1

UDP

UDP（User Datagram Protocol，用户数据报协议）专门用于语音呼叫（Voice over IP，VoIP）、域名解析（见 P314）、DHCP（见 P170）和时间同步等要求即时性（实时性）的应用程序中。由于它是一种无连接型协议，因此可以毫无准备地创建名为 UDP 连接的逻辑通信路径，并发送应用程序的数据。此外，它可以通过简化格式或者省略确认答复[①] 等步骤的方式提高通信的即时性。

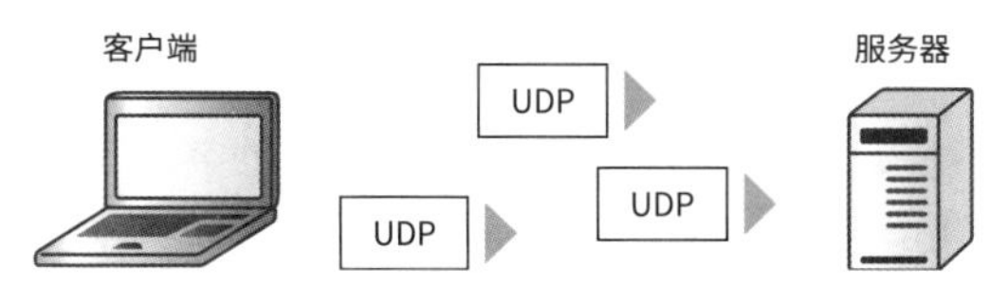

图5.1.1 • UDP 只负责发送数据包，不负责其他处理

表5.1.1 • UDP 与TCP 的比较

项　目	UDP	TCP
IP 首部的协议号	17	6
类型	无连接型	连接类型
可靠性	低	高
即时性（实时性）	快	慢

5.1.1 UDP 的数据包格式

UDP 是由 RFC 768 User Datagram Protocol 确定标准化的协议，在 IP 首部的协议号中被定义为 17（见 P124 表 4.1.1）。RFC 文档的内容非常简短，由此也可以看出它其实是一个非常简单的协议。

由于 UDP 强调即时性（实时性），因此数据包格式非常简单。它只有 4 个首部字段，且首部的长度也只有 8 字节（64 比特）。客户端只需使用 UDP 创建数据报，连续不断地发送数据即可，不用在意服务器和通信对象。另外，收到数据的服务器会使用 UDP 首部中包含的 UDP 数据报长度和校验和来检查数据是否损坏（检查校验和）。如果校验成功，就会正式接收数据。

<table>
<tr><th></th><th>0比特</th><th>8比特</th><th>16比特</th><th>24比特</th></tr>
<tr><td>0字节</td><td colspan="2">发送方端口号</td><td colspan="2">接收方端口号</td></tr>
<tr><td>4字节</td><td colspan="2">UDP数据报长度</td><td colspan="2">校验和</td></tr>
<tr><td>可变</td><td colspan="4">UDP载荷（应用数据）</td></tr>
</table>

图5.1.2 • UDP的数据包格式

① 指一种表示“数据包已经送达”的处理。

■ 发送方 / 接收方端口号

端口号是一种用于识别应用程序（进程）的 2 字节（16 比特）的值。客户端（发送方终端）在建立连接时，会将操作系统在规定范围内随机分配的值设置为发送方端口号，将为每个应用程序定义的值设置为接收方端口号，并将数据发送给服务器（接收方终端）。收到数据报的服务器会查看接收方端口号，判断这是哪一个应用程序的数据，并将数据转发给该应用程序。有关端口号的内容，将在下一小节进行详细的讲解。

■ UDP 数据报长度

UDP 数据报长度是一个表示数据报整体大小的 2 字节（16 比特）的字段，包含 UDP 首部（8 字节＝64 比特）和 UDP 载荷（应用程序的数据）。其设置的是以字节为单位的值。最小值是只由 UDP 首部构成的 8，理论上最大值是 65535 字节①。

■ 校验和

校验和是一个用于检查接收的 UDP 数据报是否损坏、是否完整的 2 字节（16 比特）的字段。在 UDP 的校验和验证中，采用了与 IP 首部的校验和相同的 1 的补码运算机制。如果收到数据报的终端校验成功，就会正式接收该数据报。

5.1.2 端口号

在传输层的协议中，最为重要的字段是发送方端口号和接收方端口号。UDP 和 TCP 都需要使用端口号。

正如在介绍 IP 时所讲解的，只要有 IP 首部，就可以将 IP 数据包发往世界上的任何一个接收方终端。但是，收到 IP 数据包的终端并不知道应当将该 IP 数据包交给哪一个应用程序来执行处理。因此，在网络世界中需要使用端口号。端口号和应用程序是唯一关联的，只要查看端口号，就能够知道应当将数据转发给哪一个应用程序。

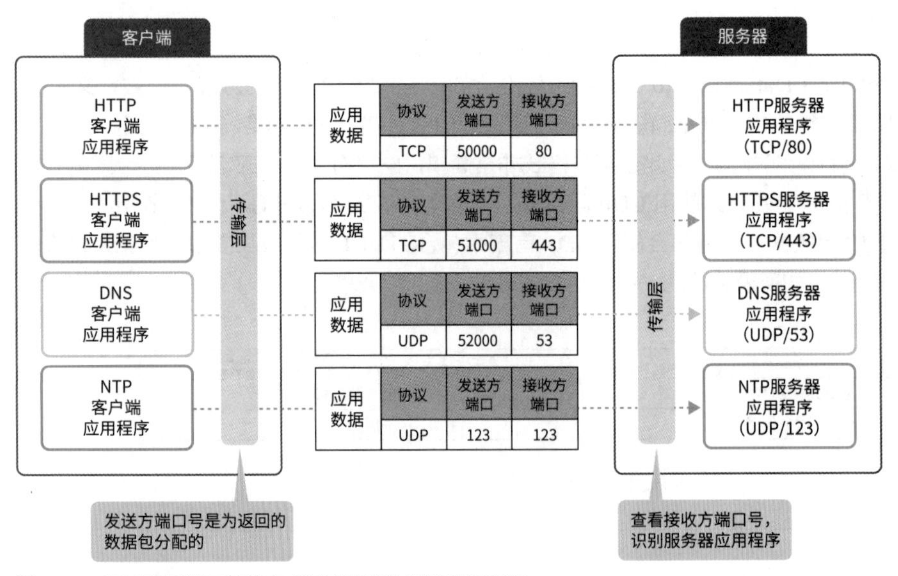

图5.1.3 • 通过查看端口号的方式识别转发数据的应用程序

① 例如，在 IPv4 中，由于受到最大数据包长度（65535 字节）的限制，因此减去 IPv4 标头的长度（20 字节）后的 65515 字节就是实际的最大值。

端口号是一种对应用层中运行的应用程序进行识别的 2 字节（16 比特）的数字，包括 0 ~ 65535 的数字，可以分为系统端口（System Ports)(Well-known Ports，熟知端口)、用户端口（User Ports），以及动态和 / 私有端口（Dynamic and/or Private Ports）3 种。其中，系统端口和用户端口主要作为识别服务器应用程序的端口号，用于接收方端口号中[①]；动态和 / 私有端口主要作为识别客户端应用程序的端口号，用于发送方端口号中[②]。

表5.1.2 • 三种端口号

端口号的范围	名　称	用　途
0 ~ 1023	System Ports（Well-known Ports）	用于一般的应用程序中
1024 ~ 49151	User Ports	用于厂商自己的应用程序中
49152 ~ 65535	Dynamic and/or Private Ports	在客户端随机分配和使用

系统端口

0 ~ 1023 的端口号属于系统端口，俗称熟知端口。系统端口由 ICANN 的互联网资源管理部门 IANA 负责管理，并与公共服务器应用程序进行唯一关联。例如，如果是 UDP 的 123 号，就是与 ntpd 和 xntpd 等时间同步中使用的 NTP 的服务器应用程序相关联；如果是 TCP 的 80 号，则是与 Apache、IIS（Internet Information Services，因特网信息服务）和 nginx 等网站中使用的 HTTP 的服务器应用程序相关联。

表5.1.3 • 具有代表性的系统端口

端口号	UDP	TCP
20	—	FTP（数据）
21	—	FTP（控制）
22	—	SSH
23	—	Telnet
25	—	SMTP
53	DNS（域名解析）	DNS（域名解析、区域传送）
69	TFTP	—
80	—	HTTP
110	—	POP3
123	NTP	—
443	HTTPS（QUIC）	HTTPS
587	—	提交端口

用户端口

1024 ~ 49151 的端口号属于用户端口。与系统端口一样，用户端口也由 IANA 负责管理，并与厂

① 有时也可以根据使用的应用程序和操作系统以及用途将其用于发送方端口号中。例如，NTP 应用程序就是将系统端口作为发送方端口号使用的。此外，在大多数 CGNAT 环境中，会将用户端口和动态和 / 私有端口作为发送方端口号使用，并将其分配给用户。

② 有时也可以根据使用的服务器应用程序将其作为接收方端口号使用。例如，如果使用的是自己的服务器应用程序，就可以将动态和 / 私有端口作为接收方端口号使用。

商开发的自己的服务器应用程序进行唯一关联。例如，如果是 TCP 的 3306 号，就是与 Oracle 公司的 MySQL（数据库服务器应用程序）相关联；如果是 TCP 的 3389 号，则是与微软公司远程桌面的服务器应用程序相关联。此外，由 IANA 进行管理的端口号公布在其官网中，大家可以自行搜索参考。

表5.1.4 • 具有代表性的用户端口

端口号	UDP	TCP
1433	—	Microsoft SQL Server
1521	—	Oracle SQL Net Listener
1985	Cisco HSRP	—
3306	—	MySQL Database System
3389	—	Microsoft Remote Desktop Protocol
4789	VXLAN	—
8080	—	Apache Tomcat
10050	Zabbix-Agent	Zabbix-Agent
10051	Zabbix-Trapper	Zabbix-Trapper

动态和 / 私有端口

49152 ~ 65535 的端口号属于动态和 / 私有端口。它不由 IANA 负责管理，而是在客户端应用程序建立连接时，作为发送方端口号随机分配的。随机地将这一范围内的端口号分配为发送方端口号，就可以知道应当将答复传递给哪一个客户端应用程序。随机分配的端口号的范围取决于操作系统，如 Windows 操作系统默认的范围是 49152 ~ 65535，Linux 操作系统（Ubuntu 20.04）默认的则是 32768 ~ 60999。虽然 Linux 操作系统使用的随机端口范围稍微超出了动态和 / 私有端口的范围，但是只要发送方端口号是客户端终端中唯一的号码，就不会存在通信问题。

5.1.3 防火墙的操作（UDP 篇）

防火墙是一种运行在传输层中的设备，是一种使用发送方 / 接收方 IP 地址、传输层协议、发送方 / 接收方端口号（5 tuple，五元组）对连接进行识别并对通信进行控制的设备。它需要根据预先设置的规则，以“允许本次通信或者拒绝本次通信”的方式对通信进行分类，来保护系统免受各种威胁。防火墙具有的这种通信控制功能被称为状态检测。状态检测需要使用对允许 / 拒绝通信进行定义的过滤规则和对通信进行管理的连接表对通信进行控制。

在这里，将对防火墙如何允许或拒绝发送 UDP 数据报进行讲解。有关 TCP 段的操作，我们将在 5.2.4 小节中进行说明。

过滤规则

过滤规则是一种对允许和拒绝哪种通信进行定义的设置。虽然根据设备供应商的不同会有各种不同的称谓，如策略和 ACL（Access Control List，访问控制列表）等名称，但基本上指代的都是同一种设置。

过滤规则是由发送方 IP 地址、接收方 IP 地址、协议、发送方端口号、接收方端口号和通信控制（操作）等设置项目组成的。例如，如果要允许公司内部局域网中的名为 192.168.1.0/24 的终端访问互联网，通常需要进行如表 5.1.5 所示的设置。

表5.1.5 • 过滤规则示例

发送方IP 地址	接收方IP 地址	协议	发送方端口号	接收方端口号	控制
192.168.1.0/24	ANY	TCP	ANY	80	允许
192.168.1.0/24	ANY	UDP	ANY	443	允许
192.168.1.0/24	ANY	TCP	ANY	443	允许
192.168.1.0/24	ANY	UDP	ANY	53	允许
192.168.1.0/24	ANY	TCP	ANY	53	允许

虽说是在互联网中进行 Web 访问，但也并不意味着只需要单纯地对 HTTP（TCP 的 80 号）进行许可即可，还需要对使用 SSL/TLS 对 HTTP 进行加密的 HTTPS（UDP 和 TCP 的 443 号）和用于将域名转换（域名解析）为 IP 地址的 DNS（UDP 和 TCP 的 53 号）进行许可。

那些无法指定的元素则可以设置为 ANY。例如，由于接收方 IP 地址取决于客户端需要访问的 Web 服务器，因此是无法进行指定的，这种情况下就可以将其设置为 ANY。此外，发送方端口号也是由操作系统随机选择的，无法进行确定，因此也可以将其设置为 ANY。

连接表

状态检测根据连接信息动态地更新上面讲解的过滤规则来提高安全级别。防火墙则是使用内存中的名为连接表的表对需要经由自己的连接信息进行管理。

连接表由发送方 IP 地址、接收方 IP 地址、协议、发送方端口号、接收方端口号、连接的状态和空闲时间等各种元素（列）组成的多个连接 Entry（行）组成。该连接表是状态检测的关键所在，也是理解防火墙机制的重要环节。

状态检测的操作

那么，防火墙是如何利用连接表，如何更新过滤规则的呢？在这里，将以图 5.1.4 所示的网络结构为例，对防火墙如何通过状态检测处理 UDP 数据报进行讲解。

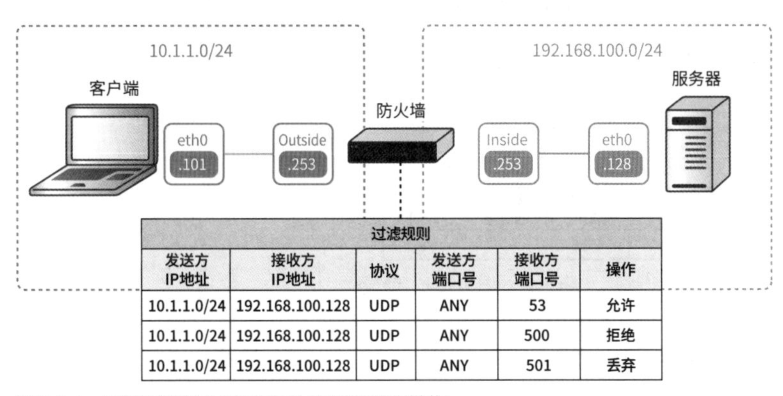

发送方IP地址	接收方IP地址	协议	发送方端口号	接收方端口号	操作
10.1.1.0/24	192.168.100.128	UDP	ANY	53	允许
10.1.1.0/24	192.168.100.128	UDP	ANY	500	拒绝
10.1.1.0/24	192.168.100.128	UDP	ANY	501	丢弃

图5.1.4 • 用于理解防火墙的通信控制的网络结构

① 防火墙需要使用客户端侧的 Outside 接口接收 UDP 数据报，并对其与过滤规则进行匹配。

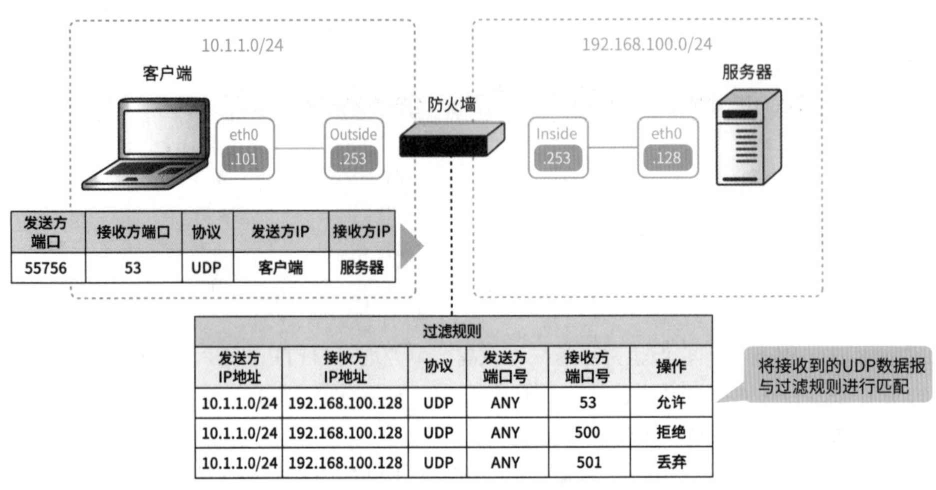

发送方端口	接收方端口	协议	发送方IP	接收方IP
55756	53	UDP	客户端	服务器

过滤规则					
发送方IP地址	接收方IP地址	协议	发送方端口号	接收方端口号	操作
10.1.1.0/24	192.168.100.128	UDP	ANY	53	允许
10.1.1.0/24	192.168.100.128	UDP	ANY	500	拒绝
10.1.1.0/24	192.168.100.128	UDP	ANY	501	丢弃

图5.1.5 ● 与过滤规则进行匹配

② 当操作与允许（Accept、Permit）的行匹配时，就可以在连接表中添加连接行。与此同时，还需要动态地添加允许与该连接行对应的返回通信的过滤规则。允许返回通信的过滤规则是指需要对连接行中的发送方和接收方进行调换。添加了连接行和过滤规则之后，就可以将 UDP 数据报转发给服务器。

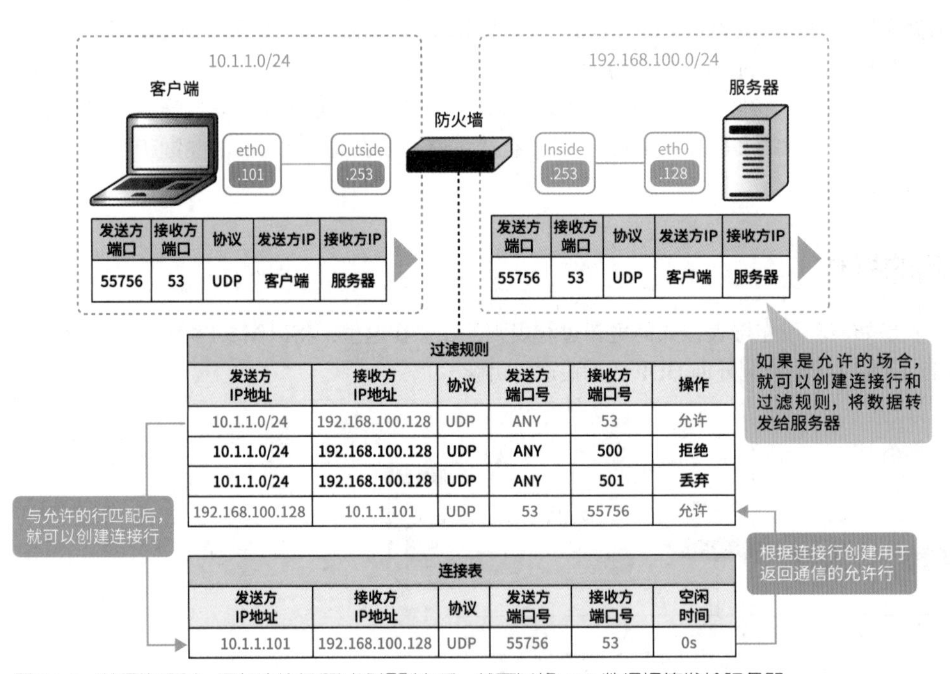

发送方端口	接收方端口	协议	发送方IP	接收方IP
55756	53	UDP	客户端	服务器

发送方端口	接收方端口	协议	发送方IP	接收方IP
55756	53	UDP	客户端	服务器

过滤规则					
发送方IP地址	接收方IP地址	协议	发送方端口号	接收方端口号	操作
10.1.1.0/24	192.168.100.128	UDP	ANY	53	允许
10.1.1.0/24	192.168.100.128	UDP	ANY	500	拒绝
10.1.1.0/24	192.168.100.128	UDP	ANY	501	丢弃
192.168.100.128	10.1.1.101	UDP	53	55756	允许

连接表					
发送方IP地址	接收方IP地址	协议	发送方端口号	接收方端口号	空闲时间
10.1.1.101	192.168.100.128	UDP	55756	53	0s

图5.1.6 ● 获得许可时，添加连接行和过滤规则之后，就可以将UDP 数据报转发给服务器

另外，当操作与拒绝（Reject）的行匹配时，防火墙就不会将连接行添加到连接表中，而会向客户端返回 Destination Unreachable（目的地不可达，类型 3）的 ICMP 数据包。

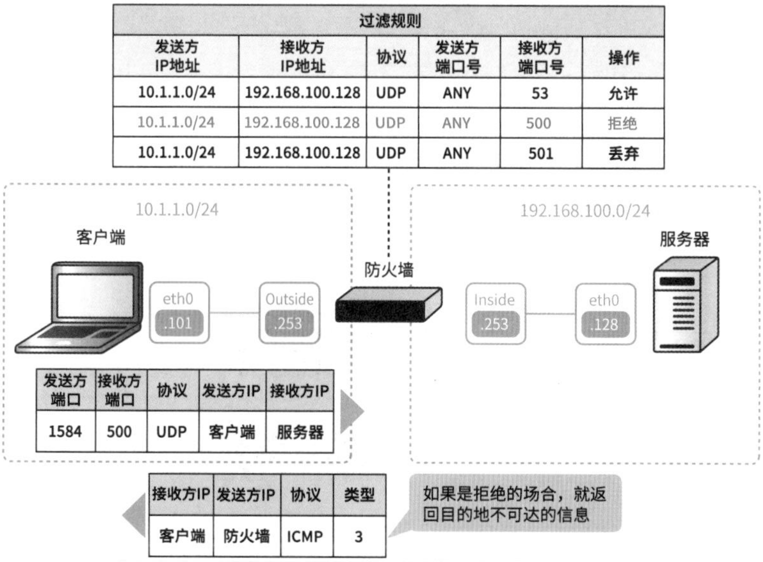

过滤规则					
发送方IP地址	接收方IP地址	协议	发送方端口号	接收方端口号	操作
10.1.1.0/24	192.168.100.128	UDP	ANY	53	允许
10.1.1.0/24	192.168.100.128	UDP	ANY	500	拒绝
10.1.1.0/24	192.168.100.128	UDP	ANY	501	丢弃

10.1.1.0/24
客户端
eth0 .101
Outside .253
防火墙
192.168.100.0/24
服务器
Inside .253
eth0 .128

发送方端口	接收方端口	协议	发送方IP	接收方IP
1584	500	UDP	客户端	服务器

接收方IP	发送方IP	协议	类型
客户端	防火墙	ICMP	3

如果是拒绝的场合，就返回目的地不可达的信息

图5.1.7 • 遭到拒绝时，就会向客户端返回Destination Unreachable

此外，当操作与丢弃（Drop）的行匹配时，防火墙不会将连接行添加到连接表中，而且也不会做任何处理。前面提到的拒绝操作，从结果上来看，会暴露那里有某些设备存在。因此，从安全方面考虑，有时并不可取。而在这一方面，丢弃操作则不会对客户端做出任何回应，只会单纯地将数据报丢弃。由于丢弃是一种悄悄地丢弃数据包的操作，因此也被称为 Silently Discard（默默丢弃）。

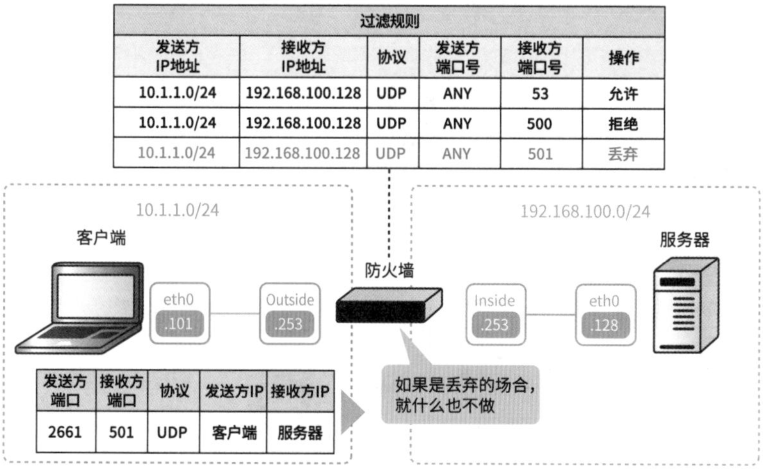

过滤规则					
发送方IP地址	接收方IP地址	协议	发送方端口号	接收方端口号	操作
10.1.1.0/24	192.168.100.128	UDP	ANY	53	允许
10.1.1.0/24	192.168.100.128	UDP	ANY	500	拒绝
10.1.1.0/24	192.168.100.128	UDP	ANY	501	丢弃

10.1.1.0/24
客户端
eth0 .101
Outside .253
防火墙
192.168.100.0/24
服务器
Inside .253
eth0 .128

发送方端口	接收方端口	协议	发送方IP	接收方IP
2661	501	UDP	客户端	服务器

如果是丢弃的场合，就什么也不做

图5.1.8 • 如果是丢弃的场合，就不会对客户端做出任何回应

③ 当操作与允许（Accept、Permit）的行匹配时，就会从服务器发出返回的通信（Reply、Response）。从服务器发出的返回通信是一种对发送方和接收方进行了调换的通信。当防火墙收到返回通信之后，就需要使用在②中创建的过滤行，执行允许控制的处理，并将数据转发给客户端。此时，连接行的空闲时间（无通信时间）需要设置为 0s。

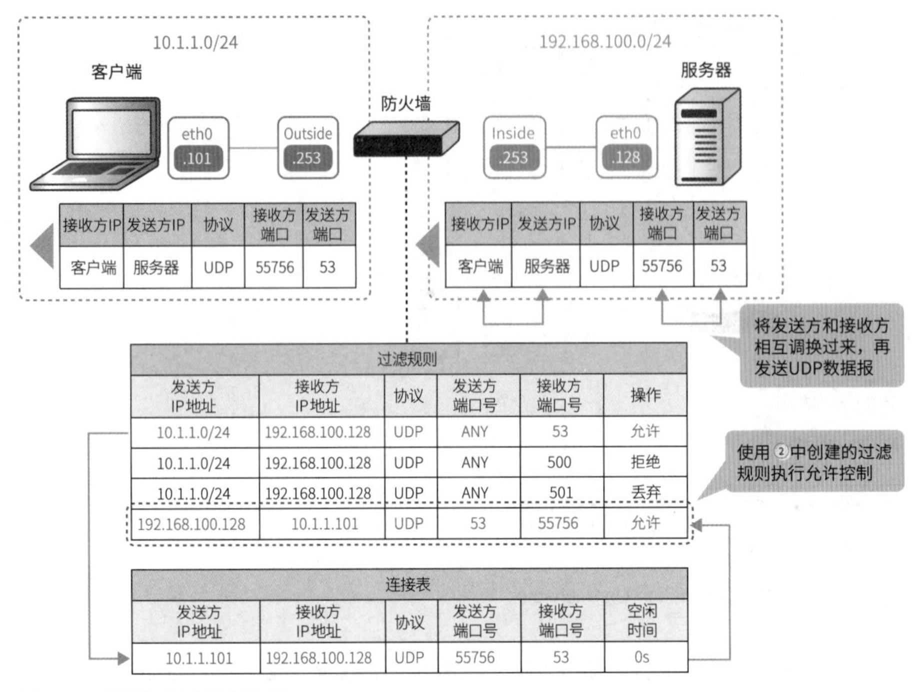

过滤规则					
发送方IP地址	接收方IP地址	协议	发送方端口号	接收方端口号	操作
10.1.1.0/24	192.168.100.128	UDP	ANY	53	允许
10.1.1.0/24	192.168.100.128	UDP	ANY	500	拒绝
10.1.1.0/24	192.168.100.128	UDP	ANY	501	丢弃
192.168.100.128	10.1.1.101	UDP	53	55756	允许

连接表					
发送方IP地址	接收方IP地址	协议	发送方端口号	接收方端口号	空闲时间
10.1.1.101	192.168.100.128	UDP	55756	53	0s

图5.1.9 • 对返回通信进行控制

④ 在结束通信之后，防火墙会对连接行的空闲时间进行计数。当超过空闲时间（空闲时间的最大值）时，就会删除连接行及其相关的过滤行。

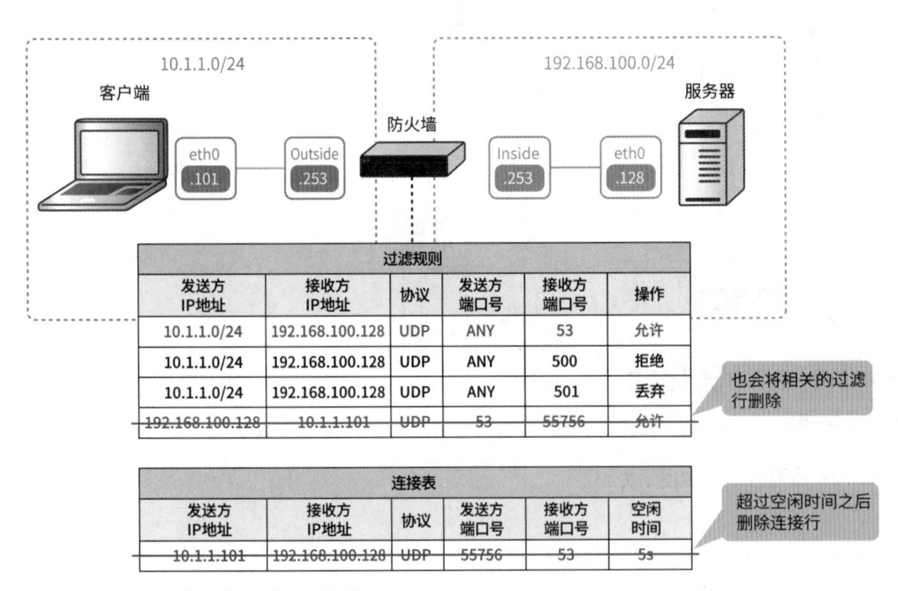

过滤规则					
发送方IP地址	接收方IP地址	协议	发送方端口号	接收方端口号	操作
10.1.1.0/24	192.168.100.128	UDP	ANY	53	允许
10.1.1.0/24	192.168.100.128	UDP	ANY	500	拒绝
10.1.1.0/24	192.168.100.128	UDP	ANY	501	丢弃
~~192.168.100.128~~	~~10.1.1.101~~	~~UDP~~	~~53~~	~~55756~~	~~允许~~

连接表					
发送方IP地址	接收方IP地址	协议	发送方端口号	接收方端口号	空闲时间
~~10.1.1.101~~	~~192.168.100.128~~	~~UDP~~	~~55756~~	~~53~~	~~5s~~

图5.1.10 • 超过空闲时间后将相关行删除

TCP

TCP（Transmission Control Protocol，传输控制协议）主要用于电子邮件、文件转发、Web 浏览器等在收发数据的过程中，对通信的可靠性有要求的应用程序中。TCP 在发送应用程序的数据之前，需要创建名为 TCP 连接的逻辑通信路径，准备好通信的环境。从各自终端的角度来看，TCP 连接是由专门用于发送的发送管道和专门用于接收的接收管道组成的。在 TCP 中，发送方的终端和接收方的终端会使用两条逻辑管道进行全双工通信，一边相互确认“发送了！”和“接收了！”的信息，一边发送数据，以提高可靠性。

虽然 YouTube 和 Facebook 中使用 QUIC（Quick UDP Internet Connections，快速 UDP 网络连接）的势头正猛，不知道今后的走向如何，但是至少截至 2020 年，互联网上超过 80％的流量仍然是由 TCP 组成的。

图5.2.1 • TCP是一边进行确认一边发送数据的

5.2.1 TCP 的数据包格式

TCP 是一种根据 RF C793 Transmission Control Protocol 文档进行标准化的协议，在 IP 首部中的协议号被定义为 6（见 P124 表 4.1.1）。TCP 为了确保数据传输的可靠性，在很多方面进行了扩展，因此想要一口气对整体进行理解是比较困难的。接下来，就让我们一边对它们进行整理，一边了解在什么时候、什么情况下应当使用哪个字段吧。

由于 TCP 要求较高的可靠性，因此数据包格式也会较为复杂。即便是首部的长度，也与 IP 首部相同，最少有 20 字节（160 比特）。它充分利用了大量字段，检查这是针对哪一个“发送了”的“接收了”，以及对数据包的收发数据量进行调整。

<table>
<tr><th></th><th colspan="2">0比特</th><th>8比特</th><th>16比特</th><th>24比特</th></tr>
<tr><td>0字节</td><td colspan="3">发送方端口号</td><td colspan="2">接收方端口号</td></tr>
<tr><td>4字节</td><td colspan="5">序列号</td></tr>
<tr><td>8字节</td><td colspan="5">确认答复号码</td></tr>
<tr><td>12字节</td><td>数据偏移</td><td>保留区域</td><td>控制比特</td><td colspan="2">窗口尺寸</td></tr>
<tr><td>16字节</td><td colspan="3">校验和</td><td colspan="2">紧急指针</td></tr>
<tr><td>可变</td><td colspan="5">选项＋填充</td></tr>
<tr><td>可变</td><td colspan="5">TCP载荷（应用数据）</td></tr>
</table>

图5.2.2 • TCP的数据包格式

■ 发送方 / 接收方端口号

端口号与 UDP 相同，是用于识别应用程序（进程）的 2 字节（16 比特）的值。客户端（发送方终端）会将操作系统在规定范围内随机分配的值设置为发送方端口号，将为每个应用程序定义的值设置为接收方端口号，并将数据发送给服务器（接收方终端）。收到数据的服务器会查看接收方端口号，判断这是哪个应用程序的数据，并将数据传递给该应用程序。

■ 序列号

序列号是一个用于正确地对 TCP 段进行排序的 4 字节（32 比特）的字段。发送方的终端会按照初始序列号（Initial Sequence Number，ISN）的顺序为接收到的来自应用程序的数据中的每字节分配序列号；接收方的终端会检查接收的 TCP 段的序列号，按照顺序对 TCP 段进行排序之后，将其传递给应用程序。

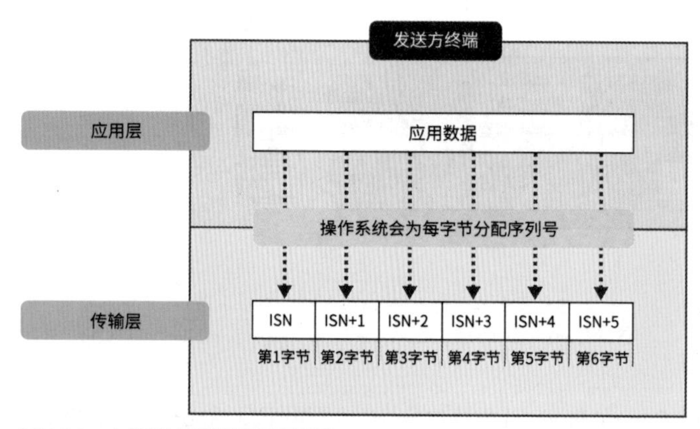

图5.2.3 • 由发送方终端分配序列号

在进行三次握手（见 5.2.2 小节）时，需要将随机的序列号设置为初始序列号，在每次发送 TCP 段时，需要增加发送的字节数。当超过 4 字节（32 比特）可管理的数据量（2^{32} = 4GB）时，会再次返回 0，并重新进行计数。

■ 确认答复号码

确认答复号码（Acknowledge 号，ACK 号）是一个用来告诉对方“接下来请把这里的数据给我”的 4 字节（32 比特）的字段，是一个只有当控制比特的 ACK Flag 变成 1 时才会启用的字段，具体是需要设置“已经完全接收的数据的序列号（最后的字节的序列号）＋ 1”的值，即“序列号＋应用程序的数据长度”的值。在这里，大家不必太过深究，只需要知道这是一种客户端向服务器发送“接下来请把这个序列号后面的数据发给我”的请求即可，这样更加有助于理解。

TCP 就是通过使用序列号和确认答复号码协同工作的方式来确保数据传输的可靠性的。

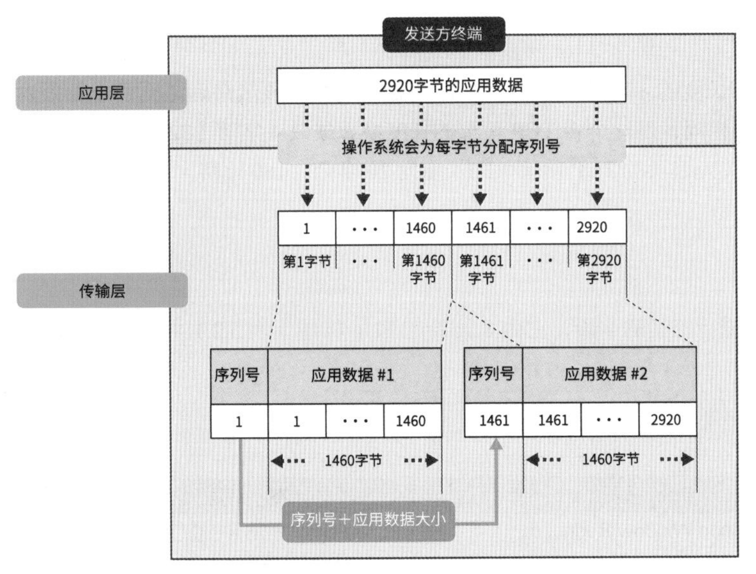

图5.2.4 • 序列号需要在每次发送TCP 段时增加发送的字节数量

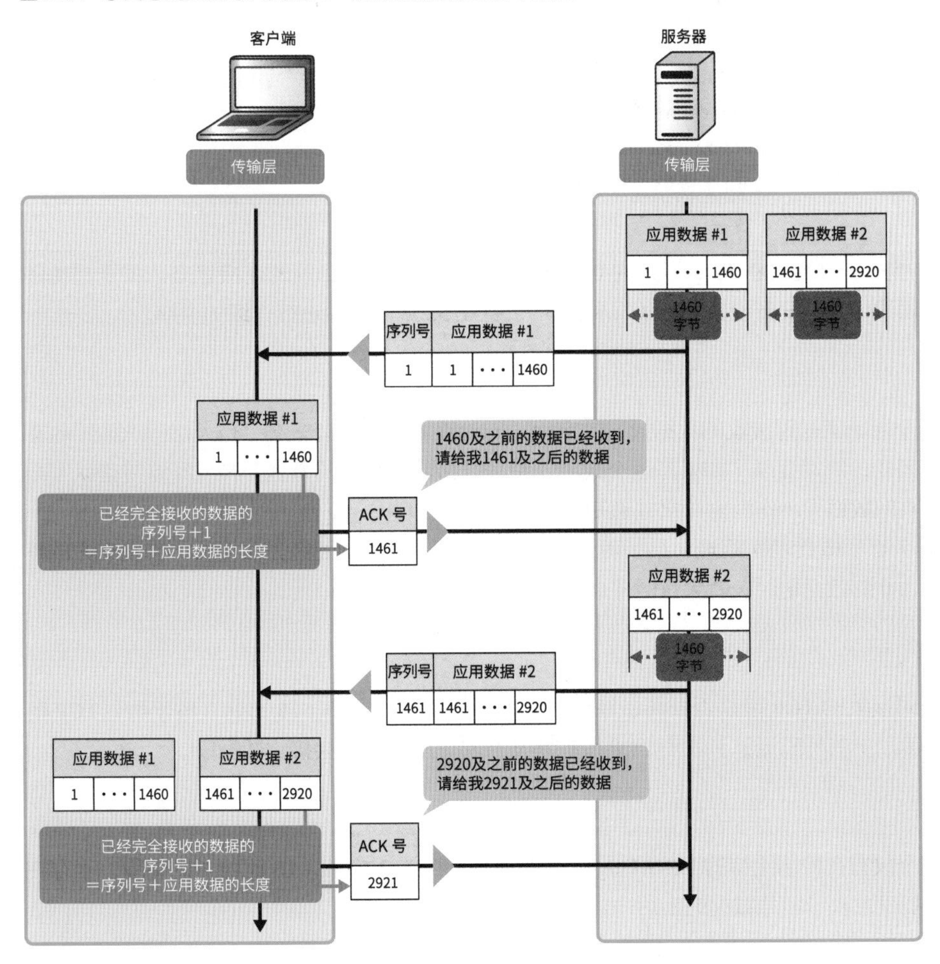

图5.2.5 • 确认答复号码

■ 数据偏移

数据偏移是一个表示 TCP 首部长度的 4 比特的字段。终端需要通过查看该值来确定到哪个部分为止是 TCP 首部。数据偏移与 IP 首部相同，是一个将 TCP 首部的长度换算成以 4 字节（32 比特）为单位的值。例如，由于最小的 TCP 首部（无选项的 TCP 首部）的长度为 20 字节（160 比特 = 32 比特 × 5），因此数据偏移就是 5。

■ 控制比特

控制比特是一个对连接的状态进行控制的字段，它由 8 比特的 Flag 构成。表 5.2.1 中对每比特及其含义进行了总结。

表5.2.1 • 控制比特

比　特	Flag 名称	说　明	概　要
第 1 比特	CWR	Congestion Window Reduced	根据 ECN-Echo，通知拥塞窗口已减小的 Flag[①]
第 2 比特	ECE	ECN-Echo	将发生拥塞的情况通知给通信对象的 Flag
第 3 比特	URG	Urgent Pointer field significant	表示紧急的 Flag
第 4 比特	ACK	Acknowledgment field significant	表示确认答复的 Flag
第 5 比特	PSH	Push Function	及时将数据传递给应用程序的 Flag
第 6 比特	RST	Reset the connection	强制断开连接的 Flag
第 7 比特	SYN	Synchronize sequence numbers	打开连接的 Flag
第 8 比特	FIN	No more data from sender	关闭连接的 Flag

TCP 在建立连接时，会通过将 Flag 设置为 0 或 1 的方式来相互传达当前的连接状态。关于具体的处理，如在什么时候和什么情况下设置 Flag（设置为 1），将在 5.2.2 小节中进行详细的讲解。

■ 窗口尺寸

窗口尺寸是一个用于通知可接收的数据大小的字段。无论终端的性能有多高，也无法一次性接收无限长度的数据包。因此，终端会以“如果是这个大小，是可以接收的哦”的方式，在无须等待确认答复的情况下，将可接收的数据大小作为窗口尺寸通知对方。

窗口尺寸由 2 字节（16 比特）组成，最多可通知 65535 字节，0 表示已经无法接收。当发送方的终端接收到窗口尺寸为 0 的数据包时，就会暂时停止发送。

■ 校验和

校验和是一个对接收的 TCP 段是否损坏、是否完整进行检查的 2 字节（16 比特）的字段。TCP 的校验和验证中也采用了 1 的补码运算。收到 TCP 段的终端在验证成功后，会接收数据段。

■ 紧急指针

紧急指针是一个只有在控制比特的 URG Flag 为 1 时才会启用的 2 字节（16 比特）的字段。当存在紧急数据时，就需要设置表示紧急数据的最后一字节的序列号。

① 用于明确通知拥塞的 ECN（Explict Congestion Notification）中。

■ 选项

选项是一个用于互相通知 TCP 相关扩展功能的字段，是一个以 4 字节（32 比特）为单位的会发生变化的字段，由排列在选项列表中的根据种类（Kind）定义的多个选项组成。选项列表的组合取决于操作系统及其版本。表 5.2.2 中对一些具有代表性的选项进行了汇总。

表5.2.2 • 具有代表性的选项

种类	选项首部	RFC	含　义
0	End Of Option List	RFC 793	表示选项列表的结尾
1	NOP（No-Operation）	RFC 793	什么都不做，只作为选项分隔符使用
2	MSS（Maximum Segment Size）	RFC 793	通知应用数据的最大分段尺寸
3	Window Scale	RFC 1323	扩展窗口尺寸的最大尺寸（65535 字节）
4	SACK（Selective ACK）Permitted	RFC 2018	支持 Selective ACK（选择性确认答复）
5	SACK（Selective ACK）	RFC 2018	支持 Selective ACK 时，通知已经收到的序列号
8	Timestamps	RFC 1323	支持对数据包的往返时间（RTT）进行测量的时间戳
30	MPTCP（Multipath TCP）	RFC 8664	支持 Multipath TCP
34	TCP Fast Open	RFC 7413	通知支持 TCP Fast Open，或者传递 Cookie 的信息

其中，特别重要的选项是 MSS（Maximum Segment Size，最大分段尺寸）和 SACK（Selective Acknowledgment，是否启用有选择的应答）。

MSS

MSS 是指 TCP 载荷（应用程序的数据）的最大分段尺寸。接下来将使用容易造成混淆的同样由带有 M 的 3 个字母组成的术语 MTU 与 MSS 进行比较和说明。

MTU 表示 IP 数据包的最大传输尺寸。正如在 4.1.1 小节中所讲解的，终端在发送较大的应用数据时，无法一次性将大的数据发送出去，而需要分成小包的数据一点点地发送。此时最大的数据包的长度单位就是 MTU。MTU 取决于传输介质，如果是以太网，MTU 就是默认的 1500 字节。

MSS 表示可以打包到 TCP 段中的应用数据的最大尺寸。除非明确地进行设置，或者是处于 VPN 环境中，否则 MSS 在 IPv4 中就是“MTU-40 字节（IPv4 首部 +TCP 首部）”，在 IPv6 中就是“MTU-60 字节（IPv6 首部 +TCP 首部）”。例如，在以太网（L2）+IPv4（L3）环境中，由于默认的 MTU 是 1500 字节，因此 MSS 就是 1460（=1500-40）字节。传输层会将应用数据切分为 MSS，再封装在 TCP 中。

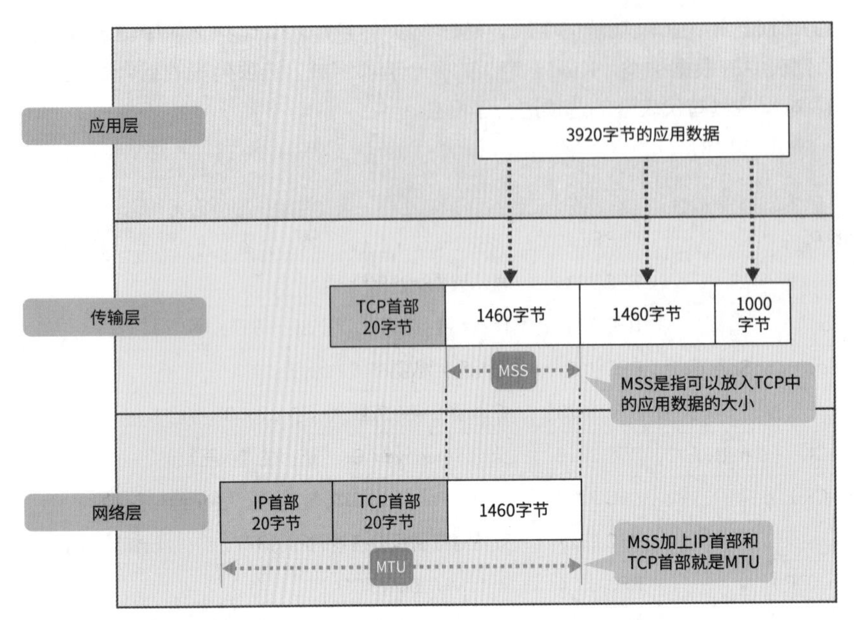

图5.2.6 • MSS与MTU

TCP 终端在进行三次握手时（P224），会通过“如果是这个 MSS 的应用程序的数据就可以接收哦”的方式告诉对方支持的 MSS 的值。

SACK

SACK 是一种只对丢失的 TCP 段重新进行发送的功能，由 RFC 2018 TCP Selective Acknowledgment Options 制定标准化，绝大多数的操作系统对其提供了支持。

由 RFC 793 定义的标准 TCP 只会通过确认答复号码的方式来确定“已经收到多少应用程序的数据”。因此，如果有一部分 TCP 段丢失，就需要将丢失的 TCP 段之后的所有 TCP 段重新发送，故而效率比较低。而如果支持 SACK，当一部分 TCP 段丢失时，就可以使用选项字段通知“接收到了哪一部分数据”的范围。再根据该信息，重新发送丢失的 TCP 段即可，以提高重新发送的效率。

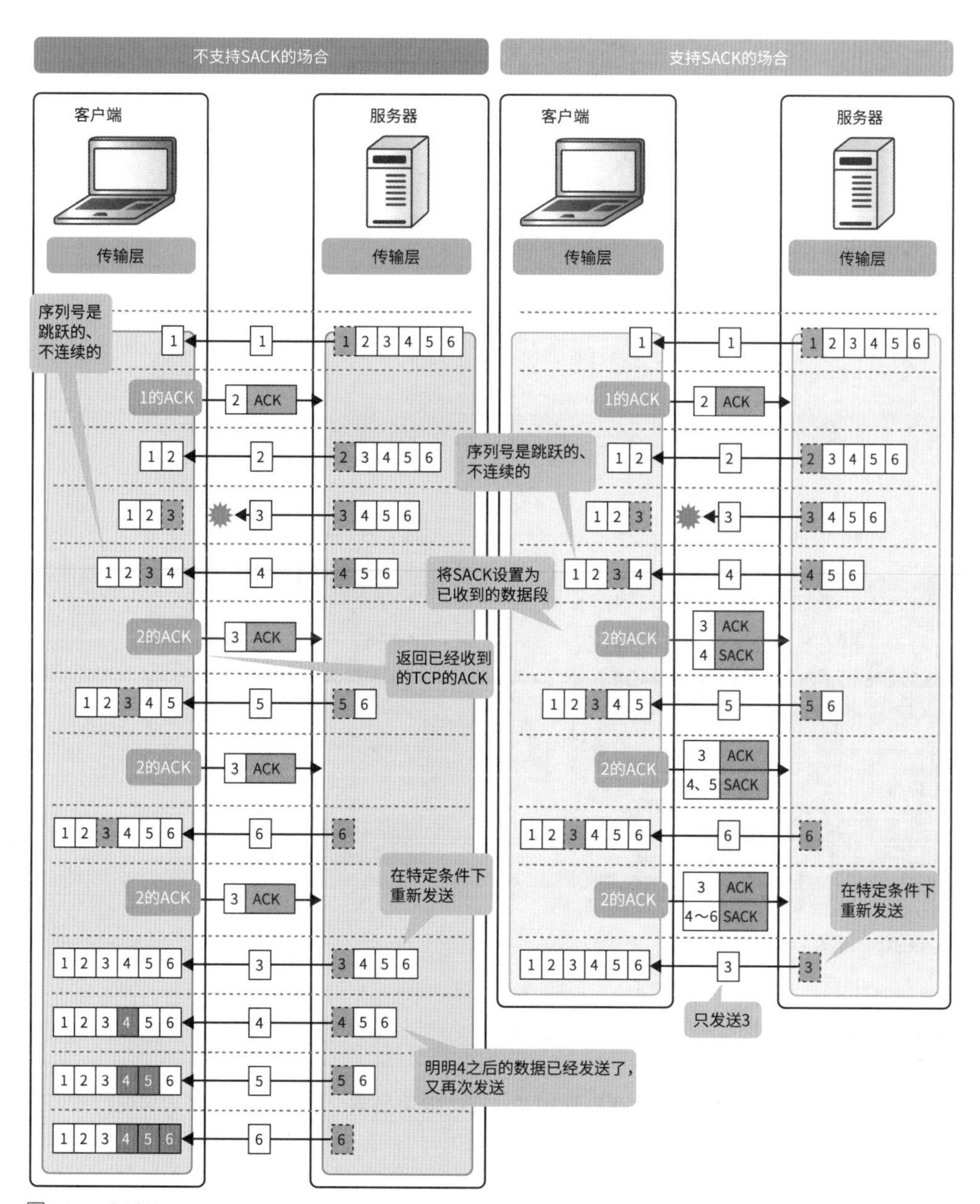

图5.2.7 • SACK

5.2.2 TCP 中的状态迁移

接下来将分成开始连接阶段、建立连接阶段、结束连接阶段这 3 个阶段对 TCP 段如何确保通信可靠性的机制进行讲解。TCP 通过将组成控制比特的 8 个 Flag 设置为 0 或 1 的方式，如图 5.2.8 所示那样对 TCP 连接的状态进行控制。下面将对每个阶段的每一种状态进行详细的讲解。首先，需要大致了解这些状态的名称，以及它们是以怎样的方式进行状态迁移的。

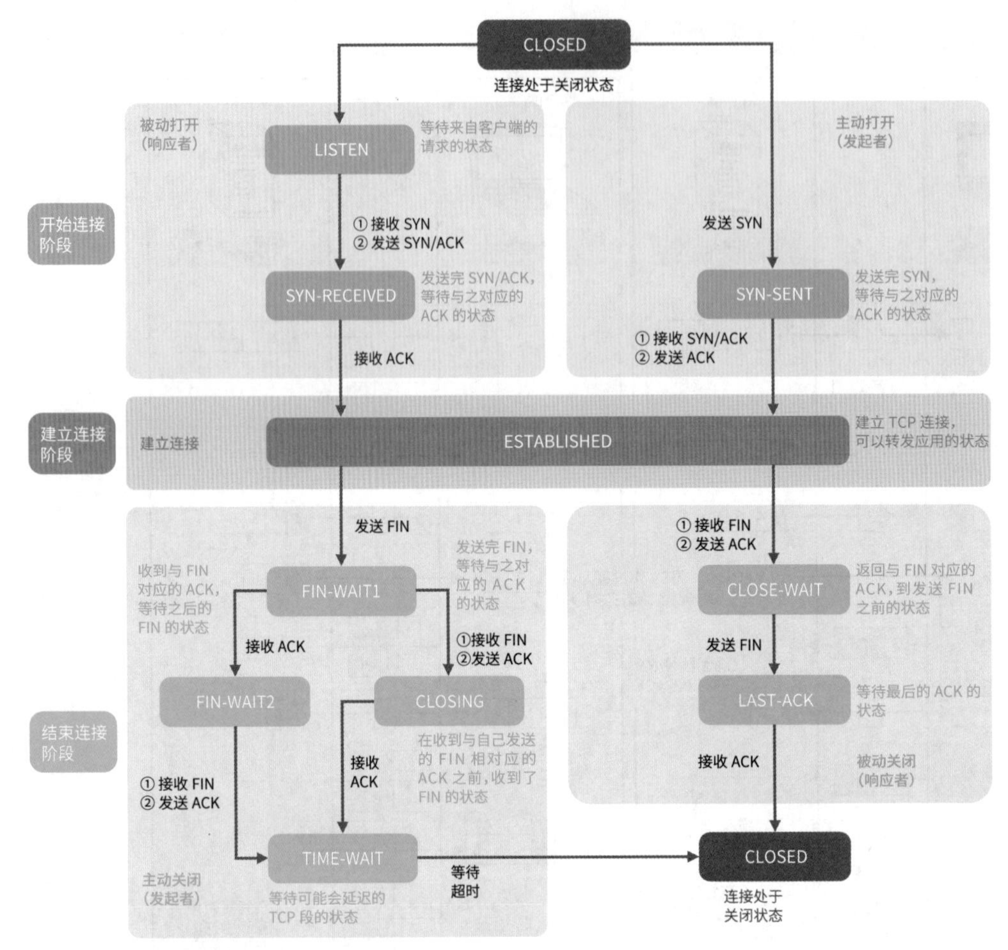

图5.2.8 • TCP连接的状态迁移

开始连接阶段

TCP 连接是从三次握手（3WHS）打开连接开始的。三次握手是指一种在建立连接之前进行的表示打招呼的处理步骤。

客户端和服务器在三次握手的过程中，需要确定彼此支持的功能和序列号，进行名为打开的准备工作。在基于三次握手的打开处理中，建立连接的一方（客户端）的处理被称为主动开，接收连接的一方（服务器）的处理则被称为被动打开。接下来介绍三次握手的流程。

① 在开始进行三次握手之前，客户端处于 CLOSED 状态，服务器则处于 LISTEN 状态。CLOSED 是指完全关闭连接的状态，即没有进行任何处理的状态；LISTEN 是指等待来自客户端的连接的状态。例如，当 Web 浏览器（Web 客户端）使用 HTTP 访问 Web 服务器时，只要 Web 浏览器没有访问 Web 服务器，就是 CLOSED 状态。另外，Web 服务器会默认将 80 号设置为 LISTEN，以便接收连接。

② 客户端会发送一个将 SYN Flag 设置为 1、序列号设置为随机值（图 5.2.9 中的 x）的 SYN 数据包，进入打开的处理。执行打开处理之后，客户端就会转换到 SYN-SENT 状态，等待后续的 SYN/ACK 数据包。

③ 收到 SYN 数据包的服务器会进入被动打开的处理。在返回一个将 SYN Flag 和 ACK Flag 设置为 1 的 SYN/ACK 数据包之后，就会转换到 SYN-RECEIVED 状态。此时的序列号是随机值（图 5.2.9 中的 y），确认答复号码则是 SYN 数据包的序列号加上 1 的值（x+1）。

④ 收到 SYN/ACK 数据包的客户端会返回将 ACK Flag 设置为 1 的 ACK 数据包，再转换到 ESTABLISHED 状态。ESTABLISHED 表示连接成功的状态。只有进入这种状态，才能对实际的应用数据进行收发处理。

⑤ 收到 ACK 数据包的服务器会转换到 ESTABLISHED 状态。只有进入这种状态，才能对实际的应用数据进行收发处理。根据这一系列的序列号和确认答复号码的交换处理，就可以确定每一个最初分配给应用数据的序列号。

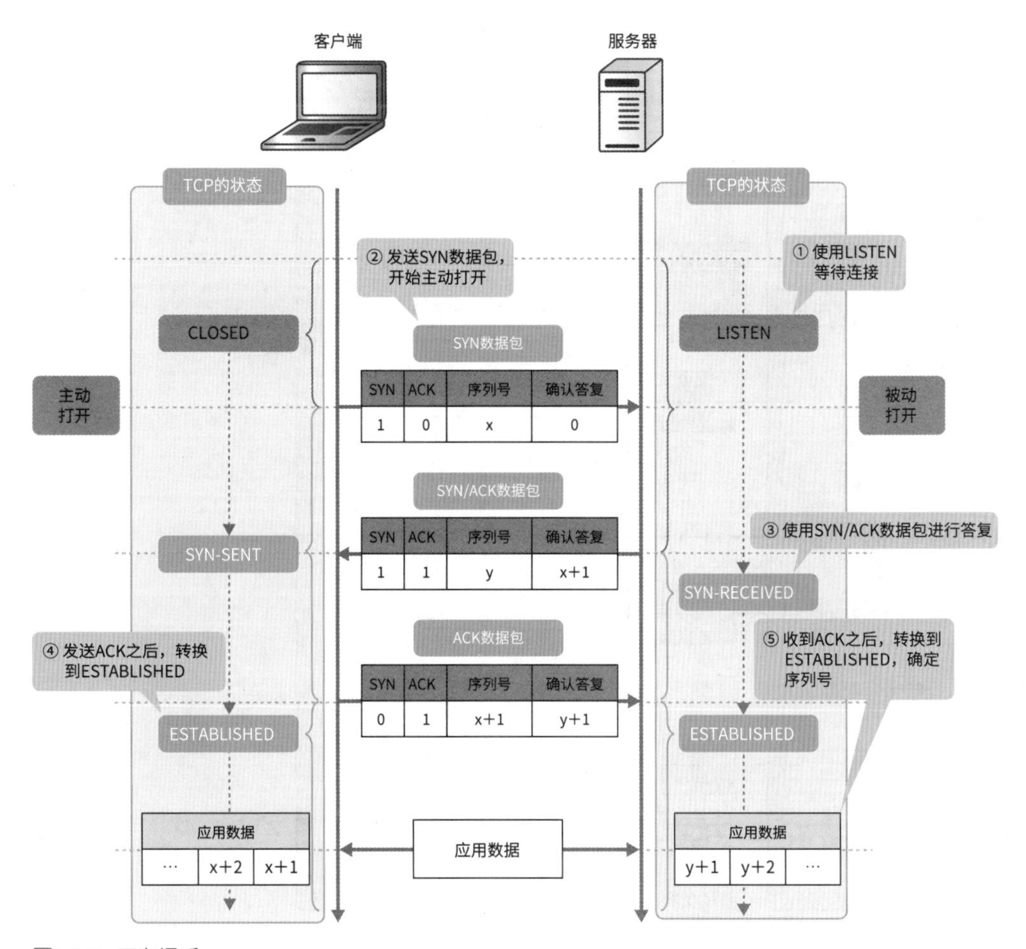

图5.2.9 • 三次握手

建立连接阶段

完成了三次握手之后，就要开始传输实际的应用数据。为了确保转发应用数据的可靠性，TCP 需要灵活地结合流量控制、拥塞控制和重传控制 3 种控制来转发数据。

■ 流量控制

流量控制是指由接收方终端进行的流量调整。正如在上一小节中所讲解的（P220“窗口尺寸”），接收方终端会使用窗口尺寸的字段来通知对方自己可以接收的数据量。只要没有超过窗口尺寸，发送方终端就可以无须等待确认答复（ACK）而持续不断地发送 TCP 段，但是超过该尺寸的数据也是无法发送的。这样一来，就可以在考虑接收方终端接收数据能力的极限的同时，尽可能发送更多的数据。这一系列操作被称为滑动窗口。

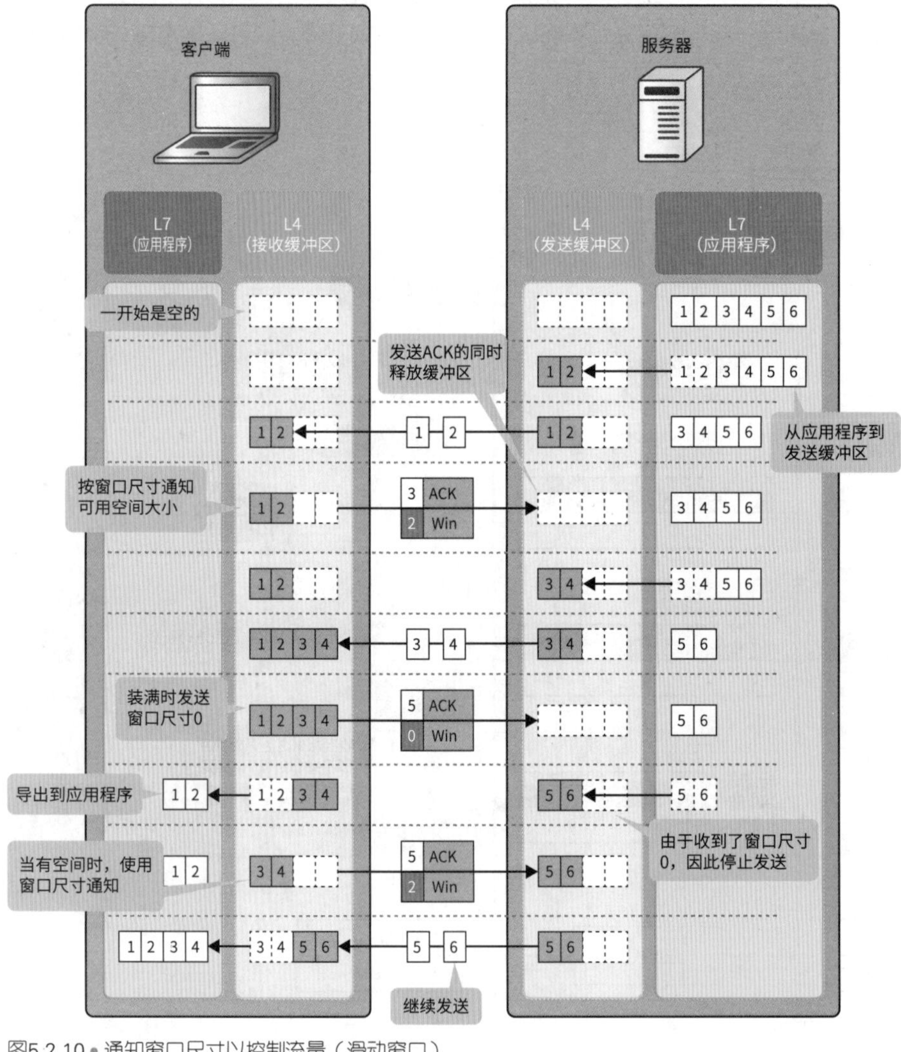

图5.2.10 • 通知窗口尺寸以控制流量（滑动窗口）

■拥塞控制

拥塞控制是指由发送方终端进行的流量调整。粗略地讲，拥塞是指网络中的拥挤状态。大家在午休时间上网时，是否会感受到网络变得“好缓慢”“好沉重”呢？这是因为到了午休时间，很多人会浏览互联网，网络上的数据包就会突然变得拥挤。如果数据包变得拥挤，网络设备就可能无法完成全部的处理，或者线路的带宽可能会受到限制，数据包可能会丢失，从而导致传输时间更长。

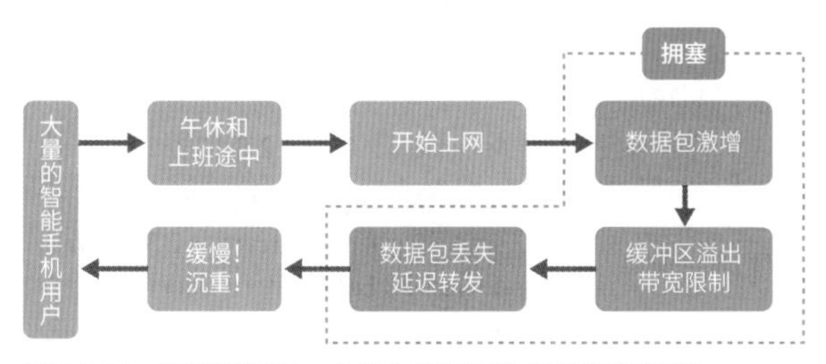

图5.2.11 • 网络拥塞时，会发生丢包和传输延迟的情形

TCP 会使用拥塞控制算法控制发送数据包的数量，使网络不会因为发送大量的数据包而导致拥塞。这个数据包的发送数量被称为拥塞窗口（Congestion Window，CWnd）。使用拥塞控制算法，可以在拥塞时减少拥塞窗口，在空闲时增加拥塞窗口。

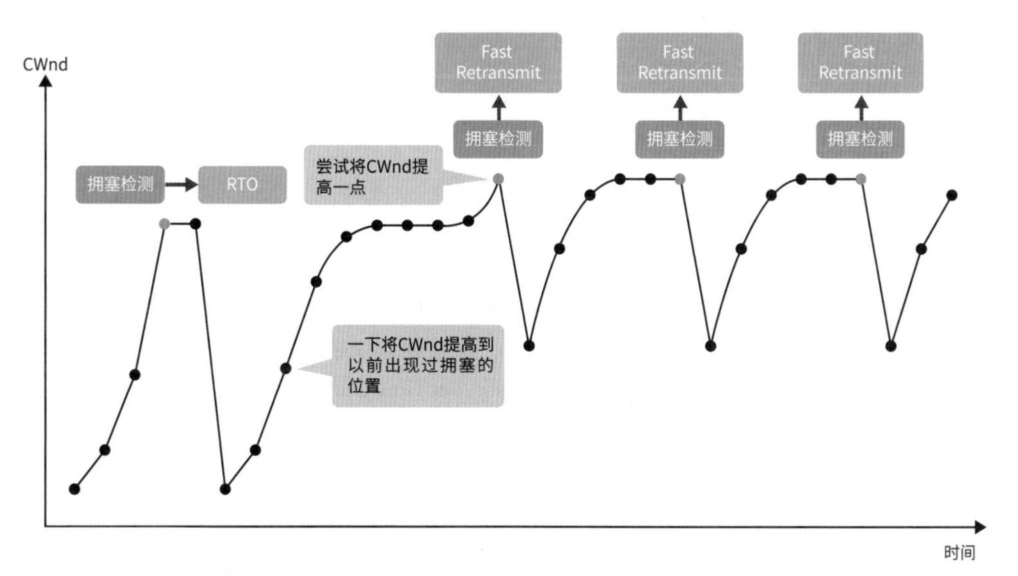

图5.2.12 • 拥塞控制示意图

拥塞控制算法可以根据使用哪种信息判断拥塞，分为基于丢失、基于延迟和基于混合 3 个种类。基于丢失是指当数据包丢失（损失）时判断为拥塞，基于延迟是指当发生延迟时判断为拥塞，基于混合则是指综合考虑数据包丢失和延迟来判断拥塞。至于需要使用哪种拥塞控制算法，取决于操作系统及其版本。例如，Windows 10 在 Creators Update（版本 1703）之前默认使用名为 CTCP 的拥塞控制算法，但是从 Fall Creators Update（版本 1709）开始转而使用名为 CUBIC 的拥塞控制算法。此外，Linux 操作系

统和 macOS 默认使用 CUBIC 拥塞控制算法。

表5.2.3 • 各种拥塞控制算法

分类	拥塞检测的方法	公布年份	拥塞控制算法	采用的操作系统、规格、特殊事项
基于丢失	发生丢包时检测系统是否陷入拥塞状态	1988 年	Tahoe	缓慢启动、Fast Retransmit
		1990 年	Reno	添加 Fast Recovery
		1996 年	New Reno	Fast Recovery 的改进版本、RFC 6582
		2003 年	High Speed（HSTCP）	RFC 3649
		2005 年	BIC	Linux kernels 2.6.8 ~ 2.6.18
		2005 年	CUBIC	BIC 的扩展版本、Linux Kernel 2.6.19 及更高版本、Android、macOS Sierra、Windows 10（Fall Creators Update 及更高版本的默认算法）
基于延迟	当实际 RTT 大于假设 RTT[1] 时检测系统是否陷入拥塞状态	1994 年	Vegas	
		2001 年	Westwood	
		2003 年	Fast TCP	
		2016 年	BBR	用于 Linux Kernel 4.9 及更高版本也可用于 YouTube 和 GCP 中
基于混合	结合基于丢失和基于延迟检测系统是否陷入拥塞状态	2005 年	CTCP	Windows 10（Creators Update 以前版本的默认算法）
		2006 年	Illinois	
		2010 年	DCTCP	

■ 重传控制

重传控制是一种在丢失数据包时重新发送数据包的功能。TCP 会根据 ACK 数据包检测数据包是否丢失，并重新发送数据包。重传控制被激活的时机有两个，一个是当接收方终端触发重复 ACK（Duplicate ACK）时，另一个是当发送方终端触发重传超时（Retransmission Time Out，RTO）时。

重复 ACK

当接收的 TCP 段的序列号是跳跃的时，接收方终端就会判断为丢失了数据包，就会连续发出相同确认答复的 ACK 数据包。这种 ACK 数据包被称为重复 ACK。

当发送方终端收到一定数量的重复 ACK 时，就会重传目标 TCP 段[2]。由重复 ACK 触发的重传控制被称为快速重传（Fast Retransmit）。触发快速重传的重复 ACK 的阈值因操作系统及其版本而异。例如，Linux 操作系统（Ubuntu 20.04）是当接收到 3 个重复 ACK 时，就会触发快速重传。

① Round-Trip Time 的缩写，是指往返通信所需花费的时间。例如，从发送 SYN 到接收 SYN/ACK 的时间就是 TCP 通信中最开始的 RTT。

② 如果启用 SACK（见 P222），只会重传丢失的 TCP 段；如果禁用 SACK，就会重传丢失的 TCP 段之后的所有 TCP 段。

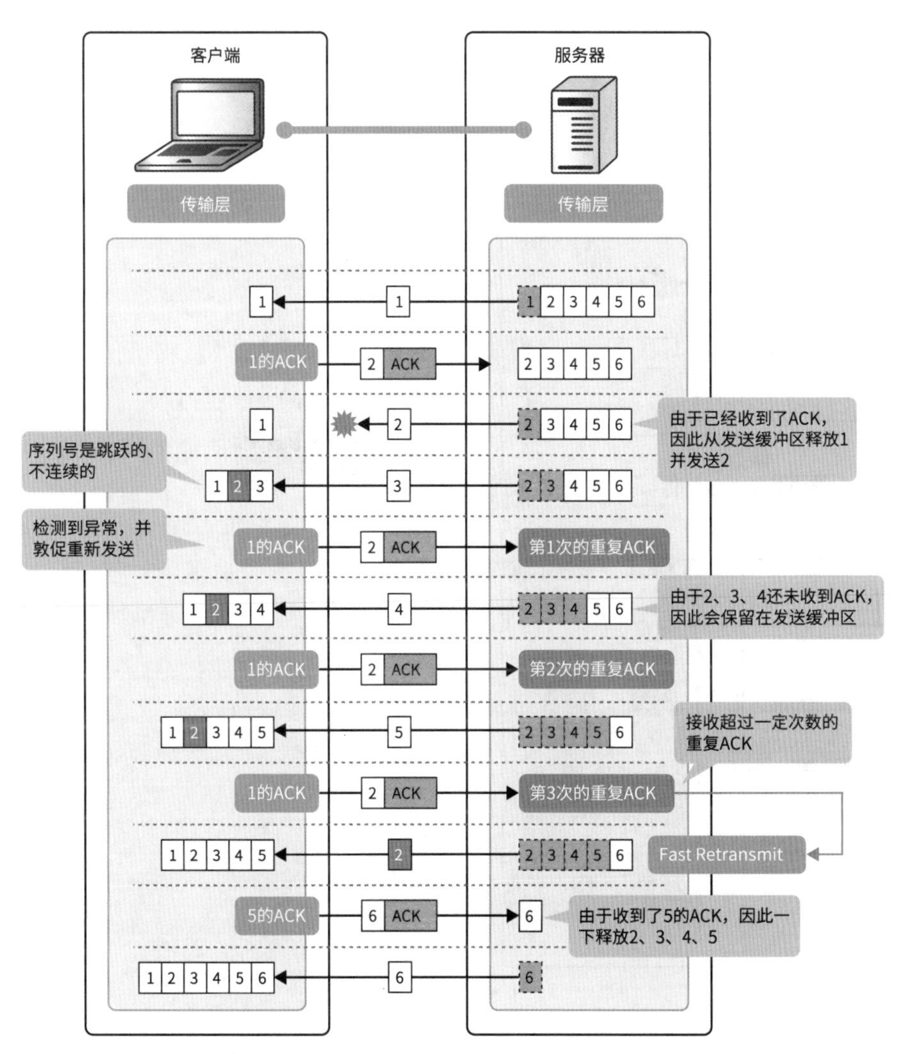

图5.2.13 • 重复ACK 触发快速重传

重传超时

发送方的终端会将发送一个 TCP 段到等待一个 ACK（确认答复）数据包的时间作为重传计时器（Retransmission Timer）进行保存。该重传计时器需要基于数学逻辑根据 RTT（数据包的往返延迟时间）计算得出，既不能太短也不能太长。粗略地说，RTT 越短，重传计时器就会越短。当重传计时器接收 ACK 数据包时会被重置。

例如，当重复 ACK 的数量较少并且没有触发快速重传时，就会达到重传超时的时间，最终需要对目标 TCP 段[①] 进行重传处理。

此外，当我们在午休时间上网时，突然感觉网速变慢，基本上就是处于这种重传超时的状态。

① 如果启用 SACK，只会重新发送超时的 TCP 段；如果禁用 SACK，就会重传超时的 TCP 段之后的所有 TCP 段。

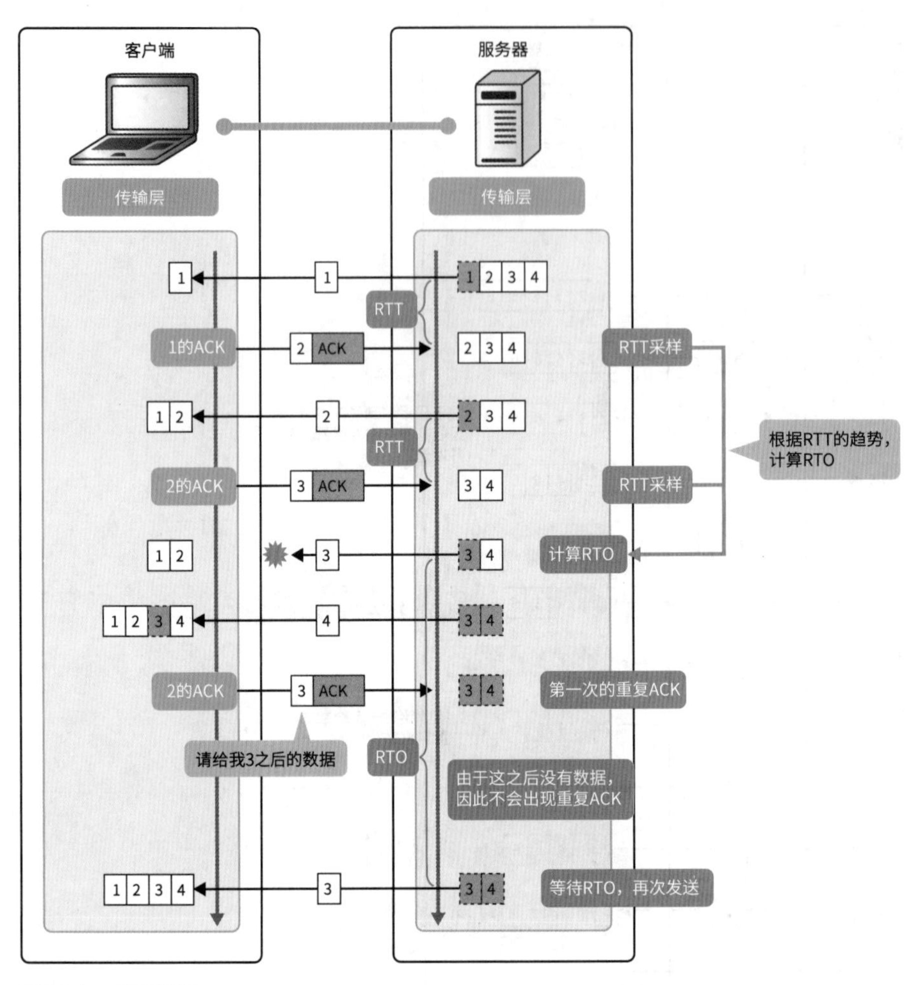

图5.2.14 • 重传超时

结束连接阶段

当应用程序的数据交换完成时，就会进行结束连接的处理。如果结束连接失败，终端中就可能会积累不必要的连接，从而挤压终端的资源。因此，结束连接的处理需要比打开处理更加仔细且慎重。

TCP 开始于三次握手，结束于四次握手。四次握手是指用于结束连接的处理步骤。客户端和服务器在进行四次握手时，彼此需要交换 FIN 数据包（FIN Flag 为 1 的 TCP 段）进行关闭的善后处理。FIN Flag 是一种表示“已经没有需要交换的数据了”的 Flag，是根据上层应用程序的行为进行分配的。

正如在开始连接阶段（见 P224）中所讲解的，连接的打开处理必须从客户端的 SYN 开始；与之相对地，关闭处理则没有明确定义是从客户端的 FIN 开始还是从服务器的 FIN 开始。无论客户端和服务器的作用是什么，先发送 FIN 结束连接的处理被称为主动关闭，接收这一处理的则被称为被动关闭。

接下来将对四次握手的流程进行讲解。在这里，为了易于理解，将假设客户端进行主动关闭，服务器进行被动关闭，在该基础上对流程进行说明。

(1) 当客户端传输完预定交换的应用数据，接收了来自应用程序的关闭处理的请求时，就会开始进行主动关闭的处理。此时，需要向服务器发送 FIN Flag 和 ACK Flag 为 1 的 FIN/ACK 数据包；同时，需要转换到 FIN-WAIT1 状态，等待来自服务器的 FIN/ACK 数据包。

(2) 收到 FIN/ACK 数据包的服务器开始进行被动关闭处理，发送一个与 FIN/ACK 数据包对应的 ACK 数据包，并委托应用程序进行关闭处理；同时，转换到 CLOSE-WAIT 状态，等待来自应用程序的关闭处理请求。

(3) 收到 ACK 的客户端会转换到 FIN-WAIT2 状态，等待来自服务器的 FIN/ACK 数据包。

(4) 当服务器收到来自应用程序的关闭处理请求时，会向客户端发送 FIN/ACK 数据包，并转换到 LAST-ACK 状态，等待与自己发送的 FIN/ACK 数据包对应的 ACK 数据包，即关闭处理中的最后一个 ACK。

(5) 客户端在收到来自服务器的 FIN/ACK 数据包之后，会针对该项请求发送 ACK 数据包，并转换到 TIME-WAIT 状态。TIME-WAIT 是一种等待可能会迟到的 ACK 数据包的类似于保险的状态。

(6) 收到 ACK 数据包的服务器会转换到 CLOSED 状态，删除连接；同时，会释放为了该连接而预留的资源。这样就完成了被动关闭处理。

(7) 转换到 TIME-WAIT 状态的客户端会等待设置的时间（超时），转换到 CLOSED 状态，并删除连接；同时，会释放为了该连接而预留的资源。这样就完成了主动关闭处理。

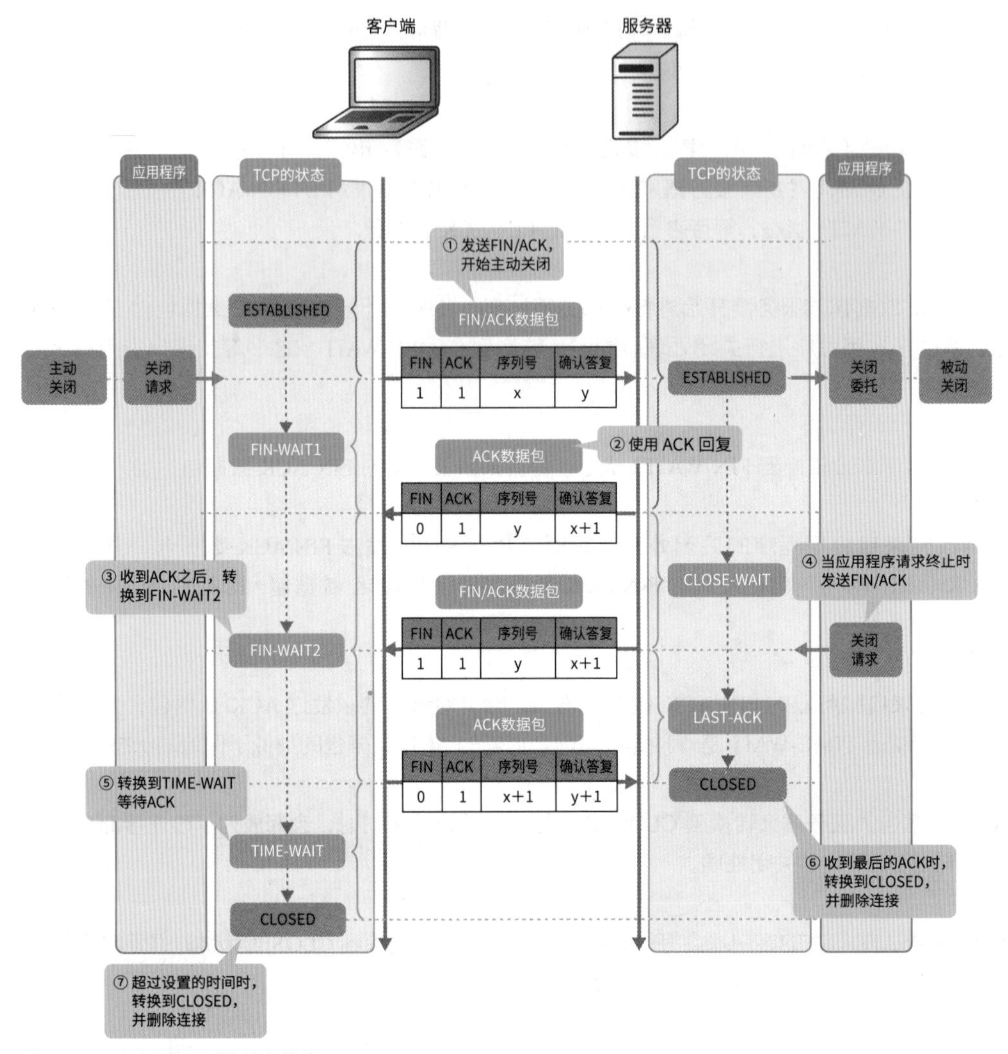

图5.2.15 • 关闭连接时的状态转换

5.2.3 各种选项功能

TCP 是一种不断发展的协议。除了上一小节中讲解的流量控制、拥塞控制和重传控制这 3 种基本的控制（见 P226）之外，还对很多选项功能进行了扩展。本书将挑选一些在最近的操作系统中实现的、实际工作现场经常会被讨论的选项功能进行介绍。

TCP 快速打开

TCP 快速打开（TCP Fast Open，TFO）是一种使用三次握手交换应用数据的功能，由 RFC 7413 TCP Fast Open 进行定义。Windows 操作系统是在 Windows 10 的 Anniversary Update（版本 1607）中实现，Linux 操作系统则是在 Linux Kernel 3.6 或更高版本中实现。

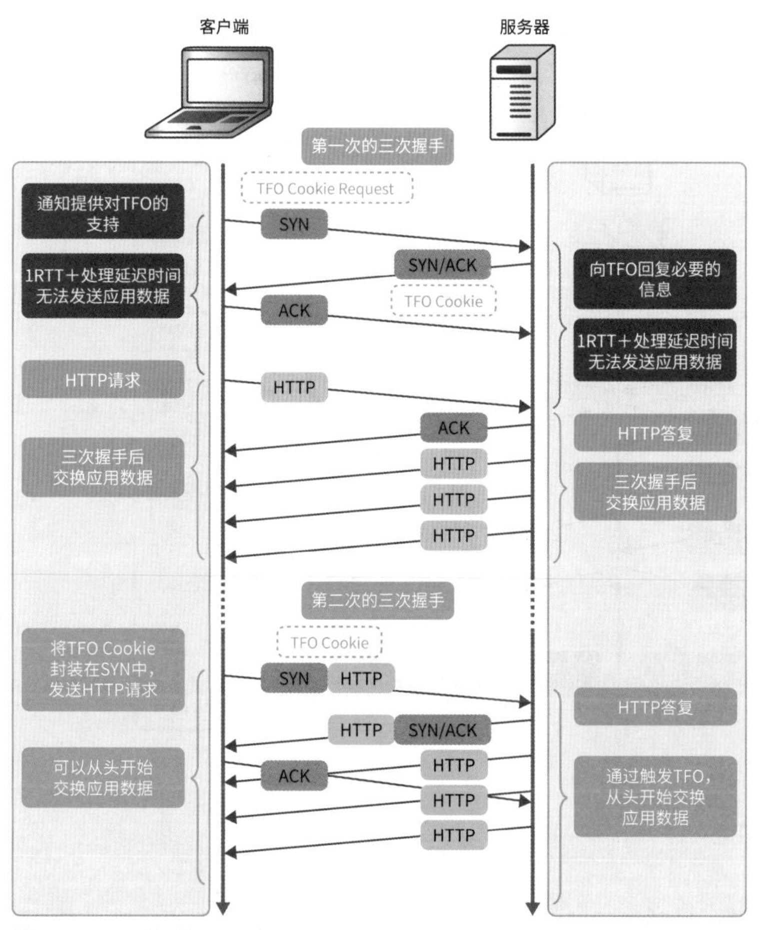

图5.2.16 • TCP快速打开

三次握手是一种在建立 TCP 连接时需要执行的处理。但是，由于其无法以 1 个往返延迟时间（RTT）+ 1 个处理延迟的形式发送应用数据，因此当需要在短时间内收发大量数据时，它就成为一种障碍。可以使用 TCP 快速打开将应用数据承载到原本不会承载应用数据的三次握手的 SYN、SYN/ACK 中，对三次握手进行有效利用。

TCP 快速打开并不是突然触发的。开始的三次握手一如往常，并不会收发应用数据，只会使用选项字段交换 TCP 快速打开时所需的信息（TFO Cookie）。在进行第二次的三次握手时，才会触发 TCP 快速打开。客户端会突然使用 SYN 发送 HTTP 请求，服务器则会使用 SYN/ACK 返回 HTTP 答复。

Nagle 算法

Nagle 算法是一种将数据量较小的 TCP 段集中在一起发送的功能。正如在前面所讲解的，TCP 为了确保可靠性，会一边发送确认答复一边发送数据。在发送较小的 TCP 段时也会采用这种处理方式。Nagle 算法可以通过集中发送小于 MSS 的较小的 TCP 段来减少 TCP 段的交换数量，从而减少数据包的往返次数。

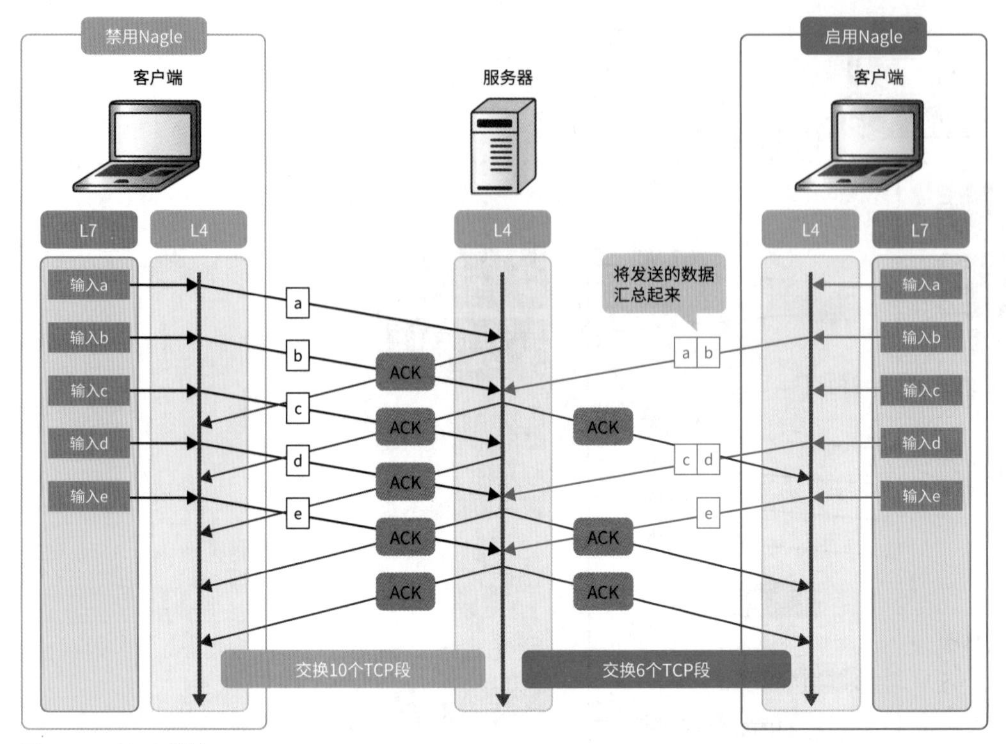

图5.2.17 ● Nagle算法

延迟 ACK

延迟 ACK（Delayed ACK）是一种稍微延迟数据量较小的 TCP 段的确认答复的功能。正如在 Nagle 算法中所讲解的，无论数据大小如何，TCP 都会默认返回 ACK 数据包。延迟 ACK 可以将不超过 MSS 的较小 TCP 段的确认答复延迟一定时间或者一定次数，将多个 ACK 一起返回，以提高通信效率。

启用延迟 ACK 时，最需要注意与 Nagle 算法的兼容性问题。延迟 ACK 是通过接收方终端延迟 ACK 数据包的答复来提高通信效率的，而 Nagle 算法则是通过延迟发送方终端发送的 TCP 段来提高通信效率的。如果对彼此同时启用了这两种功能，就会频繁地出现微妙的偏差，无法保持实时通信。因此，在重视实时性的 TCP 环境中，存在禁用同时使用延迟 ACK 和 Nagle 算法的情况[①]。

① 如果是 Windows 操作系统，延迟 ACK 是通过添加名为 TCPAckFrequency 的注册表键的方式，Nagle 算法则是通过添加名为 TCPNoDelay 的注册表键的方式进行设置的。

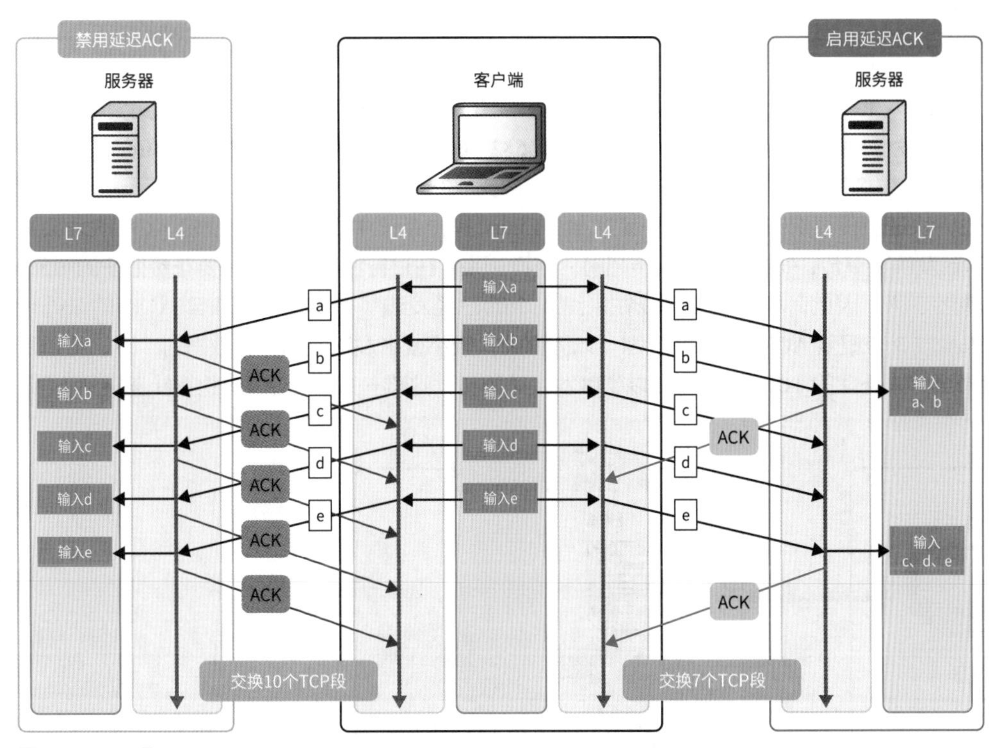

图5.2.18 • 延迟ACK

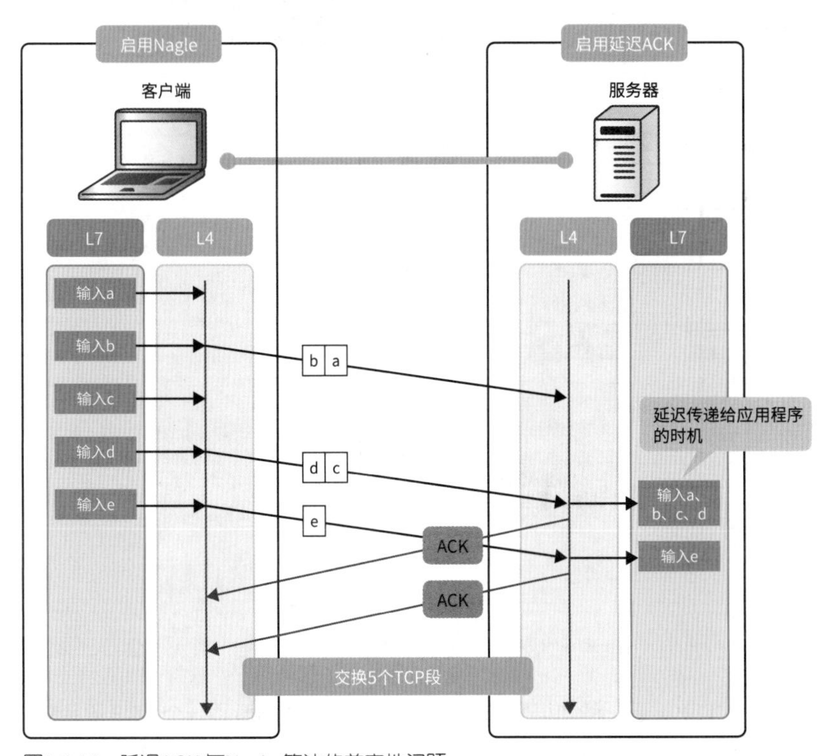

图5.2.19 • 延迟ACK 与Nagle 算法的兼容性问题

早期重传

早期重传（Early Retransmit）是一种在未触发快速重传的特定 TCP 环境中，通过降低重复 ACK 的阈值的方式触发快速重传的功能。它由 RFC 5827 Early Retransmit for TCP and Stream Control Transmission Protocol（SCTP）进行标准化，并在 Linux Kernel 3.5 或更高版本中实现。

如前所述，快速重传只有在收到超过一定次数（Linux 操作系统中是三次）的重复 ACK 时才会被触发。如果不触发快速重传，就必须等待重传超时。这样一来，在进行重传之前就需要花费很多的时间，吞吐量就会骤然下降。因此，早期重传可以在未满 4 个的已经发送了数据但还未收到 ACK 的未处理 TCP 段，且未生成 3 个重复 ACK 的 TCP 状态（如拥塞窗口较小或者发送最后一个数据时）下，将重复 ACK 的阈值降至“未处理的 TCP 段数 -1”，以便触发快速重传。这样一来，就可以防止吞吐量突然下降。

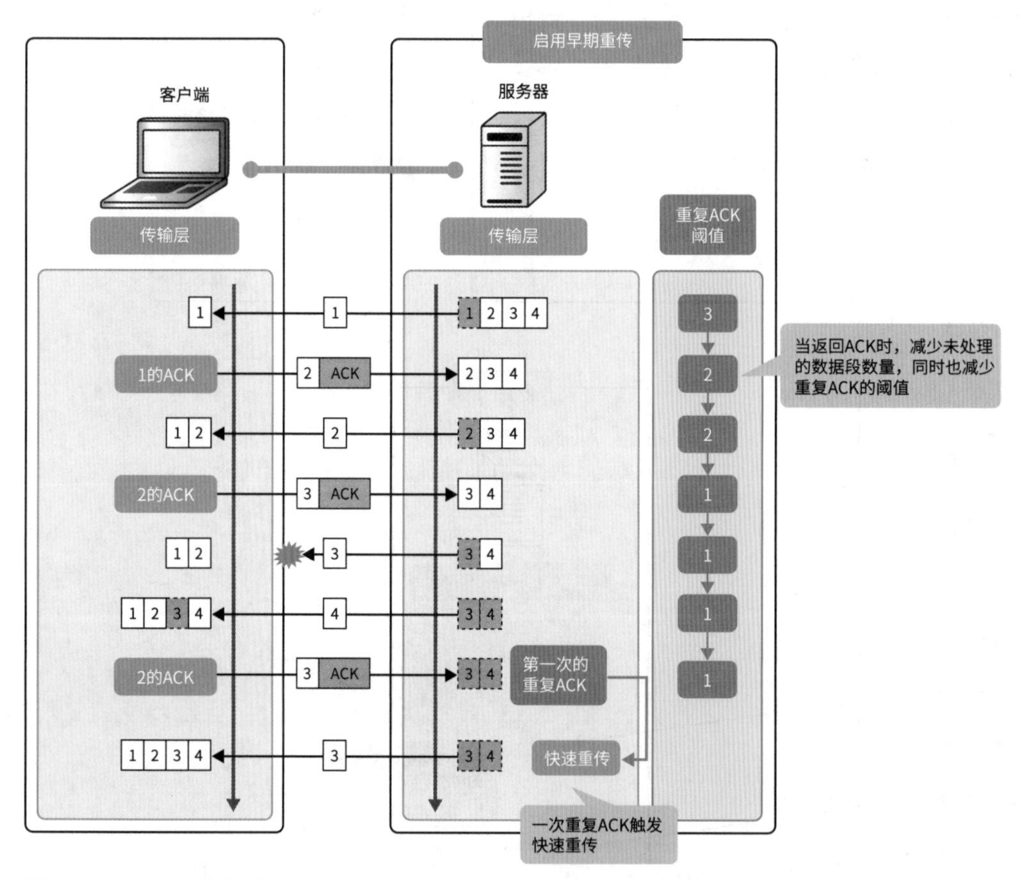

图5.2.20 • 启用早期重传时的数据交换处理

尾部丢失探测

尾部丢失探测（Tail Loss Probe，TLP）是一种如果发送的一连串 TCP 段中的最后一个 TCP 段丢失，就可以尝试在重传超时之前重新发送的功能。Windows 10 是在 Anniversary Update（版本 1607）中实现，

Linux 操作系统则是在 Linux Kernel 3.10 或更高版本中实现。

如前所述（见 P228），快速重传只有在收到超过一定次数（Linux 操作系统中是三次）的重复 ACK 时才会被触发。因此，即使在发送的 TCP 段变得越来越少的最后部分丢失了数据包，也会由于重复 ACK 的次数不够而不触发快速重传。因此，尾部丢失探测除定义了重传超时之外，还对在计算上通常比重传超时更短的值——探测超时（Probe Timeout，PTO）进行了定义。在每次发送数据时都会启动计时器，当达到探测超时时，就会尝试重新发送。此外，它还可以与早期重传协作触发快速重传。

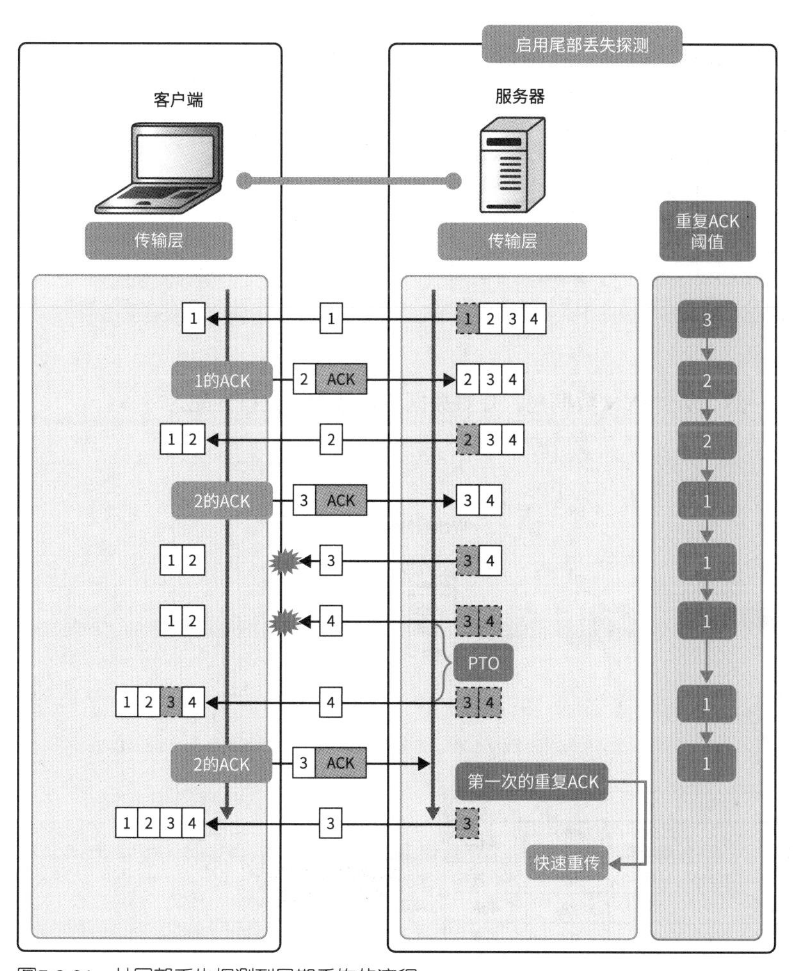

图5.2.21 • 从尾部丢失探测到早期重传的流程

5.2.4 防火墙的操作（TCP 篇）

如 5.1.3 小节所述，防火墙是一种使用发送方 / 接收方 IP 地址、传输层协议和发送方 / 接收方端口号对连接进行识别，从而进行通信控制的网络设备。它需要使用对允许 / 拒绝通信进行定义的过滤规则和对通信进行管理的连接表执行状态检测处理。

TCP 与 UDP 相同，重点在于过滤规则和连接表这一点是不变的。但是，它需要在连接表中添加表示连接信息的列，再根据该信息对连接行进行管理。

在这里，假设在图 5.2.22 所示的网络环境中，客户端（Web 浏览器）使用 HTTP（TCP/80 号）访问 Web 服务器，对常规的状态检测操作进行讲解。

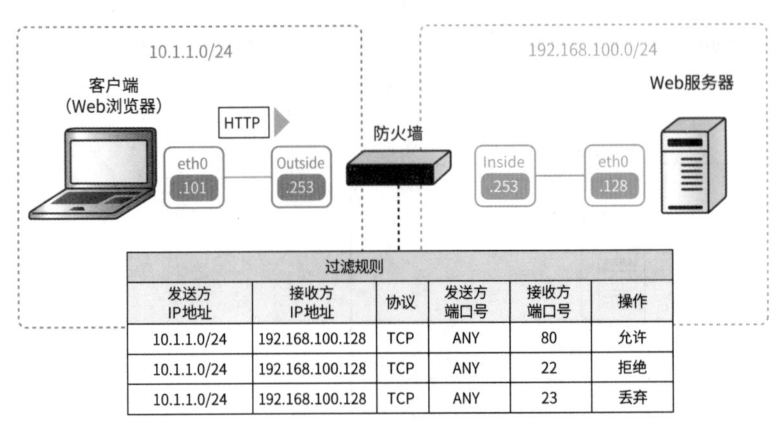

过滤规则					
发送方IP地址	接收方IP地址	协议	发送方端口号	接收方端口号	操作
10.1.1.0/24	192.168.100.128	TCP	ANY	80	允许
10.1.1.0/24	192.168.100.128	TCP	ANY	22	拒绝
10.1.1.0/24	192.168.100.128	TCP	ANY	23	丢弃

图5.2.22 • 用于理解防火墙的通信控制的网络结构

(1) 防火墙通过客户端的 Outside 接口接收 SYN 数据包，并对数据和过滤规则进行匹配。

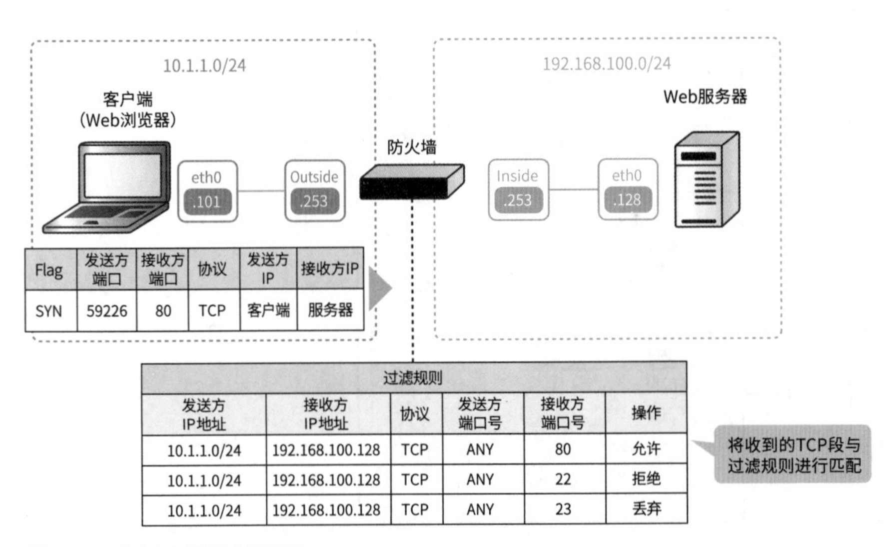

Flag	发送方端口	接收方端口	协议	发送方IP	接收方IP
SYN	59226	80	TCP	客户端	服务器

过滤规则					
发送方IP地址	接收方IP地址	协议	发送方端口号	接收方端口号	操作
10.1.1.0/24	192.168.100.128	TCP	ANY	80	允许
10.1.1.0/24	192.168.100.128	TCP	ANY	22	拒绝
10.1.1.0/24	192.168.100.128	TCP	ANY	23	丢弃

图5.2.23 • 与过滤规则进行匹配

(2) 当操作与允许（Accept、Permit）的行匹配时，防火墙就可以向连接表中添加连接行。与此同时，需要动态地添加与该连接行对应的、对返回通信进行许可的过滤规则。返回通信的规则是指需要对连接行中的发送方和接收方进行调换处理。添加了过滤行之后，即可向服务器转发 TCP 段。

当操作与拒绝（Reject）的行匹配时，防火墙就不会向连接表中添加连接行，而会向客户端返回 RST 数据包。

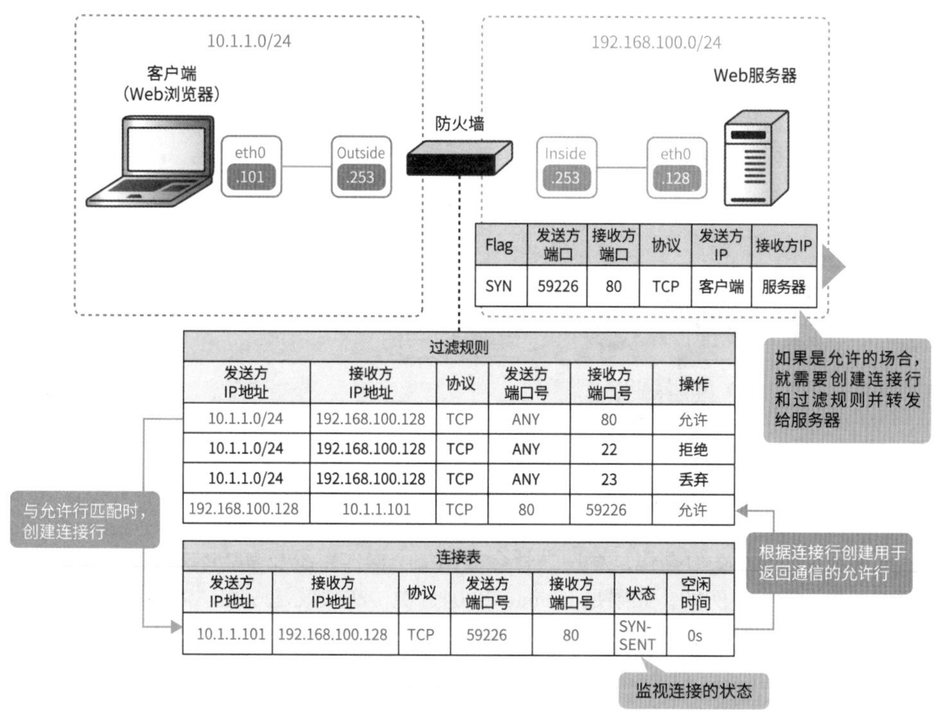

过滤规则					
发送方IP地址	接收方IP地址	协议	发送方端口号	接收方端口号	操作
10.1.1.0/24	192.168.100.128	TCP	ANY	80	允许
10.1.1.0/24	192.168.100.128	TCP	ANY	22	拒绝
10.1.1.0/24	192.168.100.128	TCP	ANY	23	丢弃
192.168.100.128	10.1.1.101	TCP	80	59226	允许

连接表						
发送方IP地址	接收方IP地址	协议	发送方端口号	接收方端口号	状态	空闲时间
10.1.1.101	192.168.100.128	TCP	59226	80	SYN-SENT	0s

图5.2.24 • 如果允许通信，就需要添加连接行并转发到服务器

过滤规则					
发送方IP地址	接收方IP地址	协议	发送方端口号	接收方端口号	操作
10.1.1.0/24	192.168.100.128	TCP	ANY	80	允许
10.1.1.0/24	192.168.100.128	TCP	ANY	22	拒绝
10.1.1.0/24	192.168.100.128	TCP	ANY	23	丢弃

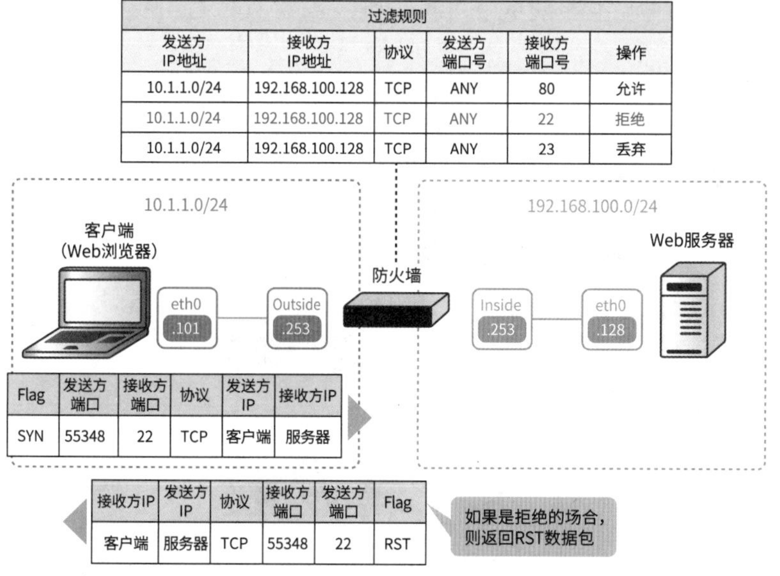

图5.2.25 • 如果遭到拒绝，则将RST 数据包返回给客户端

当操作与丢弃（Drop）的行匹配时，就和 UDP 的处理相同，防火墙不会将连接行添加到连接表中，也不会对客户端做出任何回应，而会悄悄地将 TCP 段丢弃，就好像什么事都没有发生一样。

过滤规则					
发送方IP地址	接收方IP地址	协议	发送方端口号	接收方端口号	操作
10.1.1.0/24	192.168.100.128	TCP	ANY	80	允许
10.1.1.0/24	192.168.100.128	TCP	ANY	22	拒绝
10.1.1.0/24	192.168.100.128	TCP	ANY	23	丢弃

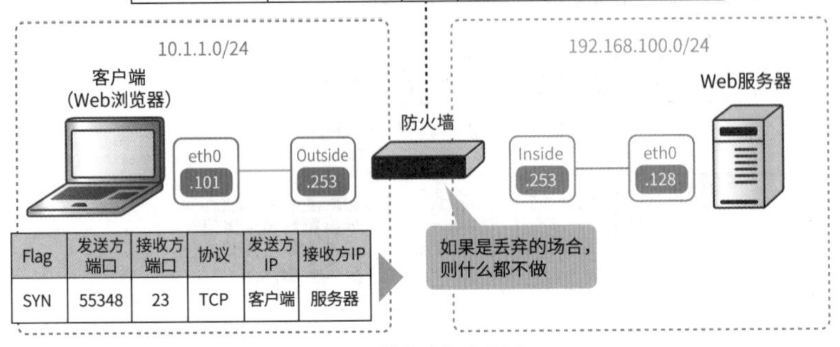

图5.2.26 • 如果是丢弃，则无须对客户端做出任何回应

此外，如果没有返回 SYN/ACK 数据包，客户端就会根据每个操作系统及其版本规定的时间间隔，以规定的次数继续再次发送 SYN。例如，如果是 Ubuntu 20.04，重传次数就是 6 次，需要以 2^{N-1} s 的间隔（N 表示第 N 次重传）再次发送 SYN 数据包。

③ 当操作与允许（Accept、Permit）的行匹配时，服务器就会返回 SYN/ACK 数据包。该返回通信是一种将发送方和接收方调换的通信。当防火墙接收到返回通信时，会使用在②中创建的过滤规则，执行允许控制，并将数据转发给客户端；同时，需要根据连接的状态，将连接行的状态 SYN-SENT 更新为 ESTABLISHED，并将空闲时间（无通信时间）设置为 0s。

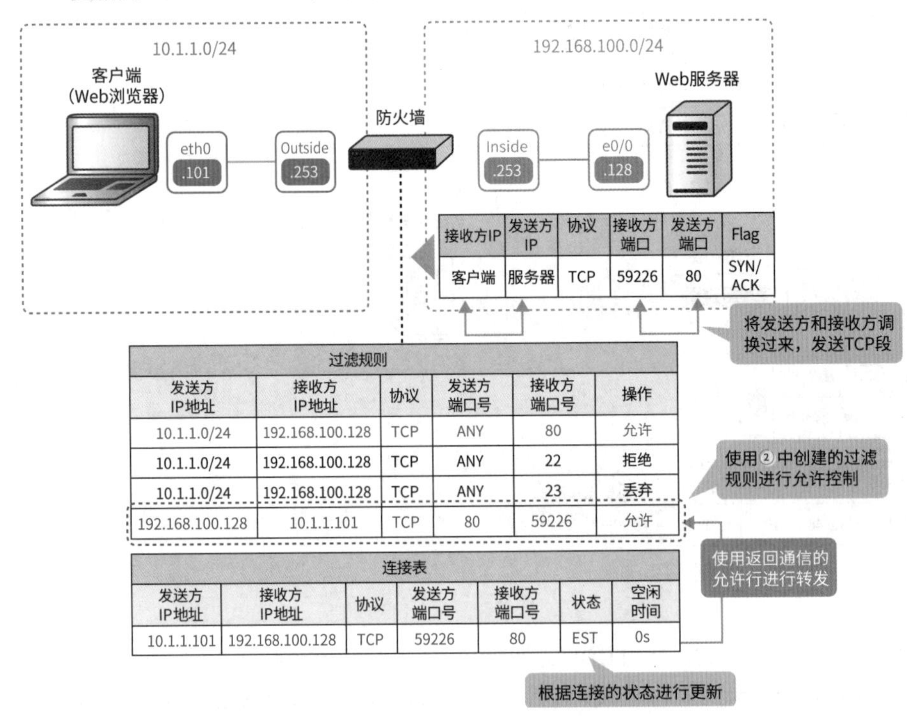

过滤规则					
发送方IP地址	接收方IP地址	协议	发送方端口号	接收方端口号	操作
10.1.1.0/24	192.168.100.128	TCP	ANY	80	允许
10.1.1.0/24	192.168.100.128	TCP	ANY	22	拒绝
10.1.1.0/24	192.168.100.128	TCP	ANY	23	丢弃
192.168.100.128	10.1.1.101	TCP	80	59226	允许

连接表						
发送方IP地址	接收方IP地址	协议	发送方端口号	接收方端口号	状态	空闲时间
10.1.1.101	192.168.100.128	TCP	59226	80	EST	0s

图5.2.27 • 对返回通信进行控制

④ 发送完应用数据之后，就需要基于四次握手执行关闭处理。防火墙会根据客户端和 Web 服务器之间交换 FIN/ACK → ACK → FIN/ACK → ACK 数据包的流程删除连接行，同时也会将返回通信的过滤规则删除。

此外，如果在发送应用数据的过程中，由于终端宕机而导致无法顺利关闭连接，就会无法进行④的处理，那些不需要的连接行和返回通信的过滤规则就会继续保留在防火墙的内存中。防火墙为了不让这些数据消耗额外的内存资源，在超过空闲时间时，会将连接行和返回通信的过滤规则删除，并释放内存。

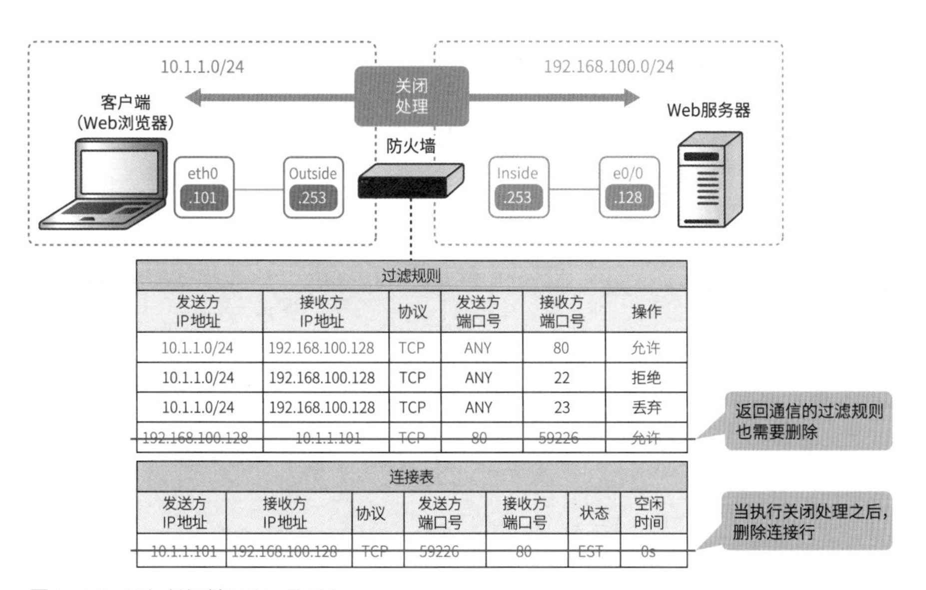

过滤规则					
发送方IP地址	接收方IP地址	协议	发送方端口号	接收方端口号	操作
10.1.1.0/24	192.168.100.128	TCP	ANY	80	允许
10.1.1.0/24	192.168.100.128	TCP	ANY	22	拒绝
10.1.1.0/24	192.168.100.128	TCP	ANY	23	丢弃
~~192.168.100.128~~	~~10.1.1.101~~	~~TCP~~	~~80~~	~~59226~~	~~允许~~

连接表						
发送方IP地址	接收方IP地址	协议	发送方端口号	接收方端口号	状态	空闲时间
~~10.1.1.101~~	~~192.168.100.128~~	~~TCP~~	~~59226~~	~~80~~	~~EST~~	~~0s~~

图5.2.28 • 执行关闭处理之后删除行

chapter

6

应 用 层

应用层是一种专门负责提供各种功能，以便应用程序能够在网络上顺利运行的网络分层。经过物理层、数据链路层和网络层的层层转发，并经过传输层完成分类后的数据包，最终需要通过应用层执行实际的处理。

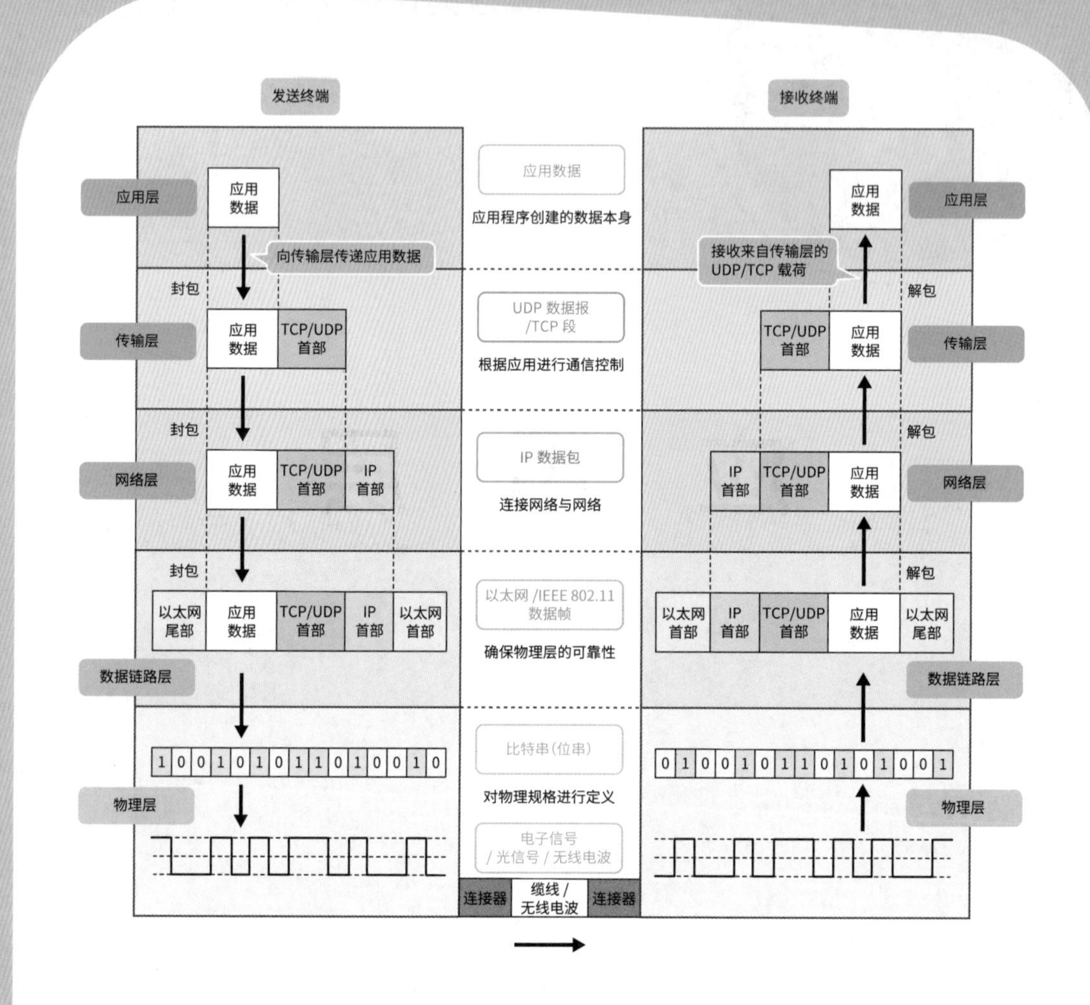

应用层负责执行应用程序处理，用于连接应用程序与用户的分层。传输层则负责执行转发控制，并为每个应用程序的数据包进行分类转发的分层。除此之外，传输层不负责任何其他处理。收到数据包的应用程序会根据具体的应用执行相应的处理。例如，当Web浏览器访问Web服务器时，首先需要使用物理层、数据链路层和网络层的协议将数据包发送给Web服务器；然后需要使用传输层的协议将数据包经过分类转发给HTTP服务器应用程序；最后需要使用应用层的协议，通过HTTP服务器应用程序执行对数据包的处理操作。

应用层的协议是将会话层（第5层，L5）、表示层（第6层，L6）和应用层（第7层，L7）集中起来，作为一整个应用程序协议进行标准化的。在本书中，在对众多应用程序协议中常用的标准用户协议，如HTTP、HTTPS和DNS进行讲解之后，会再按照类别挑选诸如运营管理协议和冗余协议等在构建网络时发挥重要作用的协议进行讲解。

chapter 6-1 HTTP

在应用层中运行的应用程序协议中，我们最熟悉且作为话题讨论得最多的就是 HTTP（HyperText Transfer Protocol，超文本传输协议）。大家有在 Web 浏览器中输入过"http://..."和 URL 地址的经历吗？ Web 浏览器就是使用这个开头的 http 部分，一边向 Web 服务器声明"我是使用 HTTP 进行访问的哦"，一边发送请求（要求）；而 Web 服务器则会将处理结果作为响应（答复）返回给 Web 浏览器。

HTTP 原本只是一种用于下载文本文件的十分简洁的协议。但是，现在它已经远远超出了最初的框架。从文件的收发到实时交换消息，从视频分发到 Web 会议系统，它被广泛应用于各种场景之中。可以毫不夸张地说，互联网是与 HTTP 共同发展起来的，也是与 HTTP 共同得到爆发式普及的产物。

6.1.1 HTTP 的版本

自 1991 年协议首次推出以来，HTTP 经历了 HTTP/0.9、HTTP/1.0、HTTP/1.1、HTTP/2、HTTP/3 这 4 个大的版本升级。在实际当中，需要使用哪一个版本进行连接取决于 Web 浏览器和 Web 服务器的设置。如果通信双方的设置和支持版本不同，就可以根据具体情况选择合适的协议版本进行通信。

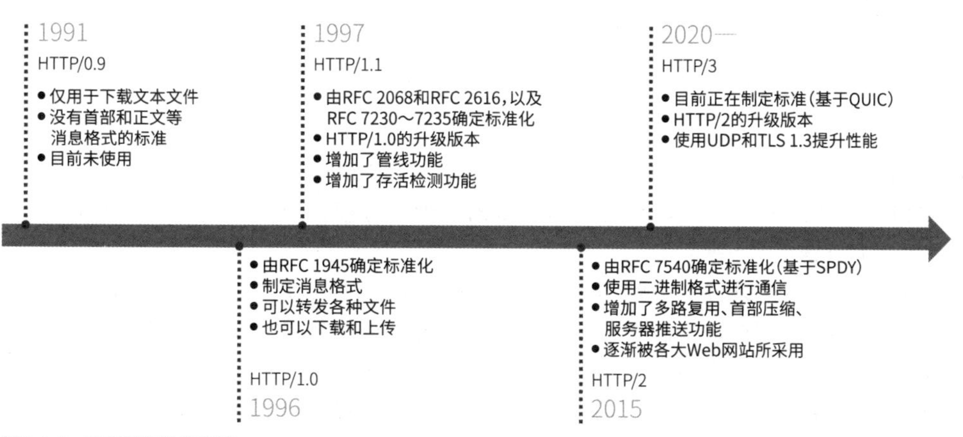

图6.1.1 • HTTP版本的变迁

HTTP/0.9

HTTP/0.9 是一种只需要从服务器下载使用 HTML（HyperText Markup Language，超文本标记语言）编写的文本文件（HTML 文件）的简单协议。虽然现在没有必要特意使用它，但毋庸置疑的是，正是因为它足够简单，所以才促成了之后 HTTP 协议的爆发式普及。

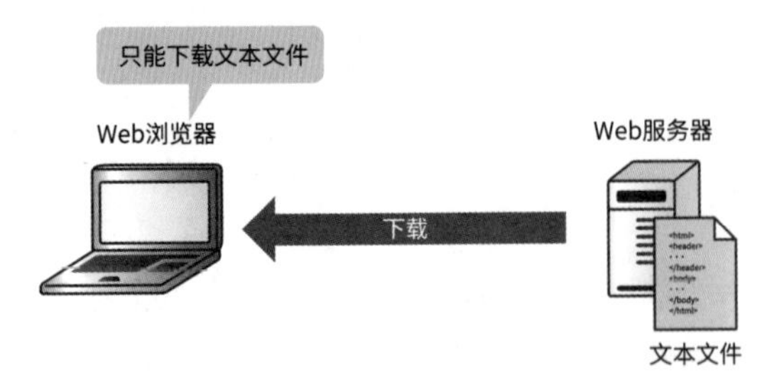

图6.1.2 • HTTP/0.9只用于下载文本文件

HTTP/1.0

HTTP/1.0 是一种于 1996 年由 RFC 1945 HyperText Transfer Protocol – HTTP/1.0 确定标准化的协议。使用 HTTP/1.0 版本不仅可以处理文本文件，还可以处理其他各种文件；不仅可以下载文件，还可以上传和删除文件。由此可见，版本的升级极大地扩大了其作为协议的应用范围。消息（数据）格式、请求和响应的基本规范也都是在这个时期确定的，它是延续至今的 HTTP 协议的基础。

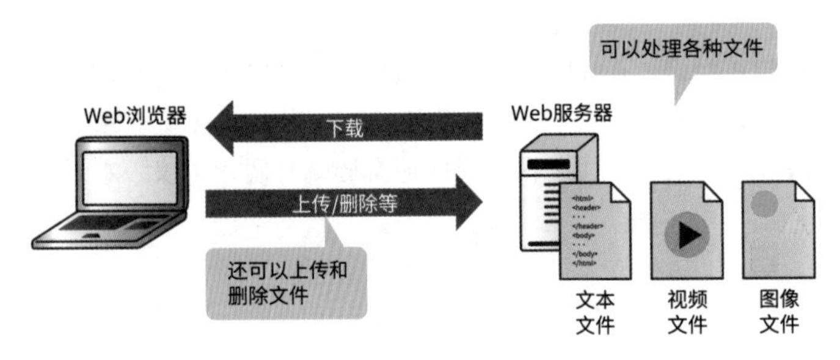

图6.1.3 • 可以使用HTTP/1.0 版本上传和删除

HTTP/0.9 和 HTTP/1.0 需要为每个客户端请求重复地执行打开和断开 TCP 连接的步骤。例如，使用 HTTP/0.9 或者 HTTP/1.0 浏览一个包含 4 个内容（文件）的网站时，就需要重复 4 次打开 TCP 连接，并在下载完内容后断开 TCP 连接的步骤。

如果只有一台客户端，以这样的方式建立连接是不会有很大负担的。但是，如果有 10000 台客户端，就另当别论了。就像灰尘堆积起来可以变成一座山一样，如果需要处理的客户端数量很多，就会给服务器带来沉重的负担。新的连接处理和 SSL 握手（见 P302）一样，都容易造成服务器超负荷运行。

此外，在 Web 浏览器中，可以同时向一台服务器打开的 TCP 连接数量（最大连接数）是固定的，目前的默认值是 6。也就是说，Web 浏览器最多能够创建 6 条 TCP 连接，并且在每次收到响应时，都需要连续不断地建立新的 TCP 连接。

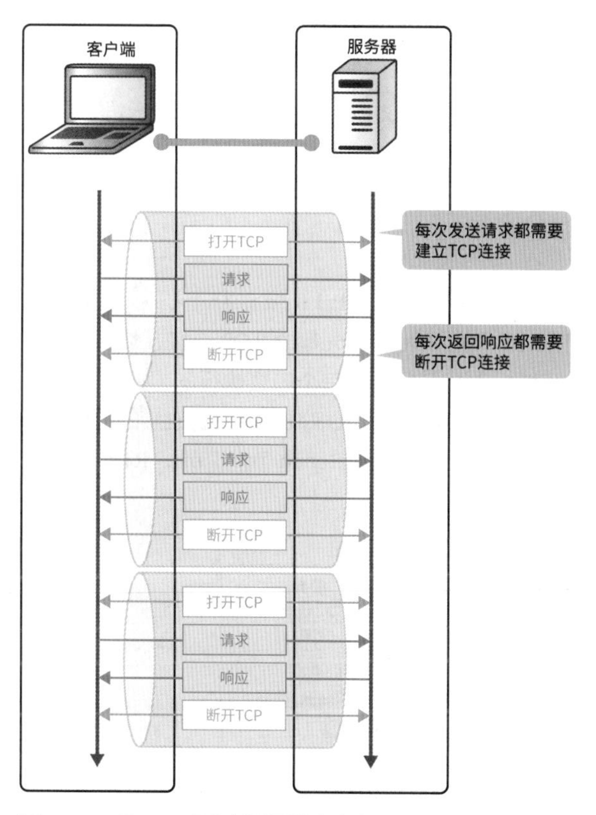

图6.1.4 • HTTP/1.0每次都需要建立连接

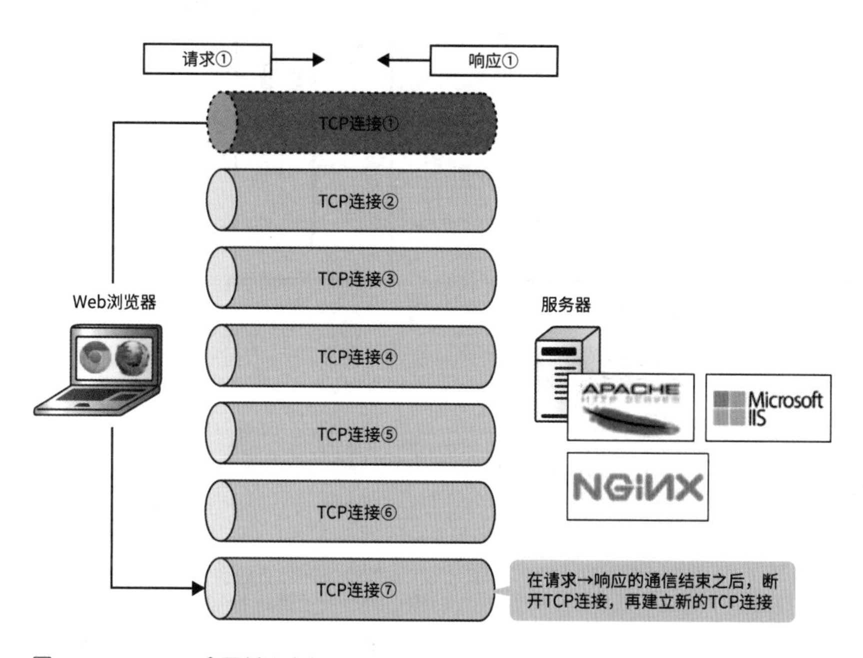

图6.1.5 • HTTP/1.0会不断地建立TCP 连接

■ HTTP/1.1

HTTP/1.1 是一种于 1997 年由 RFC 2068 HyperText Transfer Protocol – HTTP/1.1 确定标准化，于 1999 年由 RFC 2616 HyperText Transfer Protocol – HTTP/1.1 进行更新① 的协议。HTTP/1.1 中提供了 KeepAlive 存活检测（持续连接）和 Pipeline 管线等很多在 TCP 级别提升性能的功能。

■ KeepAlive 存活检测（持续连接）

存活检测是一种对已建立的 TCP 连接进行重复利用的功能。在 HTTP/1.0 版本中，它还属于扩展功能，而在 HTTP/1.1 版本中则变成了标准功能。使用存活检测功能可以首先建立 TCP 连接，然后通过该连接发送多个 HTTP 请求。由于取消了直到 HTTP/1.0 版本为止都需要为每个内容执行的“打开 TCP → HTTP 请求→ HTTP 响应→ 断开 TCP”的 TCP 相关的处理，因此可以极大地减少建立新连接的数量和系统整体的处理负荷。此外，由于减少了 TCP 握手时数据包的往返时间（Round-Trip Time，RTT），因此还能提高数据的吞吐量。

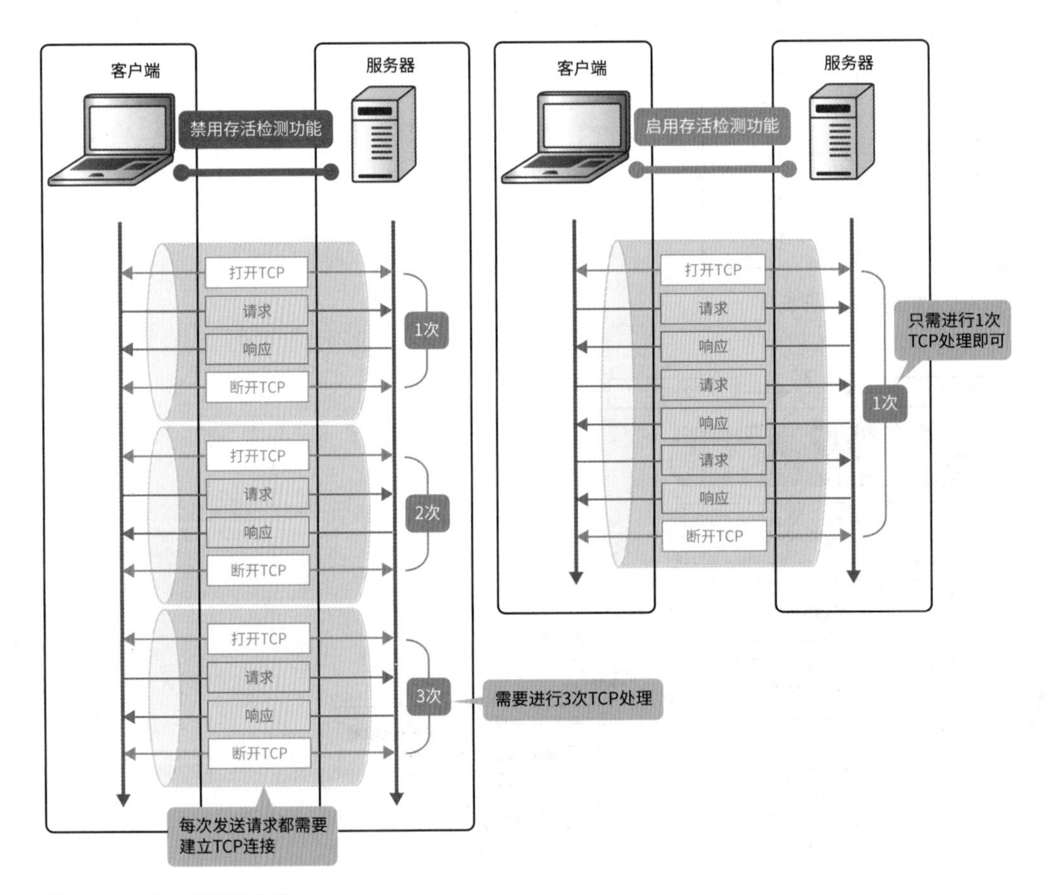

图6.1.6 • 存活检测的有效性

① RFC 2616 于 2014 年进一步由 RFC 7230 ~ RFC 7235 进行了更新。由于 RFC 2616 更加简单易懂，并且在构建网络时大多数人依然会将其作为 HTTP/1.1 的基础进行引用，因此本书将基于 RFC 2616 进行讲解。由 RFC 7230 ~ RFC 7235 更新的内容，在每个 RFC 的 Changes from RFC 2616 部分进行了描述。

■ Pipeline 管线

管线是一种无须等待前一个请求的响应，即可立即发送下一个请求的功能。在 HTTP/1.0 中，规定了在发送请求之后需要等待响应完成才能发送下一个请求。但是，如果每次都要等待响应，当我们要浏览包含大量内容的网站时，就会耗费大量的时间。而如果使用管线功能，就可以连续不断地同步发送多个请求，因此采用这种功能有望缩短等待内容显示的时间（图 6.1.7）。

然而，在现实当中，管线并没有达到我们期望的效果，这是因为 HTTP/1.1 被设计成了无法在同一个 TCP 连接中并行处理请求和响应。因此，服务器只能按照所接收到的请求的顺序返回响应。而管线会直接受此限制的影响。

例如，当客户端使用管线连续发送了两个请求时，如果服务器处理第一个请求的时间较长且无法返回响应，就会停止发送后续请求的响应。此外，还会消耗额外的服务器缓存。这种现象被称为 HoL（Head of Lock）阻塞。由于存在 HoL 阻塞问题，导致 Chrome 和 Firefox 浏览器都会默认禁用管线功能。

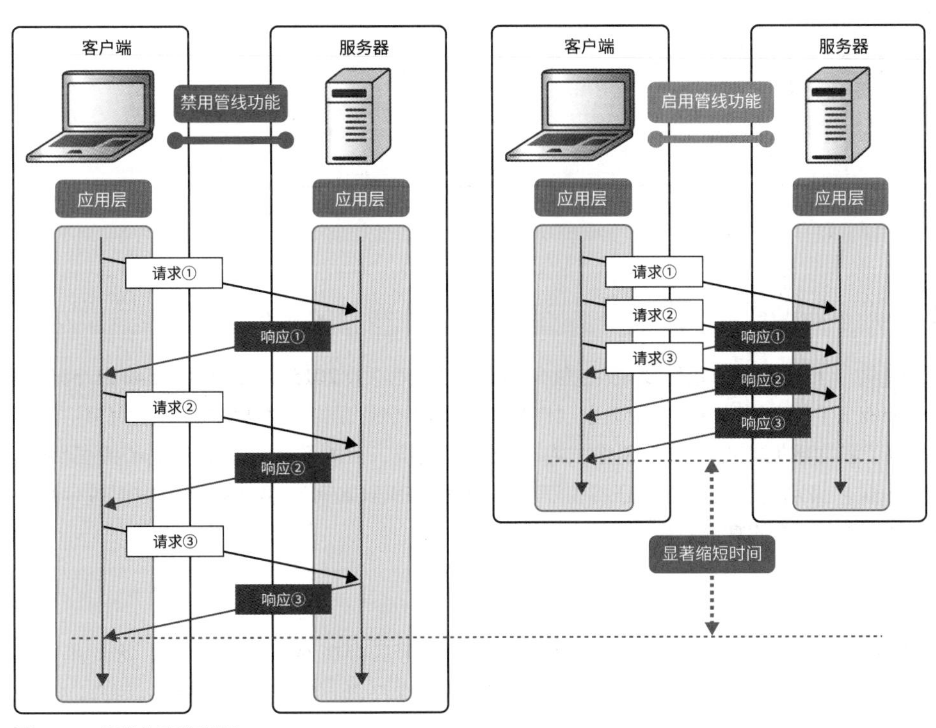

图6.1.7 • 管线的预期效果

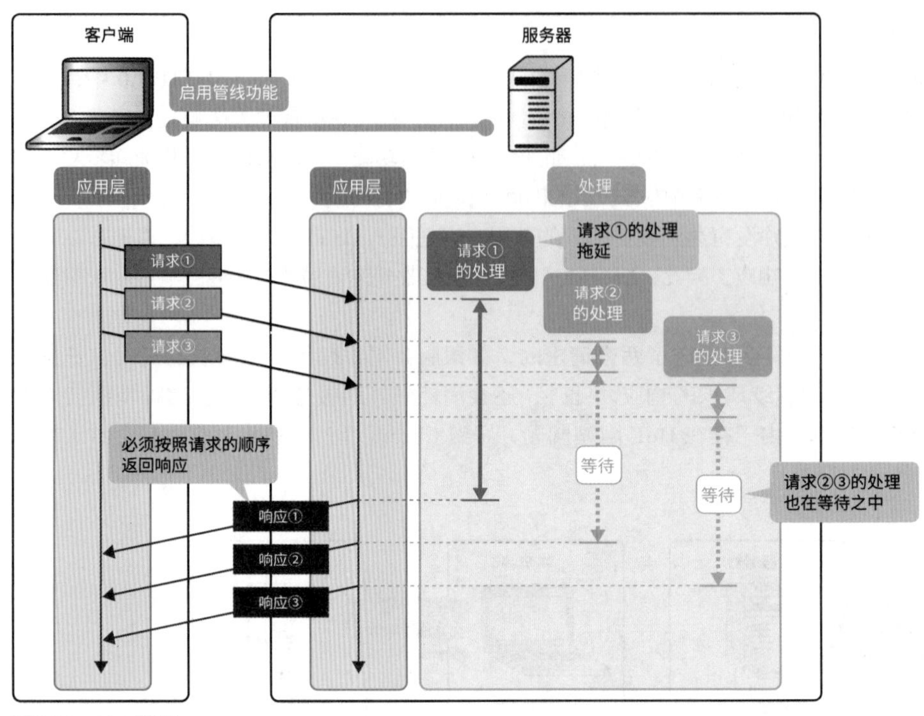

图6.1.8 • HoL阻塞

HTTP/2

HTTP/2 是一种基于 Google 公司开发的名为 SPDY 的协议，于 2015 年由 RFC 7540 HyperText Transfer Protocol version 2（HTTP/2）确定标准化。HTTP/2 版本中将之前以文本格式的消息为单位进行交换的应用数据改成了名为数据帧的以二进制格式为单位进行交换，目的是减少系统开销和提高性能。此外，它不仅提供了 TCP 级别的各种功能，还提供了多路复用、HPACK 和服务器推送等应用程序级别的用于提高性能的内容非常丰富的功能。

■ 多路复用

虽然 HTTP/1.1 版本的管线功能有望显著提高性能，但是由于其存在 HoL 阻塞问题，因此基本上没怎么使用就被弃用了。经过多方面的反省，最终被采用的是 HTTP/2 的多路复用功能，用来取代管线功能。

多路复用可以通过在单个 TCP 连接中创建名为数据流的虚拟信道的方式为每个数据流交换请求和响应，从而解决 HoL 阻塞问题。此外，由于可以使用单个 TCP 连接实现像管线那样的并行处理，因此可以用最小的 TCP 处理负载实现最大的性能。

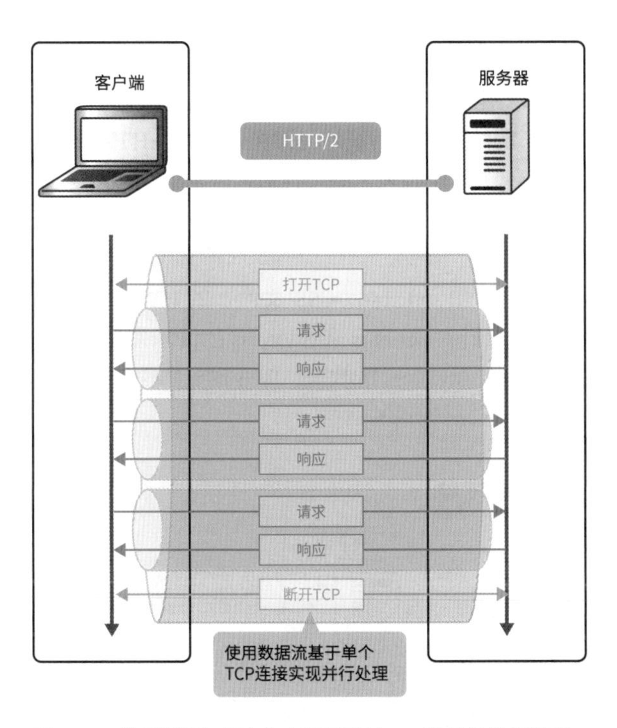

图6.1.9 • 使用多路复用功能实现基于单TCP 连接的并行处理

■ HPACK

HPACK 是一种对消息首部（HTTP 首部）进行压缩的功能。消息首部是一个保存 HTTP 相关控制信息的字段。由于 HTTP/1.1 需要多次交换内容相同的首部，因此是一种浪费通信资源较多的协议。此外，虽然它具备压缩功能，但是它只会对消息正文（HTTP 载荷）进行压缩，并不会对消息首部进行压缩处理。

而 HTTP/2 可以将常用的 HTTP 首部名称和首部的值转换成预先静态分配的数字，或者将已经发送过的 HTTP 首部转换成动态分配的数字，以减少首部的转发量。

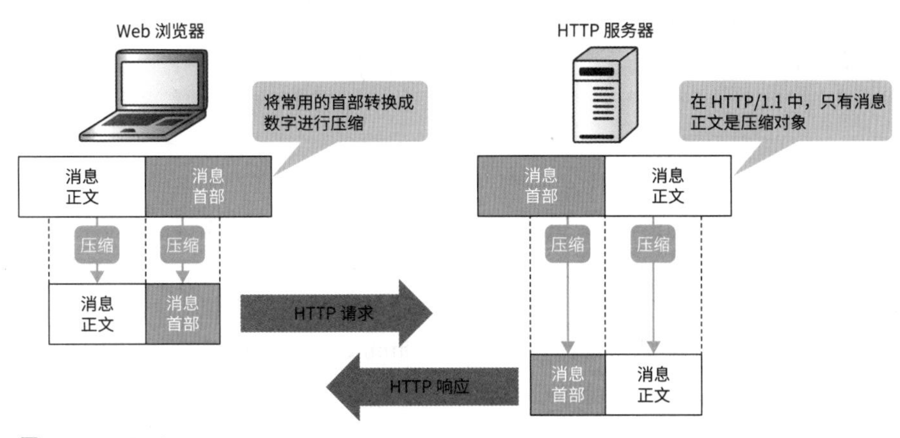

图6.1.10 • HPACK

■服务器推送

到 HTTP/1.1 版本为止，HTTP 是一种针对一个请求返回一个响应的拉式（Pull）协议。在 HTTP/2 版本中增加了针对一个请求返回多个响应的推式（Push）功能，这种功能就是服务器推送。HTTP/2 服务器会对客户端最初请求的内容进行解析，并在预估的下一个请求到来之前将针对该请求的响应发送出去。Web 浏览器则会将该响应缓存起来，并从缓存区域调用该请求的响应。这样一来，就可以在人类感官层面上提高网站的显示速度。

例如，如果 index.html 是读取 script.js（JavaScript 文件）和 style.css（CSS 文件）的 HTML，那么在收到 index.html 的请求之后，服务器就可以预估到将会有针对 script.js 和 style.css 的请求发送过来。因此，HTTP/2 服务器就可以在该请求到来之前发送 script.js 和 style.css 的响应。Web 浏览器则可以将该响应缓存起来，然后直接从缓存区域调用针对 script.js 和 style.css 请求的响应。

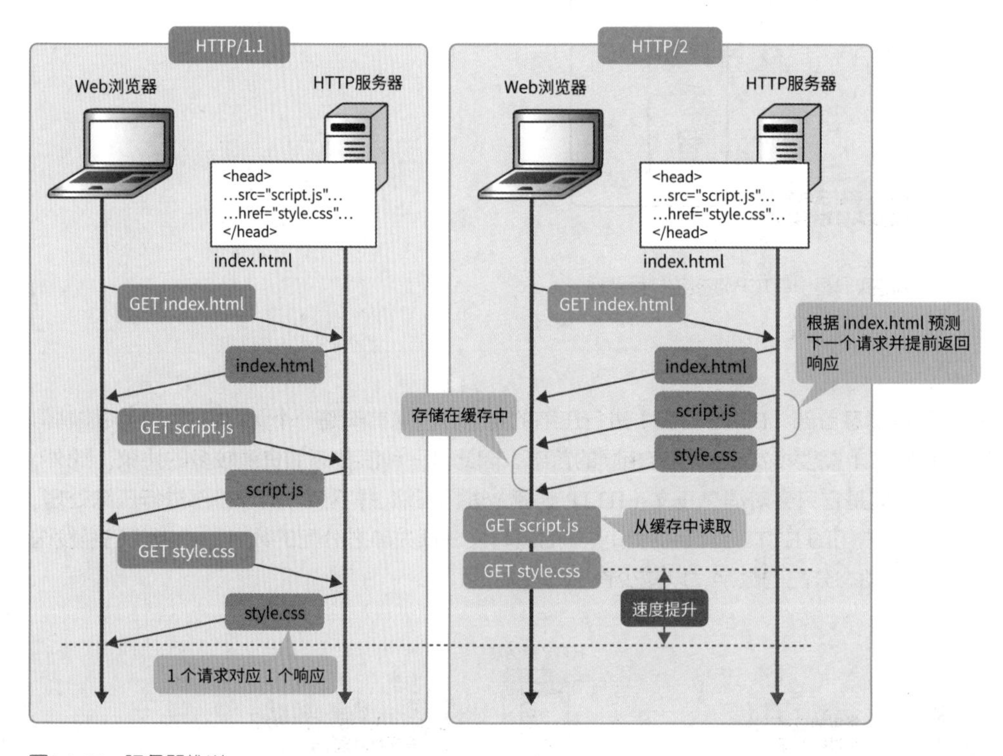

图6.1.11 • 服务器推送

虽然 HTTP/2 版本的历史不长，但其已经被 Yahoo!（雅虎）、Twitter（推特）和 Facebook 等大型网站所采用，并且最近几年呈现出急速增长的趋势。只要网站和 Web 浏览器提供对该版本的支持，我们在不知不觉中就是使用 HTTP/2 进行连接的①。此外，虽然 HTTP/2 没有硬性规定必须要使用 SSL/TLS（见 P284）进行加密处理，但是四大主要的浏览器（Chrome、Firefox、Safari、Edge）是只支持 HTTP/2 over SSL/TLS 的。

① 如果是 Chrome 和 Firefox 浏览器，我们就可以使用名为 HTTP/2 and SPDY indicator 的扩展功能查看是使用哪个版本进行连接的。

HTTP/3

HTTP/3 是一种基于 Google 公司开发的 QUIC（Quick UDP Internet Connections，快速 UDP 网络连接），由 IETF 主导推进 RFC 标准化的协议。HTTP/3 可以通过彻底减少无法发送应用数据的时间的方式进一步提升性能。

■基于 UDP 减少延迟

HTTP/3 最显著的变化是，它不是使用 TCP，而是使用 UDP。在这之前，一说到 HTTP，大家都会理所当然地认为需要使用 TCP，甚至已经形成了一种刻板印象。而 HTTP/3 则彻底推翻了这种刻板印象。

正如在 5.2.2 小节中所讲解的，TCP 在交换应用数据之前需要进行名为三次握手的处理。如果需要确保可靠性，那么毫无疑问三次握手就是必须执行的处理。但是，由于在进行三次握手时无法发送数据，因此有时它反而成为一种瓶颈。HTTP/3 则可以使用 UDP[①] 来减少三次握手的时间，以发送更多的 HTTP 数据。

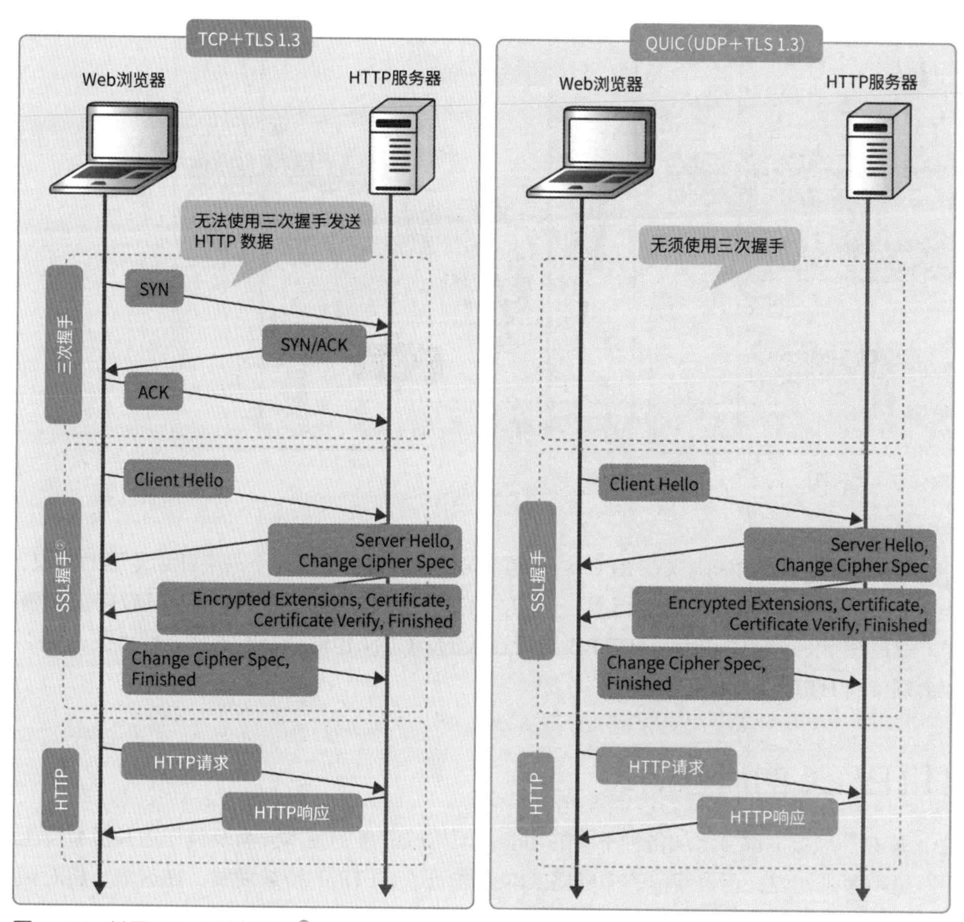

图6.1.12 • 基于UDP 的性能提升[③]

① 具体是使用 UDP 的 443 号端口。

② SSL 握手是指执行加密处理前所需完成的准备工作。将在 6.2.4 小节中进行讲解。

③ 由于 HTTP/3 必须使用 TLS1.3（见 P297）进行加密处理，因此是使用经过 TLS1.3 加密后的状态进行比较。

■ 基于 TLS 1.3 减少延迟

考虑到最近的安全形势，HTTP/3 将使用名为 TLS 1.3（Transport Layer Security version 1.3）的协议进行加密处理作为通信的前提条件①。

TLS 在进行加密通信时，需要执行名为 SSL 握手的处理。SSL 握手是确保安全性所必需的步骤。但是，由于它与三次握手相同，在握手期间无法交换应用数据，因此会导致通信延迟。而 TLS 1.3 则可以用更少的数据包交换（往返），实现快速的认证和加密处理，因此可以提高 SSL 握手的效率。HTTP/3 使用 TLS 1.3 就是为了减少 SSL 握手的时间，以便发送更多的 HTTP 数据。

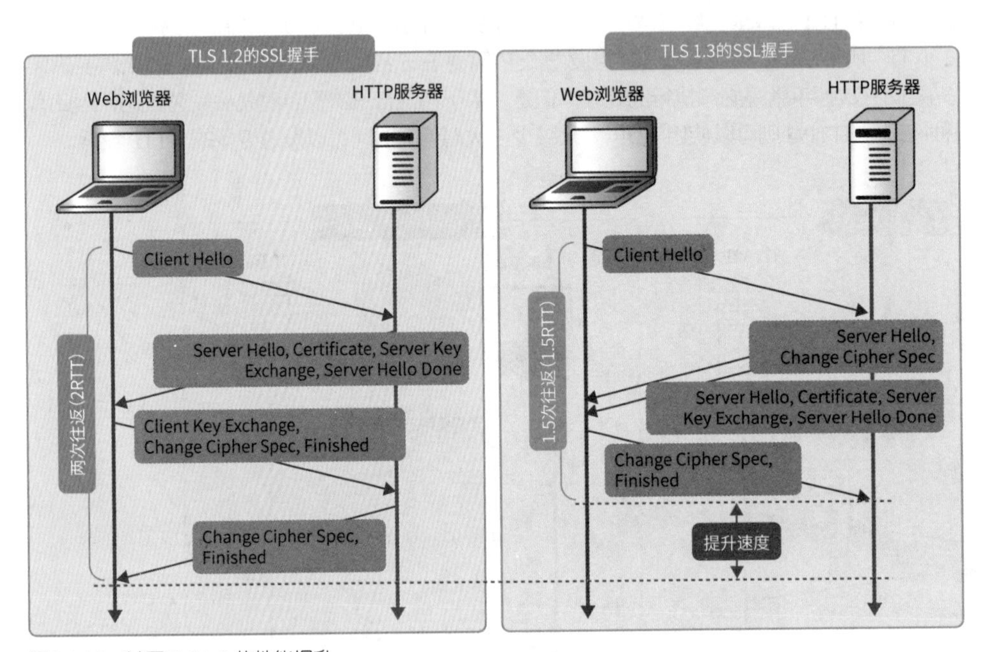

图6.1.13 • 基于TLS1.3 的性能提升

虽然截至 2020 年 11 月，HTTP/3 尚未在 RFC 中确定标准化，感觉更像是一个未来计划使用的协议，但是实际上它与 QUIC 一样，早已被广泛地运用。例如，在最近的 Chrome 或者智能手机应用上观看 YouTube 视频时，就是在不知不觉中使用了 HTTP/3 进行连接的。CDN 也逐渐开始支持这种协议，想必今后大型网站也会逐步向 HTTP/3 协议迁移。

6.1.2 HTTP/1.1 的消息格式

在 HTTP 中，每次升级版本都会增加各种不同的功能，但构成消息的基本元素及其作用并没有发生太大的变化。可以毫不夸张地说，正是简单的消息格式本身推动了 HTTP 的持续发展。在这里，将对截至 2020 年年底，最常用且最基础的版本，即 HTTP/1.1 的消息格式进行讲解。

使用 HTTP 交换的信息被称为 HTTP 消息。HTTP 消息可以分为 Web 浏览器请求服务器处理的请求消息和服务器将处理结果返回给 Web 浏览器的响应消息两种。两种消息都是由表示 HTTP 消息的种类

① TLS 1.3 是一个 SSL 的版本。有关 SSL 的内容，将在 6.2 节中进行详细的讲解。

的起始行、分多个行存储各种控制信息的消息首部和保存应用数据正文的消息正文（HTTP 载荷）3 个部分组成的，在消息首部和消息正文之间需要插入表示分界线的空行的换行代码（\r\n）。

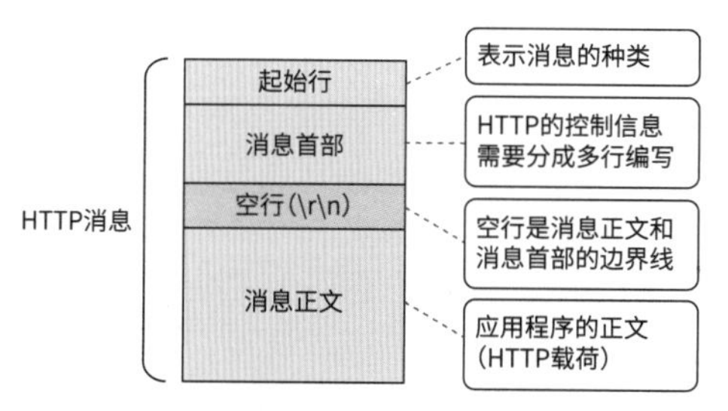

图6.1.14 • HTTP消息的格式

接下来将对请求消息和响应消息的具体内容进行详细的讲解。

请求消息的格式

请求消息由一行请求行和多个 HTTP 首部组成的消息首部，以及消息正文 3 个部分组成。请求消息的消息首部由请求首部、通用首部、实体首部和其他首部 4 种 HTTP 首部中的任意一种首部组成，由哪种 HTTP 首部组成取决于具体的 Web 浏览器[①]。此外，各个首部字段由“< 首部名 >:< 字段值 >”组成。

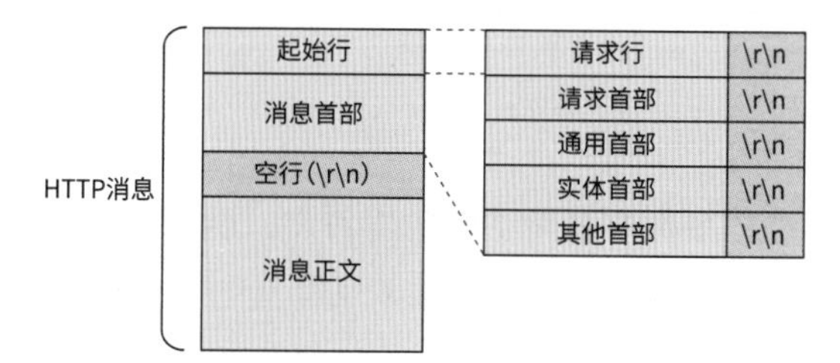

图6.1.15 • 请求消息

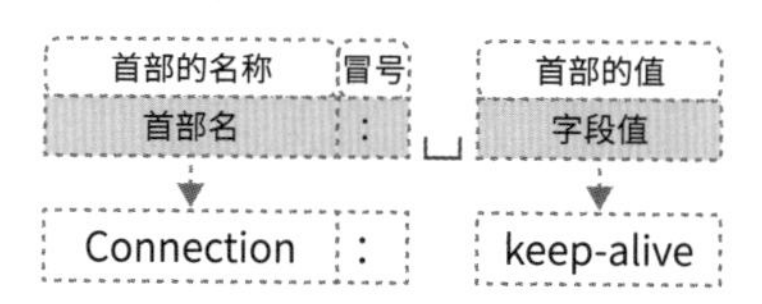

图6.1.16 • HTTP首部字段的构成元素

■ 请求行

请求行是一个客户端向服务器请求“请执行○○处理！”的行，它只存在于请求消息中。请求行由表示请求种类的方法、表示资源标识符的请求 URI（Uniform Resource Identifier，统一资源标识符）和表示 HTTP 版本的 HTTP 版本 3 个部分构成。在任何 HTTP 版本中，Web 浏览器都可以使用方法来请求处理由 URI 指示的 Web 服务器上的资源（文件）。

① 本书中将“Web 浏览器”这一术语作为 HTTP/HTTPS 客户端软件和 HTTP/HTTPS 客户端工具的总称使用。

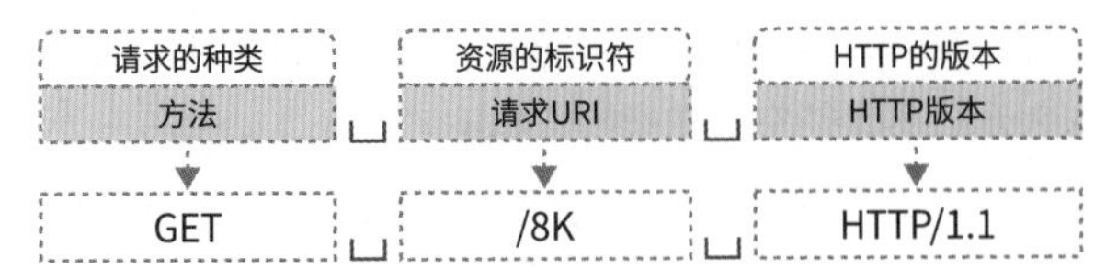

图6.1.17 • 请求行的构成元素

方法

方法表示客户端向服务器发出的请求类型。RFC 2616 对表 6.1.1 所示的 8 个类型进行了定义。例如，在浏览网站时，可以使用 GET 方法下载并显示 Web 服务器上的文件。

表6.1.1 • 在RFC 2616 中定义的方法

方　法	内　容	支持的版本
OPTIONS	查找服务器支持的方法和选项	HTTP/1.1 ~
GET	从服务器获取数据	HTTP/0.9 ~
HEAD	只获取消息首部	HTTP/1.0 ~
POST	将数据传输到服务器	HTTP/1.0 ~
PUT	将本地文件传输到服务器	HTTP/1.1 ~
DELETE	删除文件	HTTP/1.1 ~
TRACE	检查到服务器的路径	HTTP/1.1 ~
CONNECT	向代理服务器请求进行隧道处理	HTTP/1.1 ~

请求 URI

请求 URI 是一个用于识别服务器的位置、文件名和参数等各种资源的字符串，由 RFC 3986 Uniform Resource Identifier (URI):Generic Syntax 确定标准化。URI 的格式中包含编写访问资源所需的所有信息的绝对 URI 和表示与基准 URI 相对位置的相对 URI。

绝对 URI 会从头到尾编写所需的资源（文件和程序等），具体由 Scheme 名称、服务器的地址、端口号、文件路径、查询字符串和片段标识符等构成。

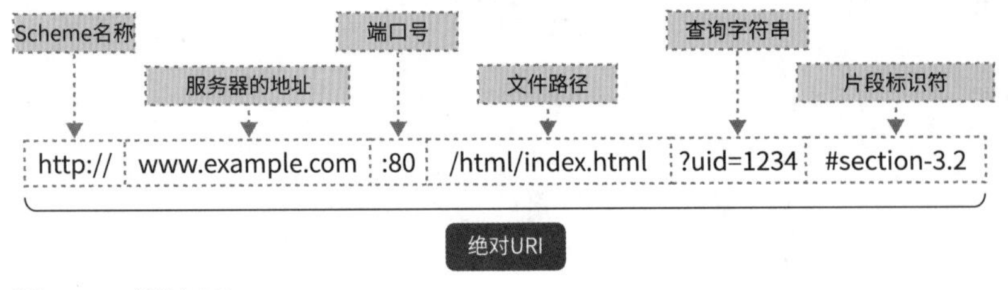

图6.1.18 • 绝对URI

相对 URI 表示的是像“/html/index.html?uid=1234#section-3.2”这样的，与基准 URL“http://www.example.com”相对的位置。如果只是单纯获取网站的信息，大多数情况下使用相对 URI。

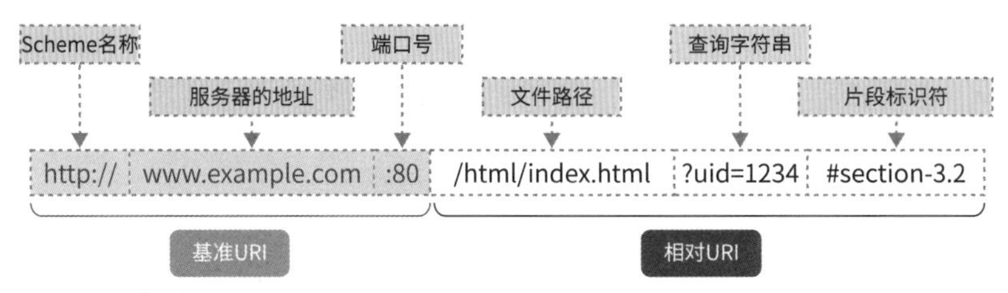

图6.1.19 • 相对URI

此外，还有一种普通大众所熟悉的 URI，即 URL（Uniform Resource Locator，统一资源定位器）。URL 是一种在访问网站时需要输入的地址，表示网络上的服务器的位置。

响应消息的格式

响应消息由一个状态行、由多个 HTTP 首部构成的消息首部，以及消息正文 3 个部分构成。响应消息的消息首部由响应首部、通用首部、实体首部和其他首部 4 种 HTTP 首部中的任意一种首部构成，具体由哪一种 HTTP 首部构成取决于 Web 服务器（HTTP 服务器软件）。

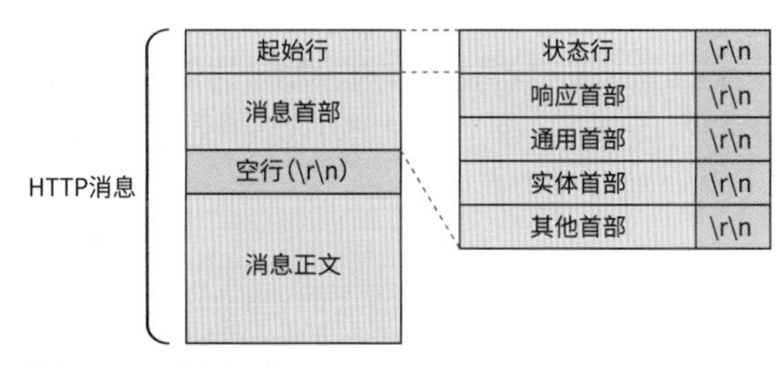

图6.1.20 • 响应消息

■ 状态行

状态行是一个 Web 服务器向 Web 浏览器返回处理结果的概要的行，其只存在于响应消息中。状态行由表示 HTTP 版本的 HTTP 版本、使用 3 位数字表示处理结果概要的状态码，以及表示原因的原因短语构成。

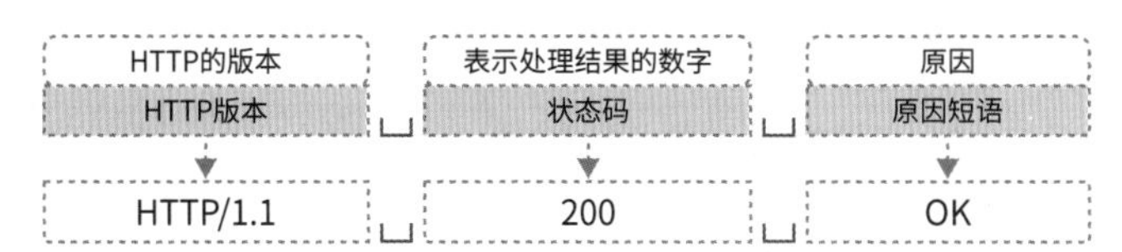

图6.1.21 • 状态行的构成元素

状态码和原因短语是唯一关联的关系，具有代表性的状态码和原因短语如表 6.1.2 所示。例如，当我们像往常一样使用 Web 浏览器访问网站，显示了画面时，状态行中就是设置了“HTTP/1.1 200 OK”。

表6.1.2 • 具有代表性的状态码与原因短语

类		状态码	原因短语	说　明
1xx	Informational	100	Continue	客户端可以继续发出请求
		101	Switching Protocols	使用 Upgrade 首部更改协议或版本
2xx	Success	200	OK	处理正常完成
3xx	Redirection	301	Moved Permanently	使用 Location 首部定向（转发）到另外的 URI。永久支持
		302	Found	使用 Location 首部定向（转发）到另外的 URI。暂时支持
		304	Not Modified	资源未更新
4xx	Client Error	400	Bad Request	请求语法不正确
		401	Unauthorized	认证失败
		403	Forbidden	拒绝访问该资源
		404	Not Found	该资源不存在
		406	Not Acceptable	没有支持的文件类型
		412	Precondition Failed	不满足先决条件
5xx	Server Error	503	Service Unavailable	Web 服务器应用程序发生故障

6.1.3 各种 HTTP 首部

位于起始行（请求行或者状态行）后面的是控制 HTTP 消息的消息首部。消息首部由请求首部、响应首部、通用首部、实体首部和其他首部 5 种 HTTP 首部的组合构成。接下来将对这些首部的控制范围和使用用途进行讲解。

请求首部

即使是在消息首部中，也会将用于控制请求消息的首部称为请求首部。在 RFC 2616 中，对表 6.1.3 所示的 19 种请求首部进行了定义。Web 浏览器需要从中选择几种在收发 HTTP 消息时所需使用的首部，并使用换行代码（\r\n）将请求首部分隔成多个行。

表6.1.3 • 在RFC 2616 中定义的请求首部

首　部	内　容
Accept	Web 浏览器可以接收的媒体类型，如文本文件和图像文件
Accept-Charset	Web 浏览器可以处理的字符集，如 Unicode 和 ISO
Accept-Encoding	Web 浏览器可以处理的消息正文压缩（内容编码）类型，如 gzip 和 compress
Accept-Language	Web 浏览器可以处理的语言集，如日语和英语
Authorization	用户的认证信息。用于响应服务器的 WWW-Authenticate 首部
Expect	当发送请求的消息正文较大时，检查服务器是否可以接收
From	用户的电子邮件地址。用于传达联系信息
Host	Web 浏览器请求的 Web 服务器的域名 (FQDN)
If-Match	有条件的请求。如果请求中包含的 ETag（实体标签）首部的值和服务器上与特定资源关联的 ETag 的值匹配，服务器就会返回响应

续表

首　部	内　容
If-Modified-Since	有条件的请求。如果它是对在此日期之后更新的资源的请求，服务器就会返回响应
If-None-Match	有条件的请求。如果请求中包含的 ETag 首部的值和服务器上与特定资源关联的 ETag 的值不匹配，服务器就会返回响应
If-Range	有条件的请求。如果该值是一个 ETag 或修改日期和时间，就需要与 Range 首部结合使用。当 ETag 或修改日期匹配时，服务器就会处理 Range 首部
If-Unmodified-Since	有条件的请求。如果请求是针对自此日期以来尚未更新的资源，服务器就会返回响应
Max-Forwards	TRACE 或 OPTIONS 方法可以传输的最大服务器数
Proxy-Authorization	代理服务器的认证信息
Range	用于获取部分资源的范围请求，如第 1000 ~ 2000字节
Referer	之前链接的 URL
TE	Web 浏览器可以接收的消息正文的拆分（转发编码）类型
User-Agent	Web 浏览器的信息

本书将从表 6.1.3 中挑选几种最近 Web 浏览器中较为常用的请求首部进行讲解。

■ Accept 首部

Accept 首部是一种用于将 Web 浏览器可处理的文件种类（MIME 类型、媒体类型）及其相对的优先级告诉给 Web 服务器的请求首部。Web 浏览器需要使用 Accept 首部告诉 Web 服务器“如果是○○的文件，就可以执行处理！”；Web 服务器则需要基于该信息，返回 Web 浏览器可处理的文件。如果没有对应的文件，Web 服务器就会返回 406 Not Acceptable。

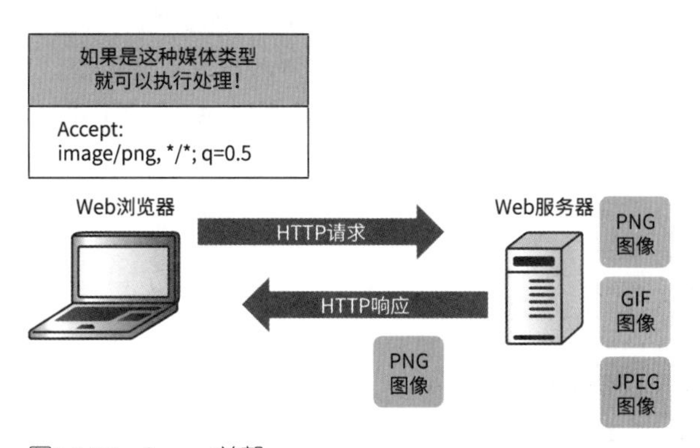

图6.1.22 • Accept首部

Accept 首部需要使用“类型 / 子类型”的格式表示，如果使用的 MIME（Multipurpose Internet Mail Extensions，多用途互联网邮件扩展）类型是 HTML 格式的文本文件，就是 text/html；如果是 PNG 格式的图像文件，就是 image/png。此外，“*”（星号）表示全部。例如，“*/*”就表示全部的文件，“image/*”则表示全部的图像文件。

具有代表性的 MIME 类型和对应的扩展名如表 6.1.4 所示。

表6.1.4 • 具有代表性的MIME 类型与扩展名

文件类型		MIME类型	支持的扩展名
文本文件	HTML 文件	text/html	.html、.htm
	CSS 文件	text/css	.css
	JavaScript 文件	text/javascript	.js
	纯文本文件	text/plain	.txt
图像文件	JPEG 图像文件	image/jpeg	.jpg、.jpeg
	PNG 图像文件	image/png	.png
	GIF 图像文件	image/gif	.gif
视频文件	MPEG 视频文件	video/mpeg	.mpeg、.mpe
	QuickTime 视频文件	video/quicktime	.mov、.qt
应用文件	XML 文件、XHTML 文件	application/xhtml+xml	.xml、.xhtml、.xht
	程序文件	application/octet-stream	.exe
	Microsoft Word 文件	application/msword	.doc
	PDF 文件	application/pdf	.pdf
	ZIP 文件	application/zip	.zip
所有的文件		*/*	所有的扩展名

此外，在指定多个 MIME 类型时，需要使用“,”(逗号) 连接。例如，如果不支持 GIF 图像文件，就需要指定支持的图像文件为“image/png,image/jpeg”。

如果可以处理多个 MIME 类型，并且希望进行优先级排序，就可以使用 qvalue (品质因数)。使用 qvalue 时，需要在 MIME 类型的后面加上“;”(分号) 并定义为“q= ○○”。可以指定从 0 到 1 的值，1 表示最高优先级 (未定义时的默认值)。例如，当我们希望最优先返回 PNG 图像文件时，就可以指定“image/png,image/*;q=0.5”。这意味着在 image/png 中指定了 q=1，其具有最高优先级。

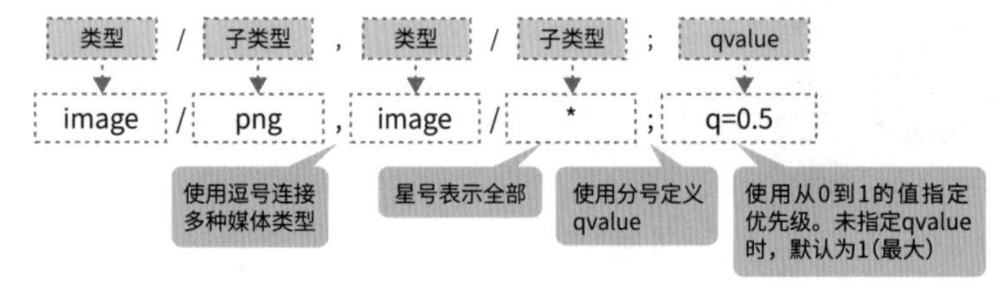

图6.1.23 • MIME类型与优先级的指定示例

请求首部中还存在多个以 Accept 开头的请求首部，如 Accept-Charset 和 Accept-Language 等。所有这些首部都用于告诉服务器 Web 浏览器可以处理什么，以及其相对优先级。例如，Accept-Charset 是传达 UTF-8 和 Shift-JIS 等 Web 浏览器可处理的字符集，Accept-Language 则是传达日语和英语等 Web 浏览器可处理的语言集。虽然字段值不同，但是由逗号和分号组成的格式本身是保持不变的。

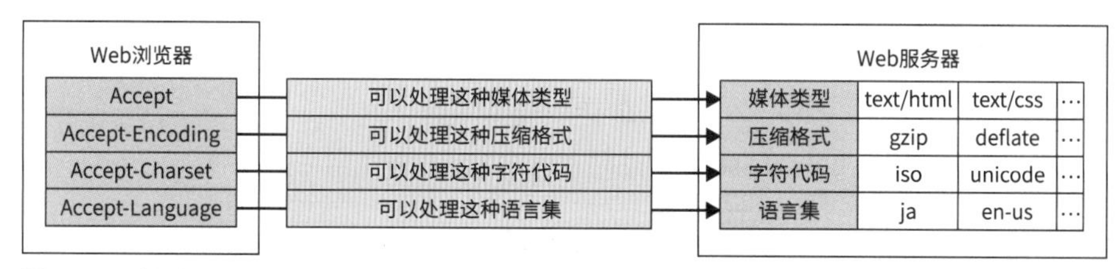

图6.1.24 • 其他Accept 首部

■ Host 首部

Host 首部是 HTTP/1.1 协议中唯一必需的首部，可以在其中设置 Web 浏览器请求的 Web 服务器的域名（FQDN）和端口号。例如，在 Web 浏览器的地址栏中输入 http://www.example.com:8080/html/hogehoge.txt 访问 Web 服务器时，就需要在 Host 首部中设置 www.example.com:8080。

Host 首部在使用一种名为虚拟主机（Virtual Host）的功能时，可以将其作用发挥到极致，这种功能可以使用一个 IP 地址绑定多个域名。启用虚拟主机的 Web 服务器会查看 Host 首部中设置的 FQDN，将请求分配给目标虚拟主机，并用相应的内容进行响应。

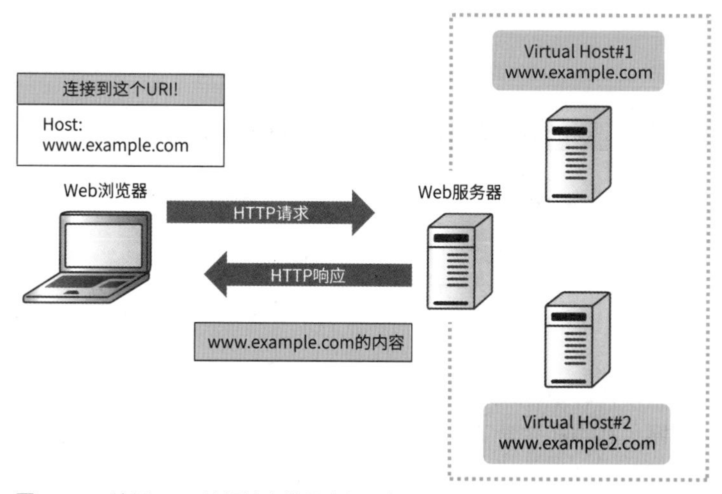

图6.1.25 • 使用Host 首部共享使用虚拟主机

■ Referer 首部

Referer 首部是一种表示前面的链接源的 URI 的首部。例如，使用关键字在 Google 中进行搜索，当单击搜索结果访问想要浏览的网站时，就需要在 Referer 首部中设置 https://www.████.co.jp/。

那么，究竟是来自哪里的用户在访问我们自己运行的网站呢？在需要进行打折促销活动时，这就是非常重要的信息。因此，网站的管理员需要将 Referer 首部的信息记录到 Web 服务器的访问日志中，并对其进行分析，再将信息分享给营销部门。营销部门则会根据该信息制定销售策略，确定应当将哪里作为重点进行打折促销活动。

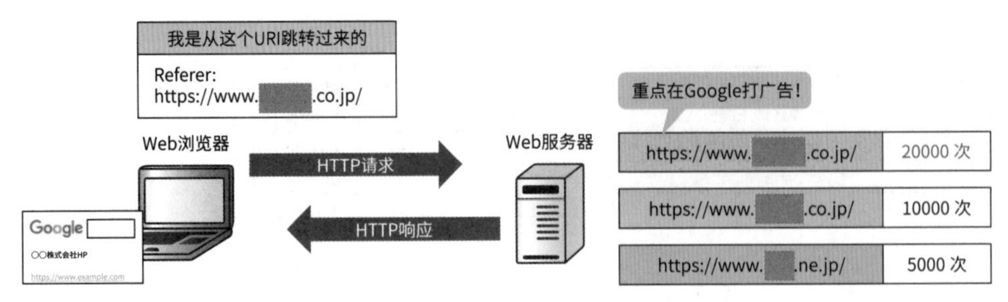

图6.1.26 • 使用Referer 首部获取链接源

■ User-Agent 首部

User-Agent 首部是一种表示 Web 浏览器和操作系统等用户环境的首部。用户使用的是哪个版本的哪个 Web 浏览器、使用的是哪个版本的哪个操作系统，这些都是网站的管理员在分析访问时必须获取的信息。我们可以基于这些信息，根据用户的访问环境重新设计和优化网站的内容。

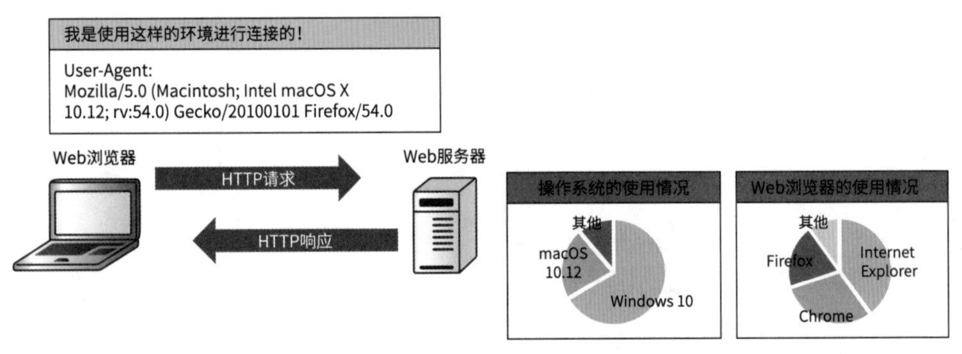

图6.1.27 • User-Agent首部

由于 User-Agent 首部的内容没有统一的格式，因此每个 Web 浏览器都使用了不同的格式。特别是最近，明明使用的是 Microsoft Edge 浏览器，其中却包含了 Chrome 和 Safari 浏览器的字符串，或者是 Chrome 浏览器中包含了 Safari 浏览器的字符串，格式极其混乱。因此，需要查看首部整体，以确定其表示的是哪个操作系统的哪个浏览器。例如，如果是 Windows 10 的 Firefox 浏览器，就是由图 6.1.28 中的字符串元素组成的。

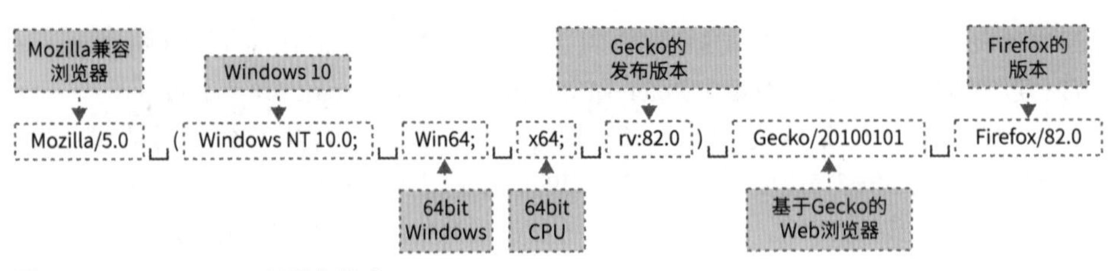

图6.1.28 • User-Agent 首部的格式

虽然 User-Agent 首部可以通过简单的方式了解用户的访问环境，使用非常方便，但是将所有数据都照单全收是很危险的。User-Agent 首部也和 Referer 首部一样，可以使用 Fiddler 等调试工具和 User-Agent Switcher 等 Web 浏览器的扩展功能轻易地进行修改。因此，比较明智的做法是仅将这些信息作为参考。

响应首部

即使是在消息首部中，也会将用于控制响应消息的首部称为响应首部。RFC 2616 中对表 6.1.5 中的 9 种响应首部进行了定义。Web 服务器会从中选择几种回复 HTTP 消息时所需要使用的首部，并使用换行代码（\r\n）将响应首部分隔成多行表示。

表6.1.5 • 在RFC 2616 中定义的响应首部

首　部	内　容
Accept-Ranges	Web 浏览器可以接收的媒体类型，如文本文件和图像文件
Age	源服务器资源缓存在代理服务器上的时间，单位是 s
ETag	实体标签。唯一识别文件等资源的字符串。更新资源时也需要更新 ETag
Location	重定向时的重定向目标
Proxy-Authenticate	代理服务器向客户端发送的认证请求及认证方式
Retry-After	重试请求的时间或指定时间
Server	Web 服务器使用的服务器软件的名称、版本和选项
Vary	将源服务器的管理信息缓存到代理服务器。 仅对 Vary 首部中指定的 HTTP 首部的请求使用缓存
WWW-Authenticate	Web 服务器向客户端发送的认证请求及认证方式

本书将从中挑选几种具有代表性的响应首部进行讲解。

■ ETag 首部

ETag 首部是一种对 Web 服务器拥有的文件等资源进行唯一识别的首部。Web 服务器会为自己拥有的资源分配一个唯一的名为实体标签的字符串，并将该值作为判断标准来做出响应。每次更新资源时都需要变更实体标签。可以利用这种机制与 If-Match 首部和 If-None-Match 首部等请求首部结合在一起使用。

If-Match 首部需要在值中加入 ETag 进行使用，是一种当 Web 服务器上的资源与指定的 ETag 匹配时才会要求接收请求的首部。如果 ETag 匹配，则返回与请求相应的响应；如果 ETag 不匹配，则表示不满足前提条件，会返回 412 Precondition Failed。

If-None-Match 首部与 If-Match 首部的条件相反，它是一种只有当 Web 服务器上的资源与指定的 ETag 不匹配时才会要求接收请求的首部。如果 ETag 不匹配，就表示资源已经更新，需要返回该内容；相反，如果 ETag 匹配，则表示资源未更新，需要返回 304 Not Modified。

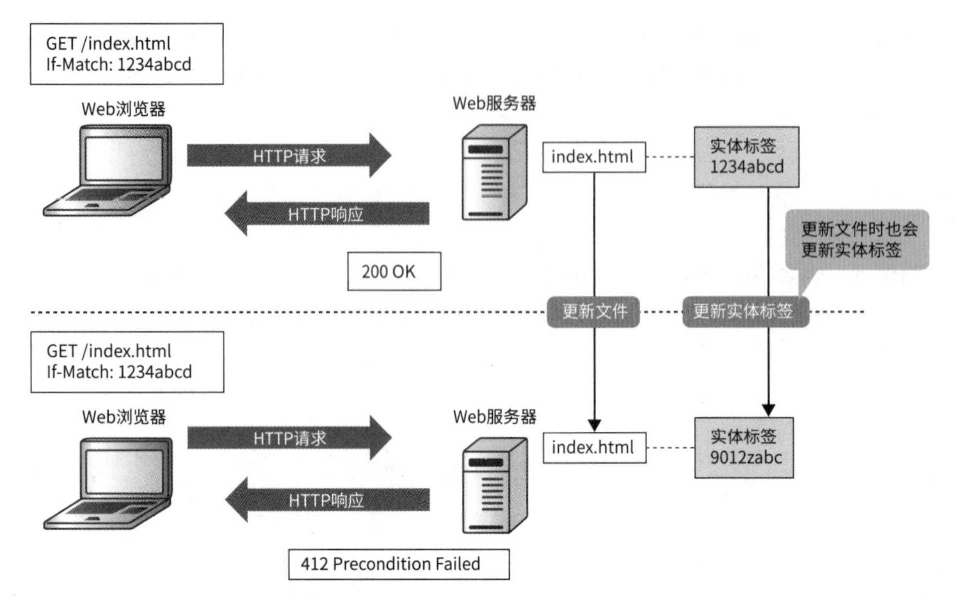

图6.1.29 • 当ETag 匹配时接收请求

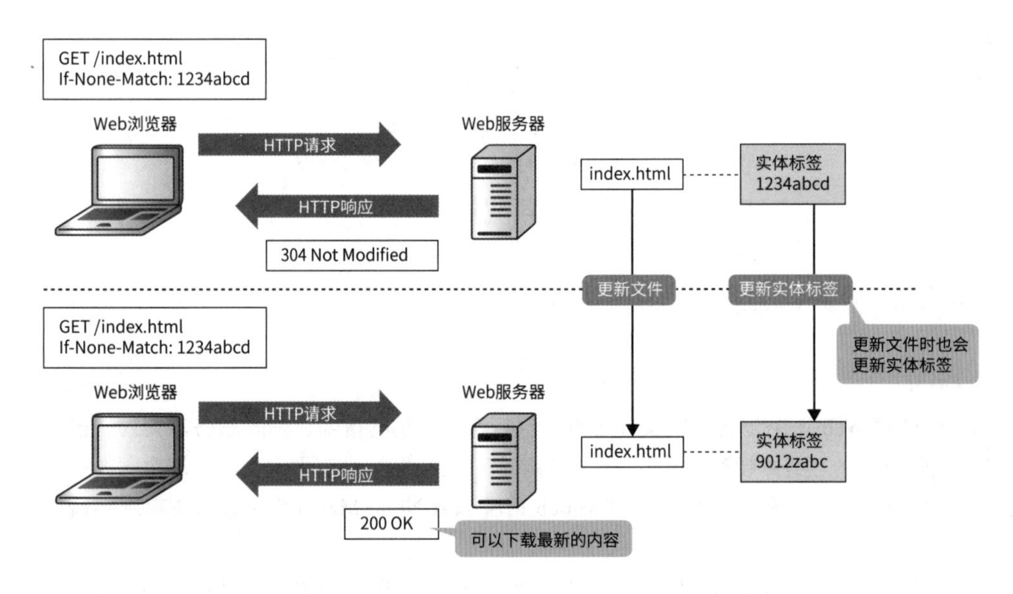

图6.1.30 • 当ETag 不匹配时接收请求

■ Location 首部

Location 首部是一种用于通知重定向目标的首部，与表示重定向的几种 300 号状态码结合使用。Location 首部中设置了需要重定向的 URI。大多数 Web 浏览器在接收到包含 Location 首部的响应后，会自动访问 Location 首部指示的重定向目标。

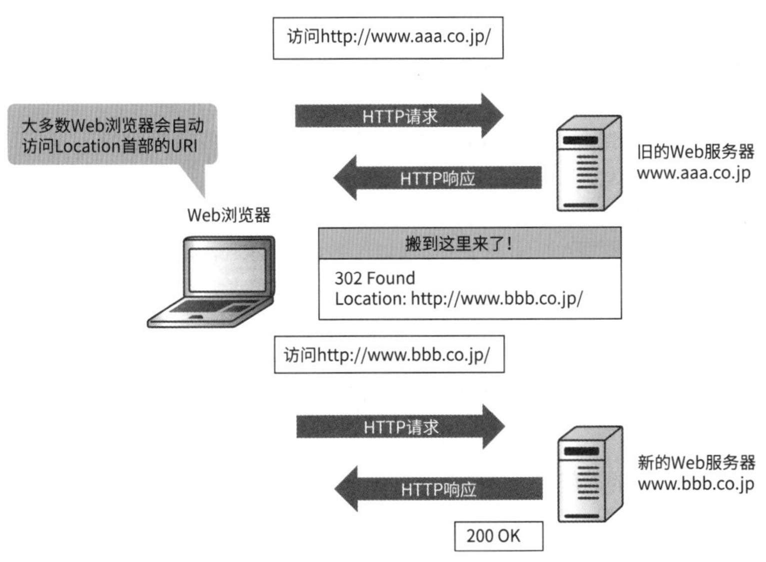

图6.1.31 • 使用Location 首部通知重定向目标

■ Server 首部

Server 首部是一种用于设置 Web 服务器信息的首部，具体可以设置 Web 服务器的操作系统及其版本、软件及其版本等信息。由于 Server 首部会直接将服务器的信息向外部公开，因此存在安全方面的问题。例如，如果带有恶意的用户查看 Server 首部，知道“使用了 Apache 2.4.18”的信息之后，就必然会尝试攻击其中的漏洞。因此，为了避免产生额外的漏洞，一般会在 Web 服务器的设置中禁用 Server 首部。如果是 Apache（Web 服务器软件），就可以使用名为 mod_headers 的模块禁用 Server 首部。

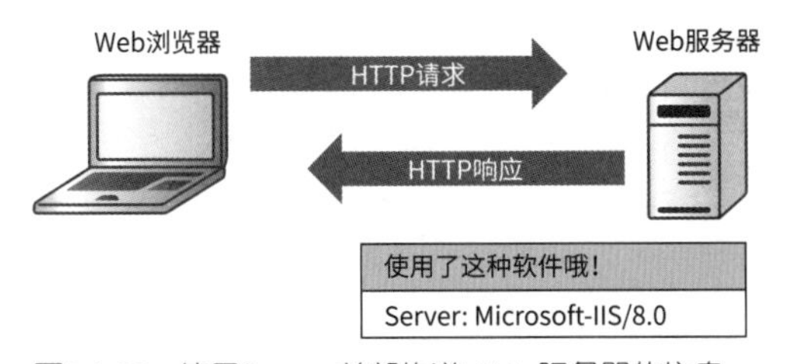

图6.1.32 • 使用Server 首部传递Web 服务器的信息

□ 通用首部

无论是请求消息的 HTTP 消息还是响应消息的 HTTP 消息，只要是可以通用的首部就是通用首部。通用首部与请求首部和响应首部一样，都是由 Web 浏览器和 Web 服务器根据实际的需要进行选择，并对整个 HTTP 消息进行控制的。RFC 2616 中对表 6.1.6 所示的 9 种通用首部进行了定义。

表6.1.6 • 在RFC 2616 中定义的通用首部

首　部	内　容
Cache-Control	控制临时存储在 Web 浏览器中的缓存。可以设置不缓存或者设置缓存时间
Connection	存活检测功能的连接管理信息。用于通知支持存活检测功能，或者断开 TCP 连接
Date	生成 HTTP 消息的日期和时间
Pragma	与缓存相关，用于实现对 HTTP/1.0 的向后兼容
Trailer	通知需要在消息正文后面写入的 HTTP 首部。可以在使用块传输编码时使用
Transfer-Encoding	消息正文的传输编码类型
Upgrade	切换到其他协议或者其他版本
Via	添加经过的代理服务器，用于避免循环
Warning	无法反映在 HTTP 消息中的状态和更改消息相关的附加信息

本书将挑选几种最近的 Web 浏览器常用的通用首部进行讲解。

■ Cache-Control 首部

Cache-Control 首部是一种用于控制 Web 浏览器和服务器缓存的首部。缓存是指可以将访问过的网页数据保存在特定目录中的功能。缓存具有多种优点，如可以立即显示访问过的网页的画面，以及减少对 Web 服务器的请求数量。

缓存可以分为私有缓存和共享缓存两种。私有缓存主要是指保存在 Web 浏览器中的缓存。Web 浏览器会将第一次请求的响应数据作为私有缓存保存起来，并将其用于对同一个 URL 的第二次和之后的响应中。共享缓存是指保存在代理服务器和 CDN 的边缘服务器中的缓存。这些服务器会将每一个人的响应数据作为共享缓存保存，并将其用于对第二个人及之后的所有人的响应中。

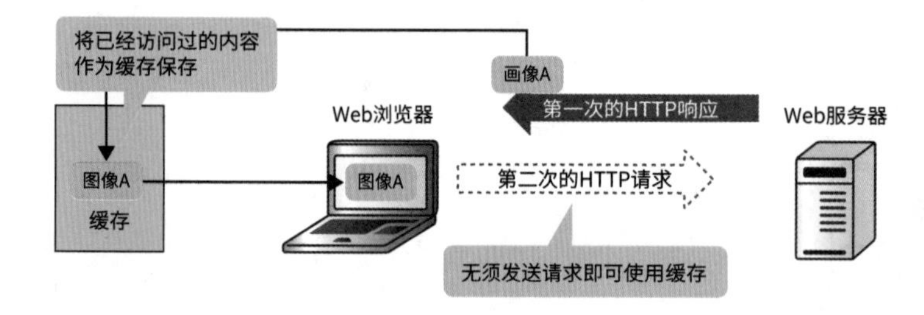

图6.1.33 • 私有缓存

Cache-Control 首部可以通过在字段值中存储指令的方式对缓存是否可用、有效期和缓存等项目进行控制。指令包含请求首部中使用的请求指令和响应首部中使用的响应指令两种，表 6.1.7 中对这两种指令进行了定义。

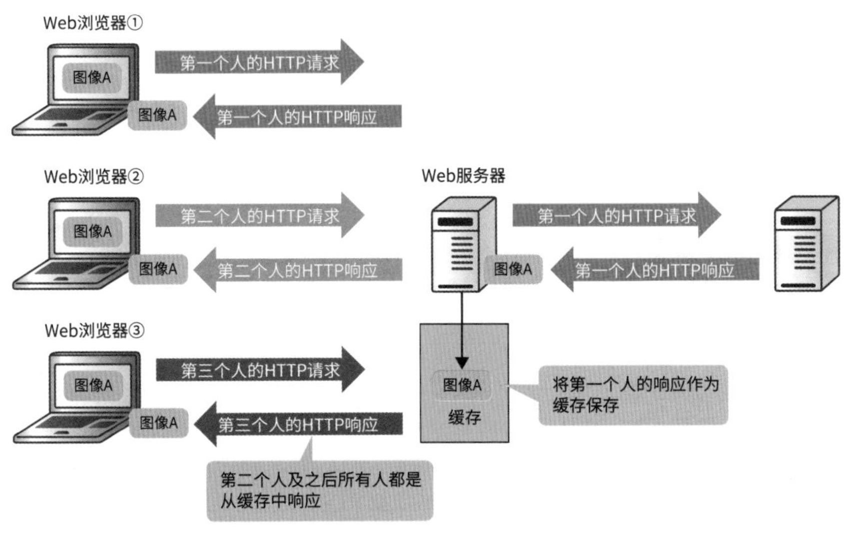

图6.1.34 • 共享缓存

表6.1.7 • 具有代表性的指令

指令		内容
请求指令	no-cache	如果不检查有效性，就无法使用缓存
	no-store	无论是私有缓存还是共享缓存，都不允许缓存
	max-age=[秒]	指定缓存的有效期
响应指令	public	在共享缓存中缓存
	private	不允许在共享缓存中缓存
	no-cache	如果不检查有效性，就无法使用缓存
	no-store	无论是私有缓存还是共享缓存，都不允许缓存
	must-revalidate	如果缓存已经过期，除非检查有效性，否则就无法缓存
	max-age=[秒]	指定缓存的有效期
	s-max-age=[秒]	指定在共享缓存中优先于 max-age 的有效期
	immutable	无须检查有效性，即可使用缓存

■ Connection 首部 /Keep-Alive 首部

Connection 首部和 Keep-Alive 首部[①] 都是对存活检测（持续连接）进行控制的首部。Web 浏览器需要在 Connection 首部中设置 keep-alive，并将支持存活检测的信息传递给 Web 服务器。相应地，Web 服务器也同样会在 Connection 首部中设置 keep-alive 进行响应。同时，需要使用 Keep-Alive 首部在下一次请求到达之前传递超时时间（timeout 指令）和该 TCP 连接中的剩余请求数（max 指令）等与存活检测相关的信息。此外，如果在 Connection 首部中设置 close，就可以断开 TCP 连接。

① Keep-Alive 首部在 RFC 2068 中进行定义。

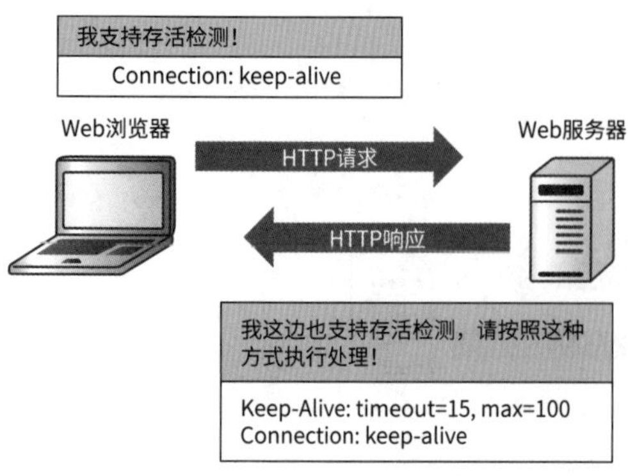

图6.1.35 • 使用Connection 首部传达对存活检测的支持

实体首部

包含与请求消息和响应消息中包含的消息正文相关的控制信息的首部被称为实体首部。RFC 2616 中对表 6.1.8 所示的 10 种实体首部进行了定义。

表6.1.8 • 在RFC 2616 中定义的实体首部

首　部	内　容
Allow	服务器通知客户端自己支持的方法
Content-Encoding	服务器已经执行的消息正文的压缩格式（内容编码）
Content-Language	日文和英文等消息正文中使用的语言集
Content-Length	消息正文的大小。以字节为单位编写
Content-Location	消息正文的 URI
Content-MD5	消息正文的 MD5 哈希值，用于篡改检测
Content-Range	用于响应范围请求
Content-Type	文本文件和图像文件等消息正文的媒体类型
Expires	资源有效期的日期和时间
Last-Modified	最后一次更新资源的日期和时间

本书将从表 6.1.8 中挑选几种具有代表性的实体首部进行讲解。

■ Content-Encoding 首部 /Accept-Encoding 首部

Content-Encoding 首部和 Accept-Encoding 首部都是对 Web 浏览器可处理的消息正文的压缩格式（内容编码）进行指定的首部。现代 Web 服务器和 Web 浏览器中常用的内容编码格式包括 gzip（GNU zip）、compress（UNIX 的标准压缩）、deflate（zlib）和 identity（无编码）4 种。

Web 浏览器需要将自己支持（可接收）的内容编码格式设置到 Accept-Encoding 首部中再发送请求；相应地，Web 服务器则需要使用从 Accept-Encoding 首部中选择的内容编码格式对 HTTP 消息进行压缩，并在 Content-Encoding 首部中设置该格式，再向 Web 浏览器返回响应。

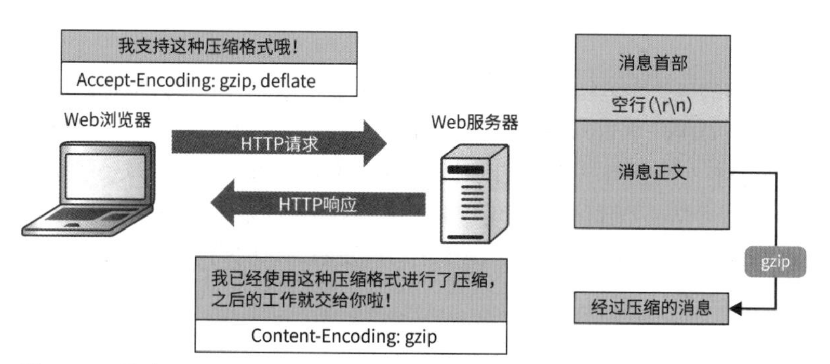

图6.1.36 • 传达消息正文的压缩格式（内容编码）

■ Content-Length 首部

在 HTTP/1.0 中，由于是以内容为单位执行打开 TCP → HTTP 请求→ HTTP 响应→ 断开 TCP 处理流程的，因此无须在意消息正文的长度。但是，在 HTTP/1.1 中，由于需要使用存活检测（持续连接）功能重复地使用一个连接，因此 TCP 连接不一定会断开。此时，就可以使用 Content-Length 首部向 TCP 发送消息的边界信息，以便可以正确地断开 TCP 连接。

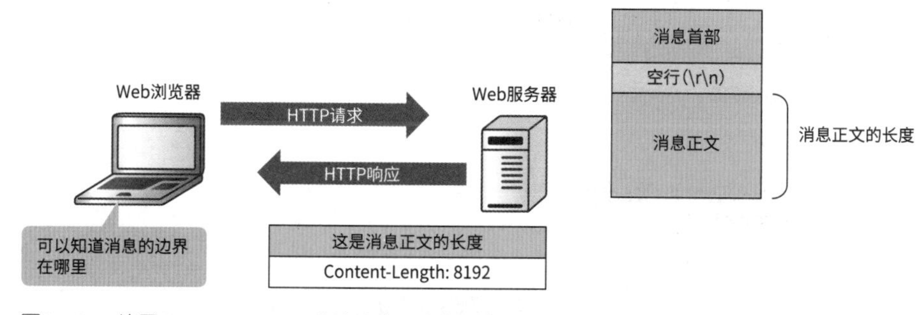

图6.1.37 • 使用Content-Length 传达消息正文的长度

□ 其他首部

在 HTTP 中，除了前面讲解的请求首部和响应首部等主要的 4 种 HTTP 首部之外，还存在一些常用的首部。我们将从中挑选一些在构建系统时所需使用的特别重要的首部进行讲解。

表6.1.9 • 其他首部

首　部	内　容
Set-Cookie	服务器将用于会话管理的会话 ID 和个别用户设置发送给 Web 浏览器
Cookie	Web 浏览器将 Set-Cookie 给出的 Cookie 信息发送给服务器
X-Forwarded-For	将转换前的 IP 地址保存到使用负载均衡装置的 NAPT 转换的环境中
X-Forwarded-Proto	保存客户端使用的协议，用于在使用负载均衡装置卸载 SSL 的环境中识别原始协议（HTTP 或 HTTPS）

■ Set-Cookie/Cookie

Cookie 是指一种在与 HTTP 服务器的通信中将特定信息存储在浏览器中的机制，或者是指存储的文件。Cookie 需要根据 Web 浏览器上的 FQDN（Fully Qualified Domain Name，完全限定域名）（见 P312）进行管理。大家有没有遇到过，明明没有在购物网站和社交网站输入用户名和密码，但是却登录了这些网站的情况呢？这就要归功于 Cookie。当 Web 浏览器使用用户名和密码登录成功之后，服务器就会发出一个会话 ID，并将其设置在 Set-Cookie 首部中进行响应。由于之后在发送请求时需要在 Cookie 首部中设置会话 ID，因此就会自动执行登录处理。

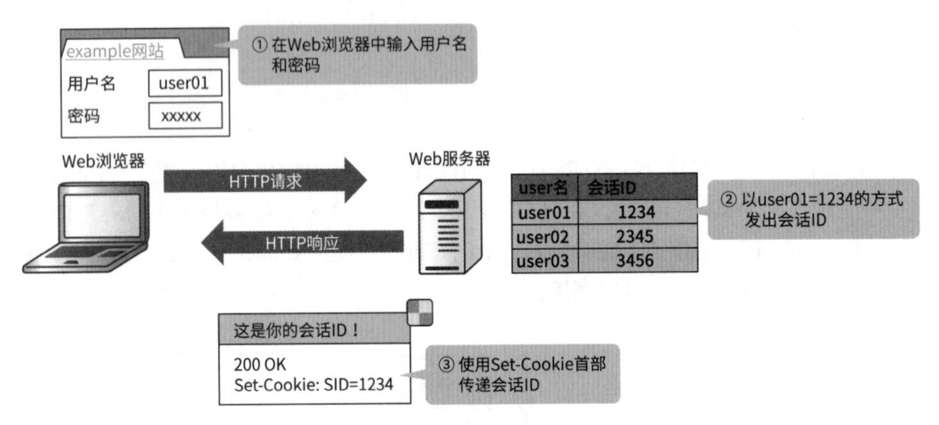

图6.1.38 ● 返回使用Set-Cookie 首部发出的ID

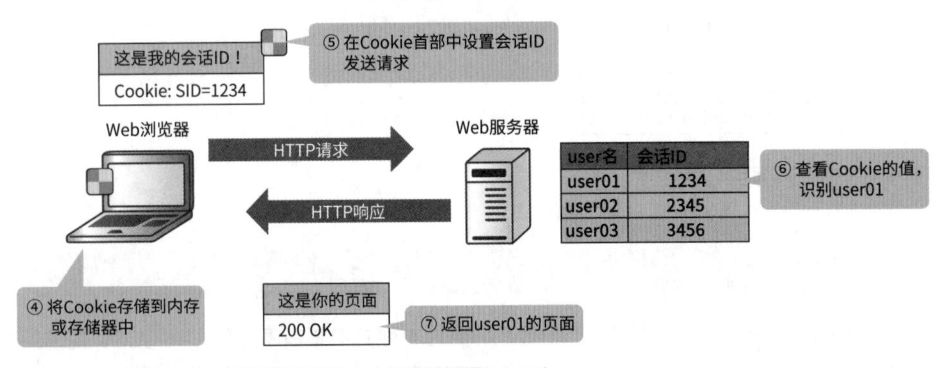

图6.1.39 ● 使用Cookie 首部通知会话ID（步骤延续图6.1.38）

■ X-Forwarded-For

X-Forwarded-For 是一种在使用负载均衡装置转换发送方 IP 地址的环境中，对转换前的发送方 IP 地址进行存储的首部。在导入负载均衡装置时，根据网络的设计方法，存在如果没有对发送方 IP 地址进行 NAPT 转换就无法进行负载均衡处理的情况。但是，如果进行 NAPT 转换，就无法知道是否是来自原始客户端的访问。因此，如果使用 X-Forwarded-For，就可以识别出请求是来自哪个 IP 地址的客户端访问。

AWS（Amazon Web Services，亚马逊 Web 服务）的负载均衡功能 ELB（Elastic Load Balancing）和 ALB（Application Load Balancer）也会将发送方 IP 地址转换为 ELB/ALB 的 IP 地址。因此，仅仅只是查

看发送方 IP 地址，也是无法知道这是来自哪个 IP 地址的访问的。但是，查看 X-Forwarded-For 的值[1]，就可以识别出是来自哪个 IP 地址的访问。

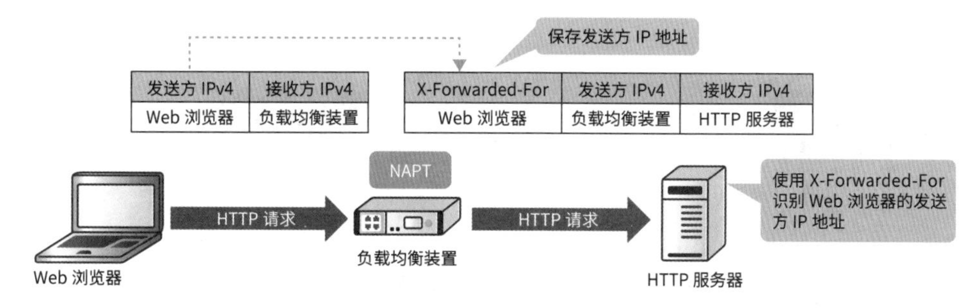

图6.1.40 • X-Forwarded-For

■ X-Forwarded-Proto

X-Forwarded-Proto 是 X-Forwarded-For 的协议版本，它可以在使用负载均衡装置转换协议的环境中对转换前的协议进行保存。在负载均衡装置中存在一个 SSL 卸载（SSL 加速）功能（见 P311），它可以从服务器接管容易成为处理负载的 SSL 的处理。当卸载 SSL 时，负载均衡装置就会解密 HTTPS，并将其转换为 HTTP，因此服务器端就无法知道 Web 浏览器在发送请求时所使用的原始协议。此时，就可以使用 X-Forwarded-Proto 来帮助服务器识别原始协议。

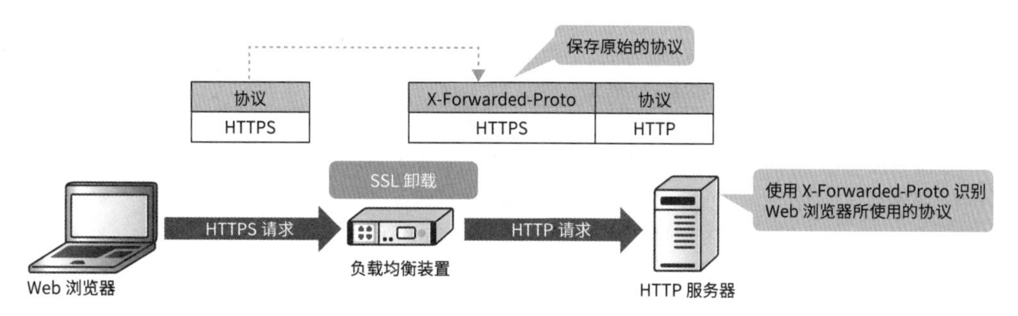

图6.1.41 • X-Forwarded-Proto

□ 消息正文

包含 HTML 数据、图像文件和视频文件等实际上需要发送的应用数据的字段被称为消息正文。消息正文是一种选项，可以根据方法和状态码选择是否需要使用消息正文。

6.1.4 HTTP/2 的消息格式

HTTP/2 沿用了 HTTP/1.1 的基本元素及其作用，同时可以通过改变交换形式的方式提高传输效率。

HTTP/1.1 需要使用换行代码对消息首部和消息正文进行分隔，并以文本格式的消息为单位将数据传

① ELB/ALB 会默认为负载均衡目标的 HTTP 流量插入 X-Forwarded-For 首部。

输给 TCP 连接。虽然文本格式对于人类而言简单易懂，但是计算机要理解其中的内容就需要将其转换为二进制格式。另外，HTTP/2 需要将消息首部保存在 HEADERS 帧中，将消息正文保存在 DATA 帧中，并以二进制格式的帧为单位传输给数据流。此外，在进行这一处理时，需要为数据帧分配识别数据流的数据流 ID，并指定将数据帧流向哪一个数据流。由于它仍然是二进制格式的数据，因此无须进行转换处理。

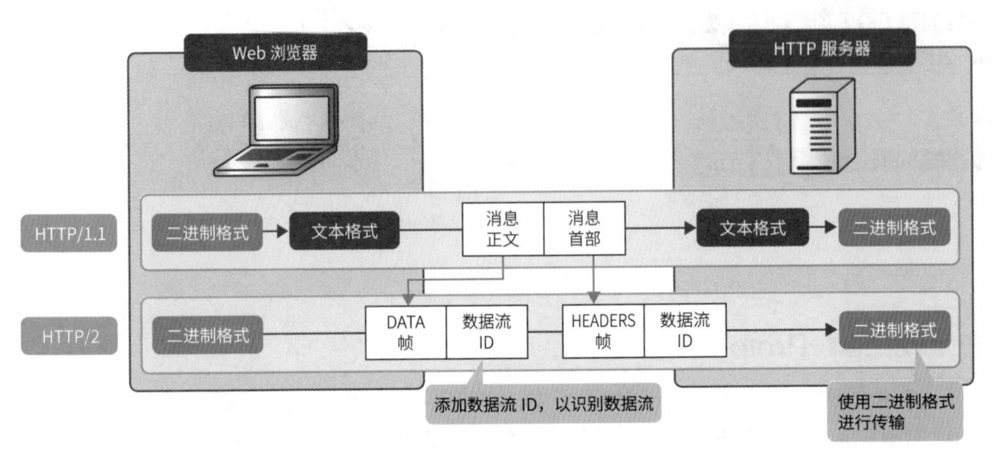

图6.1.42 • 使用二进制格式进行传输

表6.1.10 • 在RFC 7540 中定义的数据帧的种类

编号	类　型	内　容
0	DATA	保存消息正文
1	HEADERS	保存消息首部
2	PRIORITY	更改数据流的优先级
3	RST_STREAM	当数据流被请求取消或者数据流发生错误时，立即结束数据流
4	SETTINGS	更改与连接相关的连接设置，如并发流数和禁用服务器推送等
5	PUSH_PROMISE	预留一个从服务器推送数据的数据流
6	PING	保持连接或者测量往返延迟时间（RTT）
7	GOAWAY	在没有数据需要发送或者发生重大错误时断开连接
8	WINDOW_UPDATE	调整窗口尺寸以控制流量
9	CONTINUATION	将多出一个数据帧的 HEADERS 帧和 PUSH_PROMISE 的剩余部分发送

请求行与状态行

在将数据转换成二进制格式时，消息格式也需要进行一些更改。其中，变化最大的是请求行和状态行。在 HTTP/2 中，请求行和状态行的构成元素会作为首部进行处理。接下来将对它们进行更加详细的讲解。

■ 请求行

HTTP/1.1 的请求行需要将表示请求种类的方法、表示资源标识符的请求 URI 和表示 HTTP 版本的 HTTP 版本作为一行文本进行发送；而 HTTP/2 则需要将方法保存在“:method 首部”，将请求 URI 保存在“:path 首部”，将 HTTP 版本保存在“:version 首部”，使用 HEADERS 帧进行发送。

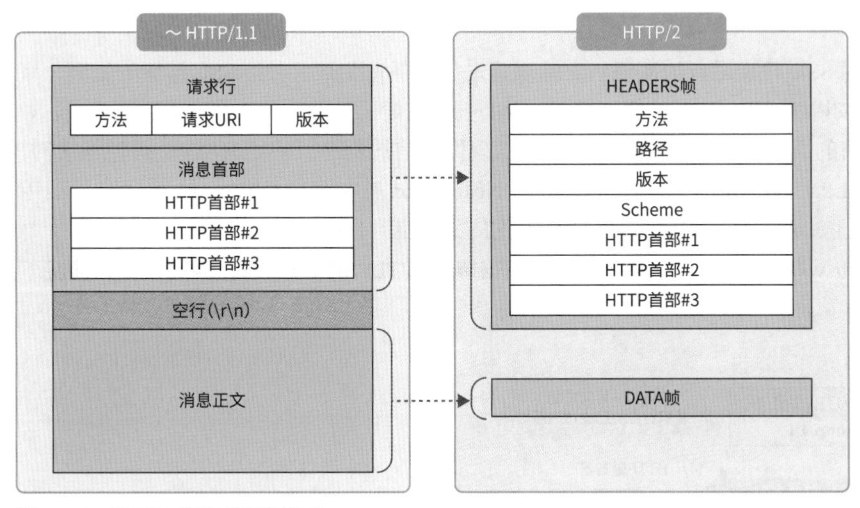

图6.1.43 • HTTP/2的请求消息格式

■ 状态行

HTTP/1.1 的状态行需要将表示 HTTP 版本的 HTTP 版本、用 3 位数字表示处理结果概要的状态码、表示原因的原因短语作为一行文本进行发送；而 HTTP/2 则需要将 HTTP 版本保存在“:version 首部”，将状态码保存在“:status 首部”，使用 HEADERS 帧进行发送。原因短语已被废除。

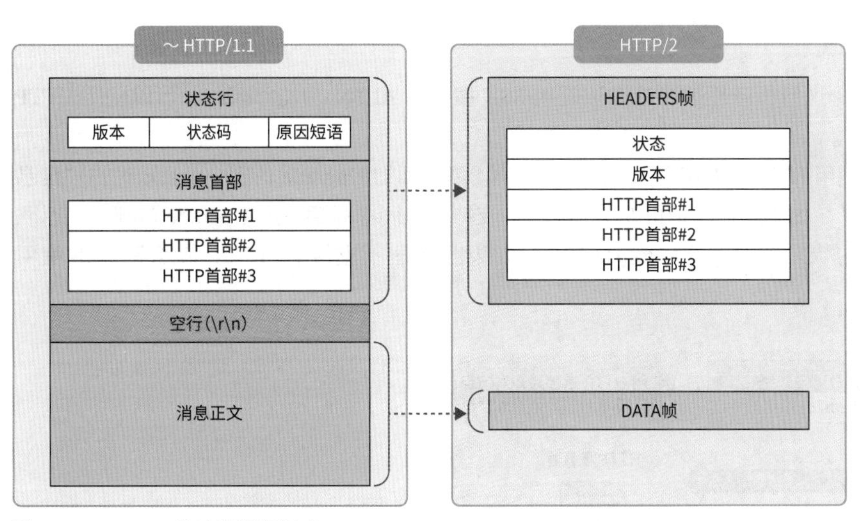

图6.1.44 • HTTP/2的响应消息格式

□ 协议升级

虽然 HTTP1.x 和 HTTP/2 在基本的构成元素和作用方面没有太大的差别，但是由于它们都是以不同的格式进行传输，因此双方不具备兼容性。使用 HTTP/2 进行连接时，需要根据具体的连接状况进行多个步骤的处理。在这里，将分成 SSL 握手模式、HTTP 首部模式和直接连接模式 3 种模式对连接状况进行讲解。

■ SSL 握手模式

SSL 握手是指在使用 SSL/TLS 进行加密通信之前需要进行的事先准备。有关 SSL 握手的处理，将在 6.2.4 小节中进行详细的讲解（见 P302）。概括地讲，SSL 握手需要通过确定加密方式和认证方式、对彼此进行认证、交换加密的共享密钥（加密密钥）等方式确保通信的安全。使用 HTTP/2 进行连接时，需要使用 SSL 握手的 ALPN（Application-Layer Protocol Negotiation，应用层协议）扩展功能。使用 ALPN 扩展功能，就可以通知对方自己提供对 HTTP/2 的支持，并使用 HTTP/2 进行连接。

由于 Chrome 和 Firefox 等最近流行的 Web 浏览器只支持 SSL/TLS 的 HTTP/2，因此大多数情况下会采用 SSL 握手模式。

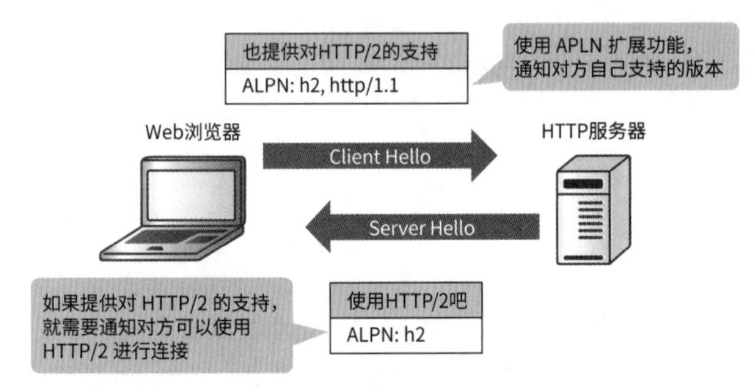

图6.1.45 • SSL握手模式

■ HTTP 首部模式

如果不使用 SSL/TLS 进行加密通信，就无法使用 SSL 握手的 ALPN 功能。因此，可以使用 HTTP 的首部。

Web 浏览器在开始使用 HTTP/1.1 获取（GET）数据时，需要添加 Upgrade 首部①，通知对方"自己也提供对 HTTP/2 的支持"。如果服务器提供对 HTTP/2 的支持，也同样需要添加 Upgrade 首部②，返回 101 Switching Protocols 的状态码，并迁移到 HTTP/2。如果服务器不支持 HTTP/2，就会默默地使用 HTTP/1.1 进行连接。

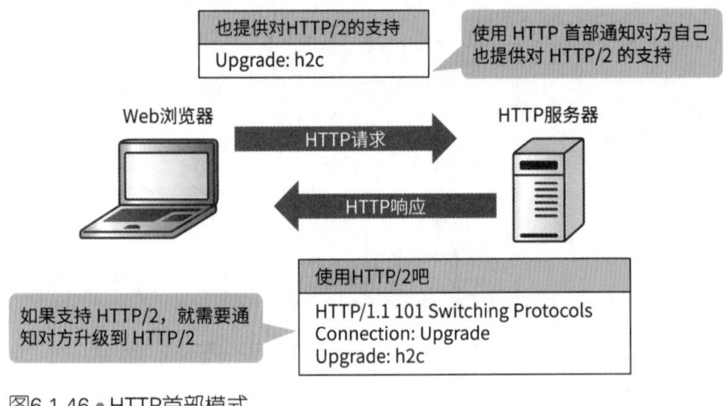

图6.1.46 • HTTP首部模式

① 具体是指添加名为"Upgrade: h2c"的 HTTP 首部。
② 具体是指添加名为"Upgrade: h2c"的 HTTP 首部。

这种模式还有另外一个建议从服务器迁移到 HTTP/2 的场合。服务器在 HTTP/1.1 的响应中添加 Upgrade 首部，通知 Web 浏览器“自己也提供对 HTTP/2 的支持”。Web 浏览器会查看这一信息，发送包含 Upgrade 首部的 HTTP/1.1 请求；服务器则会返回 Switching Protocols 的 HTTP 响应，迁移到 HTTP/2 中。

■ 直接连接模式

如果预先知道服务器提供对 HTTP/2 的支持，就不需要进行额外的准备工作，可以直接使用 HTTP/2 进行连接。这种模式主要用于预先知道客户端和服务器都可以使用 HTTP/2 进行连接的验证环境中。

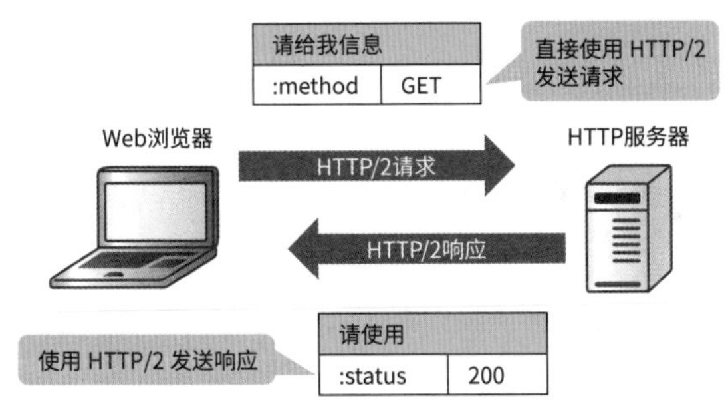

图6.1.47 • 直接连接模式

6.1.5 负载均衡装置的操作

负载均衡装置是一种使用网络层（IP 地址）、传输层（端口号）和应用层（消息）的信息，为多个服务器分配连接的设备。负载均衡装置需要按照约定的规范，将负载均衡装置上设置的虚拟服务器接收的连接，以“将本次通信交给服务器①，将本次通信交给服务器②”的方式进行分配，将负载均衡地分散到多个服务器上。

目标 NAT

服务器负载均衡技术的基础是目标 NAT。目标 NAT 是一种 NAT，是一种对数据包的接收方 IP 地址进行转换的技术。当负载均衡装置接收到来自客户端的数据包后，就需要确认服务器的存活状态和连接状态，将接收方 IP 地址转换为最优服务器的 IP 地址。

负载均衡装置的目标 NAT 需要根据内存中的连接表的信息执行处理。负载均衡装置则需要使用连接表对接收到的连接的“发送方 IP 地址 : 端口号”“虚拟 IP 地址（转换前的接收方 IP 地址）: 端口号”“服务器 IP 地址（转换后的接收方 IP 地址）: 端口号”和“协议”等信息进行管理，以把握需要使用目标 NAT 将哪一个连接转换到哪一个 IP 地址。

接下来，将使用连接表对负载均衡技术的工作原理进行讲解。在这里，将假设具备图 6.1.48 所示的环境，客户端具有对虚拟服务器进行 HTTP 访问的权限，并且负载被分配给了 3 台 Web 服务器。

① 负载均衡装置需要使用虚拟服务器接收客户端的连接。此时的接收方 IP 地址是虚拟服务器的 IP 地址——虚拟 IP 地址。需要使用连接表对收到的连接进行管理。

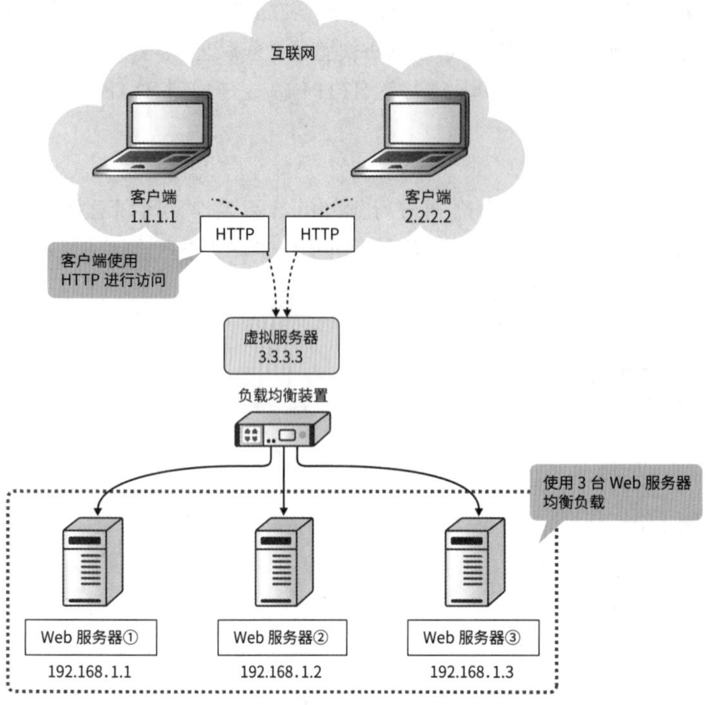

图6.1.48 • 考虑服务器负载均衡技术的配置示例

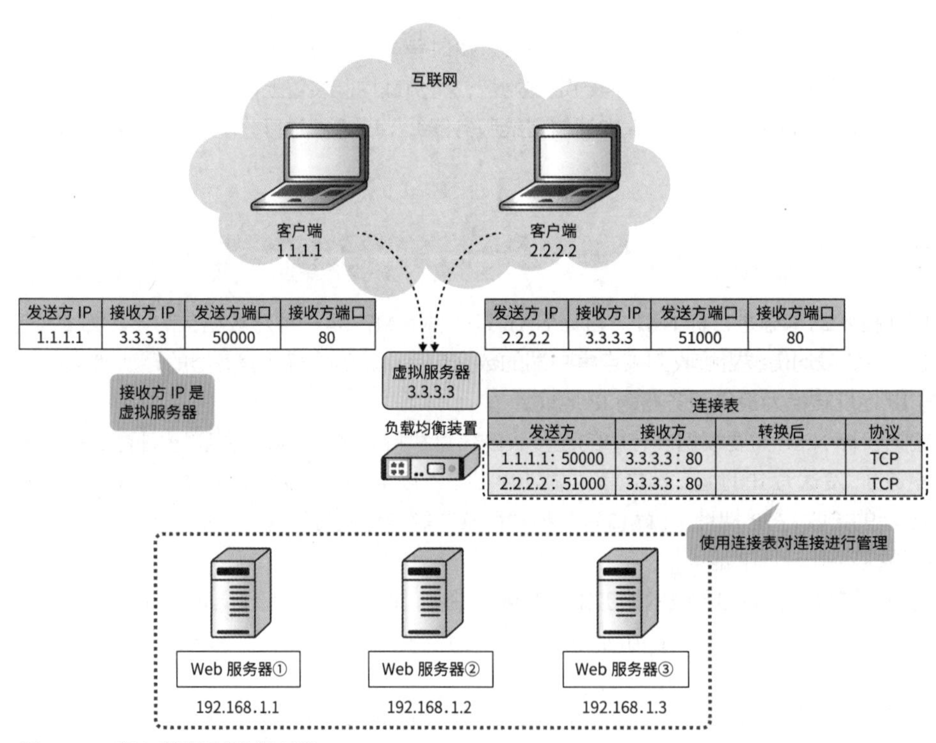

图6.1.49 • 客户端访问虚拟服务器

② 负载均衡装置需要将虚拟 IP 地址，即接收方 IP 地址转换为与其关联的负载均衡目标服务器的 IP 地址，还需要根据服务器状态和连接状态动态地改变需要转换的 IP 地址以均衡连接。转换后的 IP 地址也需要登记到连接表中进行管理。

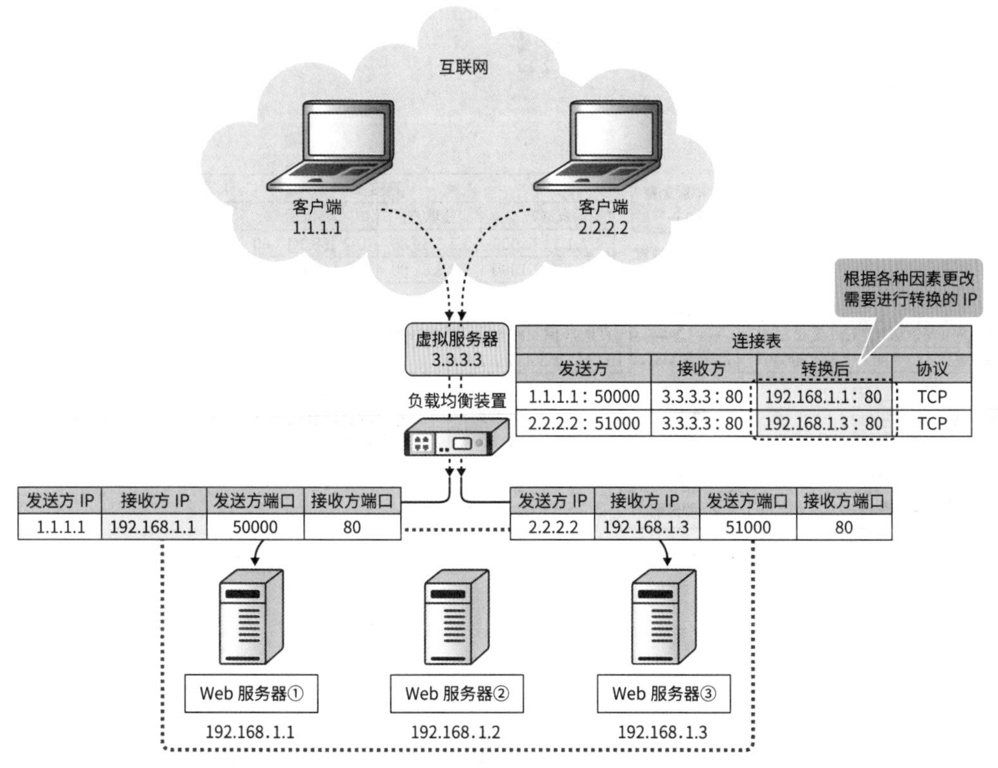

图6.1.50 • 负载均衡装置转换接收方IP

③ 收到连接的服务器在完成应用程序的处理之后，需要向默认网关，即负载均衡装置发送返回的通信。负载均衡装置则需要执行与发过去的目标 NAT 相反的处理，即需要对发送方 IP 地址进行 NAT 转换。负载均衡装置还需要使用连接表对发过去的通信进行准确的管理，并基于该信息向客户端发送返回的通信。

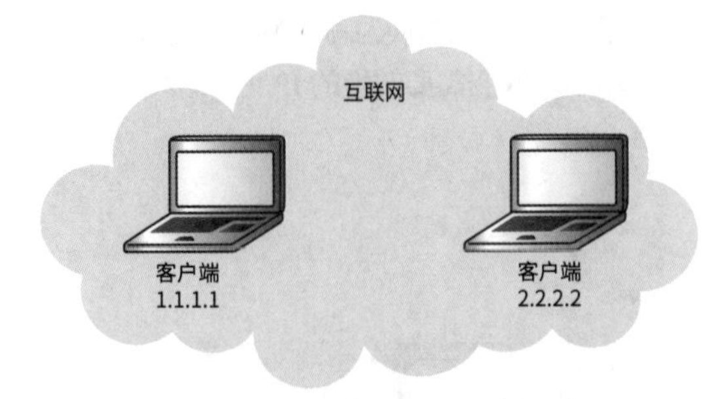

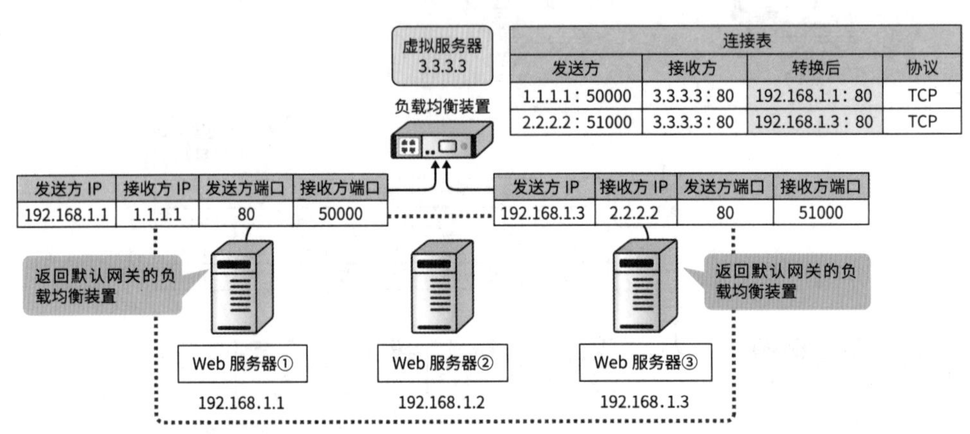

图6.1.51 • 向负载均衡装置发送返回的通信

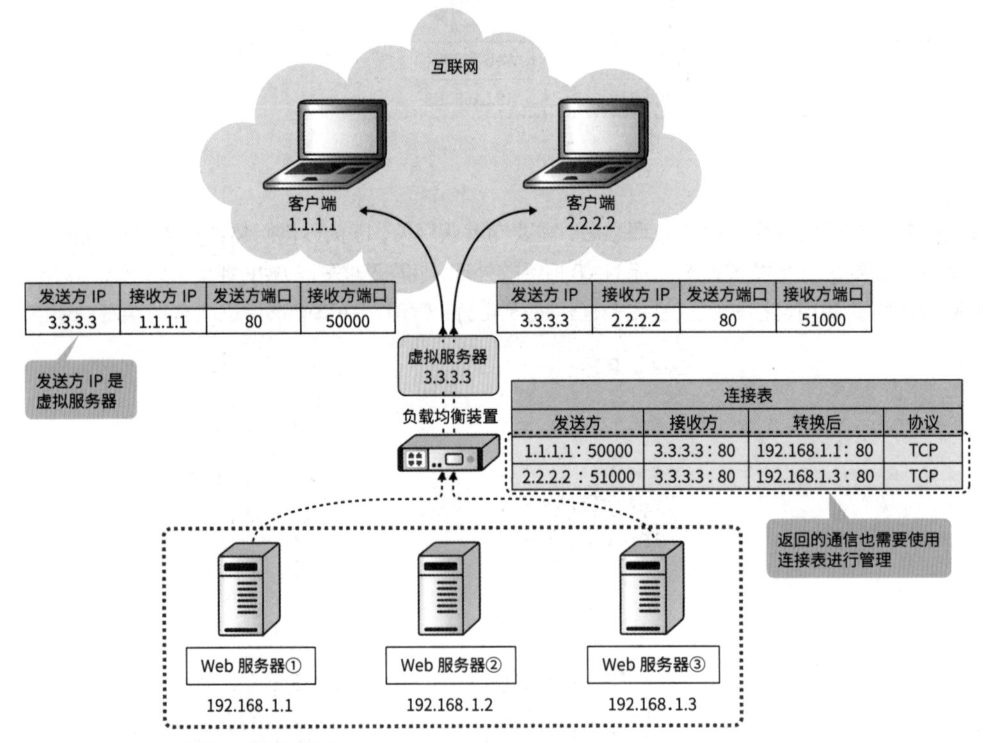

图6.1.52 • 向客户端发送返回的通信

健康检查

健康检查是一种对负载均衡目标服务器的状态进行监控的功能。对已经宕机的服务器分配连接是毫无意义的，因为该服务器不会做出任何响应。负载均衡装置通过定期发送监控包的方式对服务器是否正在运行进行监控，如果判断为服务器宕机，就会断开服务器与负载均衡目标的连接。虽然根据厂商不同，有时会将其称为健康监视器或者探测器，但是它们都具备同样的功能。健康检查可以分为 L3 检查、L4 检查和 L7 检查三大类。

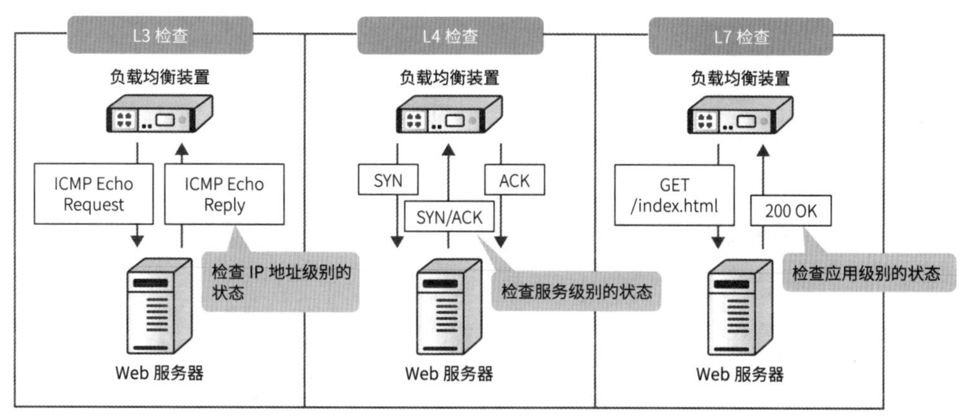

图6.1.53 • 健康检查

参考　选择哪种健康检查

在 3 种健康检查当中，实际工作中常用的是 L3 检查 + L4 检查或者 L3 检查 + L7 检查的组合技术。使用不同分层的两种健康检查，就可以在发生故障时很容易地检查到哪一个分层是正在运行的。

使用哪种组合技术取决于服务器的负载状况。L3 检查的负载较低；L7 检查需要确认应用级别的信息，因此与 L4 检查相比，服务器的负载更高。如果健康检查影响到服务，那就得不偿失了。因此，当服务器资源充沛时可以选择 L3 检查 + L7 检查，资源不足时则可以选择 L3 检查 + L4 检查的组合技术。

负载均衡方式

负载均衡方式是指“将哪些信息分配给哪些服务器”。根据负载均衡方式，可以改变使用目标 NAT 转换的接收方 IP 地址。负载均衡方式大致可以分为静态和动态两种。

静态的负载均衡方式是一种无论服务器的状况如何，都需要根据预先定义的设置确定要分配的服务器的方式。其包括按照顺序分配的轮询调度（Round Robin）和基于预先确定的比率进行分配的比率等方式。

动态的负载均衡方式是一种根据服务器的状况确定要分配的服务器的方式，包括根据连接数量进行分配的最少连接数和根据答复时间进行分配的最短答复时间等方式。

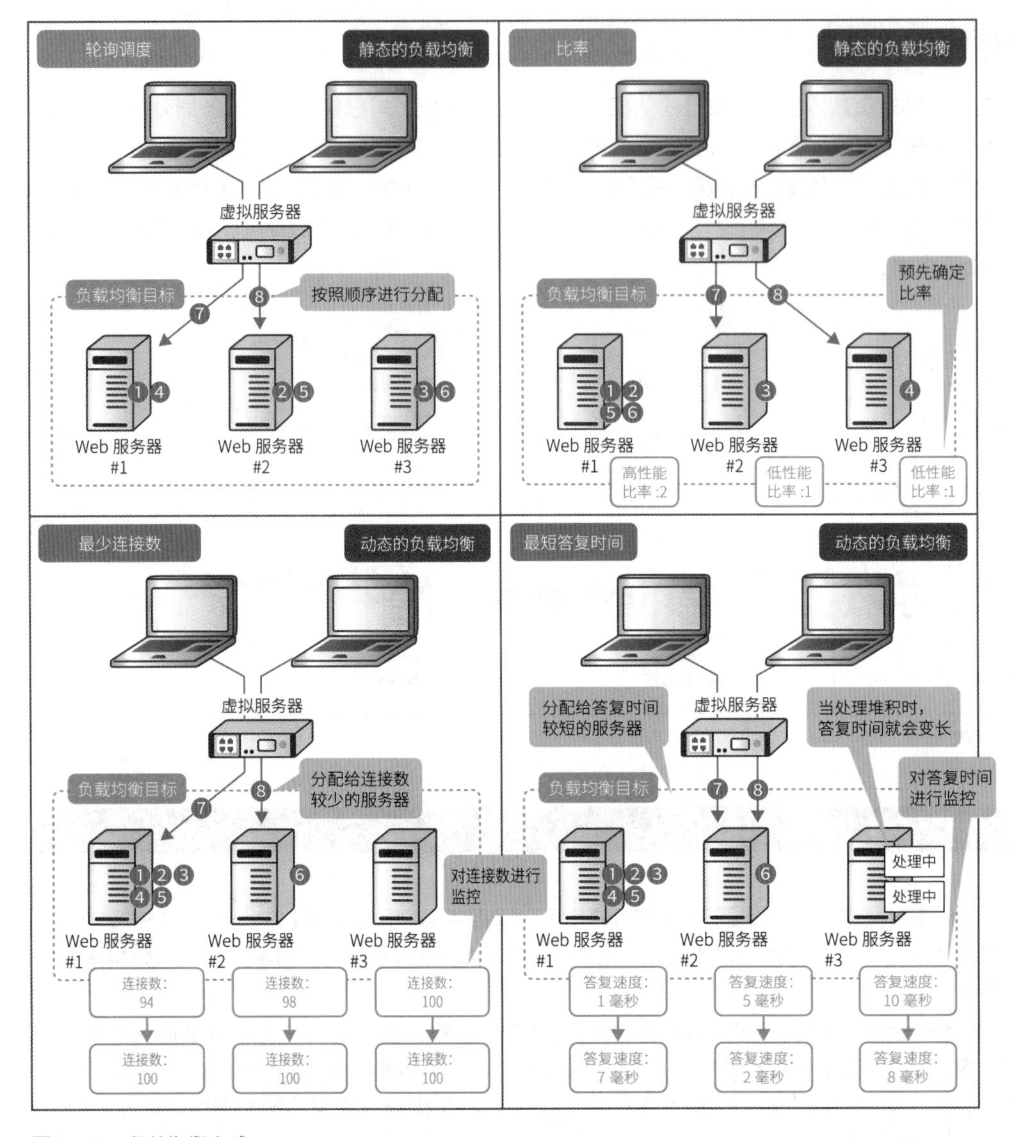

图6.1.54 • 负载均衡方式

参考　选择哪种负载均衡方式

在 4 种负载均衡方式中，如果负载均衡目标服务器的规格相同，通常会使用轮询调度或者最少连接数的方式。如果服务器的规格不同，则通常会使用比率或者比率 + 最少连接数的组合方式。随着服务器规格的提升，在答复时间上的差距已经变得不明显，因此无法很好地进行负载均衡处理，故而最短答复时间的方式目前用得并不多。

选项功能

在过去，负载均衡装置主要运行在网络层和传输层中，最近其活动范围已经扩展到了应用层，如今也被称为应用交付控制器（ADC）。有大量的选项功能支持它执行各种处理。在这里，将从负载均衡装置具有的丰富的选项功能中挑选出与 HTTP 密切相关的持久化、应用交换和 HTTP/2 卸载功能进行讲解。

■持久化

持久化是一种将应用程序的同一会话持续分配给同一台服务器的功能。大家可能会认为，明明是负载均衡技术，为何可以持续分配给同一台服务器，这在某些方面不会存在矛盾吗？但是，从大局来看，这也意味着负载均衡。

对于某些应用程序而言，如果不将一系列处理交由同一台服务器完成，就无法确保该处理结果的一致性。购物网站就是一个很好的例子。例如，购物网站中的加入购物车→购买这一系列处理，就需要使用同一台服务器来完成。无法执行将商品加入服务器①的购物车，再使用服务器②进行购买的处理。如果将商品加入了服务器①的购物车，就必须使用服务器①执行购买的处理。

因此，就需要使用持久化的功能。这样一来，就可以将加入购物车→购买的一系列处理交给同一台服务器完成，可以基于特定的信息持续地向同一台服务器分配处理。如表 6.1.11 所示，其中汇总了几种持久化处理的方式，可以根据具体的信息进行选择。

表6.1.11 ● 具有代表性的持久化方式（F5 Networks 公司的BIG-IP 的场合）

持久化方式	基于何种信息进行持久化处理
发送方 IP 地址持久化	客户端的发送方 IP 地址
微软远程桌面	微软的远程桌面会话
接收方 IP 地址持久化	客户端的接收方 IP 地址
SIP	任意 SIP 的首部字段
SSL	SSL 的会话 ID
通用	任意字段
哈希	将任意字段哈希化
Cookie 持久化	客户端的 Cookie 信息

表 6.1.11 中常用的方式是发送方 IP 地址持久化和 Cookie 持久化。

发送方 IP 地址持久化是一种基于客户端的 IP 地址持续将处理分配给同一台服务器的方式。在那些类似 NAPT 环境和代理环境等多个客户端需要共享发送方 IP 地址的环境中，会将会话集中在同一台服务器中。由于这种方式实现起来简单易懂，因此其常用于发送方 IP 地址多为独立地址的互联网服务器中。

Cookie 持久化是一种基于 Cookie 的信息将处理分配给同一台服务器的方式。负载均衡装置会在第一个请求的响应中插入包含服务器信息的 Cookie。这样一来，之后的请求中就会包含该 Cookie，负载均衡装置就可以基于该信息将处理分配给固定的服务器。由于需要使用 Cookie，因此可能会限定① 目标协议为 HTTP，或者略微增加处理负载。其好处是即便是那些发送方 IP 地址相同的 NAPT 环境和代理环境，也可以灵活地实现负载均衡处理。

① 也包含使用负载均衡装置进行 SSL 卸载处理（见 P311）的 HTTP。在 SSL 卸载环境中，需要在从 HTTP 加密到 HTTPS 之前的第一个响应中插入 Cookie。此外，需要在将之后的请求从 HTTPS 解密到 HTTP 后检查 Cookie 的信息。

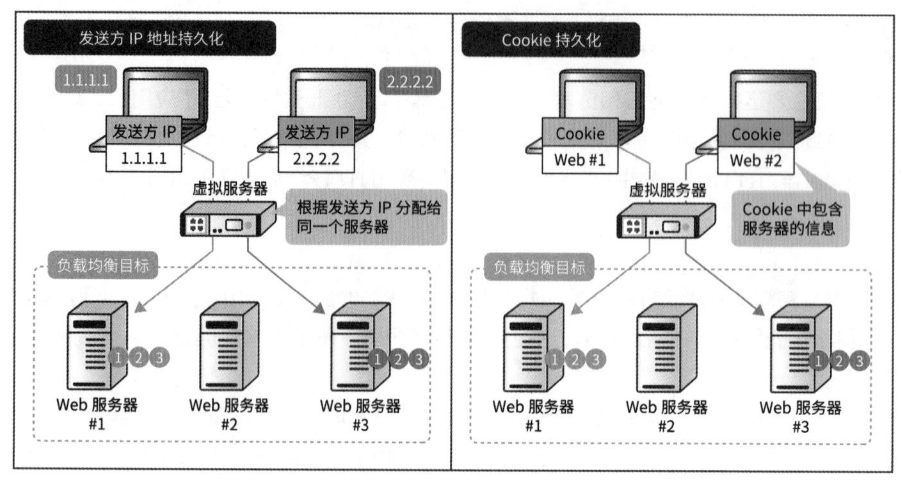

图6.1.55 • 发送方IP 地址持久化与Cookie 持久化

■应用交换

在此之前所讲解的负载均衡功能，都是将来自客户端的数据包通过健康检查和负载均衡的方式分配给服务器的简单的处理。而应用交换功能，除了需要使用这个简单的负载均衡功能之外，还需要基于请求URI（见 P256）和 Web 浏览器的种类等应用数据中包含的各种信息，进行更加细致且广泛的负载均衡处理。如果使用应用交换功能，就可以实现各种各样的处理，如仅将图像文件交由特定的服务器进行负载均衡处理。如果是来自智能手机的访问，则可以使用专门用于智能手机的 Web 服务器进行负载均衡处理。

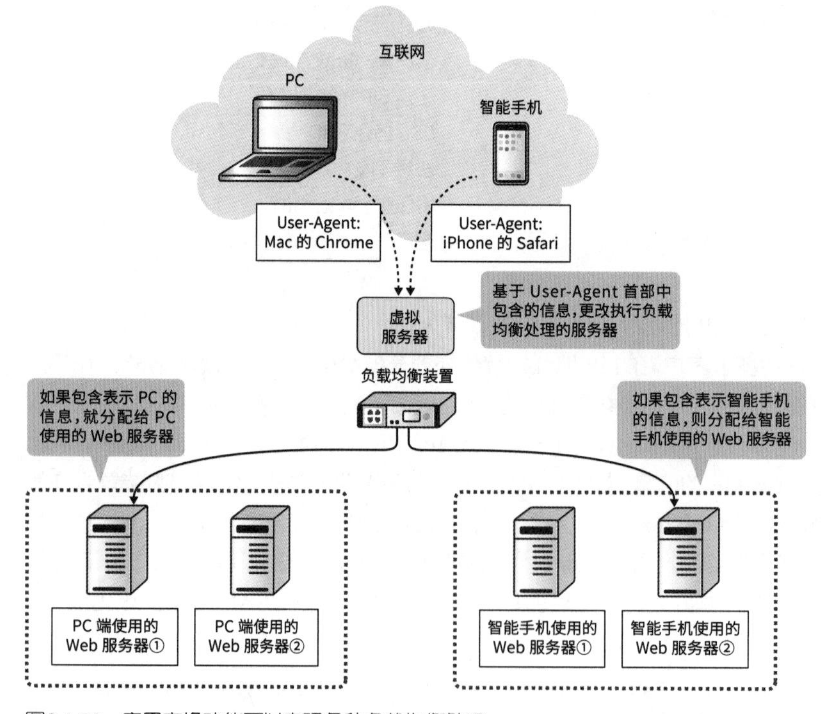

图6.1.56 • 应用交换功能可以实现各种负载均衡处理

■ HTTP/2 卸载

卸载是一种接管服务器的处理的功能。HTTP/2 卸载可以接管 HTTP/2 的处理。即使想让 Web 服务器顺应时代的发展兼容 HTTP/2，也需要做大量的工作，如升级服务器操作系统、添加 Web 服务器应用程序的模块等。如果使用 HTTP/2 卸载，服务器就可以在保留 HTTP/1.1 的情况下使系统兼容 HTTP/2，为系统的全面升级争取时间。

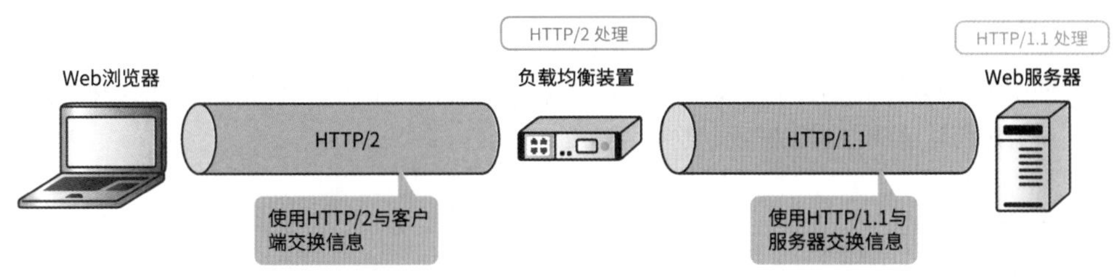

图6.1.57 ● 负载均衡装置接管HTTP/2 的处理

chapter 6-2

SSL/TLS

SSL（Secure Socket Layer，安全套接层协议）/TLS（Transport Layer Security，传输层安全协议）是用于对应用数据进行加密的协议。虽然互联网与我们的生活息息相关，但是无论何时我们都不能忘记，它与无形的威胁总是如影随形。互联网在逻辑上是将全世界的人与人和物与物连接在一起，因此我们不知道谁会在何时何地出于何种目的偷窥，甚至篡改我们的数据。使用 SSL/TLS① 就可以通过对数据进行加密，或者对通信对象进行认证的方式保护我们的重要数据。

图6.2.1 • 使用SSL 保护信息

当我们浏览各种不同的网站时，有时不知道在什么时候 URL 地址就变成了“https:// ~”，并且地址栏中会显示一个锁的标记。这就意味着该通信使用了 SSL 进行加密，数据是受到保护的。HTTPS（HyperText Transfer Protocol Secure，超文本传输安全协议）其实就是使用 SSL 对 HTTP 进行了加密处理的协议。

当 HTTP 经过了 SSL 加密处理后，浏览器的地址栏中就会显示一个锁的图标。

图6.2.2 • 使用SSL 加密过的HTTP 会在地址栏显示锁的图标

① TLS 是 SSL 的升级版本。在接下来的内容中，为了便于阅读，我们会使用 SSL 表示 SSL/TLS，除非进行了明确的区分，否则 SSL 中就包含 TLS。

此外，如果是 Google 和 Yahoo! 等知名的大型网站，即使使用 HTTP 进行访问，也会被强制性地重定向（转发）到 HTTPS 站点。这也预示着我们正在逐渐进入每时每刻都使用 SSL 对所有流量进行加密的“全时 SSL 保护的时代”。

6.2.1 SSL 中使用的技术

SSL 的关键部分是对数据完成实际加密之前的过程，可以毫不夸张地说，绝大多数的技术精华包含在了里面。但是，要理解这一处理过程，需要掌握很多的基础知识。因此，首先会对使用 SSL 的目的以及组成 SSL 的各种技术进行讲解。

可以通过 SSL 预防的威胁

SSL 是通过综合运用加密、哈希处理以及数字证书这 3 种技术的方式来应对互联网上存在的各类安全威胁的。接下来，将对其中每种技术分别用于应对哪些安全威胁进行讲解。

■ 通过加密防止窥视

加密是一种根据既定的规则对数据进行变换的技术。我们可以使用加密技术防止第三者窥视我们的数据。如果将重要的数据进行直接传输，那么旁人难免想要看一看也是人性使然。因此，为了确保数据的私密性，就需要使用 SSL 对数据进行加密处理，确保即使数据被窥视也不会泄露任何有意义的信息。

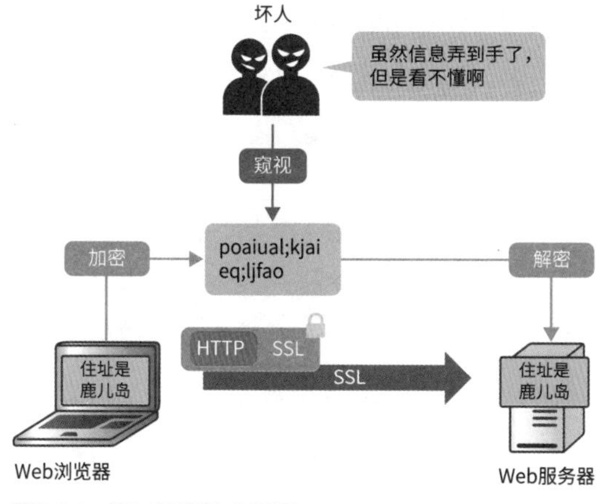

图6.2.3 • 通过加密防止窥视

■ 通过哈希处理防止篡改

哈希处理是一种根据既定的公式（哈希函数）从应用数据中提取固定长度的数据（哈希值）的技术。当应用数据发生变化时，哈希值也会随之发生显著变化。这种技术就是利用这一机制，检测数据是否存在被第三者篡改过的问题。SSL 会将数据和哈希值一同发送，以方便接收方检查数据是否被篡改。接收到数据的终端会对根据数据计算得到的哈希值与接收到的哈希值进行比较。由于是对相同的数据进行相同的计算，因此如果得到的是相同的哈希值，就表示数据没有被篡改。

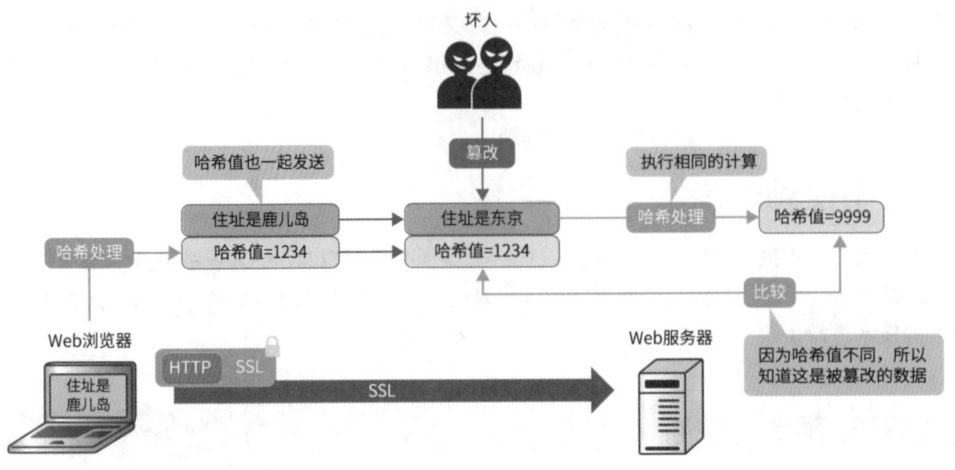

图6.2.4 • 通过哈希处理防止篡改

■ 通过数字证书防止冒充

数字证书是一种证明终端设备身份合法性的文件。基于数字证书对通信对象的身份进行确认，就可以防止他人冒充。在发送数据之前，SSL 会询问“请把你的信息发给我”，并根据收到的数字证书确认对方是本人。

数字证书的真实性可以通过名为证书颁发机构（Certification Authority，CA）的受信任的第三方机构的数字签名进行确认。数字签名就像是一种背书。数字证书只有被 DigiCert 或者 Secom Trust Systems 这类权威的证书颁发机构认证为可信任的数字签名之后，公众才会承认它的合法性。

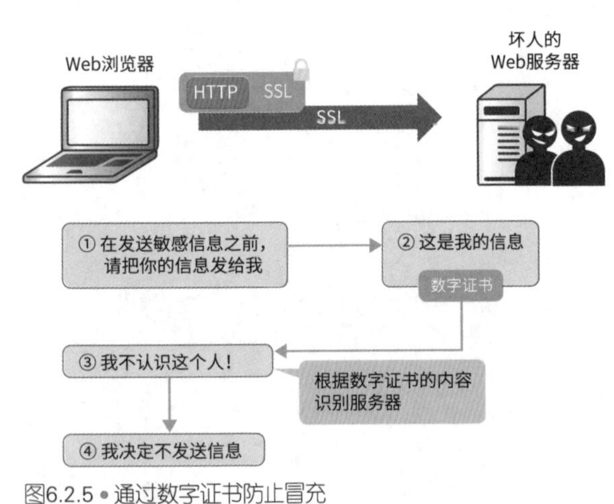

图6.2.5 • 通过数字证书防止冒充

□ SSL 中使用的加密方式

SSL 的加密处理中需要使用对数据进行加密的加密密钥和用于解开（解密）密文的解密密钥[①]。根

① 实际的密钥是一个包含字符串的文本文件。

据客户端和服务器持有加密密钥和解密密钥方式的不同，大致可以将网络中的加密方式分为共享密钥加密方式和公开密钥加密方式这两种。

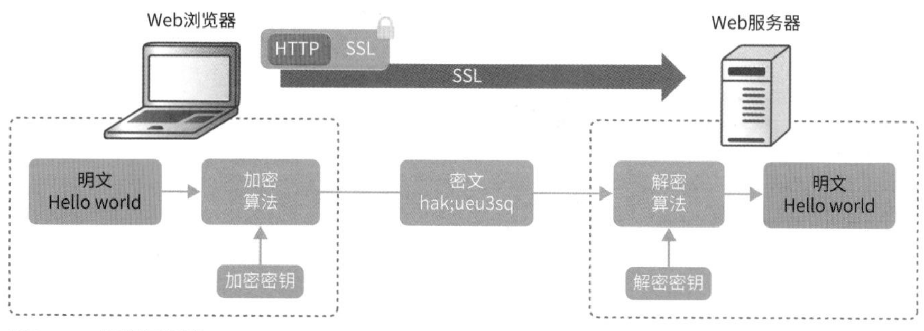

图6.2.6 • 加密与解密

■ 共享密钥加密方式

共享密钥加密方式是一种加密密钥和解密密钥使用的都是同一个密钥（共享密钥）的加密方式。由于它们是对称地使用相同密钥，因此也被称为对称密钥加密方式。客户端和服务器需要预先共享相同的密钥信息，使用加密密钥进行加密处理，然后使用与加密密钥完全相同的解密密钥进行解密处理。

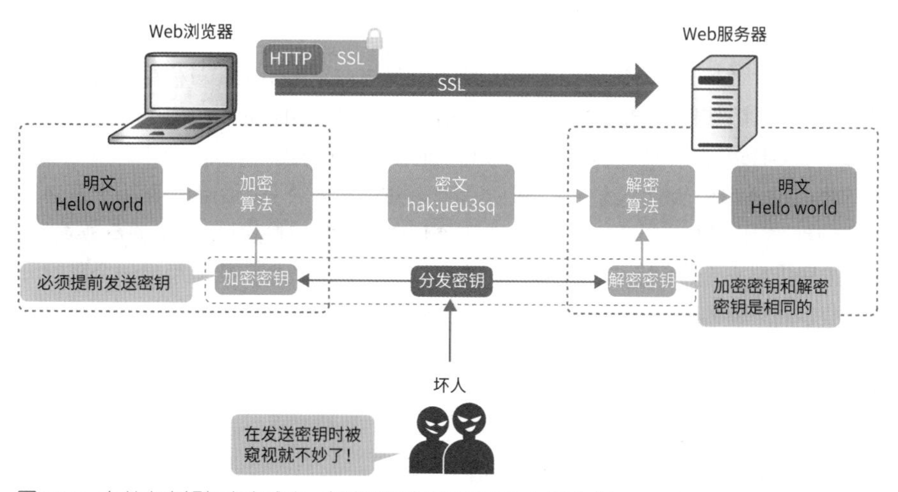

图6.2.7 • 在共享密钥加密方式中，加密和解密使用的是相同的密钥

共享密钥加密方式还可以进一步分为流加密和块加密。流加密是一种以一比特或者一字节为单位进行加密处理的加密方式。虽然它可以实现比块加密方式更加高速的加密处理，但是由于研究人员在具有代表性的流加密算法 RC4（Rivest's Cipher 4/Ron's Code 4）中发现了致命的漏洞，因此现在使用这种加密方式的人越来越少。

块加密则需要以一定的比特数（块）划分数据，并逐一对数据块进行加密处理。与流加密相比，虽然块加密的处理过程需要花费更多的时间，但是由于具有代表性的块加密算法 AES（Advanced Encryption Standard）到目前为止都没有发现比较明显的漏洞，因此绝大多数人会选择使用这种加密方式。

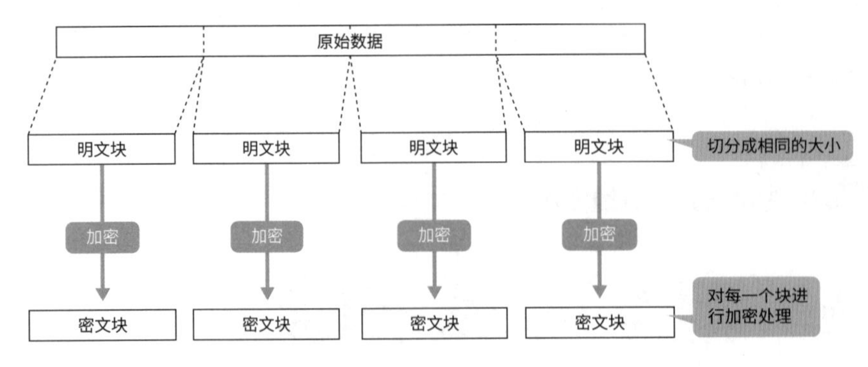

图6.2.8 • 块加密

共享密钥加密方式的优点首先在于它的处理速度和处理负载。由于它的机制本身简单明了，因此加密和解密计算都非常高效，不会造成很大的系统负载。不过，其缺点就是密钥的分发问题。在前面已经简单介绍过这种加密方式需要“预先共享相同的密钥……”，但是再仔细想一想，就会发出“那要怎样共享密钥呢？”的疑问。由于在共享密钥加密方式中，加密密钥和解密密钥是相同的，因此如果密钥被泄露，那就全部“完蛋”了。要如何将彼此共享的密钥安全地传递（分发）给对方的所谓密钥分发问题，只能通过其他手段来解决了。

■ 公开密钥加密方式

公开密钥加密方式是一种使用不同的加密密钥和解密密钥的加密方式。由于是非对称地使用不同的密钥，因此其也被称为非对称密钥加密方式。RSA 加密、DH/DHE（Diffie-Hellman 密钥共享）以及 ECDH/ECDHE（椭圆曲线 Diffie-Hellman 密钥共享）采用的就是这种加密方式。

公开密钥加密方式的核心是公钥和私钥。其中，公钥是指可以对所有人公开的密钥，私钥则是必须对所有人保密的密钥。这两种密钥被称为密钥对，作为一对密钥存在。密钥对是基于数学关系成立的，人们无法单独从一个密钥推导出另一个密钥。此外，经过一个密钥加密过的数据只能使用另一个密钥进行解密。接下来，将按照顺序对最简单的公开密钥加密方式的流程进行讲解。

1. Web 服务器需要创建公钥和私钥（密钥对）。

2. Web 服务器会向所有人发布和分发公钥，并且只保管私钥。

3. Web 浏览器将公钥作为加密密钥使用，对数据进行加密处理之后再发送数据。

4. Web 服务器将私钥作为解密密钥使用，对数据进行解密处理。

公开密钥加密方式的优点是无须分发密钥，加密中使用的公钥是可以向所有人公开的密钥。如果没有私钥，公钥将无法发挥它的作用，并且也无法根据公钥计算出私钥，因此无须担心密钥分发问题。不过，其缺点就是它的处理速度和处理负载问题。由于公开密钥加密方式的处理较为复杂，因此加密处理和解密处理都需要花费时间，同样也会增加系统的负载。

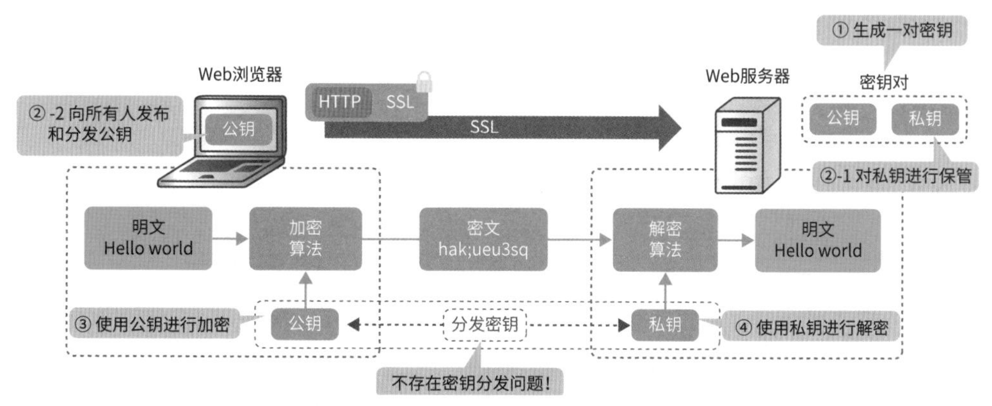

图6.2.9 • 在公开密钥加密方式中需要分别使用公钥和私钥

■ 混合加密方式

共享密钥加密方式和公开密钥加密方式的优缺点正好是相反的，因此，SSL 需要结合使用这两种加密方式来实现安全而又高效的加密处理。

表6.2.1 • 共享密钥加密方式与公开密钥加密方式的比较

加密方式	共享密钥加密方式	公开密钥加密方式
具有代表性的加密类型	3DES、AES、Camellia	RSA、DH/DHE、ECDHE
密钥的管理	由每一个通信对象进行管理	对公钥和私钥进行管理
处理速度	快	慢
处理负载	轻	重
密钥分发问题	有	无

其具体的实现方式如下。首先，需要使用公开密钥加密方式交换通信双方必须共享的共享密钥因子；然后，通信双方分别根据共享密钥因子生成共享密钥，并使用该密钥通过共享密钥加密方式对数据进行加密处理。SSL 需要使用公开密钥加密方式解决密钥分发问题，使用共享密钥加密方式解决处理负载问题。接下来将对实际的处理流程进行讲解。

① Web 服务器需要创建公钥和私钥。

② Web 服务器会向所有人发布和分发公钥，只对私钥进行保管。

③ Web 浏览器使用公钥对共享密钥（共享密钥加密方式中使用的密钥）因子进行加密，并将其发送出去。

④ Web 服务器使用私钥对共享密钥因子进行解密处理。

⑤ Web 服务器和 Web 浏览器根据共享密钥因子生成共享密钥。

⑥ Web 浏览器使用共享密钥对应用数据进行加密处理。

⑦ Web 服务器使用共享密钥对应用数据进行解密处理。

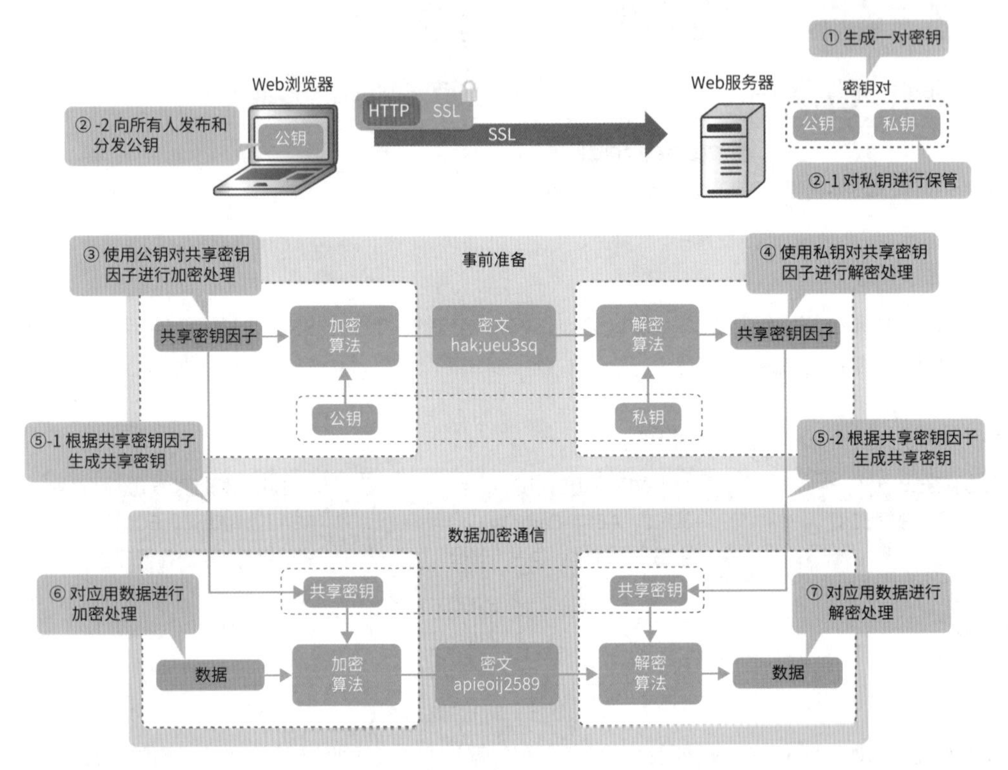

图6.2.10 • SSL使用共享密钥加密方式和公开密钥加密方式

SSL 中使用的哈希函数

哈希处理就像是做土豆煎饼一样，是一种先将应用数据捣碎，再将它们揉捏成相同大小数据的技术。由于它像是一种消息的概要，因此也被称为消息摘要；其也像是一种提取消息的指纹的处理，故而也被称为指纹。

■比较哈希值的效率更高

当需要确认某些数据与某些数据是否完全相同、数据是否被篡改（完整性、真实性）时，使用工具对数据本身进行比较是最简单快捷的方法。当数据量较小时，使用这种方法是非常行之有效的。但是，当数据量较大时，这种方法就行不通了，不仅比较的过程需要花费时间，还会增加系统的处理负载。因此，我们就可以对数据进行哈希处理，以便对数据进行比较。

哈希处理需要使用一种名为单向哈希函数的特殊计算方式将数据捣碎，并将数据汇总成相同尺寸的哈希值。单向哈希函数和哈希值具有下列几种具体的特性。

当数据不同时，哈希值也不同

实际上，单向哈希函数就是一种函数运算。就像 1 乘以 5 只会等于 5 一样，即使数据只相差 1 比特，哈希值也会完全不同。因此，可以利用这种特性来检测数据是否被篡改。

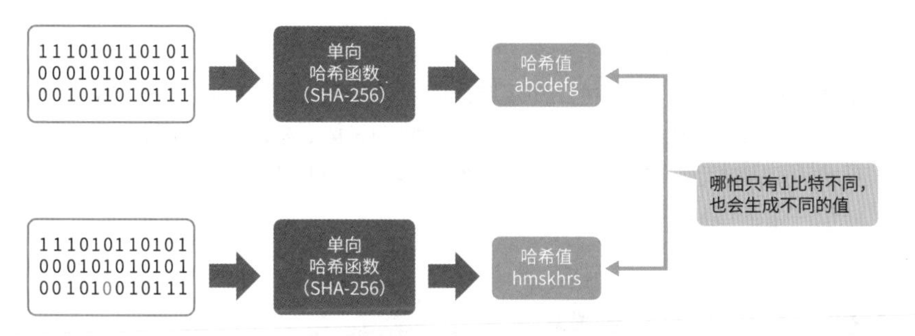

图6.2.11 • 即使只相差1比特，也会得到完全不同的哈希值

当数据相同时，哈希值也相同

概括地讲，这一条是上一条的相反表述。可能大家会认为“那是当然啊”，但是如果单向哈希函数的计算公式中包含了日期和时间等可变元素，即使数据相同，得到的值也极有可能会发生变化。然而，由于单向哈希函数中并不包含类似上述这样的可变元素，因此当数据相同时，得到的哈希值也一定是相同的。因此，随时都可以利用这一特性对数据进行比较。

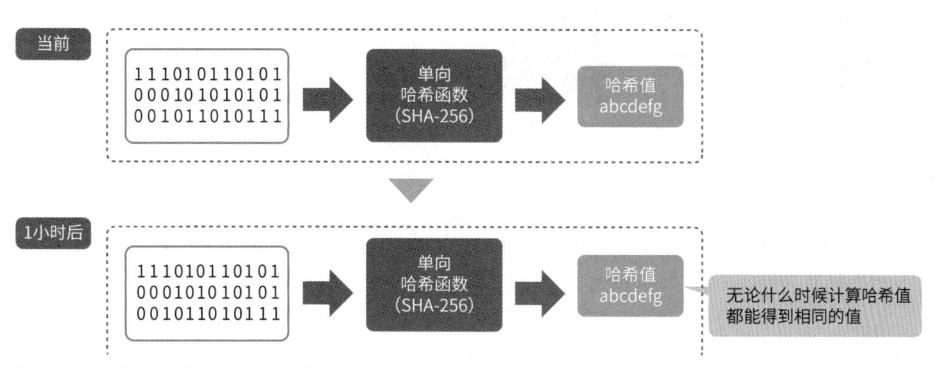

图6.2.12 • 当数据相同时，哈希值也相同

无法根据哈希值还原出原始数据

哈希值只是数据的摘要，就像无法只通过阅读书籍的摘要就能了解整本书的内容一样，我们也无法根据哈希值还原出完整的原始数据。它是一条原始数据→哈希值的单向通行线路。因此，即使哈希值被人窃取，也不会存在安全方面的问题。

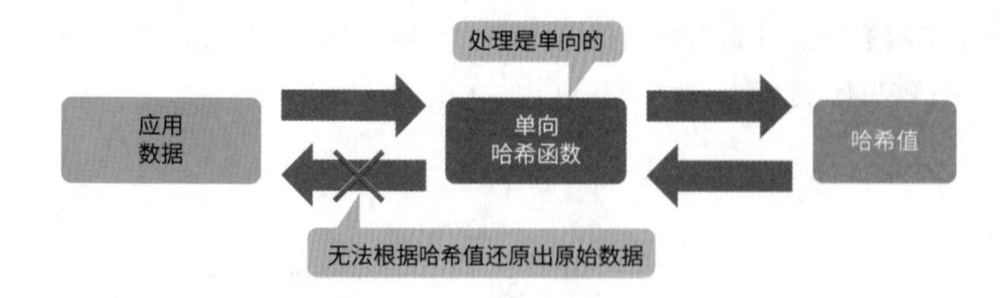

图6.2.13 • 哈希函数的处理是单向的

即使数据长度不同，哈希值的长度也是固定的

无论数据长度是 1 比特、1 兆比特还是 1 千兆比特，使用单向哈希函数计算出来的哈希值的长度都是相同的。例如，使用目前较为常用的 SHA-256 算法计算出来的哈希值的长度，无论原始数据大小如何，始终都是 256 比特。利用这一特性，只需对固定长度的哈希值进行比较即可，因此可以极大地提高处理速度。此外，还可以减少比较处理产生的负载。

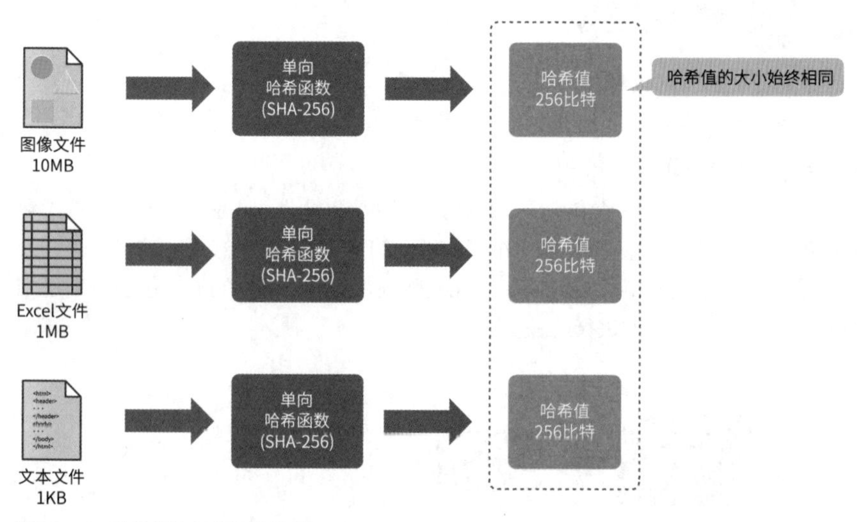

图6.2.14 • 哈希值的长度是固定的

在 SSL 中，通常会将哈希处理用于验证应用数据和验证数字证书。接下来将分别对这两种验证处理进行讲解。

■ 验证应用数据

应用数据的验证可能是哈希处理最正统的用法。发送者需要发送应用数据和哈希值；接收者则需要根据应用数据计算哈希值，并将收到的哈希值与自己计算得到的哈希值进行比较。如果哈希值相同，就表明数据未被篡改；如果哈希值不同，则表明数据已遭篡改。

此外，在 SSL 中不仅使用了单向哈希函数，还使用了该函数的扩展，即一种名为消息认证码（Message Authentication Code，MAC）的技术。消息认证码是一种将应用数据和 MAC 密钥（共享密钥）混合在一起计算 MAC 值（哈希值）的技术。由于在单向哈希函数中添加了共享密钥因子，因此不仅可以检测数据是否遭到篡改，还可以对通信对象进行认证。

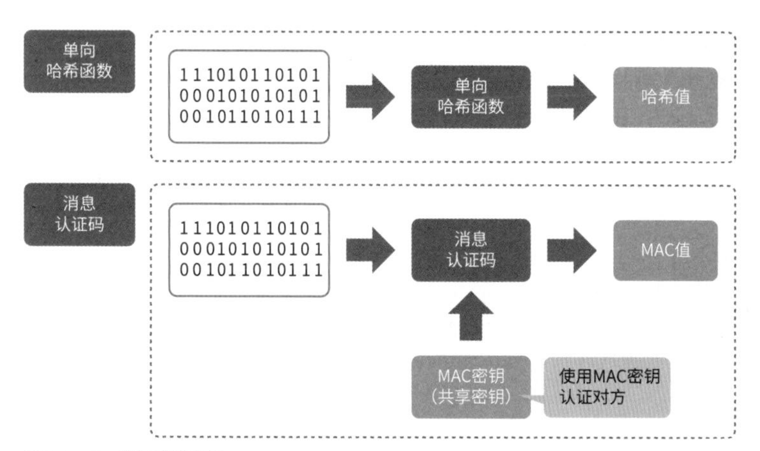

图6.2.15 • 消息认证码

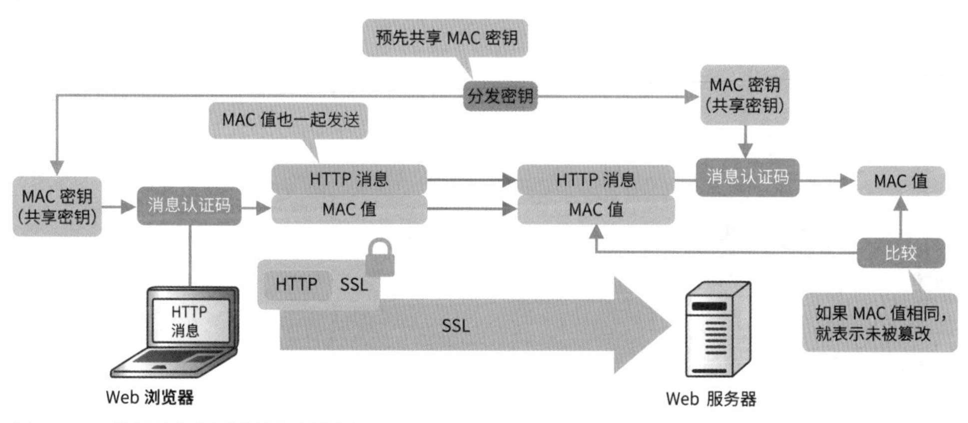

图6.2.16 • 使用消息认证验证应用数据

此外，不要忘记使用共享密钥就意味着同时还存在密钥分发问题。在 SSL 中，用于消息认证的共享密钥是根据公开密钥加密方式中交换的共享密钥因子生成的。

■ 验证数字证书

在 SSL 中，对数字证书进行验证时也需要进行哈希处理。无论对通信进行多么严格的加密处理，如果发送数据的对象本身是毫不相干的陌生人，那就真的是“赔了夫人又折兵”了。因此，SSL 会使用数字证书证明“自己的确是自己”，证明“对方的确是对方”。

那么，这里的问题就是，即使我扯着喉咙高声喊“我真的是 A!”也是没有可信度的，毕竟谁也不知道我是不是真正的 A 先生，也许是 B 先生在喊“我是 A”呢？因此，在 SSL 的世界中，会采用一种第三方认证的机制，即需要通过受信任的第三方证书颁发机构（CA）以数字签名的方式对“A 先生就是 A 先生”进行认证，然后在该数字签名中使用哈希处理。

如图 6.2.18 所示，数字证书由预签名证书、数字签名算法和数字签名等部分组成[①]。预签名证书是

① 数字签名算法是预签名证书的一部分。本书为了便于理解，将其作为单独部分进行说明。

指服务器和服务器所有者的信息，其中包括表示服务器 URL 的通用名称（Common Name）和证书的有效期以及公钥。数字签名算法中则包含数字签名使用的哈希函数的名称。数字签名是使用数字签名算法指定的哈希函数对预签名证书进行哈希处理，并使用证书颁发机构的私钥进行加密后得到的签名。

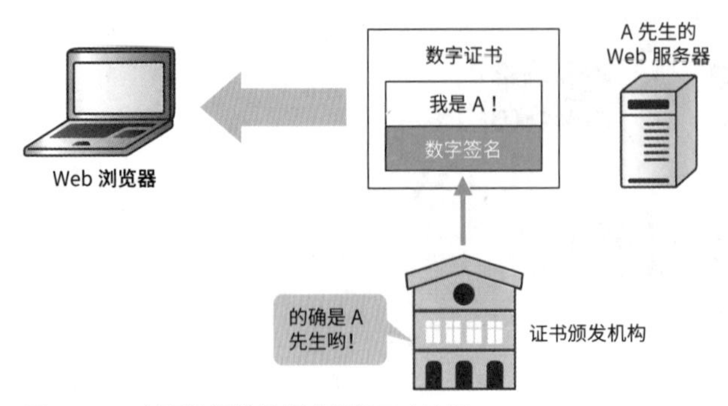

图6.2.17 • 由证书颁发机构进行第三方认证

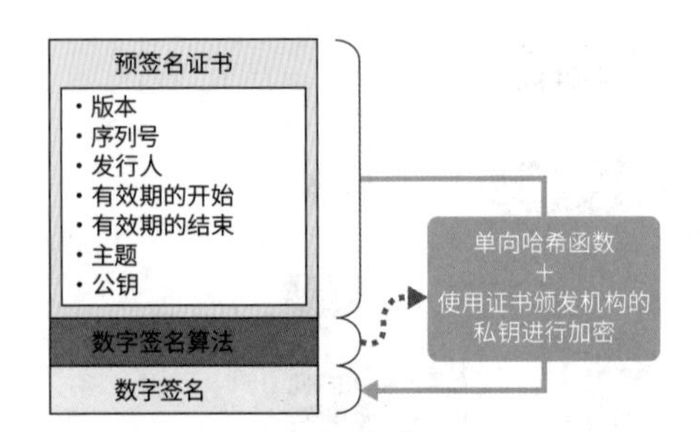

图6.2.18 • 数字证书的构成元素

收到数字证书的接收者需要使用证书颁发机构的公钥（CA 证书）对数字签名进行解密处理，并对预签名证书的哈希值进行比较和验证。如果哈希值相同，就表示证书未被篡改，即该服务器是合法的；相反地，如果哈希值不同，则说明该服务器是假冒的，并返回相应的警告消息。

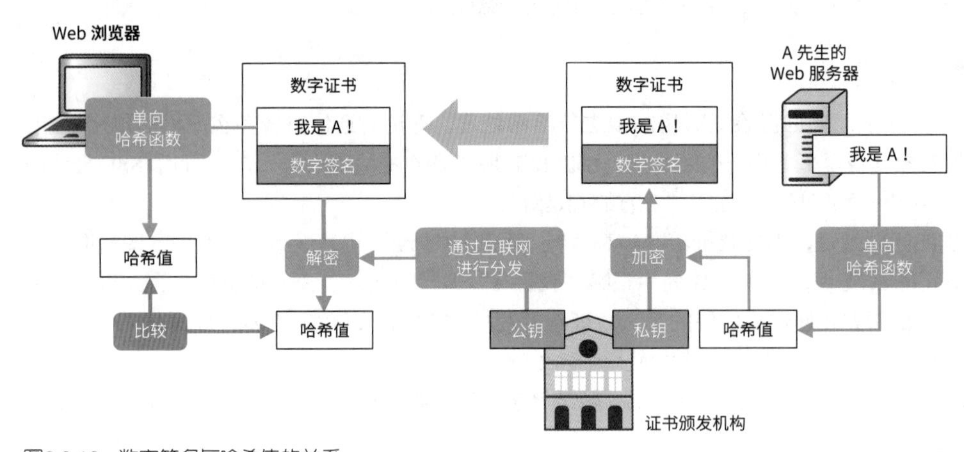

图6.2.19 • 数字签名与哈希值的关系

SSL 中使用的技术总结

到目前为止，我们对 SSL 中使用的加密方式和哈希处理进行了讲解。接下来将在表 6.2.2 中对截至目前出现过的技术进行汇总。

表6.2.2 • SSL中使用的技术总结

阶　段	技　术	作　用	近年常用的种类
事先准备	公开密钥加密方式	发送共享密钥因子	RSA、DH/DHE、ECDH/ECDHE
	数字签名	获得第三方认证	RSA、DSA、ECDSA、DSS
加密数据通信	共享密钥加密方式	对应用数据进行加密处理	3DES、AES、AES-GCM、Camellia
	消息认证码	在应用数据中添加共享密钥进行哈希处理	SHA-256、SHA-384

6.2.2 SSL 的版本

SSL 版本的历史实际上就是对抗漏洞的历史。每当发现致命的漏洞时，就需要升级 SSL 的版本，至今已经按照 SSL 2.0 → SSL 3.0 → TLS 1.0 → TLS 1.1 → TLS 1.2 → TLS 1.3 的顺序升级了 5 个版本。即使是现在，SSL 也仍然在与寻找系统漏洞的攻击者和专家们持续斗智斗勇，玩着“猫捉老鼠”的游戏。

实际中连接的版本取决于 Web 浏览器和 Web 服务器的兼容性和设置。使用哪个版本的 SSL，需要根据进行加密通信之前的公开密钥加密方式中的 SSL 握手而定。

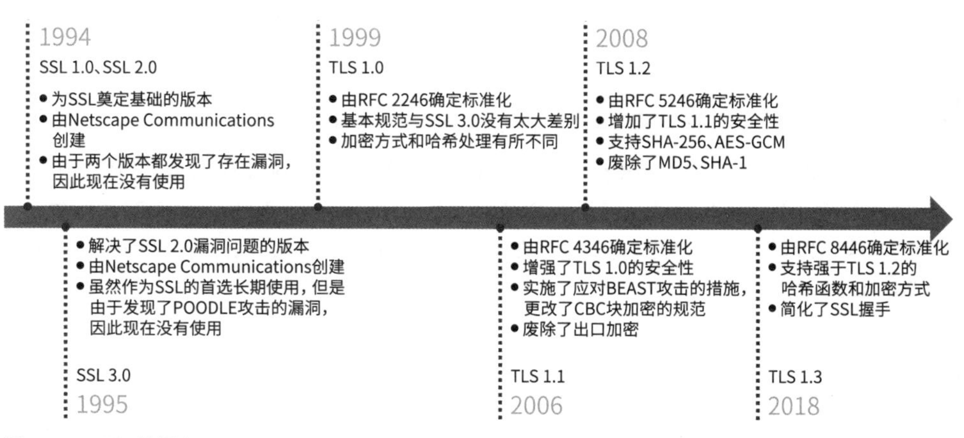

图6.2.20 • SSL的版本

SSL 2.0

看到上面的小标题，大家可能会觉得奇怪，怎么版本突然是从 2.0 开始的？这是因为 SSL 1.0 在发布之前就被发现存在着致命的漏洞，相当于还未出生就“夭折”了。因此，实际上 SSL 2.0 就成了 SSL 的第一个发行版本。

SSL 2.0 是著名 Web 浏览器开发商 Netscape Communications 公司在修复了 SSL 1.0 的漏洞之后，于

1994 年发布的一个版本。但是，由于随后被发现存在降级攻击[①] 和版本回滚攻击[②] 等致命漏洞，因此现在即便是兼容这个版本的软件都很难找到。IETF 还在 RFC 6176 Prohibiting Secure Sockets Layer（SSL）version 2.0 中明确禁止使用 SSL 2.0 版本。

■ SSL 3.0

SSL 3.0 是 Netscape Communications 公司于 1995 年发布的一个版本，旨在提高 SSL 2.0 的安全性和对功能进行扩展。该版本原本并不是使用 RFC 进行标准化的，但是它在 2011 年作为历史文档发布在了 RFC 6101 The Secure Sockets Layer（SSL）Protocol version 3.0 中。长期以来，SSL 3.0 一直是 SSL 加密通信中类似于王者般的存在，但是自从研究人员发现其中存在的 POODLE（Padding Oracle On Downgraded Legacy Encryption）攻击[③] 的漏洞后，很快就退下了光环。RFC 7568 Deprecating Secure Sockets Layer version 3.0 中也敦促人们尽快废除该版本，因此最近的 Chrome 和 Firefox 浏览器中没有提供对该版本的支持。

■ TLS 1.0

TLS 1.0 是 1999 年由 RFC 2246 The TLS Protocol version 1.0 确定标准化的一个版本，其基本的功能与 SSL 3.0 没有太大的差别。它不但消除了 SSL 3.0 的软肋，可以抵御 POODLE 攻击，而且还支持使用 AES 和 Camellia 等强大的加密算法来提高安全性。虽然 TLS 1.0 已经持续使用了 20 多年，但是由于其支持的加密算法和认证方式已经过时，因此已经宣布 2020 年在主要的四大浏览器（Chrome、Firefox、Safari、Edge）中禁用该版本。

■ TLS 1.1

TLS 1.1 是 2006 年由 RFC 4346 The Transport Layer Security（TLS）Protocol version 1.1 确定标准化的版本。TLS 1.1 通过解决在 TLS 1.0 中暴露的漏洞 BEAST（Browser Exploit Against SSL/TLS）攻击[④] 和废除用于出口的加密算法[⑤] 等方式来提高安全性。TLS 1.1 和 TLS 1.0 一样，也已经宣布于 2020 年在主要的四大浏览器中禁用。

■ TLS 1.2

TLS 1.2 是于 2008 年由 RFC 5246 The Transport Layer Security（TLS）Protocol version 1.2 确定标准化的一个版本。TLS 1.2 可以通过支持 SHA-2（SHA-256、SHA-384）的哈希函数和附带认证功能的加密方式（GCM、CCM）进一步提高安全性。虽然以后会过渡到下面将要讲解的 TLS 1.3，但是它是截至 2020 年使用最多的版本。自从禁用 TLS 1.0 和 TLS 1.1 之后，直到软件支持 TLS 1.3 为止，基本上只有 TLS 1.2 一种选择。

---

① 一种强行使用安全性最弱的加密方式，迫使系统采用容易被破解的加密通信的攻击。
② 一种通过强行使用比原本可使用的版本更低版本的方式，迫使系统采用容易被破解的加密通信的攻击。
③ 一种针对块加密中的 CBC（Cipher Block Chaining）模式的漏洞的攻击，攻击者可以利用恶意的填充破解加密通信。
④ 一种利用块加密的 CBC（Cipher Block Chaining）模式的漏洞来获取浏览器中的 Cookie 的攻击。
⑤ 为了符合美国的出口限制标准而专门设计的易于破解的加密和哈希函数的组合（加密套件）。

TLS 1.3

TLS 1.3 是于 2018 年由 RFC 8446 The Transport Layer Security（TLS）Protocol version 1.3 确定标准化的一个版本。TLS 1.3 可以通过支持更加强大的哈希函数和加密算法提高安全性，与此同时，它还可以通过简化 SSL 握手的过程提高通信性能。它与 HTTP/3 也有较高的亲和性，可以预见今后逐步升级到使用 TLS 1.3 版本将是大势所趋。

6.2.3 SSL 记录格式

基于 SSL 发送的消息被称为 SSL 记录。SSL 记录由处理 SSL 控制信息的 SSL 首部和紧跟其后的 SSL 载荷组成。此外，SSL 首部由内容类型、协议版本以及 SSL 载荷长度 3 个字段组成。接下来将分别对这些内容进行讲解。

<table>
<tr><th></th><th>0比特</th><th>8比特</th><th>16比特</th><th>24比特</th></tr>
<tr><td>0字节</td><td>内容类型</td><td colspan="2">协议版本</td><td>SSL载荷长度</td></tr>
<tr><td rowspan="2">可变</td><td>SSL载荷长度</td><td colspan="3" rowspan="2">SSL载荷</td></tr>
<tr><td></td></tr>
</table>

图6.2.21 • SSL记录格式

■ 内容类型

内容类型是一个表示 SSL 记录种类的 1 字节（8 比特）的字段。SSL 可以将记录分为握手记录、加密规范变更记录、警报记录以及应用数据记录。如表 6.2.3 所示，还为每种记录分配了类型代码。

表6.2.3 • 内容类型

内容类型	类型代码	含　义
握手记录	22	在进行加密通信之前的 SSL 握手中使用的记录
加密规范变更记录	20	用于确定或更改加密和哈希处理相关规范的记录
警报记录	21	用于通知对方 SSL 相关错误的记录
应用数据记录	23	表示应用数据的记录

接下来将对每个内容类型进行讲解。

握手记录

握手记录是一种在实际进行加密通信之前的 SSL 握手中使用的记录。在握手记录中，进一步对表 6.2.4 中的 10 种握手类型进行了定义。

表6.2.4 • 握手类型

握手类型	类型代码	含义
Hello Request	0	请求 Client Hello 的记录。收到该记录的客户端需要发送 Client Hello
Client Hello	1	客户端将支持的加密方式和哈希处理方式以及扩展功能通知服务器的记录
Server Hello	2	服务器将支持并确定的加密方式和哈希处理方式以及扩展功能通知客户端的记录
Certificate	11	发送数字证书的记录
Server Key Exchange	12	当服务器没有证书时，发送临时使用密钥的记录
Certificate Request	13	在客户端认证中，要求提供客户端证书的记录
Server Hello Done	14	表示服务器已将所有信息发给客户端的记录
Certificate Verify	15	在客户端认证中，将此前交互过程中的 SSL 握手信息进行哈希处理并发送的记录
Client Key Exchange	16	发送实际用于加密通信的共享密钥因子的记录
Finished	20	表示 SSL 握手完成的记录

加密规范变更记录

加密规范变更（Change Cipher Spec）记录专门用于确定和更改在 SSL 握手过程中决定的各种加密规范（加密算法和哈希处理方式等）。在此记录之后的通信都将被加密。

警报记录

警报记录是一种通知对方 SSL 相关错误的记录。查看该记录，就可以大致了解发生了什么错误。警报记录由表示警报严重程度的 Alert Level 和表示警报内容的 Alert Description 两种字段组成。Alert Level 中包括 Fatal（致命的）和 Warning（警告）两种，如果是 Fatal 警报，就会立即断开连接。由于协议并没有对每一种 Alert Description 都定义 Alert Level，因此对于那些没有定义 Alert Level 的 Alert Description，可以由发送方自行决定使用哪一个 Alert Level。

表6.2.5 • Alert Description

Alert Description	代码	Alert Level	含义
close_notify	0	Warning	关闭 SSL 会话时使用的记录
unexpected_message	10	Fatal	表示收到了意外且非法的记录
bad_record_mac	20	Fatal	表示收到了错误的 MAC（Message Authentication Code）值的记录
decryption_failed	21	Fatal	表示解密失败的记录
record_overflow	22	Fatal	表示收到了超过 SSL 记录大小限制的记录
decompression_failure	30	Fatal	表示解压处理失败的记录
handshake_failure	40	Fatal	表示没有匹配的加密方式，SSL 握手失败的记录
no_certificate	41	两者皆可	表示在客户端认证中没有客户端证书的记录
bad_certificate	42	两者皆可	表示数字证书已损坏或包含无法验证的数字签名的记录
unsupported_certificate	43	两者皆可	表示不支持数字证书的记录
certificate_revoked	44	两者皆可	表示数字证书已被管理员吊销的记录
certificate_expired	45	两者皆可	表示数字证书已过期的记录
certificate_unknown	46	两者皆可	表示由于某些问题导致数字证书未被接收的记录
illegal_parameter	47	Fatal	表示 SSL 握手中的数据超出范围或与其他字段矛盾且非法的记录
unknown_ca	48	两者皆可	表示没有有效的 CA 证书或没有匹配的 CA 证书的记录

续表

Alert Description	代码	Alert Level	含　义
access_denied	49	两者皆可	表示已收到有效的数字证书，但握手被访问控制中止的记录
decode_error	50	两者皆可	表示字段的值超出范围或消息长度异常，无法解码消息的记录
decrypt_error	51	两者皆可	表示 SSL 握手加密处理失败的记录
export_restriction	60	Fatal	不符合法定出口限制的谈判
protocol_version	70	Fatal	表示在 SSL 握手中没有支持的协议版本的记录
insufficient_security	71	Fatal	表示客户端请求的加密方式未达到服务器接收的加密强度级别的记录
internal_error	80	Fatal	表示由于发生了与 SSL 握手无关的内部错误从而导致 SSL 握手失败的记录
user_canceled	90	两者皆可	表示 SSL 握手被用户取消的记录
no_renegotiation	100	Warning	表示在重新协商期间无法更改安全参数的记录
unsupported_extention	110	Fatal	表示收到不受支持的扩展功能（Extention）的记录

应用数据记录

应用数据记录是一种包含实际应用数据（消息）的记录。需要根据 SSL 握手确定的各种规范（加密方式、哈希方式、压缩方式等）进行交换。

■ 协议版本

协议版本是一个表示 SSL 记录版本的 2 字节（16 比特）的字段。高位的 1 字节（8 比特）表示主版本，低位的 1 字节（8 比特）表示次版本，具体的定义如表 6.2.6 所示。此外，在版本字段中，TLS 属于 SSL 3.0 的次要版本升级。

表6.2.6 • 具有代表性的扩展功能

协 议 版 本	主版本（高位1 字节）	次版本（低位1 字节）
SSL v2.0	2（00000010）	0（00000000）
SSL v3.0	3（00000011）	0（00000000）
TLS v1.0	3（00000011）	1（00000001）
TLS v1.1	3（00000011）	2（00000010）
TLS v1.2	3（00000011）	3（00000011）
TLS v1.3	3（00000011）	3（00000011）①

■ SSL 载荷长度

SSL 载荷长度是一个以字节为单位、对 SSL 载荷长度进行定义的 2 字节（16 比特）的字段。虽然理论上它可以处理最多 $2^{16}-1$（65535）字节的记录，但是在对 TLS 1.2 进行定义的 RFC 5246 The Transport Layer Security（TLS）Protocol version 1.2 中却规定了需要限制在 2^{14}（16384）字节以内。此外，如果从应用层收到的数据超过了 16384 字节，就需要切分（分片）成 2^{14}（16384）字节再进行加密处理。

① TLS 1.3 使用了与 TLS 1.2 相同的协议版本，以便向下兼容。如果需要识别 TLS 1.3，则需要进一步通过 Client Hello 和 Server Hello 中包含的 supported_versions 进行判断。

6.2.4 SSL 从连接到断开的流程

SSL 是一种结合了加密和哈希处理等多种安全技术的综合性的加密协议。为了做到对多种技术的融会贯通，需要在建立连接之前执行大量的处理。本书中将假设在互联网上发布支持 TLS 1.2 的 HTTPS 服务器的前提下，逐一对从建立连接到断开连接的流程进行讲解。

准备服务器证书

当计划将 HTTPS 服务器部署到互联网上时，需要准备一个开启了 SSL 服务的服务器，而不是简单地说“好了，发布！”就可以了。发布 HTTPS 服务器时，必须做好相应的准备工作，如准备服务器证书（用于证明服务器的数字证书），或者向证书颁发机构提出申请。发布服务器需要做的准备工作大致可以分为 4 个步骤。

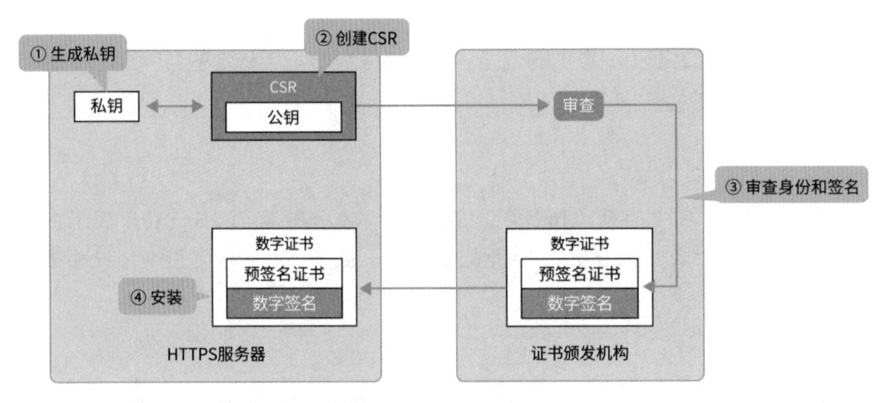

图6.2.22 • 发布HTTPS 服务器之前的流程

接下来将对这 4 个步骤进行讲解。

① 使用 HTTPS 服务器创建私钥。私钥是一个以“-----BEGIN RSA PRIVATE KEY-----”开头，并以“-----END RSA PRIVATE KEY-----”结尾的文本文件[①]。由于私钥是机密信息，因此需要妥善保管。

```
-----BEGIN RSA PRIVATE KEY-----
MIIEpAIBAAKCAQEA0TTHJRzkqYhalCHeBrqdoCTyxbRpG4Hq4zKoITovqoOCRF5z
MhHSYyKp13eJsh/HjWOUn0SH6oSugLUBWlZhFc6IUoiGck+aSEkJqAu1nzhd7bdO
Jk76zGpUl//LuilcHXvAfgKfMRbXi8NPHq+U6ZRAhUvRayLQrBb/qNyxKkOAe0fB
t0nioSM0UG3le0gLe92nBwf3ZEZym3YVjbRYLrB6Mf7y5hXtOIoACBRUL1w4j8y1

euzr4fA9zNwaVS0EvxgdhQilULZZ+AcqeYvSl4UPmyfgq9A4ZrhD+r5qJazSfBUj
PyQsYKMCgYBJsONrPTk6Aejop9zyqI7QQKW4NVBdVctB0PMD9Plm/49F5+3Yfmbq
htGMDFqgoPVdiPHnD5Papa4Bfht6qsGcFGwKi2J9kQjtTFQ6q1Cq5JOAV1AQe9ab
MmZ1ckuF2e4TtONZ7o9P59o/05a5rtTuyJDHUjIbKzFRIEvN52S02Q==
-----END RSA PRIVATE KEY-----
```

图6.2.23 • 私钥文件

① 根据指定的公钥加密方式，第一行和最后一行的内容会略有不同。此处指定的是 RSA。

② 基于①创建的私钥生成 CSR（Certificate Signing Request，证书签名请求），并将其发送给证书颁发机构。粗略地讲 CSR，就是一种为了获取服务器证书而向证书颁发机构提交的申请文件。服务器的管理员需要输入预签名证书的信息，并创建 CSR 文件。创建 CSR 文件时所需的信息被称为识别名称，如其中包括表 6.2.7 所示的项目[①]。

表6.2.7 • 部分识别名称项目

项　目	内　容	示　例
通用名称	SSL 服务器的 URL（FQDN）	www.example.com
组织名称	网站运营组织的官方英文名称	Example Japan G.K
部门名称	运营网站的部门、部门名称	Information Technology Dept.
市、县、村名称	网站运营组织的所在地	Kirishima-Shi
省（市、自治区）名称	网站运营组织的所在地	Kagoshima
国家名称	国家代码	JP

CSR 是一个对预签名证书的信息进行了加密处理的文本文件。CSR 以“-----BEGIN CERTIFICATE REQUEST-----”开头，并以“-----END CERTIFICATE REQUEST-----”结尾。可以将该文件复制并粘贴到证书颁发机构申请网站的指定部分。

```
-----BEGIN CERTIFICATE REQUEST-----
MIICtjCCAZ4CAQAwcTELMAkGA1UEBhMCSlAxETAPBgNVBAgMCFRva3lvLXRvMRIw
EAYDVQQHDAlNaW5hdG8ta3UxITAfBgNVBAoMGEludGVybmV0IFdpZGdpdHMgUHR5
IEx0ZDEYMBYGA1UEAwwPd3d3LndlYjAxLmxvY2FsMIIBIjANBgkqhkiG9w0BAQEF
AAOCAQ8AMIIBCgKCAQEA0TTHJRzkqYhalCHeBrqdoCTyxbRpG4Hq4zKoITovqoOC

N7tP8jUbBcY59CdfSoCh4q1GErvC14aXA3u8jddH/r9b1KoA7L1v4q2xnffe7mKm
BWGYbBS/S1estKUW7PKMIJQIgQjSVpKwNVmXMB7LTH2NKLYYNGf4YPzdvdaFYILb
P93UAX9S3BHqMUiVo9uyNA2fsWX/VM4aRMCJUmlS3+d0Ng4X16nZHmMx5WN7bAMq
wlj7zeVeu1RAwDLpATJoYlBK7nLinHPu7HA=
-----END CERTIFICATE REQUEST-----
```

图6.2.24 • CSR文件

③ 证书颁发机构需要审查申请人的身份。需要根据证书颁发机构规定的各种流程进行严格的审查，如确认各种信用数据、拨打第三方机构的数据库中记录的电话号码进行确认等。如果通过审查，就可以对 CSR 文件进行哈希处理，并使用证书颁发机构的私钥进行加密处理，将结果作为数字签名部分添加到末尾。然后，证书颁发机构将会颁发服务器证书，并将其发送给申请人。服务器证书是一种以“-----BEGIN CERTIFICATE-----”开头，并以“-----END CERTIFICATE-----”结尾的文本文件。

① 不同的证书颁发机构有各种不同的限制，如所需的申请项目、可使用的字符类型、所需的公钥长度等。因此，需要预先在网站中进行确认。

-----BEGIN CERTIFICATE-----
MIIFKjCCBBKgAwIBAgIQZe7XJ1acMbhu6KtWUZreaTANBgkqhkiG9w0BAQsFADCBvDELMAkGA1UE
BhMCSlAxHTAbBgNVBAoTFFN5bWFudGVjIEphcGFuLCBJbmMuMS8wLQYDVQQLEyZGb3IgVGVzdCBQ
dXJwb3NlcyBPbmx5LiBObyBhc3N1cmFuY2VzLjE7MDkGA1UECxMyVGVybXMgb2YgdXNlIGF0IGh0
dHBzOi8vd3d3LnN5bWF1dGguY29tL2Nwcy90ZXN0Y2ExIDAeBgNVBAMTF1RyaWFsIFNTTCBKYXBh

M0Qk7HS+Pcg5kFq992971F7vjYT0IDqxSL1Ar3YbepYoTMO6aIfa7jBf3VkiLLKGcRPSJUCRzlSu
/vf8E4GsCR2kWozN5ApOmD26gu6Qd5hSwcDvc5D2cMF7z6SB/r7zX1ujAavNo7QlhoeBXPyqyapt
4Xeq0lrWSEZ4e8rP5fq68g3mCwjjGrFQYvrHg82rM31TYCJTU75O3ZAzKbWUQxszkQnWEraz11Sx
lKFeV+4nfZdeUut2wMac9v/LCDrhHSekuyXSweKOjlS9/3xHMof0BmVUUjWDYsFsLT9d7L44+CPi
w4U3Po2NTSSuMN0jH9ts
-----END CERTIFICATE-----

图6.2.25 • 服务器证书文件

④ 申请人在接收到证书颁发机构颁发的服务器证书之后，需要将证书安装到服务器中。最近，证书颁发机构还要求同时安装中间证书（中间 CA 证书、链证书）。中间证书是一种由中间证书颁发机构颁发并签名的数字证书，可以从中间证书颁发机构获取。证书颁发机构采用了根证书颁发机构位于顶部的分层结构，以便对大量证书进行管理。中间证书颁发机构是在根证书颁发机构的认证下运行的下级证书颁发机构。在服务器中安装服务器证书和中间证书之后，Web 浏览器即可正确地遍历证书的分层结构。

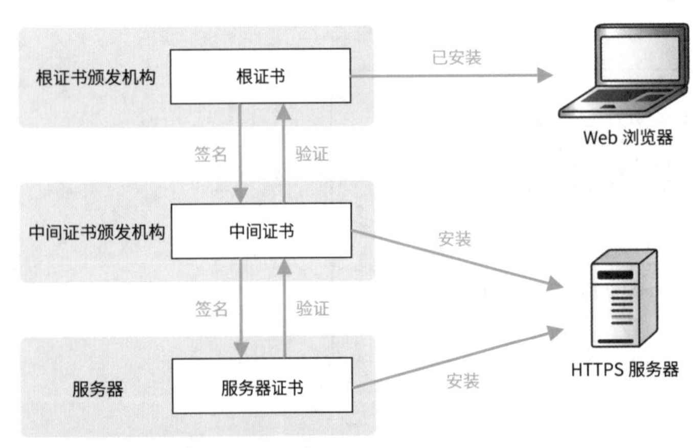

图6.2.26 • 证书的分层结构

SSL 握手的事先准备

安装完服务器证书之后，即可开始接收来自 Web 浏览器的 SSL 连接。SSL 不会一上来就以加密的形式发送消息，而是在对消息进行加密处理之前，设置了一个对加密信息和通信对象进行确认的名为 SSL 握手的事先准备的处理步骤。说到握手，在前面已经讲解过建立 TCP 连接中使用的三次握手（SYN → SYN/ACK → ACK）和断开连接时使用的四次握手（FIN/ACK → ACK → FIN/ACK → ACK），但是这里的握手与之完全不同。

SSL 需要在使用 TCP 的三次握手打开 TCP 连接之后，再利用 SSL 的握手记录执行 SSL 握手处理，最后基于握手确定的信息对消息进行加密处理。SSL 握手由支持方式的提供、通信对象的证明、共享密钥材料的交换和最终确认 4 个步骤组成。接下来将对整个处理流程进行讲解。

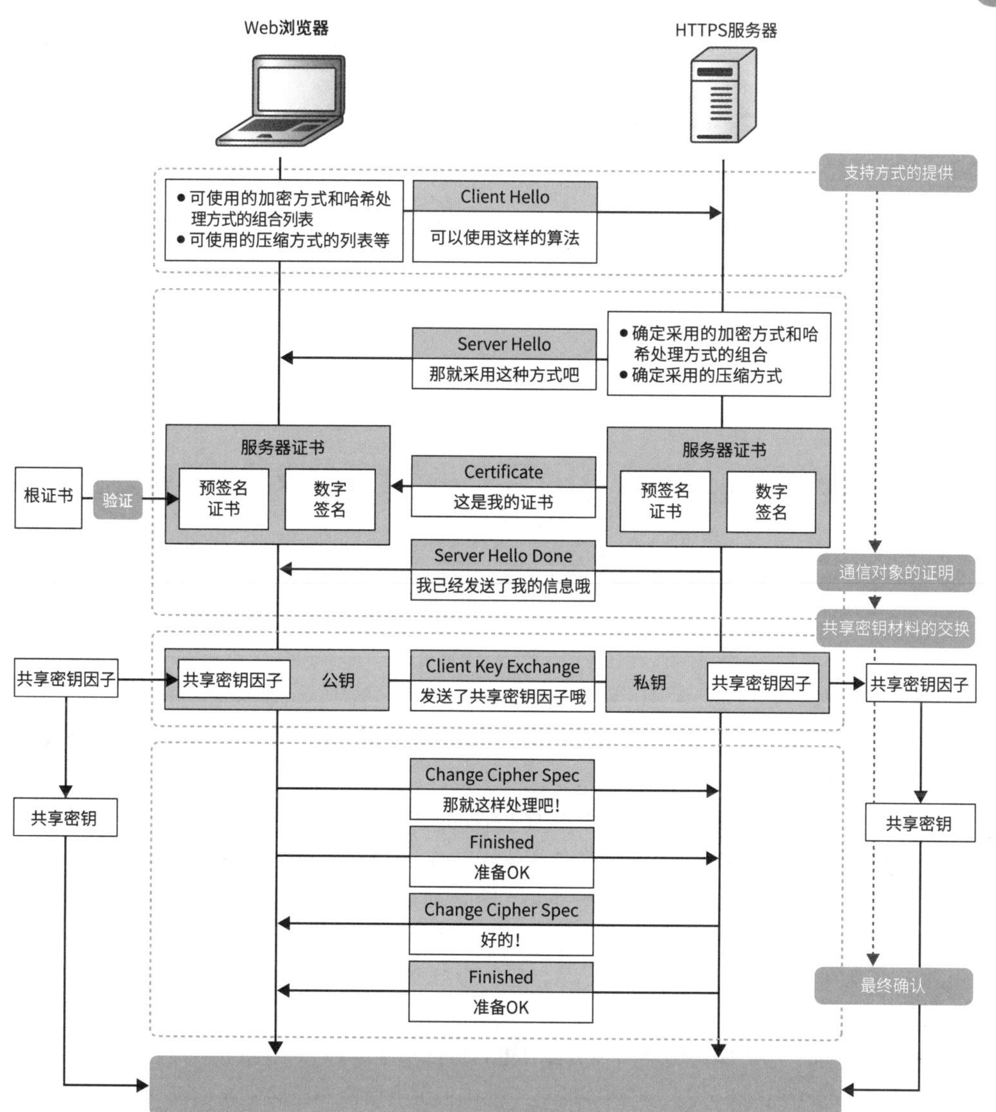

图6.2.27 • SSL握手的流程

(1) 提供支持的加密方式和哈希函数。

在此步骤中，需要提供 Web 浏览器可使用的加密方式和单向哈希函数。虽然总是说要加密，要进行哈希处理，但这也是有很多种方式需要选择的。因此，可以使用 Client Hello 以列表的形式声明可以使用的加密方式和单向哈希函数的组合，这种组合被称为密码套件（Cipher Suite）。

此外，在此步骤中还需要发送 SSL 和 HTTP 的版本，创建共享密钥所需的 client random 等必须与服务器兼容的扩展功能的参数。

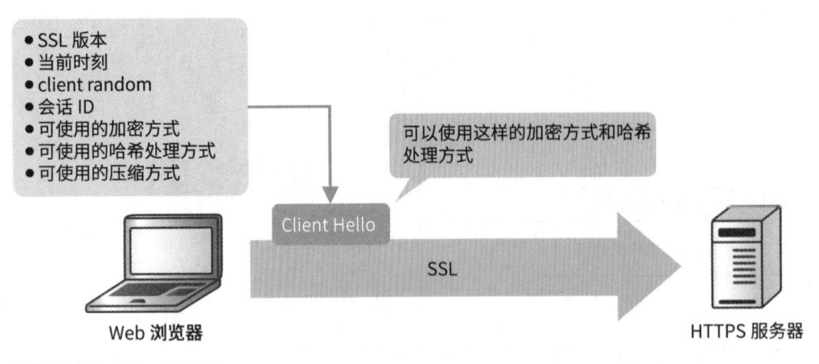

图6.2.28 ● Client Hello

表6.2.8 ● 具有代表性的扩展功能

类型	参数名称	含　义
0	server_name	保存需要连接的服务器的 FQDN
16	application_layer_protocol_negotiation	保存支持的应用层协议的一览表，用于升级到 HTTP/2 和 HTTP/3
43	supported_versions	表示提供对 TLS 1.3 的支持

②通信对象的证明。

在此步骤中，需要使用服务器证书验证自己是否正在与真实的服务器进行通信。此步骤由 Server Hello、Certificate 和 Server Hello Done 3 个过程组成。

（1）Server Hello。服务器需要将从 Client Hello 中接收的密码套件列表与自身的密码套件列表进行匹配，并在匹配的密码套件中选择出优先级最高（位于列表顶端）的密码套件。此外，还需要将 SSL 和 HTTP 的版本、创建共享密钥所需使用的 server random 等必须与客户端兼容的扩展功能的参数作为 Server Hello 返回给客户端。

（2）Certificate。服务器需要使用 Certificate 将自己的服务器证书发送给客户端，以证明“自己是通过了第三方机构认证的本人”。

（3）Server Hello Done。服务器需要使用 Server Hello Done 通知客户端“我的信息已经全部发送完毕”；Web 浏览器则需要对收到的服务器证书进行验证（使用根证书解密→比较哈希值），确认其是否为合法的服务器。

③共享密钥材料的交换。

在此步骤中，需要交换应用数据的加密处理和哈希处理中使用的共享密钥因子。当 Web 浏览器已经确定通信对象是真实的服务器时，就会创建名为预主密钥的共享密钥因子，并将其发送给服务器。预主密钥不是共享密钥本身，只是用于生成共享密钥的材料。Web 浏览器和 HTTPS 服务器需要将使用预主密钥、从 Client Hello 中获取的 client random 以及从 Server Hello 中获取的 server random 混合在一起生成主密钥。

由于 client random 和 server random 已经在步骤①和②中进行了交换，因此通信双方之间就已经有了共通的信息。这样一来，只需要发送预主密钥就可以产生相同的主密钥。之后，再根据该主密钥生成应用数据的加密中使用的共享密钥会话密钥和哈希处理中使用的 MAC 密钥。

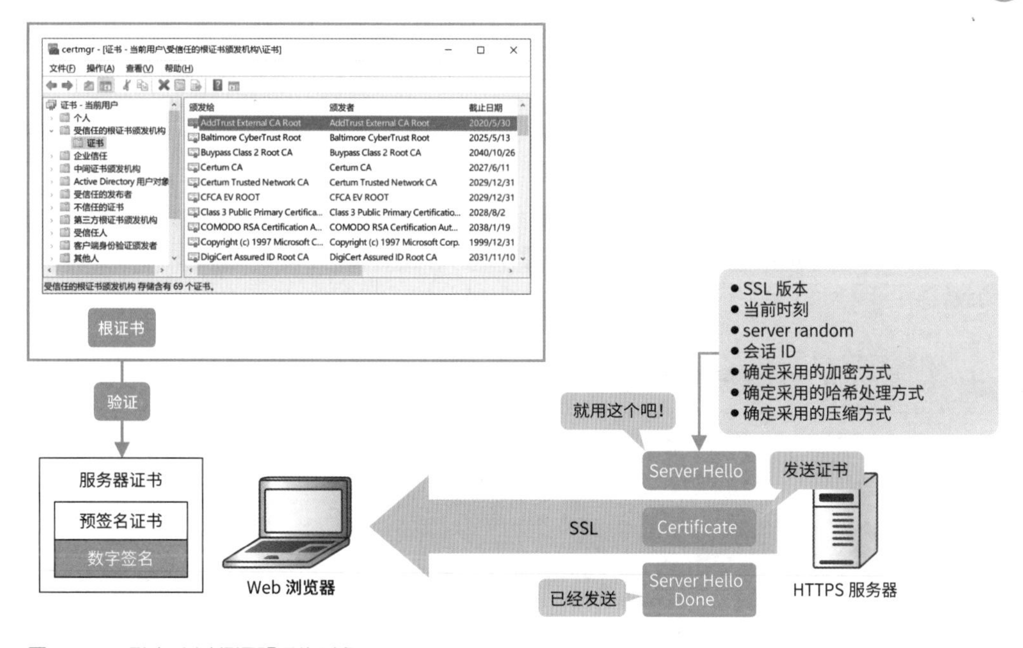

图6.2.29 • 通过3个过程证明通信对象

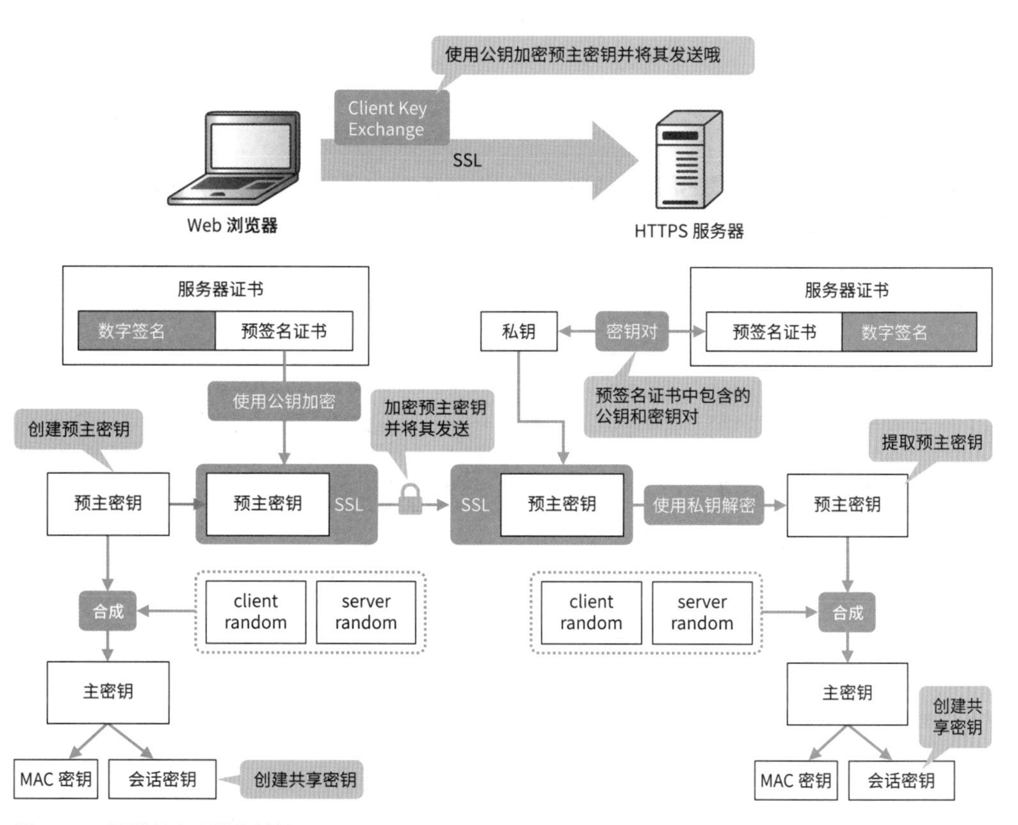

图6.2.30 • 发送共享密钥的材料

Web 浏览器在 Client Key Exchange 中需要使用公钥对预主密钥进行加密处理并发送。收到预主密钥的服务器则需要使用私钥进行解密并从中提取出预主密钥，再与 client random 和 server random 混合在一起生成主密钥。然后，根据主密钥创建会话密钥和 MAC 密钥。这样就完成了共享密钥的生成处理。

④ 最终确认。

在此步骤中，需要进行最后的确认。需要彼此交换 Change Cipher Spec 和 Finished，确定之前确定的内容并结束 SSL 握手处理。完成这一步骤之后，就完成了 SSL 会话的创建，并开始进入实际的应用数据的加密通信阶段。

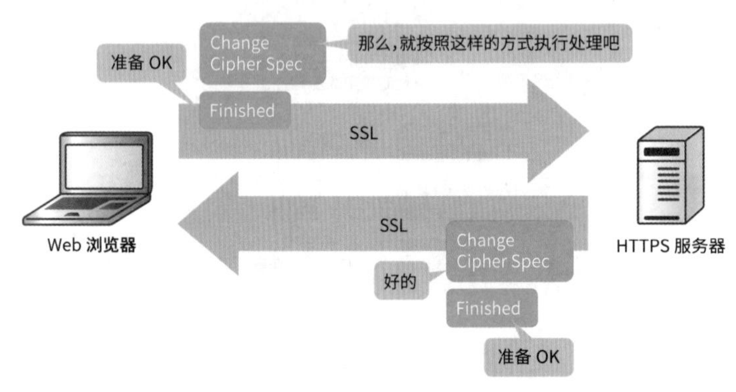

图6.2.31 • SSL握手的最终确认

加密通信

完成了 SSL 握手处理之后，即可开始进行应用数据的加密通信。使用 MAC 密钥对应用数据进行哈希处理之后，就可以使用会话密钥进行加密处理，并使用应用数据记录进行传输。

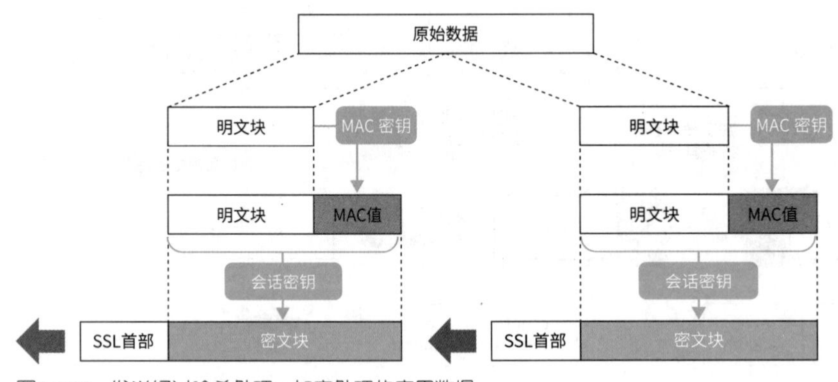

图6.2.32 • 发送经过哈希处理 + 加密处理的应用数据

SSL 会话重用

SSL 握手的过程由于需要执行发送数字证书、共享密钥因子等处理，因此需要花费大量的执行时间。

为此，SSL 中提供了一种允许对第一次 SSL 握手生成的会话信息进行缓存，从第二次之后可以重复利用的名为 SSL 会话重用（SSL Session Repression）的功能。使用 SSL 会话重用功能，就可以省略 Certificate 和 Client Key Exchange 等生成共享密钥所需的处理步骤，因此可以显著减少 SSL 握手所需的时间；此外，还可以减轻相应的服务器处理负载。

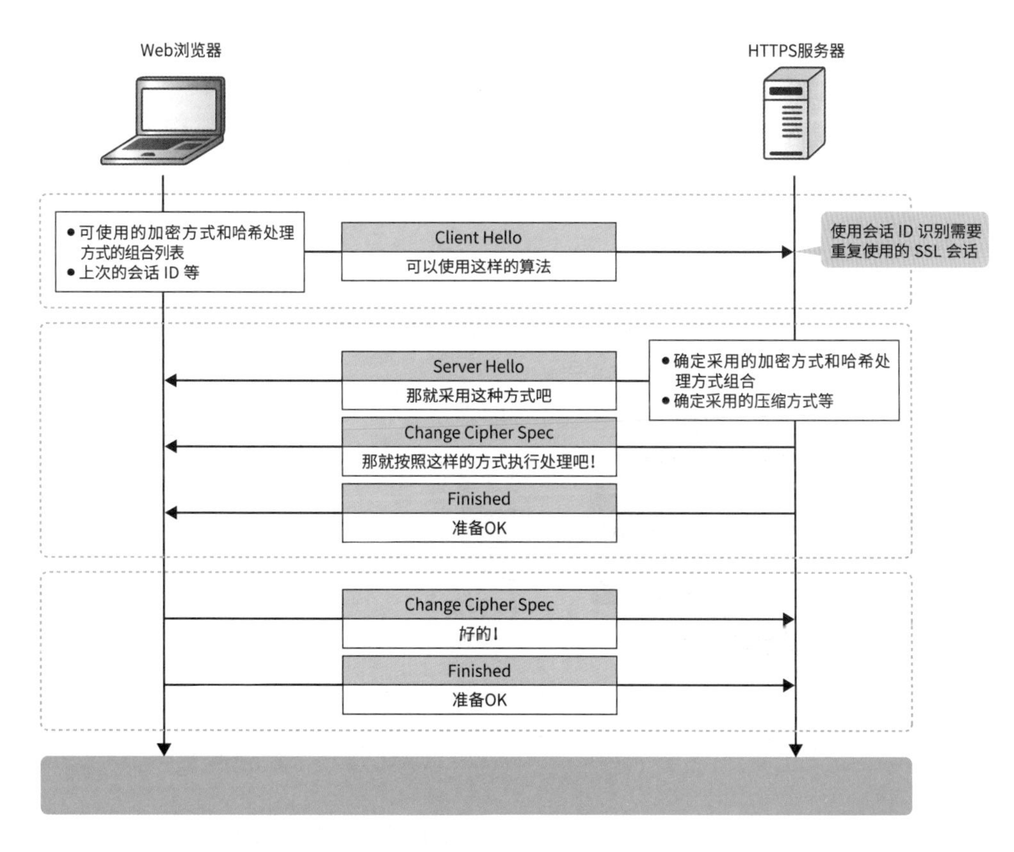

图6.2.33 • SSL会话重用

SSL 会话关闭

最后，就是关闭使用 SSL 握手打开的 SSL 会话。关闭会话时，无论是 Web 浏览器还是服务器，都可以在想要关闭会话时发送 close_notify。之后，就可以执行 TCP 的四次握手并断开 TCP 连接。

图6.2.34 • 使用close_notify 关闭SSL 会话

6.2.5 使用客户端证书认证客户端

SSL 中提供了对服务器进行认证的服务器认证和对客户端进行认证的客户端认证两种认证机制。服务器认证如前所述，需要使用服务器证书对服务器进行认证；客户端认证则需要使用预先在 Web 浏览器中安装的客户端证书对客户端进行认证。

在客户端认证的 SSL 握手步骤中，除了之前讲解的服务器认证的 SSL 握手之外，还需要添加要求提供客户端证书和认证客户端的过程。

接下来将着眼于客户端认证特有的过程 Certificate Request、Certificate（客户端）和 Certificate Verify，对客户端认证的处理流程进行讲解。

① 请求提供客户端证书。

首先，Client Hello → Server Hello → Certificate 的流程是相同的，没有变化。HTTPS 服务器在使用 Certificate 发送服务器证书之后，需要使用 Certificate Request 请求客户端提供客户端证书。然后，使用 Server Hello Done 通知客户端自己的信息已经发送完毕。

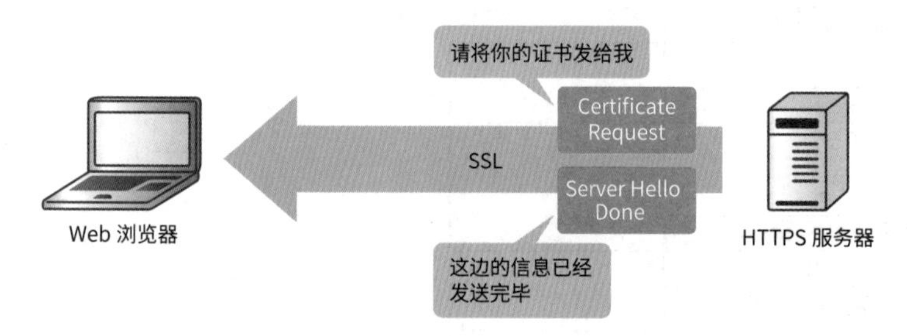

图6.2.35 • 要求提供客户端证书

② 发送客户端证书。

接收到 Certificate Request 和 Server Hello Done 的 Web 浏览器需要使用 Certificate（客户端）将预先安装的客户端证书发送给服务器。如果没有与 Certificate Request 匹配的客户端证书，Web 浏览器就会返回 no_certificate，服务器就会断开 TCP 连接。此外，如果存在多个匹配的客户端证书，就需要在 Web 浏览器中让用户选择需要发送的客户端证书，然后将其发送给服务器。

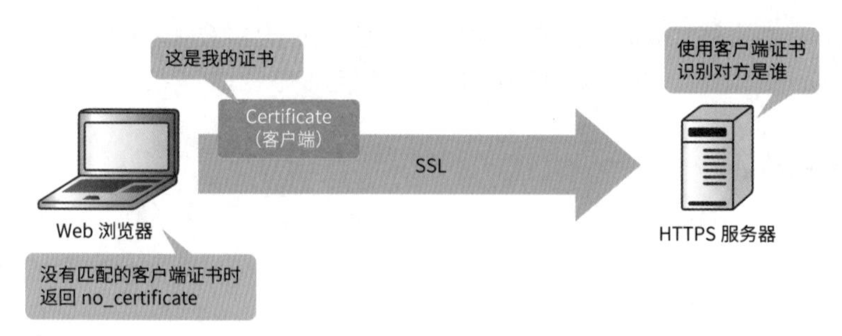

图6.2.36 • 发送客户端证书

③ 发送之前的哈希值。

发送了客户端证书的 Web 浏览器需要继续使用 Client Key Exchange 发送预主密钥，这一处理与服务器认证时的处理相同。然后，需要使用 Certificate Verify 对目前为止的处理（从 Client Hello 到 Client Key Exchange）进行哈希处理，并使用私钥进行加密处理，将其作为数字签名发送给服务器。

收到 Certificate Verify 的服务器则需要使用 Certificate（客户端）中包含的公钥进行解密处理，并与自己计算的哈希值进行比较，确认数据是否遭到篡改。

之后的处理与服务器认证相同。彼此需要发送 Change Cipher Spec 和 Finished，进入实际的应用数据的加密通信。

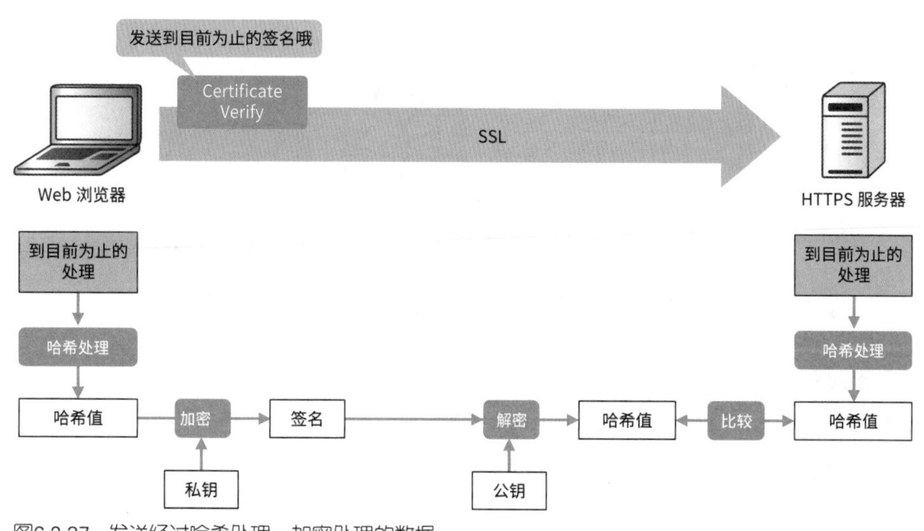

图6.2.37 • 发送经过哈希处理＋加密处理的数据

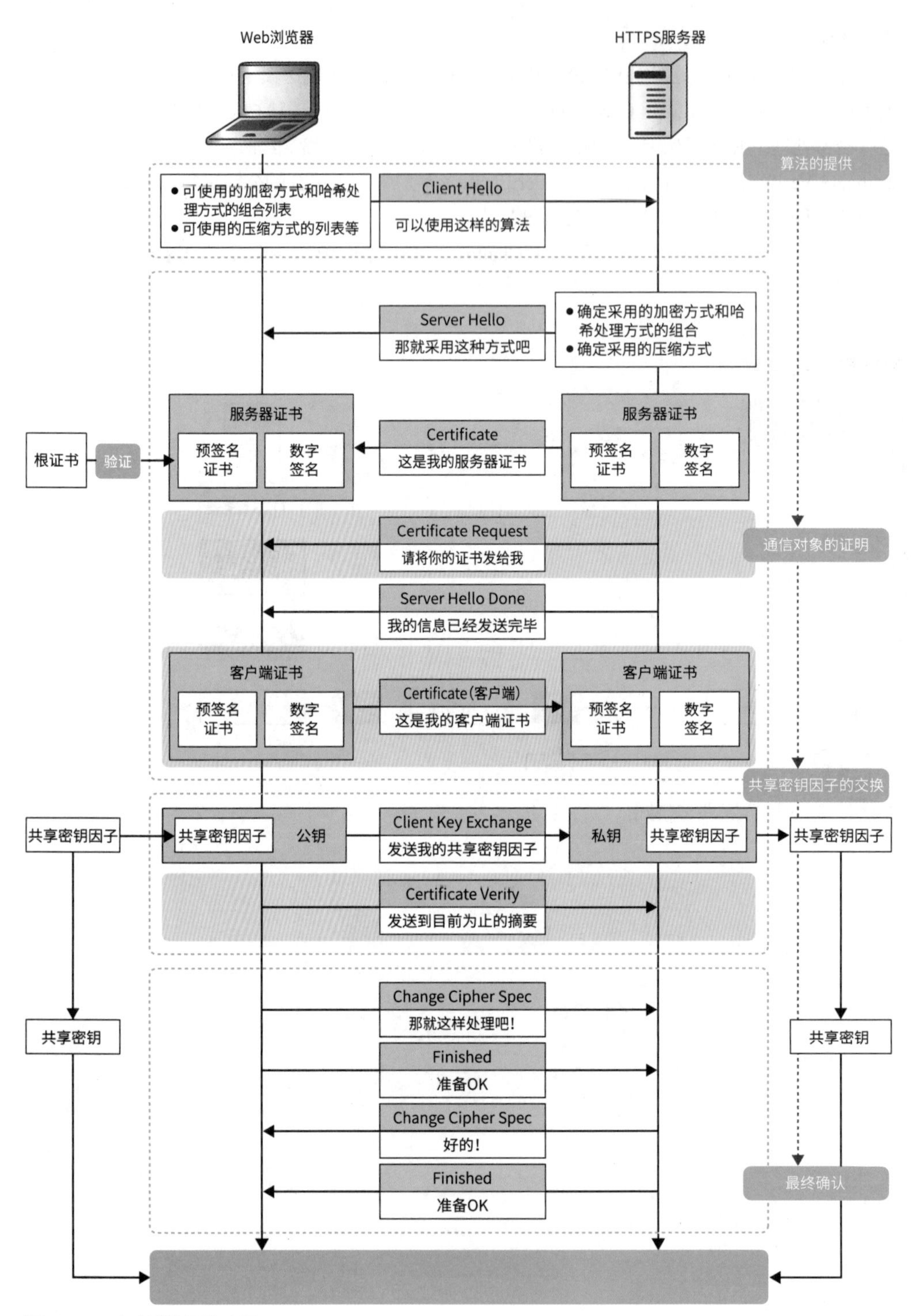

图6.2.38 • 客户端认证的流程

6.2.6 SSL 卸载功能的操作

SSL 卸载是一种负载均衡装置的选项功能，是使用负载均衡装置执行之前在服务器上执行的 SSL 处理的功能。正如在前面所讲解的，SSL 是一种需要进行认证或加密处理的会给服务器带来处理负载的协议。这些处理可以交由负载均衡装置接管。客户端可以像往常一样使用 HTTPS 发送请求，收到该请求的负载均衡装置会自动执行 SSL 的处理，并将其作为 HTTP 转发给负载均衡的目标服务器。由于服务器不必自己执行 SSL 的处理，因此可以显著减少处理负载。从结果来看，在系统层级上实现了大规模的负载均衡。

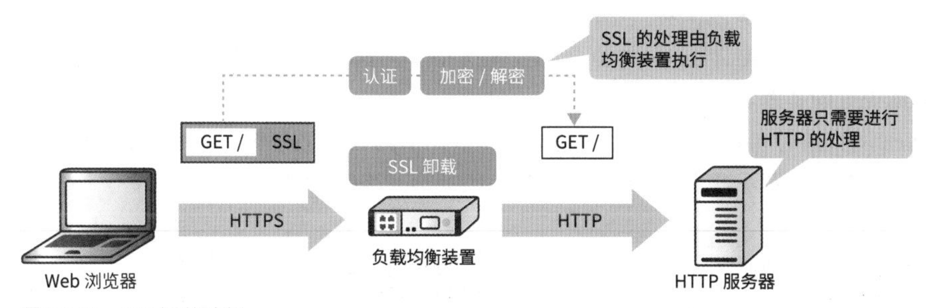

图6.2.39 • SSL卸载功能

chapter 6-3 DNS

DNS（Domain Name System，域名系统）是一种负责对 IP 地址和域名进行相互转换的协议。在互联网中，需要使用 IP 地址识别终端设备。但是，由于 IP 地址是一串数字，如果只看数字，就很难判断出它们的具体用途和表示的含义。因此，DNS 可以给 IP 地址添加一个域名，以易于人类理解的方式进行通信。例如，Google 的 Web 服务器就被分配了名为 172.217.175.4[①] 的全局 IPv4 地址。但是，要让我们记住这个地址是 Google 的 Web 服务器，并且毫无差错地使用它，就有点太难了。因此，可以使用 DNS 为该 IPv4 地址绑定名为 www.████.com 的域名。看到这个字符串，就可以知道这是 Google 的 Web 服务器（World Wide Web 服务器）。

实际上，当使用 Web 浏览器访问 Google 的 Web 网站时，首先 Web 浏览器需要向 DNS 服务器询问分配给 www.████.com 的 IP 地址，再使用 HTTPS 访问 DNS 服务器回答的 IP 地址。

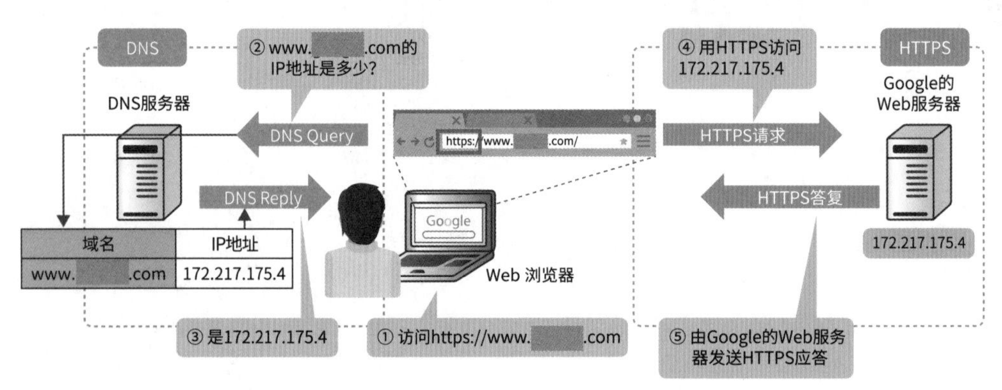

图6.3.1 • 使用DNS 查询与域名绑定的IP 地址

DNS 是一种由 RFC 1034 Domain Names - Concepts And Facilities 和 RFC 1035 Domain Names - Implementation And Specification 确定标准化[②] 的协议。在 RFC 1034 中对基本的构成元素及其作用等 DNS 的概念和功能进行了粗略的定义，在 RFC 1035 中则详细地对实现和规范进行了定义，包括域名相关的各种规则和消息格式等内容。

6.3.1 域名

域名是类似 www.example.co.jp 这样的由一个用点进行分隔的字符串组成的名称。该字符串被称为标签。域名也被称为 FQDN（Fully Qualified Domain Name，完全限定域名），由主机部分和域名部分组成。主机部分是位于 FQDN 最左侧的标签，表示计算机本身。域名部分则由从右边开始的根、顶级域名（Top Level Domain，TLD）、二级域名（2nd Level Domain，2LD）、三级域名（3rd Level

① 除此之外，还分配了 216.58.220.132 和 172.217.31.132 等多个全局 IPv4 地址。在这里，为了便于理解，只列举了其中一个地址。
② RFC 1034 和 RFC 1035 只定义了 DNS 的基础部分。此后，很多 RFC 对 DNS 进行了多次更新。

Domain，3LD）等组成，表示国家、组织和企业等。此外，右侧的根用“.”(点)表示，通常会将其省略。

顶级域名包括为每个地区分配的ccTLD（country code Top Level Domain，国家码顶级域名）和为特定区域和领域分配的gTLD（generic Top Level Domain，通用顶级域名）两种。例如，经常看到和听到的jp就是表示日本的国家码顶级域名。此外，com是表示商业网站的通用顶级域名。以此类推，从左到右的二级域名、三级域名都是表示在各个域下进行管理的域名（子域名）。也就是说，二级域名是顶级域名的子域名，三级域名是二级域名的子域名。

域名具有树状分层结构，以根为顶点，分支到顶级域名、二级域名、三级域名……如果依次从右边开始按照顺序遍历标签，最终就可以到达目标服务器。这种基于域名构成的树状分层结构被称为域名树。

表6.3.1 • 具有代表性的TLD

域名的种类	域　名	用　途
ccTLD	jp	日本的域名
	us	美国的域名
	uk	英国的域名
	cn	中国的域名
	fr	法国的域名
	de	德国的域名
	au	澳大利亚的域名
gTLD	com	面向商业网络和商业组织的域名
	net	面向网络相关服务和组织的域名
	org	面向非营利组织的域名
	app	面向应用程序相关服务的域名
	cloud	面向云相关服务的域名
	blog	面向博客相关服务的域名

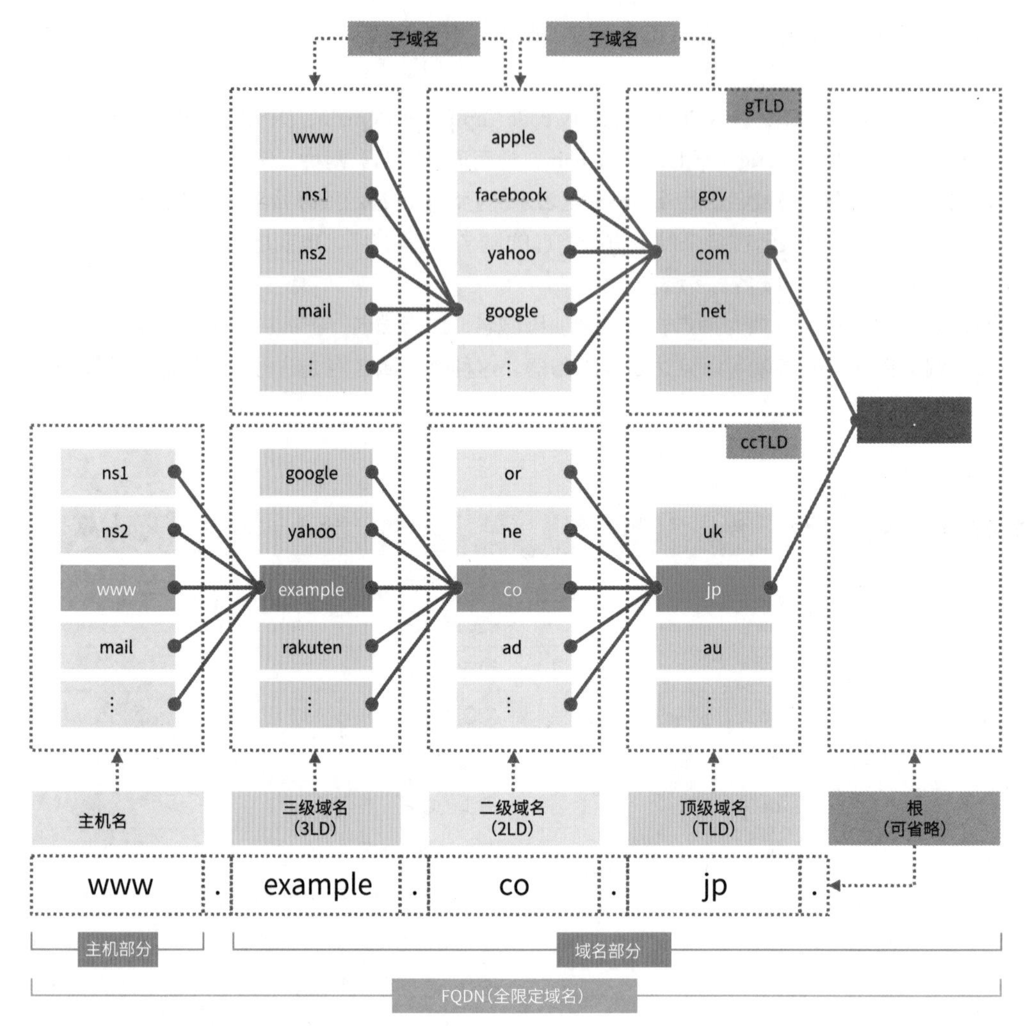

图6.3.2 • 域名树

6.3.2 域名解析与区域转发

DNS 提供了名为域名解析和区域转发的两种机制。这两种机制的作用和功能，以及使用的第四层协议等方方面面都存在巨大的差异。因此，本书将分别对这两种机制进行讲解。

域名解析

对 IP 地址和域名进行相互转换的处理被称为域名解析。基于 DNS 的域名解析需要 DNS 客户端、缓存服务器和权威服务器三者相互协作。

■ DNS 客户端

DNS 客户端（别名：存根解析器）是指要求 DNS 服务器进行域名解析的客户端终端或软件。类似

Web 浏览器、电子邮件软件、Windows 操作系统的 nslookup 命令和 Linux 操作系统的 dig 命令等域名解析命令就是 DNS 客户端。

DNS 客户端需要向缓存服务器发送域名解析的请求（递归查询）；此外，需要将接收到的来自缓存服务器的答复（DNS 回复）的结果缓存（临时保存）一段时间，这样一来，当出现相同的查询时就可以再次使用该答复，以抑制 DNS 流量。

■ 缓存服务器

缓存服务器（别名：全服务解析器、引用服务器）是一种专门接收来自 DNS 客户端的递归查询，并将域名解析请求（迭代查询）发送到互联网上的权威服务器的 DNS 服务器。当 DNS 客户端需要访问互联网上发布的服务器时可以使用它。缓存服务器也和 DNS 客户端一样，需要将接收到的来自权威服务器的答复（DNS 应答）结果缓存一段时间，当出现相同的查询时可以再次使用该答复，以抑制 DNS 流量。

■ 权威服务器

权威服务器（别名：内容服务器、区域服务器）是一种专门接收与自己管理的域名相关的来自缓存服务器的迭代查询的 DNS 服务器。其需要将自己管理的域名范围（区域）内相关的各种信息（域名、IP 地址、控制信息等）以资源记录的形式保存到名为区域文件的数据库中。

互联网上的权威服务器采用的是一种将名为根服务器的主服务器作为顶点的树状分层结构。根服务器可以将顶级域名区域的管理委任给顶级域名的权威服务器。此外，顶级域名的权威服务器可以将二级域名区域的管理委任给二级域名的权威服务器。以此类推，三级域名、四级域名等都可以以同样的方式将管理委任给相应的权威服务器。

接收到来自 DNS 客户端的递归查询的缓存服务器，需要根据接收的域名从右边的标签开始依次按照顺序进行检索，并不断让管理该区域的权威服务器执行迭代查询。当到达终点时，需要向该权威服务器获取与域名对应的 IP 地址。

参考　DNS 服务器

DNS 服务器有时是指缓存服务器，有时是指权威服务器，有时又两者兼而有之。由于 DNS 服务器的含义可能会根据上下文而发生变化，因此需要注意文中所指的具体含义。此外，根据文章的内容，可能会出现“名称服务器”这样的术语。它可能是指权威服务器，也可能是指缓存服务器和权威服务器的总称。

由于术语不统一，大家可能会觉得比较难以理解，但是由于 DNS 的“出场人物”就是图 6.3.3 中所示的 3 位，因此建议大家根据具体情况对它们进行归类和比较。

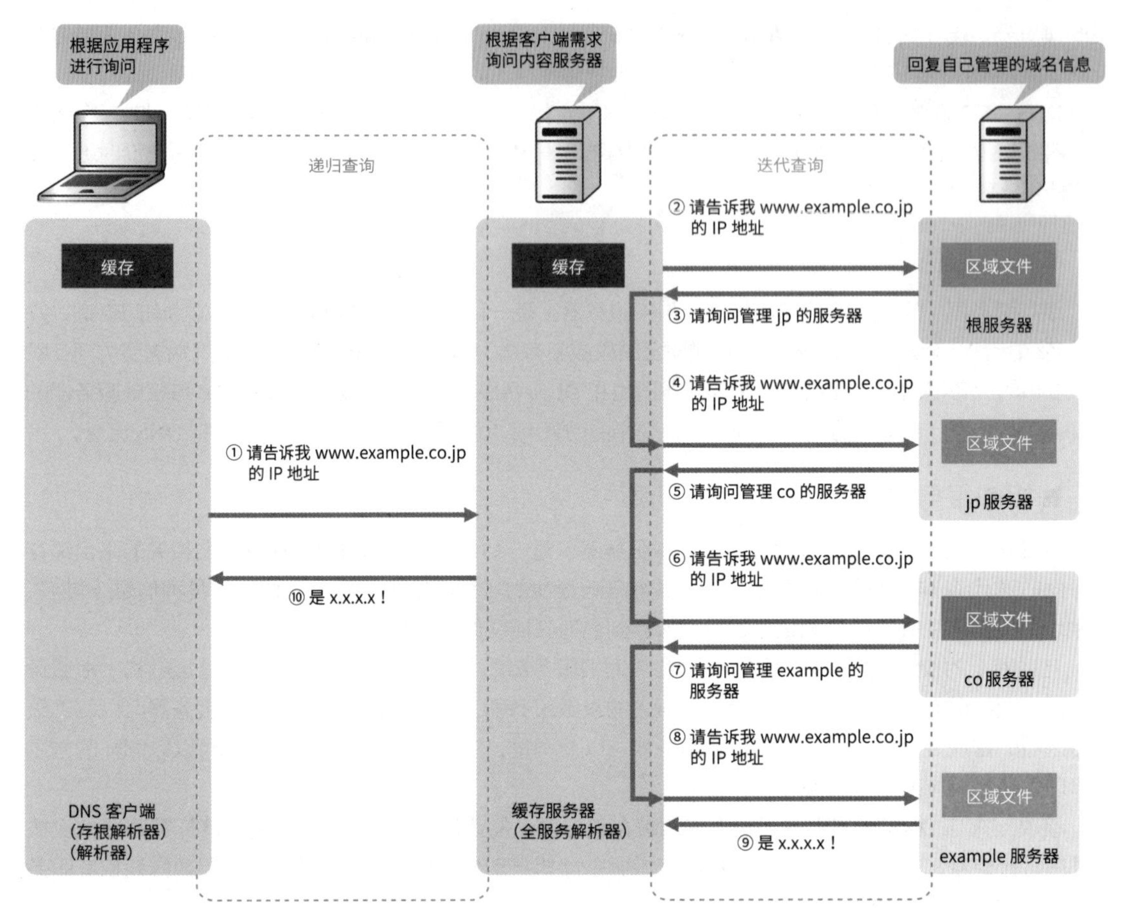

图6.3.3 • 递归查询与迭代查询

DNS 服务器的冗余化与区域转发

基于 DNS 的域名解析是在进行 Web 访问和发送电子邮件之前需要执行的一种非常重要的处理。如果域名解析失败，就无法访问想要访问的网站。因此，DNS 服务器不会采取单一的配置，基本上都是由主 DNS 服务器和辅 DNS 服务器构成的冗余配置。不过，缓存服务器和权威服务器的冗余化方式存在巨大的差异，接下来将分别对它们进行讲解。

■ 缓存服务器的冗余化

缓存服务器只需要对 DNS 客户端查询的域名解析的信息进行缓存即可。因此，无须在主 DNS 服务器和辅 DNS 服务器之间同步任何信息，也无须使用服务器的功能进行冗余处理。但是，需要在 DNS 客户端的设置中指定主 DNS 服务器和辅 DNS 服务器。此外，如果主 DNS 服务器没有返回任何回复，就需要向辅 DNS 服务器发送递归查询。需要像这样设置多个查询目标以进行冗余处理。

■ 权威服务器的冗余化

权威服务器是一种专门用于保存自己管理的域名相关信息（区域文件）的重要的服务器。它需要确保即使主 DNS 服务器宕机，也可以使用辅 DNS 服务器返回相同的信息，需要确保始终保存相同的区域文件。为了保存相同的区域文件而在 DNS 服务器之间同步区域文件的处理被称为区域转发。需要将主 DNS 服务器区域文件的副本转发给辅 DNS 服务器。因此，可以定期或者在任何时候执行区域转发。不过，主 DNS 服务器和辅 DNS 服务器的信息都需要登记在上层 DNS 服务器中。进行这种设置之后，就可以向任一 DNS 服务器发送查询，返回的结果是相同的信息。

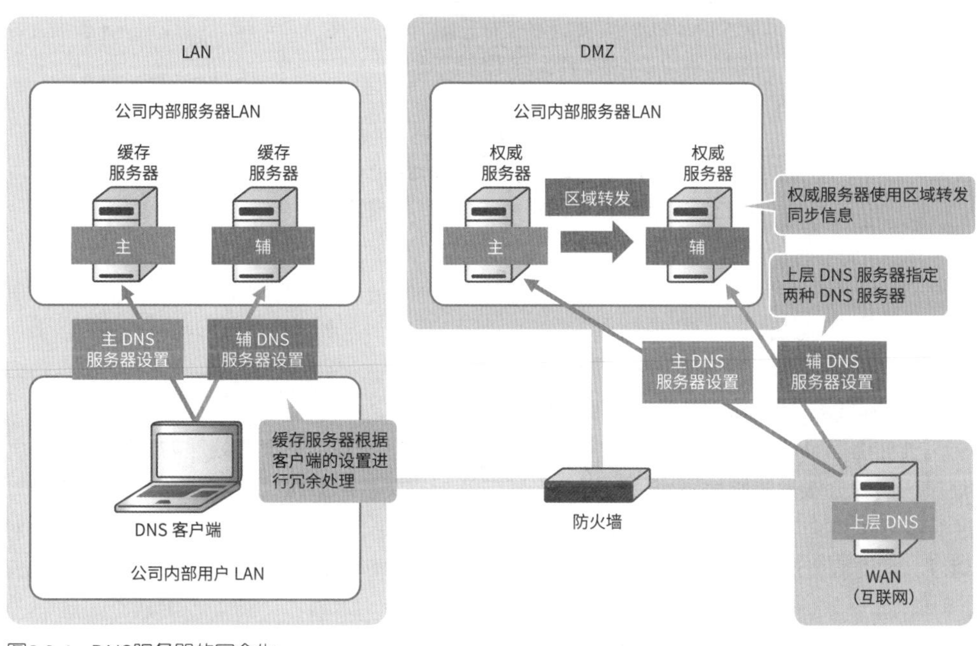

图6.3.4 • DNS服务器的冗余化

区域文件与资源记录

一个区域文件管理的域名范围被称为区域。区域文件由多种资源记录组成，包括其中所有的区域。权威服务器需要基于区域文件的信息答复迭代查询。

```
$ORIGIN example.co.jp
$TTL    604800
@       IN      SOA     ns1.example.co.jp. admin.example.co.jp. (
                        2017082901          ; Serial
                        604800              ; Refresh
                        86400               ; Retry
                        2419200             ; Expire
                        604800 )            ; Negative Cache TTL
        IN      NS      ns1.example.co.jp.
        IN      NS      ns2.example.co.jp.
;
ns1     IN      A       192.168.100.128
ns2     IN      A       192.168.100.129
web01   IN      A       192.168.100.1
web02   IN      A       192.168.100.2
```

资源记录(SOA 记录)

资源记录(NS 记录)

资源记录(A 记录)

图6.3.5 • DNS的区域文件（BIND 的例子）

表6.3.2 • 具有代表性的资源记录

资源记录	内　容
SOA 记录	描述有关区域管理信息的资源记录，在区域文件的开头描述
A 记录	描述域名对应的 IPv4 地址的资源记录
AAAA 记录	描述域名对应的 IPv6 地址的资源记录
NS 记录	描述管理域的 DNS 服务器，或者委托管理的 DNS 服务器的资源记录
PTR 记录	描述 IPv4/IPv6 对应域名的资源记录
MX 记录	描述邮件目的地的邮件服务器的资源记录
CNAME 记录	描述主机名别名的资源记录
DS 记录	描述该区域中使用的公钥摘要值的记录，在 DNSSEC 中使用
NSEC3 记录	描述用于排列资源记录的记录，在 DNSSEC 中使用
RRSIG 记录	描述资源记录签名的记录，在 DNSSEC 中使用
TXT 记录	描述评论的资源记录

6.3.3 DNS 消息格式

DNS 需要使用不同的第 4 层协议进行域名解析和区域转发处理。

域名解析需要在访问 Web 和发送电子邮件等应用程序通信之前进行。如果该处理需要很长的时间，后续的应用程序通信就会慢慢腾腾地被拖延。因此，域名解析需要使用 UDP（端口号：53 号）提升处理速度①。区域转发则需要交换对自己的所有域进行管理的区域文件。如果此文件缺失或丢失，就无法对整个域进行管理，会对服务产生重大的影响。因此，区域转发需要使用 TCP（端口号：53 号），并优先考虑可靠性。

DNS 消息由 Header 部分、Question 部分、Answer 部分、Authority 部分和 Additional 部分 5 个部分组成。

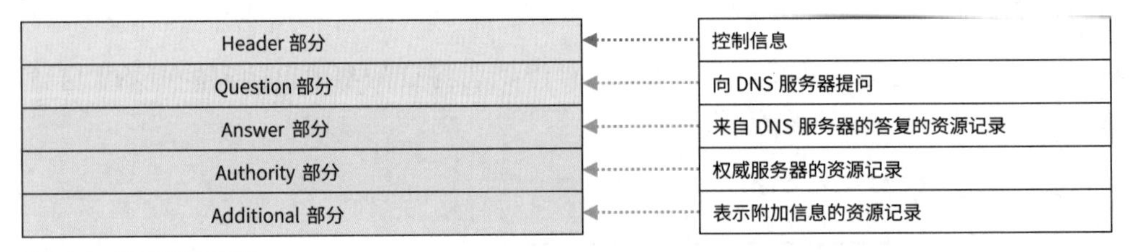

图6.3.6 • DNS消息格式

6.3.4 使用 DNS 的功能

如前所述，DNS 是一种负责确定 HTTP 数据包、HTTPS 数据包和电子邮件数据包的目的地的功能，发挥着举足轻重的作用。在这里，将对一些应用 DNS 的扩展技术进行讲解。

① 即使是使用域名解析，当消息长度很长时也需要使用 TCP。由于本书是一本入门书籍，因此会对最常用的方法进行讲解。

DNS 轮询

DNS 轮询是一种使用 DNS 的负载均衡技术。如果使用权威服务器将一个域名（FQDN）登记到多个 IP 地址，每次在接收 DNS 查询（迭代查询）时，都需要按照顺序返回不同的 IP 地址。因此，客户端就会连接到域名相同的不同服务器中，从而均衡服务器的负载。而 DNS 轮询无须准备负载均衡装置，只需要对权威服务器的区域文件进行设置，就可以轻松地实现服务器的负载均衡处理。但是，由于无论服务器的状态和应用程序的行为如何，它都会按照顺序返回 IP 地址，因此其具有容错性和灵活性差的缺点。

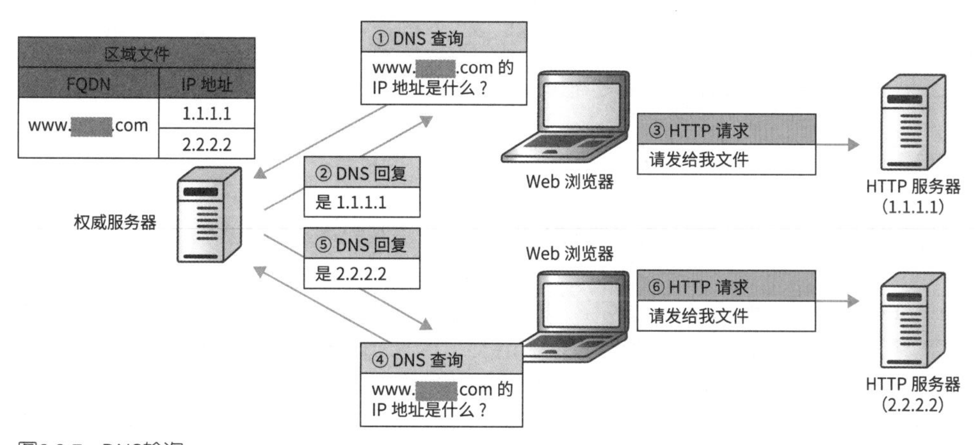

图6.3.7 • DNS轮询

全局负载均衡

将通信分配给地理位置较远的网站（位置）的服务器，并进行负载均衡处理的技术被称为全局负载均衡（Global Server Load Balancing，GSLB）。即使使用前面讲解的 DNS 轮询，如果登记多个物理上的不同网站的 IP 地址，也可以将通信分配给不同网站的服务器。但是，从负载均衡的角度来看，DNS 轮询存在很多问题，如无法检测服务器的故障、只能平均分配通信等。因此，就出现了解决这些问题，极大地增强了威力的全局负载均衡技术。在内部部署（公司内部运用）中，全局负载均衡技术是作为一种负载均衡装置的功能提供的①。此外，它还可以作为云服务中的一种 DNS 服务的功能提供。

使用全局负载均衡技术，可以将负载均衡装置和云服务的全局负载均衡功能当作权威服务器返回 IP 地址。此外，还可以通过监控各网站的状态（服务运行状态和网络使用率等），并根据结果更改需要答复的 IP 地址的方式，实现灵活的负载均衡。比起用于负载均衡，全局负载均衡技术更多的是用于当发生灾难时，可以使用其他网站继续提供服务的灾难对策中。

① 使用全局负载均衡功能可能需要单独的软件许可证。

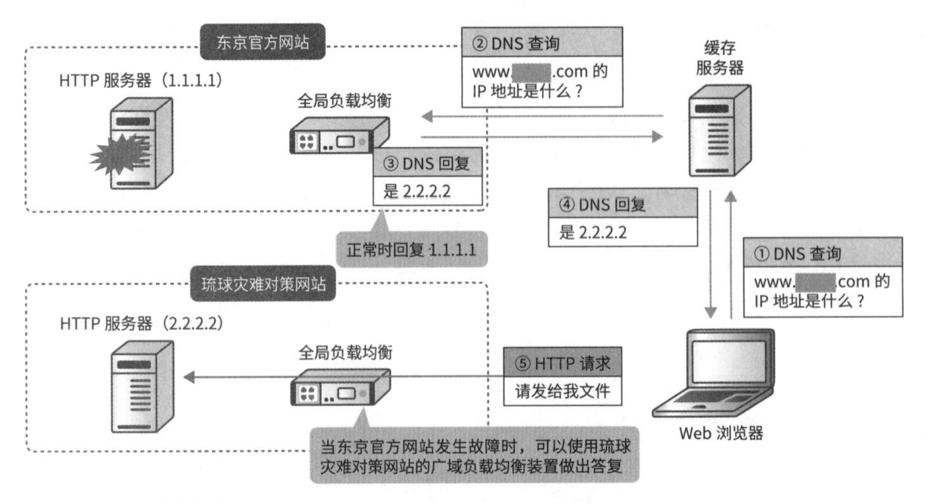

图6.3.8 • 全局负载均衡技术

CDN

CDN（Content Delivery Network，内容分发网络）是一种为了发送大量的 Web 内容而专门做了优化的互联网上的服务器网络。它由保存原始内容的原始服务器和保存缓存的边缘服务器组成。CDN 本身并不是专门用于 DNS 的特定功能。但是，当需要将用户引导到物理距离更近的边缘服务器时，可以使用 DNS 实现。

接下来将对具体的处理流程进行讲解。首先，需要将 CDN 的权威服务器的 FQDN（全限定域名）作为 CNAME 记录（别名）登记到权威服务器的区域文件中；其次，当权威服务器接收到来自客户端的 DNS 查询时，需要返回 CNAME 的 FQDN，即返回 CDN 的权威服务器的 FQDN；接着，接收了 DNS 回复的客户端需要向 CDN 的权威服务器发送 DNS 查询；最后，CDN 的权威服务器会查看客户端的 IP 地址，并返回距其最近的边缘服务器的 IP 地址。

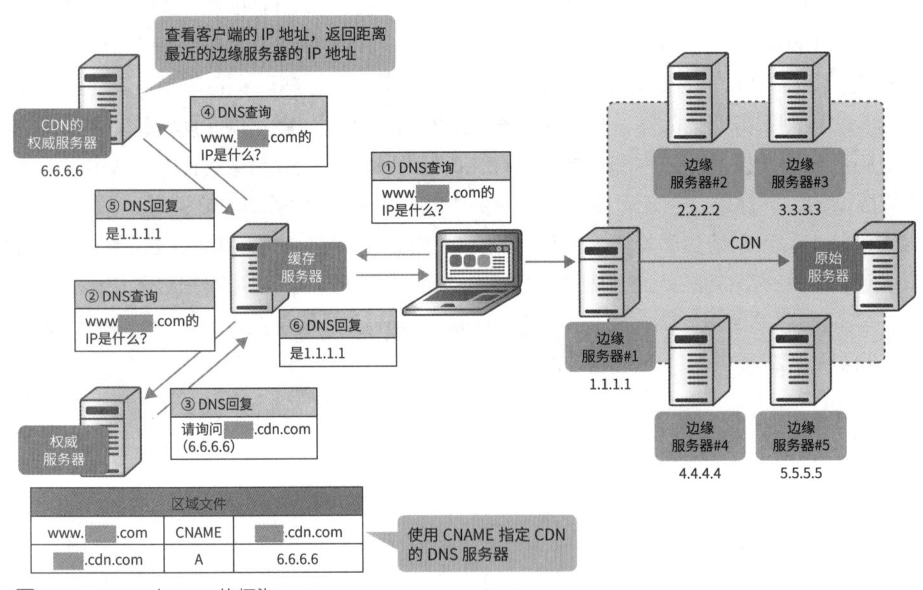

区域文件		
www.　.com	CNAME	.cdn.com
.cdn.com	A	6.6.6.6

图6.3.9 • CDN 中DNS 的行为

电子邮件协议

在互联网中，继 Web（World Wide Web，万维网）之后能让人一下子就想到的服务大概就是电子邮件（Mail）了吧。电子邮件也是一种具有代表性的互联网服务。最近，虽然经常会使用 LINE 和 Slack 等即时通信工具，以会话的形式促进工程和项目的沟通交流，但是无论是过去还是现在，电子邮件仍然是一种有效的留存证据（Evidence）的工具。电子邮件在发送和接收时需要使用不同的协议。

6.4.1 电子邮件发送协议

发送电子邮件时，需要使用 SMTP（Simple Mail Transfer Protocol，简单邮件传送协议）。SMTP 是一种服务器需要针对客户端的请求返回答复的典型的客户端服务器型协议。从它的名称中包含“简单”两个字就可以推断出，它是一种非常简单的协议。但是，也正是因为它很简单，所以也就存在安全方面的问题。因此，目前不会直接使用它，而是会通过认证、加密等各种方式对其进行扩展之后再使用。在这里，首先会对作为基础的原始 SMTP 进行讲解，然后对各种扩展功能进行讲解。

■ SMTP

SMTP 是一种由 RFC 5321 Simple Mail Transfer Protocol 确定标准化的协议，需要使用 TCP 的 25 号端口进行通信。电子邮件软件（SMTP 客户端）在向电子邮件服务器（SMTP 服务器）发送电子邮件时需要使用 SMTP。此外，电子邮件服务器向对方的电子邮件服务器转发电子邮件时也需要使用 SMTP。

接下来将对发送电子邮件的大致流程进行讲解。当电子邮件服务器收到来自电子邮件软件的电子邮件时，需要查看位于接收方电子邮件地址的 at 标记（@）后面的 FQDN，并向 DNS 服务器询问 MX 记录（SMTP 服务器的 IP 地址）。一旦 DNS 服务器知道对方的电子邮件服务器的 IP 地址，就会向该 IP 地址发送电子邮件。可以将这里的电子邮件服务器看成一个邮箱，这样就会更加容易理解。当向名为 SMTP 服务器的邮箱中投递信件后，名为网络的邮局就会将信件邮寄出去。

接收了电子邮件的接收方电子邮件服务器会查看位于接收方电子邮件地址的 at 标记（@）前面的用户名，并将电子邮件分发到为每个用户准备的存储区域（邮箱）中进行保存。可以将邮箱看成一种距离最近的邮局的信箱，这样更有利于理解。到这里为止就是 SMTP，之后就是 SMTP 服务器需要完成的工作。此时，电子邮件还没有送到对方手中。

此外，经过 RFC 进行标准化的原始 SMTP 不具备认证和加密功能。因此，如果想要冒充某人向电子邮件服务器发送电子邮件，或者在发送途中尝试偷窥或篡改电子邮件，都是可以做到的。因此，在使用 SMTP 时，就需要使用各种扩展功能，使其具备认证和加密功能，以提高安全性。

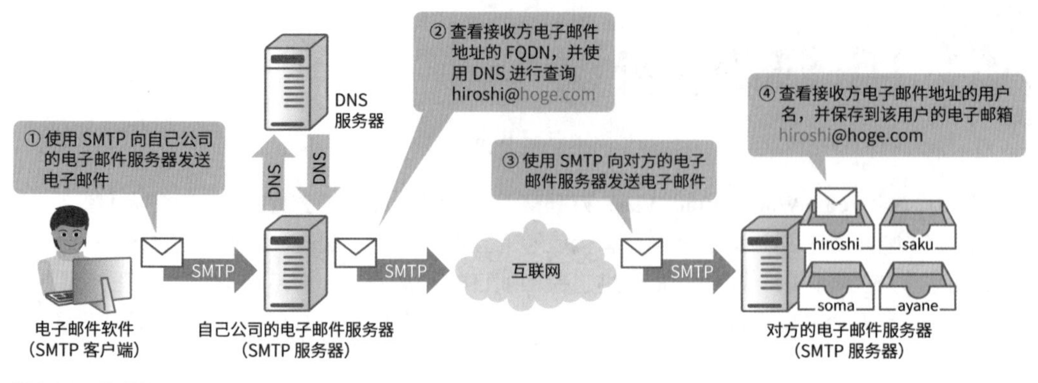

图6.4.1 • SMTP

■ 认证功能

与认证相关的扩展功能包括 SMTP 认证（SMTP-AUTH）和 POP before SMTP 两种。

SMTP 认证

SMTP 认证是一种经过 RFC 4954 SMTP Service Extension for Authentication 进行标准化的用户认证功能，需要使用 TCP 的 587 号端口。SMTP 认证的机制非常简单，电子邮件服务器只需要在发送电子邮件之前，使用用户名和密码对用户进行认证即可。如果认证成功，就可以接收电子邮件。

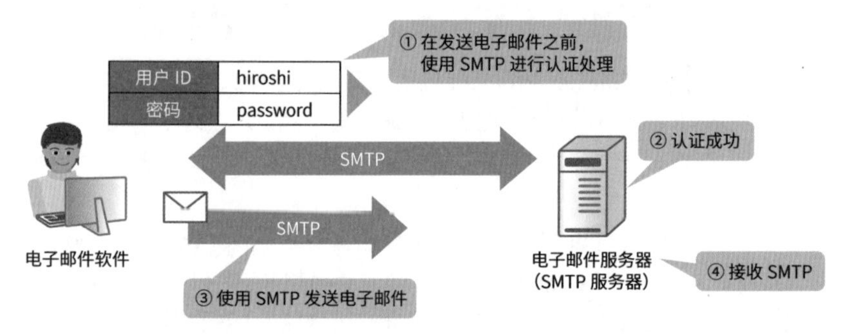

图6.4.2 • SMTP认证

POP before SMTP

POP before SMTP 是一种使用 POP 的用户认证功能。POP 是一种用于接收电子邮件的协议。POP 在接收电子邮件之前，需要对用户进行认证，所以其使用的就是该认证功能。电子邮件软件在发送电子邮件之前需要使用 POP 进行认证，当认证成功之后，电子邮件服务器会在一段时间内接收来自该 IP 地址的电子邮件。

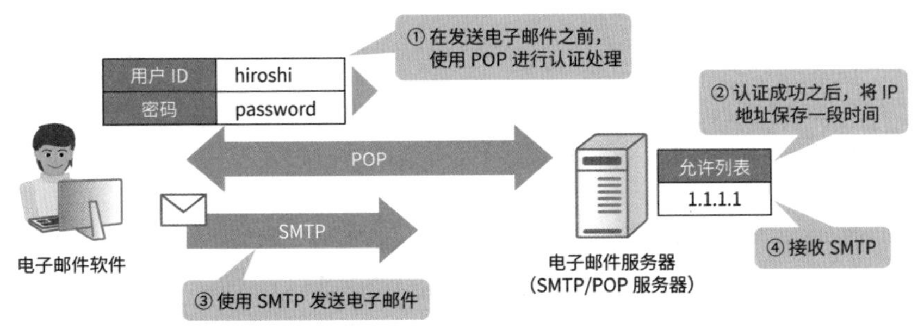

图6.4.3 • POP before SMTP

参 考　目前都是采用 SMTP 认证

在这两种认证功能当中，实际应用场景中更加常用的当然是具有压倒性优势的 SMTP 认证了。在 SMTP 认证得到广泛普及之前，POP before SMTP 是作为一种过渡的认证功能使用的，因此在 SMTP 认证已经普及的现在，基本上就很少会使用 POP before SMTP 了。大家只需要知道有这种功能存在即可。

■ 加密功能

在加密时需要使用 SMTPS（SMTP over SSL/TLS）。虽然 SMTPS 与 HTTPS 相同，都是使用 SSL/TLS 进行加密的协议，但是在加密之前的处理稍有不同。

HTTPS 会突然向服务器发出 SSL 握手的邀请，进入加密处理。相反地，SMTPS 首先会使用一种名为 STARTTLS 的 SMTP 的扩展功能确认双方是否支持 SMTPS。如果知道相互支持 SMTPS，就会使用 SSL 握手进行认证和交换密钥的处理，再进入加密处理。

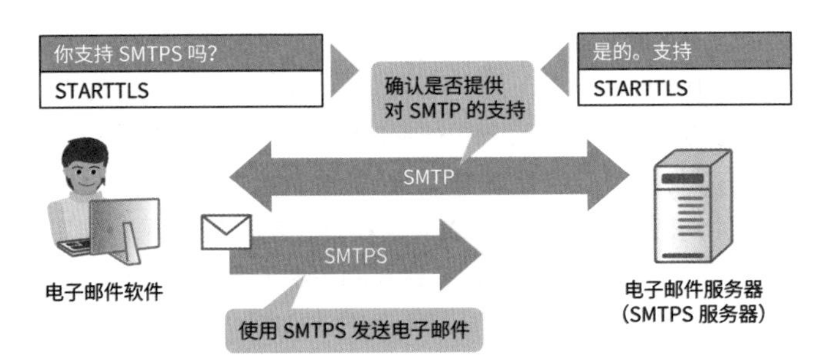

图6.4.4 • STARTTLS

6.4.2 电子邮件接收协议

使用 SMTP 转发的电子邮件会被保存在电子邮件服务器的名为邮箱的信箱中。用户需要使用名为 POP3（Post Office Protocol version3，邮局协议第 3 版）和 IMAP（Internet Message Access Protocol，因特网消息访问协议）的协议从信箱中提取自己的电子邮件。

■ POP3

POP3 是一种经过 RFC 1939 Post Office Protocol version 3 进行标准化的协议，需要使用 TCP 的 110 号端口进行通信。当电子邮件软件（POP 客户端）从电子邮件服务器（POP3 服务器）读取电子邮件时，就需要使用 POP3。

当然，在电子邮件收发机制中使用 POP3 进行最后的接收处理是有原因的。SMTP 是一种当需要发送数据时就可以进行发送的推式协议。如果是与那些始终打开电源运行的服务器的通信，以及服务器之间的通信，使用推式协议是相当方便的，它可以实时地发送数据。但是，运行电子邮件软件的计算机并不总是处于开启状态，实际上关机的情形反而更多。因此，就需要使用 POP3 这种当电源开启，且只有在想要获取数据时才会下载邮箱中的电子邮件数据的、进行最后的接收处理的拉式协议。

电子邮件软件（POP 客户端）需要手动或者定期地向电子邮件服务器（POP3 服务器）发送“请将我的电子邮件发给我”的请求，POP3 服务器则需要使用来自电子邮件软件的用户名和密码进行认证处理。如果认证成功，就可以从邮箱中读取电子邮件，转发电子邮件数据。

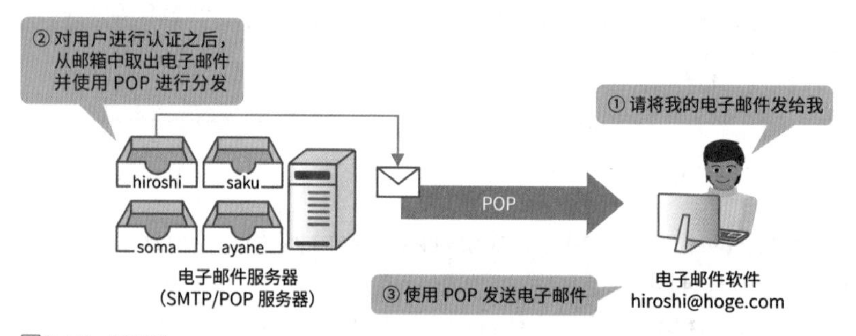

图6.4.5 • POP3

■ 加密功能

虽然经过 RFC 进行标准化的原始 POP3 具备认证功能，但其并不具备加密功能，因此存在通信过程被窥视的风险。为此，它就需要像 SMTP 那样，使用扩展功能进行加密处理。与加密相关的扩展功能包括 APOP（Authenticated Post Office Protocol，带认证的邮局协议）和 POP3S（POP3 over SSL/TLS）两种。

APOP 是一种使用哈希函数对密码进行加密的功能。虽然不是对电子邮件正文进行加密，但“聊胜于无”，可以起到一定的安全作用。POP3S 是一种使用 SSL/TLS 对 POP3 进行加密的功能，需要使用 TCP 的 995 号端口进行通信。其需要使用三次握手打开 TCP/995 号端口，并在使用 SSL 握手进行认证和交换密钥的处理之后，再使用 POPS 传输电子邮件数据。由于它不仅会对密码进行加密，而且还会对电子邮件正文进行加密，因此可以有效提高安全性。

表6.4.1 • POP3的加密功能

协议	端口号	安全级别	特　征
APOP	TCP/110	低	使用哈希函数对密码进行加密处理，不会对电子邮件正文进行加密处理
POP3S	TCP/995	高	使用 SSL/TLS 对密码和电子邮件正文进行加密处理

IMAP4

IMAP4 是一种经过 RFC 3501 Internet Message Access Protocol version 4rev1 进行标准化的协议，需要使用 TCP 的 143 号端口进行通信。IMAP4 在“需要从邮箱中读取电子邮件”这点上与 POP3 没有太大的区别，但是在“将电子邮件保留在电子邮件服务器中”这点上有较大的不同。

POP3 需要从电子邮件服务器中下载电子邮件，并使用电子邮件软件进行保存和管理。通常情况下，电子邮件服务器中的电子邮件会被删除[①]。IMAP4 则是将电子邮件保留在电子邮件服务器中，供电子邮件软件读取[②]。由于 IMAP4 无须将电子邮件保存在终端，因此可以节省终端的存储空间。此外，由于可以使用电子邮件服务器对电子邮件进行集中管理，因此用户可以使用个人电脑、平板电脑、智能手机等多个不同的终端以相同的方式对电子邮件进行管理。

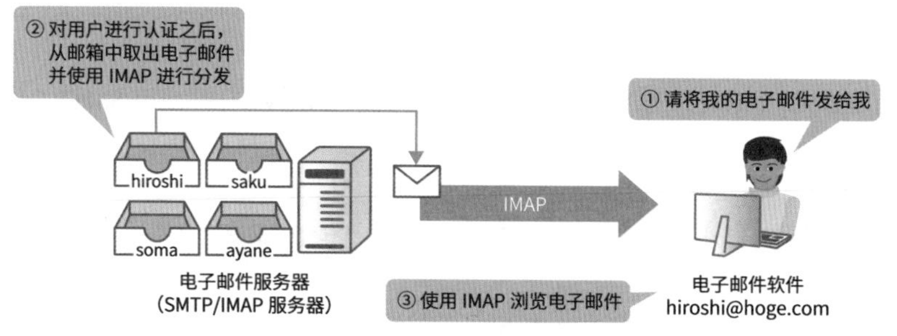

图6.4.6 • IMAP4

■加密功能

经过 RFC 进行标准化的原始 IMAP4 也具备认证功能，但是不具备加密功能。因此，它需要像 POP3 那样，使用 SSL/TLS 加密的 IMAP4S（IMAP4 over SSL/TLS）对 IMAP4 进行扩展。IMAP4S 需要使用 TCP 的 993 号端口进行通信。其需要使用三次握手打开 TCP/993 号端口，并在使用 SSL 握手进行认证和交换密钥的处理之后，再使用 IMAPS 传输电子邮件数据。

此外，使用 POP3 还是使用 IMAP4 取决于使用的环境。因此，需要在理解了两种协议的特征和优缺点之后再决定使用哪一种方式进行处理。

表6.4.2 • POP3 与IMAP4的比较

协　议	POP3	IMAP4
端口号	TCP/110	TCP/143
加密功能	POP3S	IMAP4S
使用加密功能时的端口号	TCP/995	TCP/993
电子邮件的存放位置（管理位置）	各个终端的电子邮件软件	电子邮件服务器
优点	可以节省服务器的存储空间 即使处于离线状态，也可以管理电子邮件	可以节省终端的存储空间 可以在多台设备上集中管理电子邮件
缺点	会挤压终端的存储空间 无法在多台设备上集中管理电子邮件	会挤压服务器的存储空间 在离线状态无法管理电子邮件
最佳使用环境	在一台终端上使用电子邮件的用户	在多台设备上使用电子邮件的用户

① 根据设置，还可以不删除电子邮件。
② 根据设置，还可以在电子邮件软件中缓存（临时保存）电子邮件。

6.4.3 Web 电子邮件

Web 电子邮件是一种可以使用 Web 浏览器收发电子邮件、编辑电子邮件的服务。大家可以想象一下 Gmail 和 Yahoo! 电子邮件，这样会比较容易理解。由于只需要具备连接互联网的环境，就可以使用 Web 电子邮件服务查看电子邮件，因此该服务得到了爆发式的普及，并且成为日常工作中常用的一种工具。使用 Web 电子邮件服务，就可以将 Web 浏览器作为电子邮件客户端，使用 HTTPS 与电子邮件服务器进行通信。接下来将对收发 Web 电子邮件的处理流程进行讲解。

1. 使用 Web 浏览器通过 HTTPS 访问 Web 电子邮件服务器。此时，需要使用用户名和密码进行认证处理。当在 Web 浏览器上创建电子邮件并单击“发送”按钮后，电子邮件就会使用 HTTPS 发送 POST[①]。

2. Web 电子邮件服务器需要使用 DNS 查询对方的 Web 电子邮件服务器[②] 的 IP 地址，并使用 SMTP 向该 IP 地址转发电子邮件。

3. 对方的 Web 电子邮件服务器需要将接收到的电子邮件保存到为每个用户准备的邮箱中。

4. 接收方电子邮件地址的用户需要使用 Web 浏览器访问 Web 电子邮件服务器。此时，需要使用用户名和密码进行认证处理，同时需要使用 HTTPS 去 GET[③] 邮箱的信息。

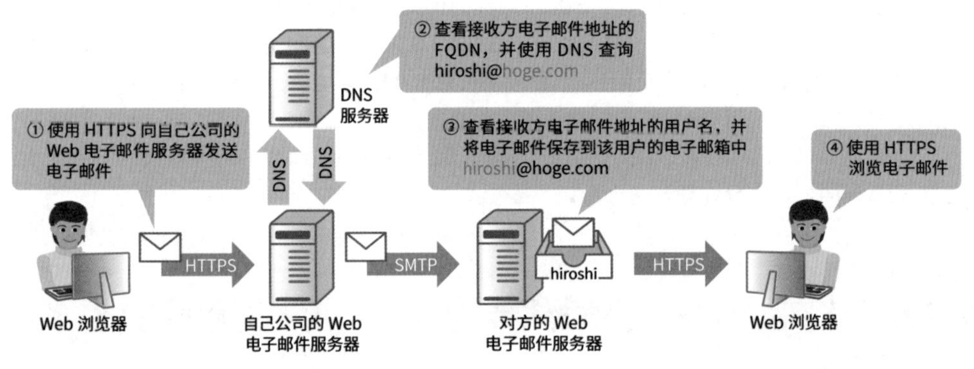

图6.4.7 • 收发Web 电子邮件的流程

① 具体是指使用 SSL/TLS 将 HTTP 需要 POST 的内容加密之后再发送。这种处理被称为基于 HTTPS 的 POST。
② 当然，对方可能不是 Web 电子邮件服务器。在这里，由于需要讲解使用 Web 电子邮件接收的场景，因此会默认对方也使用 Web 电子邮件。
③ 具体是指使用 SSL/TLS 对通过 HTTP 的 GET 获取的信息进行解密处理之后再接收。这种处理被称为基于 HTTPS 的 GET。

管理访问协议

管理访问协议是一种用于从远程（Remote）位置查看和设置网络设备信息的协议。管理访问的用户界面（操作屏幕画面）包括基于图形的 GUI（Graphical User Interface，图形用户界面）和基于文本的 CLI（Command Line Interface，命令行界面）两种。

GUI 是一种可以使用鼠标操作屏幕上的图标和按钮的用户界面。虽然绘制图形需要消耗更多的系统资源（CPU 和内存等），但是用户可以更直观地进行操作，而且在这种界面中确认时间值和周期值的变化非常方便。CLI 是一种需要使用命令行和键盘执行操作的用户界面。由于界面中只有字符，因此看上去难以理解，但是可以使用这种界面一次性地完成相同的设置。此外，在需要快速确认基本信息时也非常方便。

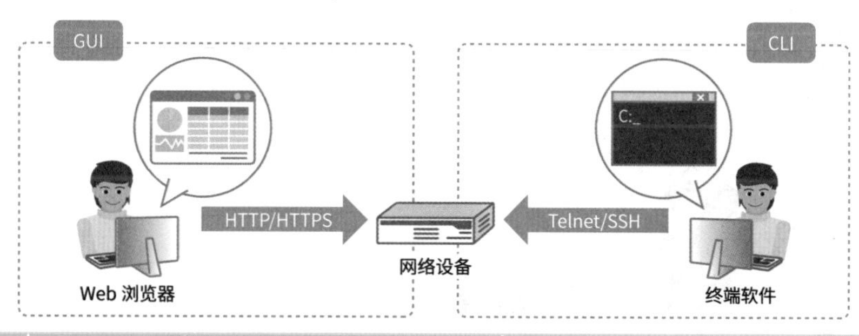

比较项目	GUI	CLI
概要	基于图形	基于文本
操作方法	鼠标和键盘	键盘
使用的软件	Web 浏览器	终端软件
优点	直观且简单 可以使用图形检查时间性的变化 可以全面检查各种信息	进行相同的设置时非常轻松 可以确认最基本的信息 不会消耗系统资源（CPU 和内存等）
缺点	要逐一地进行类似的设置，很麻烦 不必要的信息也会一并显示 容易消耗系统资源（CPU 和内存等）	很难一眼看懂 基本上只能获取当前的信息[①] 只能确认最基本的信息
非加密协议	HTTP	Telnet
加密协议	HTTPS	SSH（Secure Shell）

图6.5.1 • GUI与CLI

目前的大多数网络设备都支持[②] GUI 和 CLI，但是这两种界面需要使用不同的协议。GUI 可以使用 HTTP 或 HTTPS，CLI 可以使用 Telnet 或 SSH（Secure Shell）。关于 HTTP 和 HTTPS 的内容，已经在前面进行了讲解。Web 服务器是在网络设备上运行的，可以通过 Web 浏览器访问它。以往在大多数情况下会选择使用 HTTP，但是由于现在流行零信任网络，大家都偏向于在安全方面不信任任何一个网络，因

① 有些命令甚至还可以基于文本绘制图表。

② 需要使用哪一种界面，取决于时间和场合。此外，根据制造商和型号的不同，两种界面都存在优缺点。因此，建议大家实际地接触一下，再根据具体情况确定什么时候使用哪种界面会更合适。

此选择使用 HTTPS 的情形较多。

对于这两种界面，已经做了很长篇幅的介绍了，接下来将对 CLI 中使用的 Telnet 和 SSH 进行分析和讲解。两者的大致区别在于是否进行了加密处理。Telnet 不进行加密处理，而 SSH 则会进行加密处理。与 GUI 中的 HTTPS 一样，目前使用 SSH 的情形比较多。

6.5.1 Telnet

Telnet 是一种由 RFC 854 Telnet Protocol Specification 确定标准化的管理访问协议。它是众多应用程序协议中最原始且最简单的协议，它不包含应用程序首部（L7 首部），会直接将命令和 ASCII 代码的文本数据存储在应用程序载荷（L7 载荷）中。

当 Telnet 客户端（终端软件）访问 Telnet 服务器（管理目标的网络设备）时，需要使用三次握手打开 TCP 连接。然后，需要使用用户名和密码进行认证，如果认证成功，就可以接收应用数据。虽然 Telnet 会默认使用 TCP 的 23 号端口，但是它还可以通过更改端口号的方式执行传输 HTTP/1.1、SMTP、POP、IMAP 等文本数据的应用程序的命令（如 HTTP 的 GET 和 POST 等），存在多种使用方法。但是，由于包括密码在内的所有数据都没有进行加密处理，是以明文（纯文本）的形式进行传输的，因此存在传输过程中可能会被窥视的安全方面的问题。

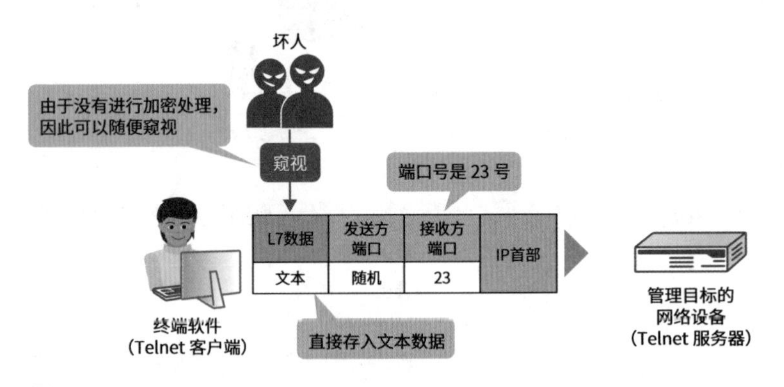

图6.5.2 • Telnet

在以前，当说到 CLI 中使用的协议时，一般都是指 Telnet。但是，因为现在流行前面提到过的零信任网络，所以 Telnet 正逐渐被具备加密功能的 SSH 所取代。因此，比起管理访问，目前更多的是将其用于传输层级别的故障排除。

使用 Telnet 排除故障

正如在 4.7.2 小节中所讲解的，在大多数情况下，排除网络故障都是从发送 ping 开始的，如果返回了响应，就需要检查传输层级别的通信。因此，就可以更改端口号，尝试进行 Telnet 连接，确认是否可以在 TCP 级别建立三次握手。此外，如果是那些不涉及加密处理的文本应用程序，就可以进一步输入命令，检查应用程序级别的通信。

表6.5.1 • 排除故障的流程

分　层	层	主要的检查项目	主要的工具	结　果
第 5 ~ 7 层	应用层	应用程序 首部 应用程序 数据	各种应用命令	检查通信
第 4 层	传输层	端口号 连接表 过滤规则 NAT 表	Telnet	检查通信　检查上层通信
第 3 层	网络层	IP 地址 路由表 过滤规则 NAT 表	ping traceroute	没有问题
第 2 层	数据链路层	MAC 地址 MAC 地址表 ARP 表	arp	没有问题　如果可以发送 ping 命令，则表示下层没有问题
第 1 层	物理层	局域网网线 无线电波	电缆检测仪 WiFi 分析仪	没有问题

如果是 Windows 操作系统，就可以在控制面板的“程序和功能”→“启用或关闭 Windows 功能”中启用“Telnet 客户端”之后，在命令提示符中输入“telnet [IP 地址] 和 [端口号]”使用 Telnet。当然，也可以在 Tera Term 和 Putty 等第三方的终端软件中使用。

6.5.2 SSH

SSH（Secure Shell）是一种由 RFC 4253 The Secure Shell (SSH) Transport Layer Protocol 确定标准化的管理访问协议。它会默认使用 TCP 的 22 号端口。在上一小节中已经讲解过，Telnet 会在不加密的情况下收发文本数据，因此存在安全方面的问题。而 SSH 就是一种在 Telnet 中添加加密、公钥认证、消息认证等功能的对版本进行了升级的协议。使用 SSH，就不用担心通信中途被窥视，即使遭受了蛮力攻击（Brute Force Attack），只要私钥没有泄露，坏人就无法登录。因此，可以放心且安全地进行连接。

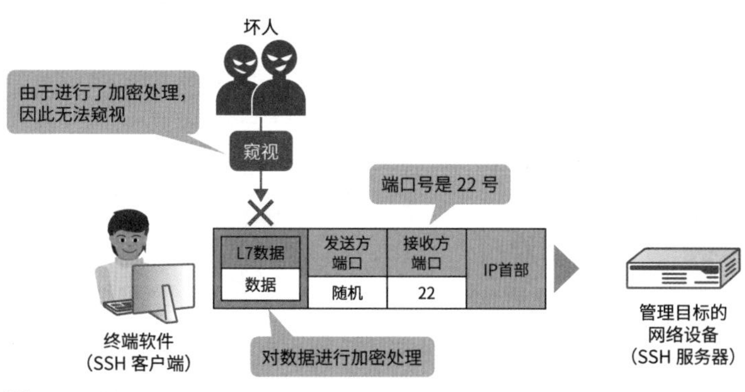

图6.5.3 • SSH

当 SSH 客户端（终端软件）访问 SSH 服务器（管理目标的网络设备）时，需要使用三次握手打开 TCP 连接。之后再进行下列 4 个步骤的处理。

① 参数交换。

在此步骤中，需要将支持的版本、加密方式、认证方式等安全通信中必须匹配的各种参数以列表的形式进行交换。SSH 包括 SSHv1 和 SSHv2，两者互不兼容。由于 SSHv2 的安全级别更高，因此现在基本都不会选择使用 SSHv1。

② 密钥共享。

在此步骤中，需要通过 DH（Diffie-Hellman）密钥共享的方式来交换公钥，还需要共享在加密数据时需要使用的共享密钥。这样就完成了加密通信的准备工作，创建了加密通信的路径。

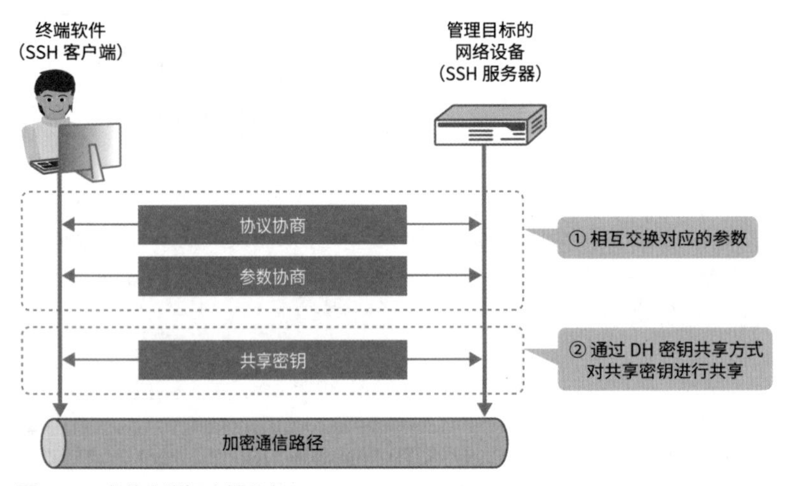

图6.5.4 • 参数交换与密钥共享

③ 用户认证。

在此步骤中，服务器需要确认连接的用户是否为合法的用户。用户认证包括密码认证和公开密钥认证。密码认证与 Telnet 相同，都需要服务器使用用户名和密码对用户进行认证。与 Telnet 的区别在于，密码认证和公开密钥认证都是经过加密处理的，因此无须担心数据会被第三者窥视。

图6.5.5 • 密码认证

公开密钥认证，顾名思义，是一种基于公开密钥进行用户认证的方法。首先在 SSH 客户端生成一对密钥，包括私钥和公钥，并将公钥注册到SSH服务器上（图6.5.6中的①②）。SSH客户端使用私钥对密钥共享步骤中共享的公钥和会话ID等数据进行数字签名，并将其发送到SSH服务器（图6.5.6中的③）。SSH服务器确认收到的公钥是否已经注册，并使用公钥对数字签名进行验证（图6.5.6中的④）。如果验证成功，则判断为认证成功（图6.5.6中的⑤）。

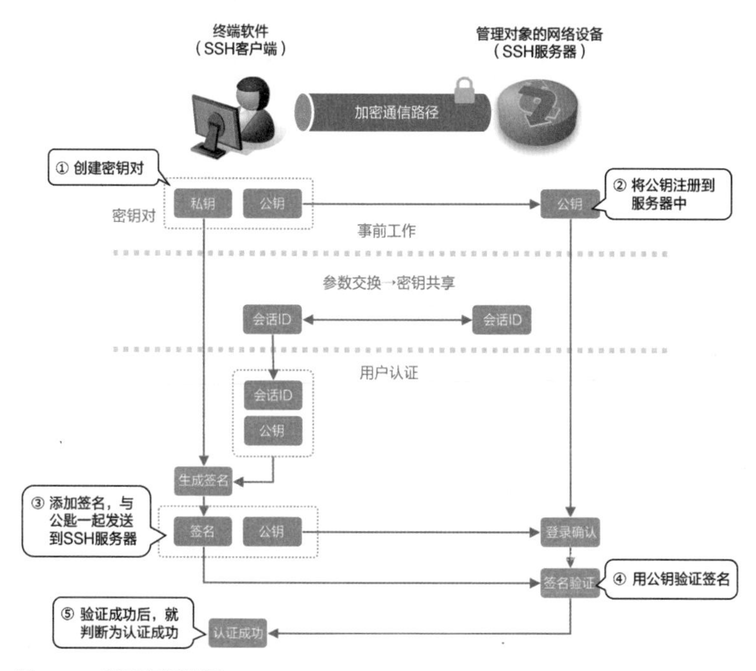

图6.5.6 • 公开密钥认证

当然，使用哪种方式进行用户认证取决于具体的需求。通常情况下，会倾向于需要通过互联网进行通信时选择使用公开密钥认证，不需要通过互联网时则选择使用密码认证①。

④ 登录。

当用户认证完成时，就表示完成了登录。在这种情况下，可以像Telnet那样执行命令，而且由于全程进行了加密处理，因此通信不会被第三者窥视。

综上所述，从侧面将SSH作为管理访问协议对其进行了详细的讲解。SSH还有很多其他方面的用途，甚至在构建系统的现场都是活跃分子。接下来将对其中特别有用的需要重点掌握的“文件转发”和“端口转发”进行讲解。

文件转发

可以使用SSH的文件转发功能包括SCP（Secure Copy Protocol）和SFTP（SSH File Transfer Protocol）

① 虽说是根据是否需要通过互联网进行通信而定，但是如果预先使用IPsec进行加密的环境，那么选择密码认证的情形会比较多。

两种。两种功能在需要使用通过 SSH 创建的加密通信路径转发文件这一点上是相同的。如表 6.5.2 所示，两种功能存在很多细微的差别，不过，可以对简单灵活的 SCP 和功能多样的 SFTP 进行粗略的了解。

在实际的工作当中，可以将文件转发功能应用于网络设备升级软件版本时的上传数据上，以及排除故障时的下载日志文件和抓包文件当中。

表6.5.2 • SCP与SFTP

比较项目	SCP	SFTP
协议	TCP	TCP
端口号	22 号	22 号
大致特征	简单	多功能
命令	scp	sftp
类似的命令	cp 命令	ftp 命令
对话形式	非对话型	对话型
从本地终端到远程终端的文件传输	○	○
从远程终端到本地终端的文件传输	○	○
从远程终端到远程终端的文件传输	○	×
传输目录	○	○
删除文件	×	○
删除目录	×	○
查看文件列表	×	○
恢复（重开）	×	○

端口转发

端口转发是一种使用 SSH 创建的加密通信路径将特定端口号的通信转发到其他终端的功能。在实际应用中，当想要使用 GUI 通过仅提供 CLI 环境的跳板机登录目标服务器和网络设备时，端口转发是可以派上用场和发挥作用的。跳板机是一种作为堡垒以登录服务器和网络设备并中继数据包的服务器。如果使用跳板机，就可以统一登录路径，因此可以提高管理访问的安全级别和运用管理级别。如前所述，CLI 和 GUI 都具有自己的优点和缺点，在大多数情况下，需要根据时间和场合区分进行使用。在这里，将使用端口转发实现 GUI 访问。

如果只是阅读文字，可能会觉得有些复杂，因此，接下来将按照顺序对如何使用端口转发及其作用进行讲解。在这里，将以使用 GUI（HTTPS）通过仅提供了 CLI 环境（SSH）的跳板机登录管理目标的负载均衡装置为例进行详细讲解。

① 使用 SSH（TCP/22 号）从 SSH 客户端登录到跳板机（SSH 服务器），以创建加密通信路径。

② 在 SSH 客户端设置端口转发。具体需要进行“使用 TCP 的几号（远程端口）将 TCP 的几号（本地端口）的数据包转发到这个 IP 地址（远程地址）”的设置。使用该设置，自己（localhost、127.0.0.1、::1）就

可以监听本地端口[①]。在这里，将设置"请使用 TCP 的 443 号将 TCP 的 10443 号的数据包转发给负载均衡装置"。

③ 需要访问自己的本地端口。在这里，需要使用 Web 浏览器访问 https://localhost:10443/。然后，HTTPS 的数据包就会被发送到自己的 TCP/10443 号。端口号是由 SSH 客户端挑选的。

④ SSH 客户端需要使用①中创建的加密通信路径，通过 SSH（TCP/22 号）将数据包转发给跳板机。在互联网上传输的数据包只是 SSH 而已。如果路径上有防火墙，就需要设置仅允许 SSH 连接到跳板机。

⑤ 跳板机需要向远程地址（负载均衡装置）的远程端口（TCP/443 号）转发数据包。这样一来，就可以使用 GUI（HTTPS）通过跳板机登录负载均衡装置。

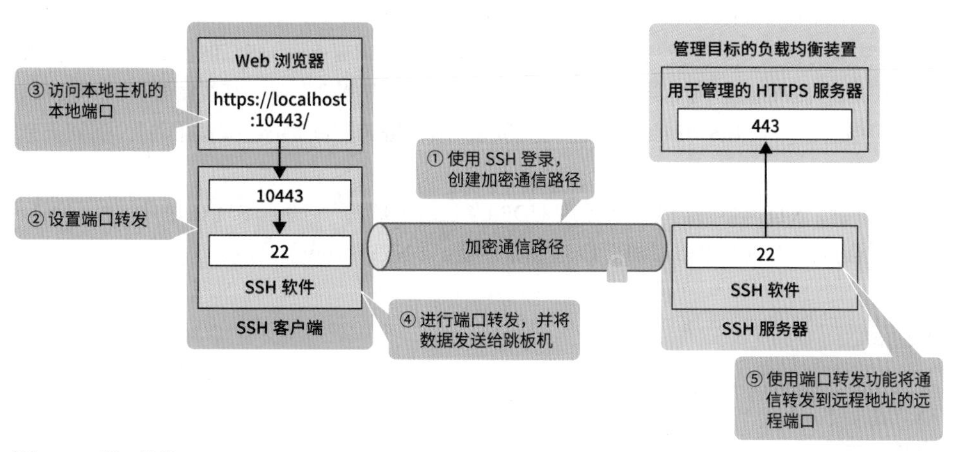

图6.5.7 • 端口转发

① 可以把这个设置看成是自己已经启动本地端口上的服务器。

运行管理协议

运行管理协议是一种专门用于更加顺畅地运行和管理网络与服务器的协议。网络并不是设计和构建结束就表示已经完成了的。相反，这只意味着开始。在构建好网络之后，还需要使用运行管理协议，以便更加快速且高效地应对未来可能出现的各种问题。在这里，将从众多运行管理协议中挑选一些较为常用的协议进行讲解。

6.6.1 NTP

NTP（Network Time Protocol，网络时间协议）是一种用于同步网络设备和服务器时间的协议。它由 RFC 7822 Network Time Protocol version 4（NTPv4）Extension Fields 确定标准化。可能大家会疑惑"呃？同步时间有什么特殊的意义吗？"当发生故障时，就能够真切地感受到同步时间的重要性了。当需要找出涉及多个网络设备的故障原因并解决问题时，"按照时间顺序进行整理"就是至关重要的一个步骤。当需要了解在哪一台设备上的几点几分几秒出现了什么情况，需要按照时间顺序查明原因时，时间元素就是必不可少的项目。

NTP 的操作非常简单。NTP 客户端只需要使用 UDP 的 123 号端口[①] 询问"现在是几点？"（NTP Query），NTP 服务器就会返回"现在是〇〇点〇〇分〇〇秒哦！"（NTP Reply）。

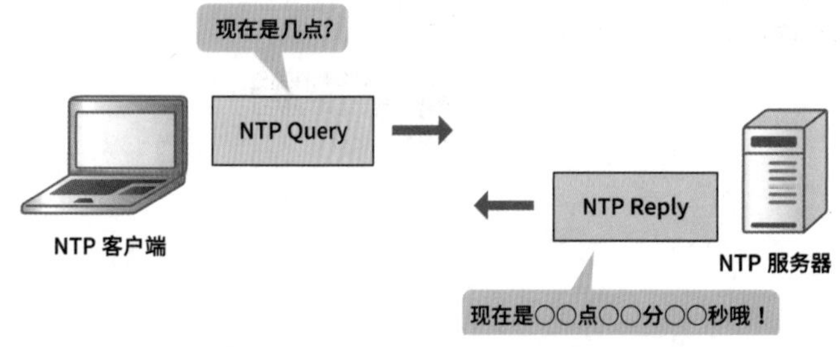

图6.6.1 • NTP的操作简单

NTP 的分层结构

NTP 采用的是一种使用了名为 Stratum（层）的值的分层结构。Stratum 表示的是自顶级时间生成器开始经过了多少分层。顶级时间生成器拥有原子钟和 GPS 时钟等高度准确的时间，Stratum 的值是 0。从顶级时间生成器开始，每经过一层 NTP 服务器时，Stratum 都会增加。Stratum 为 0 之外的 NTP 服务器既是上层 NTP 服务器的 NTP 客户端，也是下层 NTP 客户端的 NTP 服务器。如果上层 NTP 服务器的时间不同步，就不会将时间传递给下层。

① NTP 协议的接收方端口号和发送方端口号都是 123 号。

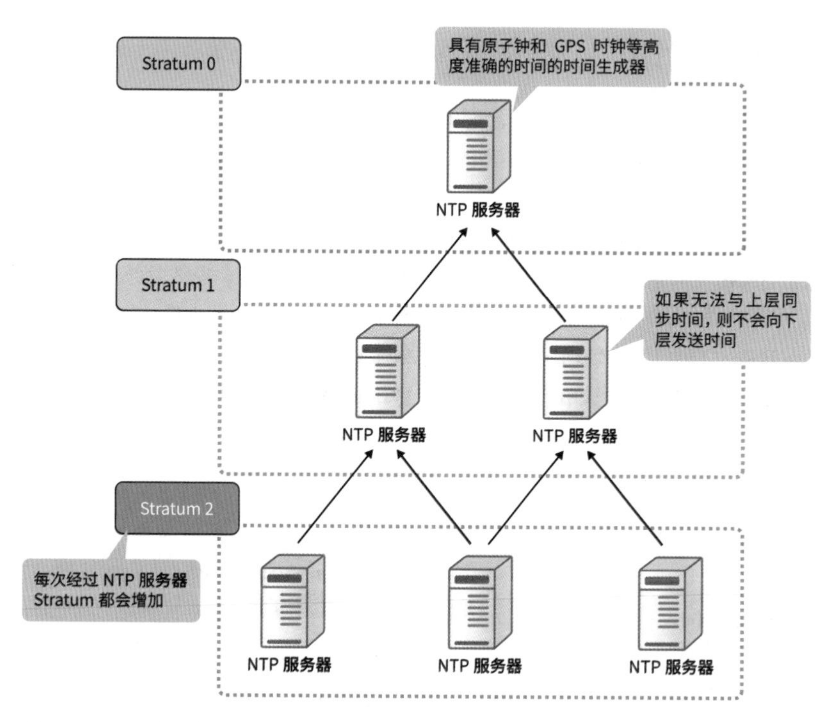

图6.6.2 • NTP采用的是使用了Stratum 的分层结构

6.6.2 SNMP

SNMP（Simple Network Management Protocol，简单网络管理协议）是一种用于对网络设备和服务器进行性能监控和故障监控的协议。在 IT 系统中，"不放过任何故障的征兆"是非常重要的。因此，需要使用 SNMP 定期收集和持续监控 CPU 使用率、内存使用率、流量和数据包量等各种受监管设备的信息，以尽早检测出发生故障的征兆。

SNMP 的版本

SNMP 包括 v1、v2c 和 v3 三个版本。粗略地说，v1 版本是基础，在 v2c 版本中增加了功能，在 v3 版本中则增强了安全性。截至 2020 年，普及最为广泛的是 v2c 版本。但是，由于 v2c 版本不具备加密功能，因此，未来很可能会随着零信任网络的趋势过渡到 v3 版本。

表6.6.1 • 每个SNMP 版本的特征

版 本	相关RFC	认 证	加密功能
v1	RFC 1155, 1157, 1212, 1213, 1215	通过社区名称进行明文认证	无
v2c	RFC 1156, 2578, 2579, 2580, 3416, 3417, 3418	通过社区名称进行明文认证	无
v3	RFC 3411 ～ 3415	每个用户的密码认证	有

SNMP 管理器与 SNMP 代理

SNMP 的构成元素包括执行管理的 SNMP 管理器和被管理的 SNMP 代理[①]。该协议需要在这两个构成元素之间组合和交换多种消息，便于管理器把握代理的状态。SNMP 管理器是一种收集和监控 SNMP 代理所具有的管理信息的应用程序。知名产品包括 Zabbix 和 TWSNMP 管理器等。为了便于理解，每个应用程序都会对收集的信息进行加工，并使用 Web GUI 进行可视化管理。

SNMP 代理是一种接收来自 SNMP 管理器的请求和通知故障的程序。它可以在大多数网络设备和服务器中实现。SNMP 代理需要将使用名为 OID（Object Identifier，对象标识符）的数值识别的对象保存在名为 MIB（Management Information Base，管理信息库）的分层结构的数据库中。SNMP 代理则需要查看管理器的请求中包含的 OID，返回相关的值，或者根据 OID 值的变化，通知 SNMP 管理器发生了什么故障。

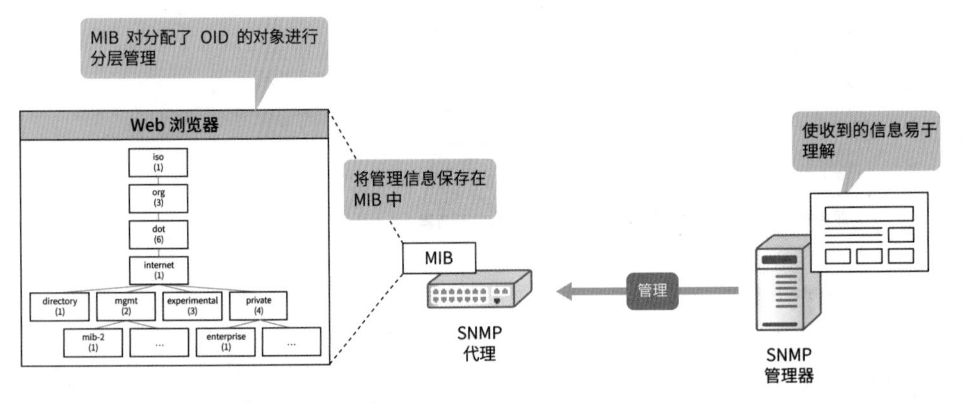

图6.6.3 • SNMP 管理器管理SNMP 代理

三种操作

SNMP 需要使用 UDP，其操作非常简单且易于理解。它可以结合使用名为 GetRequest、GetNextRequest、SetRequest、GetResponse 和 Trap 的五种消息，实现 SNMP Get、SNMP Set 和 SNMP Trap 这三种操作。每种操作都需要与名为社区名称的暗号匹配，才能建立通信。接下来将分别对这三种操作进行讲解。

■ SNMP Get

SNMP Get 是一种获取设备信息的操作。它就类似于一种当我们询问“请给我○○的信息！”后，对方就会回答“这是○○！”的简单的操作。

SNMP 管理器会向 SNMP 代理发送包含 OID 的 GetRequest。发送 GetRequest 需要使用 UDP 的单播，其端口号为 161。另外，SNMP 代理则会使用 GetResponse 返回指定的 OID 的值。当需要 MIB 分层结构中的下一个对象的信息时，SNMP 管理器就会发送附带 OID 的 GetNextRequest，SNMP 代理则会使用 GetResponse 返回信息。不断地重复这一处理。

① 在 SNMPv3 中，不再使用 SNMP 管理器和 SNMP 代理的描述，两者都被称为 SNMP 实体。SNMP 实体由 SNMPv3 的各种应用程序组成，每个终端都可以结合使用其中必要的功能，以实现与管理器和代理相同的功能。

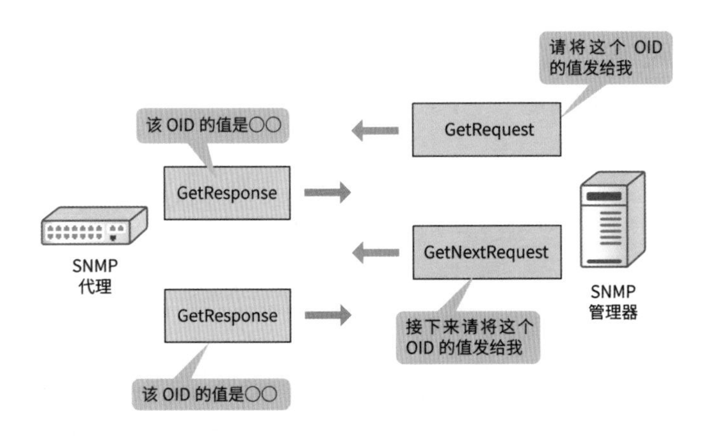

图6.6.4 • 使用SNMP Get 获取OID 的信息

■ SNMP Set

SNMP Set 是一种更新设备信息的操作。它是一种当我们发出"请更新○○的信息！"的请求后，对方就会回答"已经完成了更新！"的操作。关闭网络设备和服务器的端口就是使用 SNMP Set 的例子。SNMP 代理会将端口的状态作为 OID 的值保存。更新了这个值后，就可以安全地关闭端口了。

其具体的操作与 SNMP Get 差不多，只是使用的消息不同而已。SNMP 管理器会向 SNMP 代理发送包含 OID 的 GetRequest。SetRequest 与 SNMP Get 相同，也需要使用 UDP 的单播，其端口号是 161。SNMP 代理则会使用 GetResponse 返回更新的值。

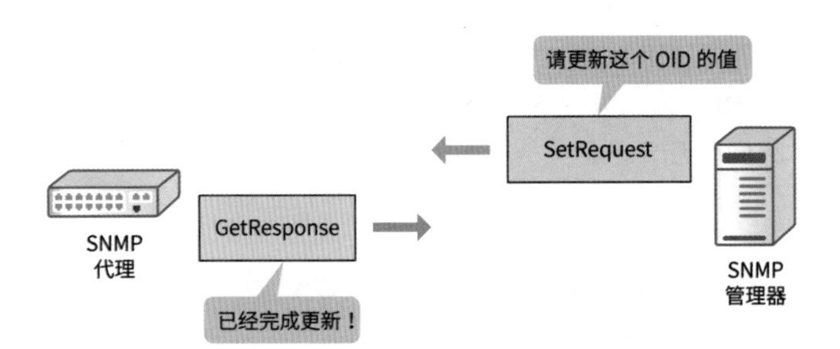

图6.6.5 • 使用SNMP Set 更新OID 的值

■ SNMP Trap

SNMP Trap 是一种通知故障的操作。SNMP 代理会发出"○○中发生了故障！"的消息。SNMP Get 和 SNMP Set 都是由管理器发出的通信。只有 Trap 是由 SNMP 代理发出的通信。

当 OID 的值发生特定变化时，SNMP 代理就会将这种变化判断为故障，并向 SNMP 管理器发送 Trap。发送 Trap 需要使用 UDP 的单播，其端口号是 162。

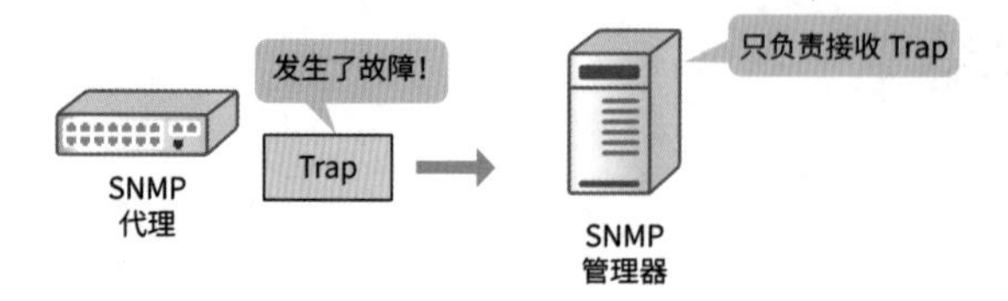

图6.6.6 • 使用SNMP Trap 检测故障

6.6.3 Syslog

Syslog 是一种专门用于传递网络设备和服务器日志的协议，由 RFC 3164 The BSD Syslog Protocol 以及 RFC 5424 The Syslog Protocol 确定标准化。网络设备和服务器会将各种事件作为日志（记录）保存在设备内部存储器和硬盘中一段时间。Syslog 会将该日志转发到 Syslog 服务器，以集中管理日志。

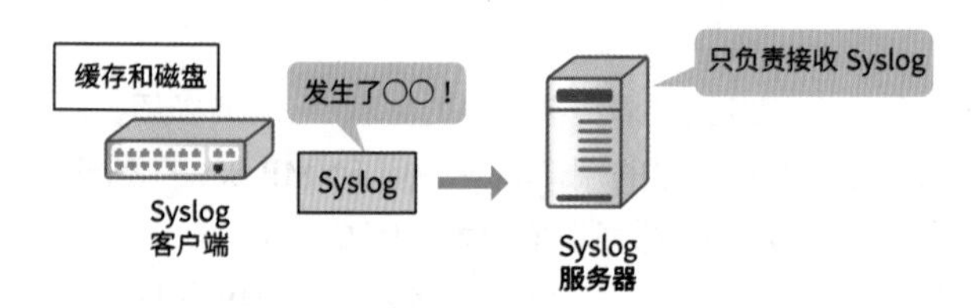

图6.6.7 • 使用Syslog 转发日志

Syslog 的操作非常简单且易于理解。只需要在发生某些事件时，在将事件保存到自己的内存和磁盘的同时，将其转发给 Syslog 服务器即可。转发时需要使用单播，虽然 L4 协议支持 UDP 和 TCP，但是基本上没人会使用 TCP，大多数情况下都是使用 UDP，端口号是 514。Syslog 消息由 PRI（Priority）、首部和消息这三个字段组成，各字段分别具有如表 6.6.2 所示的含义。

表6.6.2 • Syslog 的组成元素

字　段	含　义
PRI	存储表示日志种类的 Facility 和表示紧急程度的 Severity
首部	存储时间戳、终端主机名或者 IP 地址等
消息	将日志消息本身作为文本消息存储

其中，PRI 是最重要的元素，由 Facility 和 Severity 组成。接下来将分别对它们进行讲解。

Facility

Facility 表示日志消息的种类。它由 24 种 Facility 组成，其指标如表 6.6.3 所示。此外，有些网络设备无法更改 Facility。

表6.6.3 • Facility表示日志消息的种类

Facility	代　码	说　明
kern	0	内核消息
user	1	任意用户的消息
mail	2	电子邮件系统（sendmail、qmail 等）的消息
daemon	3	系统守护进程（ftpd、named 等）的消息
auth	4	安全 / 许可（login、su 等）的消息
syslog	5	Syslog 守护进程的消息
lpr	6	行式打印机子系统的消息
news	7	网络新闻子系统的消息
uucp	8	UUCP 子系统的消息
cron	9	时钟守护进程（cron 和 at）的消息
auth-priv	10	安全 / 许可的消息
ftp	11	FTP 守护进程的消息
ntp	12	NTP 子系统的消息
—	13	日志监控的消息
—	14	日志警告的消息
—	15	时钟守护进程的消息
local0	16	任意用途
local1	17	任意用途
local2	18	任意用途
local3	19	任意用途
local4	20	任意用途
local5	21	任意用途
local6	22	任意用途
local7	23	任意用途

Severity

Severity 是一个表示日志消息重要程度的值。由 0 ~ 7 的 8 个等级组成，值越小越重要。可以在设计日志的操作时，定义“应当将哪些 Severity 或等级更高的消息发送给 Syslog 服务器”以及“哪些 Severity 或等级更高的消息保存多长时间（大小或者期间）”。例如，可以定义“将 Warning 及以上等级的消息发送给 Syslog 服务器，最多使用 40960 字节保存 Informational 及以上等级的消息”①。

① 由于日志的输出是一种处理负载，因此对于某些设备而言它是一种负担。设计日志时需要注意不能产生太多的处理负载，但是又要能获取必要的日志。

表6.6.4 • Severity表示日志消息的紧急程度

名　称	说　明	Severity	重要程度
Emergency	导致系统不稳定的错误	0	高
Alert	应当紧急处理的错误	1	↑
Critical	致命的错误	2	
Error	错误	3	
Warning	警告	4	
Notice	通知	5	
Informational	信息	6	↓
Debug	调试	7	低

6.6.4 相邻设备发现协议

网络中发生的大多数问题都是由物理层引起的，如缆线的损坏和端口的缺陷等。因此，“哪一个端口以什么样的方式连接着什么样的设备”是在运用和管理网络时非常重要的信息。传输这种信息的协议被称为相邻设备发现协议[①]。网络设备和服务器会定期向相邻设备发送软件版本、连接端口号、主机名和 IP 地址等包含各种管理信息的数据包，并将接收到的信息作为缓存保存在内存中。

相邻设备发现协议包括 CDP（Cisco Discovery Protocol）和 LLDP（Link Layer Discovery Protocol）两种，两者互不兼容。如果是使用 Cisco 设备进行统一的网络环境，就可以使用 CDP；其他环境则大多会选择 LLDP。

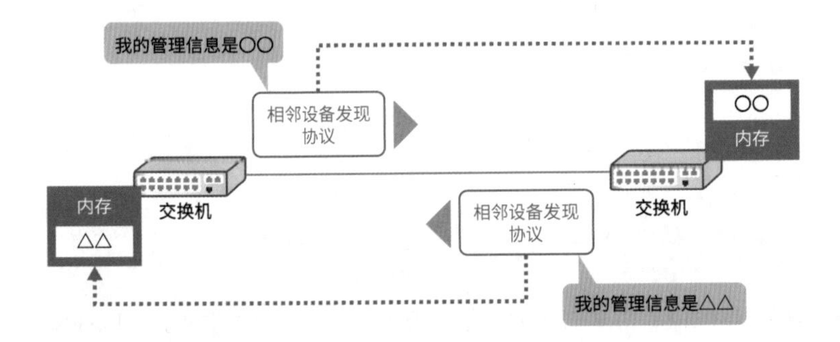

图6.6.8 • 相邻设备发现协议

① 相邻设备发现协议在数据链路层运行。在本书中，由于侧重的是运行管理协议，因此是在应用层中介绍相邻设备发现协议。

6-7 冗余协议

冗余协议是一种使网络设备具有冗余的协议。无论网络设备和服务器的性能有多高，也绝对不可能不会发生故障，总有一天肯定会在某些地方出现故障的。因此，需要在所有分层的每个点都进行冗余处理，以确保无论在何时何地发生故障，都能够立即使用其他路径继续提供服务。在本书中，将一边对每个分层的冗余技术进行讲解，一边对相关的冗余协议进行讲解。

6.7.1 物理层的冗余技术

物理层的冗余技术需要将多个物理元素集中成一个逻辑元素来实现。这听起来可能会觉得有些难以理解，但是大家没有必要认为它很难。可以把它想象成一种将很多物理事物集中为一体的技术。在本书中，将对链路、设备和 NIC 这 3 个物理元素进行讲解。

链路聚合

通常情况下，会将由多条物理链路集中而成的一条逻辑链路的技术称为链路聚合（LAG）。虽然有些供应商会将这种技术称为以太通道或 TRUNK，但是可以把它们看成同一种技术。链路聚合作为同时实现链路带宽扩展和冗余处理的技术，被广泛应用于各种场景当中。

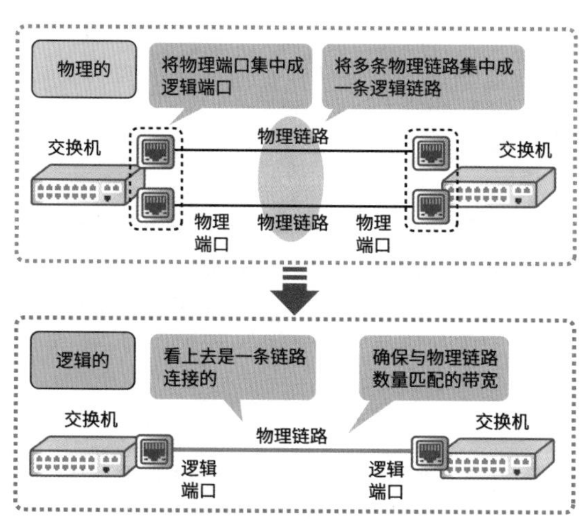

图6.7.1 • 将多条物理链路集中成一条逻辑链路

链路聚合可以通过将多个交换机的端口（物理端口）分组为逻辑端口，并将它们连接到相邻交换机的逻辑端口的方式来创建逻辑链路。无论以太网有多快，单条链路的带宽都是有限的。如果使用链路聚合，就可以在逻辑链路中包含的所有物理链路上正常地转发数据帧，并且可以确保与物理链路数量相符的带宽。此外，当发生链路故障[①] 时，就可以立即断开故障链路，并在降低带宽的同时继续转发数据帧。故障导致的停机时间，在 ping 级别约为 1s，这对应用程序级别的通信而言几乎是没有影响的。例如，使用链路聚合将两个 10GBASE-T 端口捆绑在一起时，通常可以确保 20Gb/s 的带宽，即使有一条物理链路宕机，也可以继续使用 10Gb/s 的带宽转发数据包。

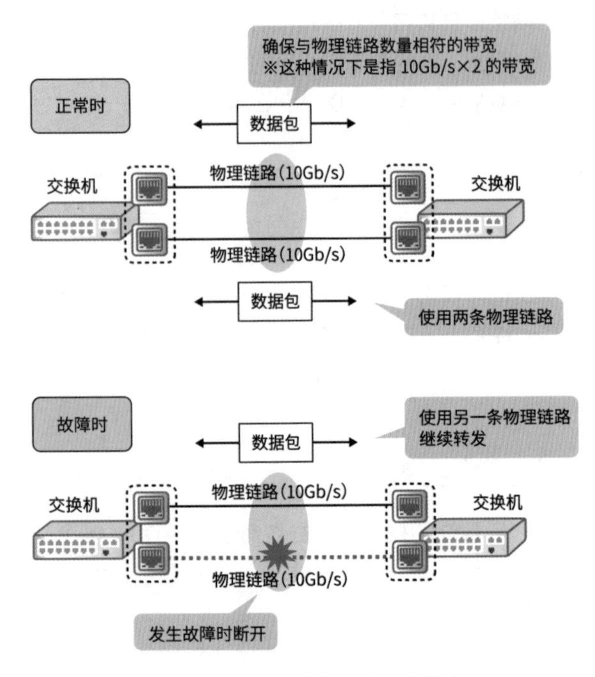

图6.7.2 • 通过链路聚合实现带宽扩展和冗余处理

□ 组队

将多个物理 NIC 网卡集中成一个逻辑 NIC 网卡的技术被称为组队（Teaming）。虽然在 Linux 操作系统中会将其称为绑定（Binding），但实际上是指同一种技术。组队通常作为一种对服务器 NIC 的带宽进行扩展和冗余处理的技术使用。在本书中，将分为物理环境和虚拟环境对实际的网络环境中经常使用的组队方式进行讲解。

■ 物理环境中的组队

物理环境中的组队是作为操作系统的标准功能实现的。设置了组队功能之后，就可以创建一个新的逻辑 NIC 网卡，可以在该逻辑 NIC 网卡中进行设置。此外，可以同时一起设置组队的方式。

每个操作系统在物理环境中都提供了很多可以使用的组队方式，其中最常用的是容错、负载均衡和链路聚合 3 种。具体需要使用哪一种方式取决于我们的需求，根据笔者的经验，通信路径易于理解且易于管理的容错是用得比较多的组队方式。

① 具体是指当无线局域网网线断线或者物理端口出现故障时，就会发生链路故障。

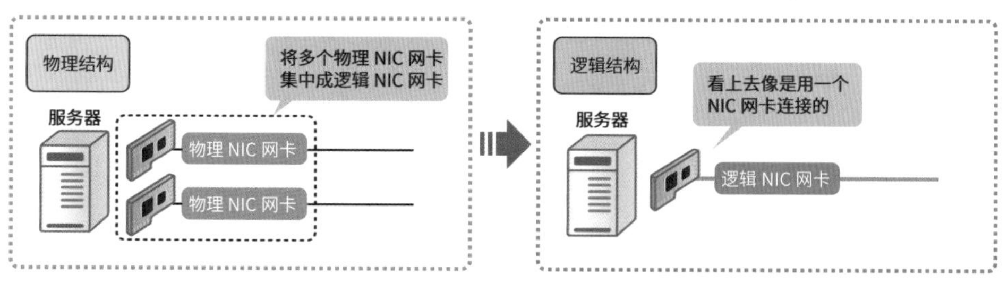

图6.7.3 • 物理环境中的组队

表6.7.1 • 三种组队方式

方　式	说　明	运行和管理	带　宽	交换机的设置
容错	活动/备用配置	○ （易于理解和管理数据包是通过哪个 NIC 网卡）	△ （由于只使用活动 NIC 网卡，因此低于原有的带宽）	不需要
负载均衡	活动/备用配置	△ （难以理解和管理数据包是通过哪个 NIC 网卡）	○ （由于可以使用所有的 NIC 网卡，因此可以充分利用原有的带宽）	不需要
链路聚合	链路聚合配置	△ （难以理解和管理数据包是通过哪个 NIC 网卡）	○ （由于可以使用所有的 NIC 网卡，因此可以充分利用原有的带宽）	需要 （需要在交换机端口上设置链路聚合）

■ 虚拟环境中的组队

虚拟服务器和网络设备（虚拟机）需要连接到在虚拟化软件上运行的虚拟交换机，并通过与其关联的物理 NIC 网卡连接到网络。虚拟环境中的组队是通过将通信分配给多个物理 NIC 网卡的方式实现的。

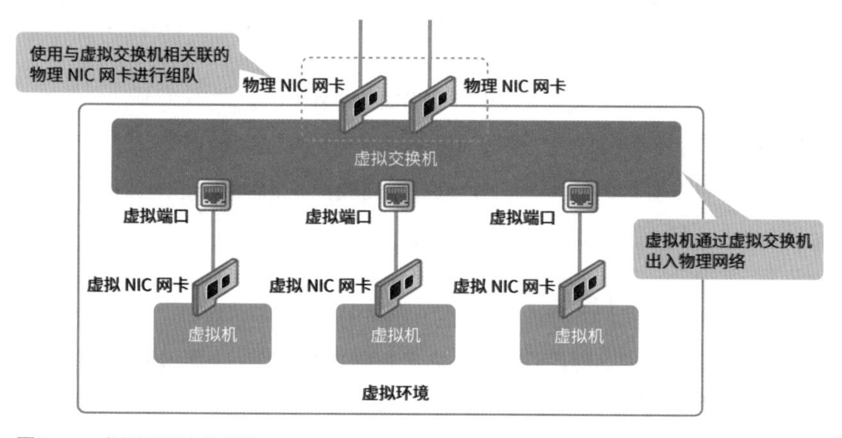

图6.7.4 • 虚拟环境中的组队

虚拟环境中的组队也包括多种方式，如果是 VMware 公司的虚拟化软件 vSphere，就包括使用显式的故障转移顺序、基于发送方端口 ID 的路径、基于发送方 MAC 哈希的路径和基于 IP 哈希的路径 4 种组队方式。

其中，最常用的方式是端口 ID。当虚拟机连接到虚拟交换机时，虚拟化软件就会为其分配名为端口 ID 的标识符，为每个端口 ID 选择需要使用的物理 NIC 网卡，并根据分配的物理 NIC 网卡数量扩展带宽。

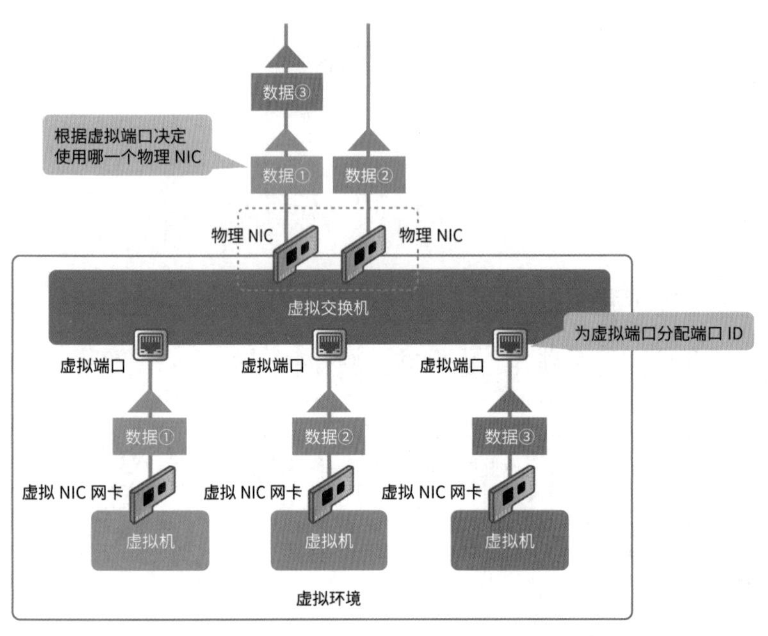

图6.7.5 • 基于端口 ID 的负载均衡

表6.7.2 • 组队方式（VMware 公司的vSphere 的场合）

方　式	说　明
使用显式的故障转移顺序	活动/备用配置
基于发送方端口 ID 的路径	根据虚拟端口 ID 决定需要使用的物理 NIC 网卡
基于发送方 MAC 哈希的路径	根据数据包的发送方 MAC 地址决定需要使用的物理 NIC 网卡
基于 IP 哈希的路径	根据数据包的发送方 IP 地址和接收方 IP 地址决定需要使用的物理 NIC 网卡

堆叠技术

使用名为堆叠缆线的特殊缆线或宽带局域网网线将多台交换机连接，集中成一个逻辑设备的技术被称为堆叠技术。堆叠技术是一种目前不可或缺的技术，它既能进行冗余处理，又能结合链路聚合扩展传输能力、简化网络配置，能一下解决传统网络中存在的各种问题。

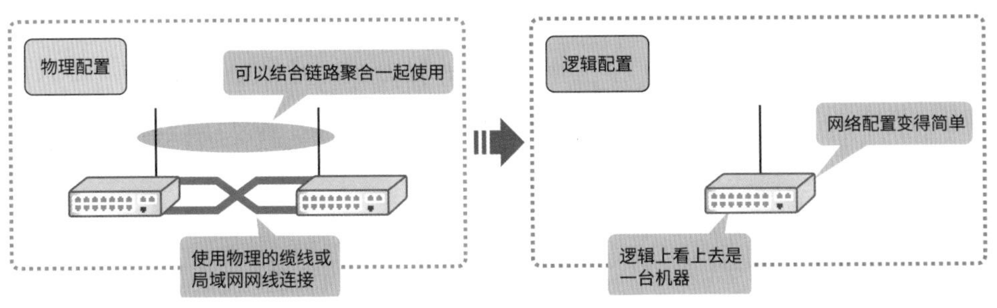

图6.7.6 • 堆叠技术

6.7.2 数据链路层的冗余技术

数据链路层的冗余技术需要使用名为 STP（Spanning-Tree Protocol，生成树协议）的冗余协议实现。STP 是一种阻塞物理循环网络中的某些端口，以创建逻辑上的树形结构的协议。STP 可以通过在相邻交换机之间交换名为 BPDU（Bridge Protocol Data Unit，网桥协议数据单元）的特殊以太帧的方式，确定作为树结构基础的根桥和不允许数据包流动的阻塞端口。当传输数据包的某处路径发生故障时，就需要打开阻塞端口以确保可以切换到迂回路径。

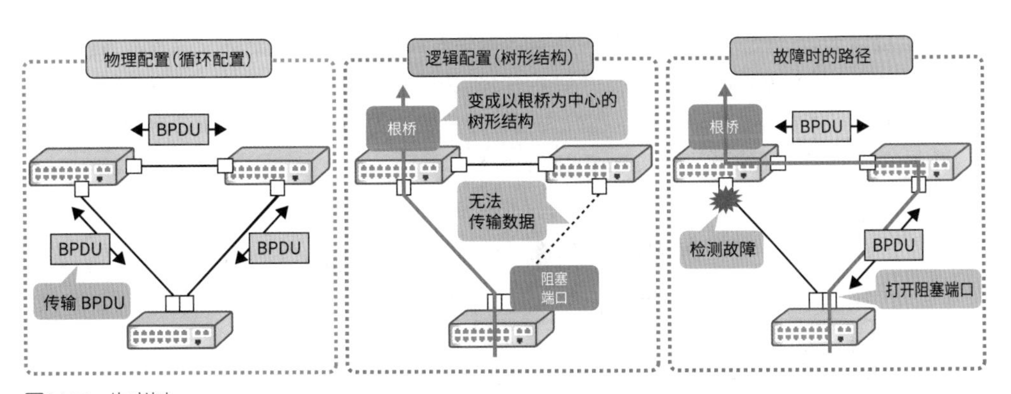

图6.7.7 • 生成树

STP 可以分为 STP、RSTP（Rapid STP）和 MSTP（Multiple STP）3 种。STP 是一种由 IEEE 802.1d 确定标准化的协议，是 STP 的起源。当发生故障时，STP 会以“等待 *n* 秒之后执行○，等待 *m* 秒之后执行△”的方式执行处理，因此需要时间来确定迂回路径。于是，为了弥补这个弱点而开发了 RSTP 协议。它由 IEEE 802.11w 确定标准化。使用 RSTP 无须中途进行等待，可以通过“如果发生了○，就执行□；如果发生了□，就执行△”的方式不断地执行处理，因此可以立即确定迂回路径。但是，由于流量会偏向于一条路径，因此执行效率并不高。于是，为了弥补这个弱点又开发了 MSTP 协议。它由 IEEE 802.1s 确定标准化。MSTP 可以将 VLAN 归类到名为实例的组中，并为每个实例创建根桥和阻塞端口进行路径的负载均衡处理。

表6.7.3 • STP的种类

STP的种类	STP	RSTP	MSTP
协议	IEEE 802.1d	IEEE 802.1w	IEEE 802.1s
收敛时间	慢	快	快
收敛方式	基于计时器	基于事件	基于事件
BPDU 的单位	VLAN	VLAN	实例
根桥的单位	VLAN	VLAN	实例
阻塞端口的单位	VLAN	VLAN	实例
负载均衡处理	无法进行①	无法进行②	可以以每个实例为单位进行

环路预防协议

到目前为止，讲解了 STP 如何对路径进行冗余处理。但是，在现实当中，充分利用堆叠技术的网络配置已经变得非常流行，而作为冗余协议的 STP 正在成为过去式。因此，现在更常见的做法是，不将 STP 作为冗余协议使用，而是将其作为预防网桥循环的环路预防协议使用。

■ 网桥循环

网桥循环是一种在以太帧路径中一圈圈打转的现象。有些人会将其称为 L2 循环，或者就直接称其为循环，实际都是指代同一种现象。网桥循环是由网络的物理或逻辑环路配置引起的。L2 交换机可以对广播进行泛洪处理，因此，如果存在循环路径，就会进行一圈广播，然后泛洪的操作就会永无止境、无休无止地进行。这种操作最终会导致设备陷入无法通信的状态。

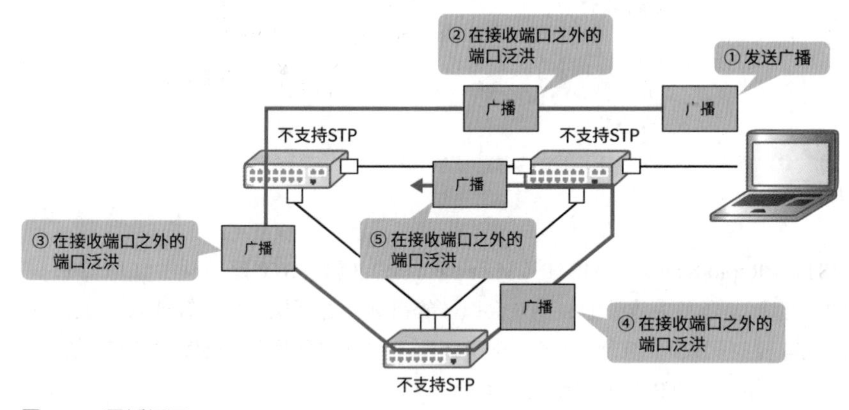

图6.7.8 • 网桥循环

■ BPDU 保护

只要使用没有包含 IP 首部中那样的 TTL（Time To Live）概念的以太网，网桥循环就是一个无

① 如果是 Cisco 公司的交换机，就可以使用单独对 STP 进行扩展的 PVST+。PVST+ 可以为每个 VLAN 确定根桥和阻塞端口来对流量进行负载均衡。

② 如果是 Cisco 公司的交换机，就可以使用单独对 RSTP 进行扩展的 PVRST+。PVRST+ 也可以为每个 VLAN 确定根桥和阻塞端口来对流量进行负载均衡。

法避免的大问题。因此，只能做好预防措施，与其和平共处。其中一种预防措施就是 BPDU 保护。

由于启用了 STP 的交换机端口会进行创建树形结构的计算，因此通常需要大约 50s 才能转发数据。但是，连接个人电脑和服务器的端口无须进行计算，因此可以进行名为 PortFast 的设置，在连接的同时转发数据包。BPDU 保护是一种当使用设置了 PortFast 的端口接收了 BPDU 时就会强制关闭该端口的功能。当网络处于循环状态时，那些不需要的 BPDU 就会传输到设置了 PortFast 的端口。因此，需要使用 BPDU 保护捕获这些 BPDU 并关闭端口。只要关闭了端口，就不会构成循环，因此就无须担心会产生网桥循环。

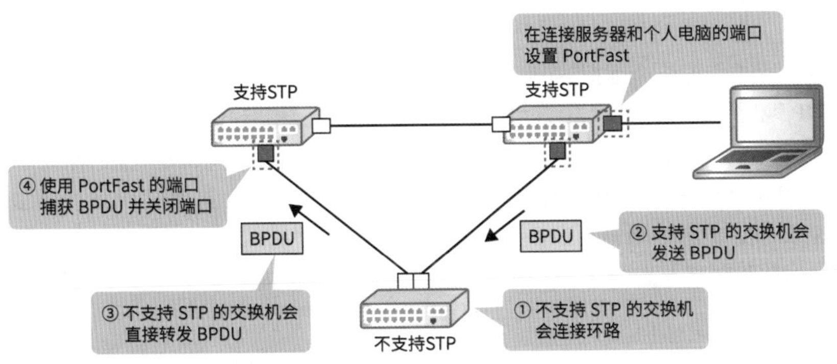

图6.7.9 • BPDU保护

除了 BPDU 保护之外，还存在表 6.7.4 所示的网桥环路预防功能。可以通过同时使用这些功能，或者关闭未使用的端口的方式来防止产生网桥循环。

表6.7.4 • 网桥环路预防功能

网桥环路预防功能	概　要
风暴控制	当接口上流过的数据包的数量超过阈值时，就需要将超出的数据包丢弃
UDLD（单向链路检测）	一种识别链路打开 / 链路关闭的 L2 协议。 当检测到可发送数据但是无法接收数据帧的单向链路故障时，就会立即关闭端口
环路保护	在 STP 冗余配置中，当阻塞端口不能再接收 BPDU 时，它不是转换到转发状态，而是会转换到不一致的阻塞状态

6.7.3 网络层的冗余技术

网络层的冗余技术需要使用 FHRP（First Hop Redundancy Protocol，首跳冗余性协议）实现。FHRP 是一种用于对服务器和个人电脑的第一跳，即默认网关进行冗余处理的协议。

参考 FHRP 的使用情况

FHRP 是一种从很久以前开始就一直被使用的协议，它是冗余处理的基础中的基础。实际上，在局域网和 DMZ 中使用的 FHRP 正在逐渐被堆叠技术所取代。不过，由于它仍然有很强大的粉丝群体，因此经常可以看到很多应用场景中会使用它。此外，不仅是路由器和三层交换机，防火墙和负载均衡装置的冗余技术也是基于 FHRP 开发的，因此，掌握这个知识对我们也是有帮助的。

FHRP 可以通过将多个默认网关作为一个虚拟的默认网关运行的方式实现冗余处理。如果将两台设备自己持有的 IP 地址（真实 IP 地址）之外的共享 IP 地址（虚拟 IP 地址）① 和组 ID 一起设置，就可以使用死活监控包识别彼此的状态，使一台设备处于活动状态，另一台设备处于备用状态。通常情况下，死活监控包中包含的优先级（Priority）高的路由器就是活动设备，只有该设备会向虚拟 IP 地址回复 ARP Request，并对数据包进行处理。此外，当备用设备无法接收死活监控包②，或者接收了优先级较低的 Hello 数据包③ 时，就会发生故障转移④。

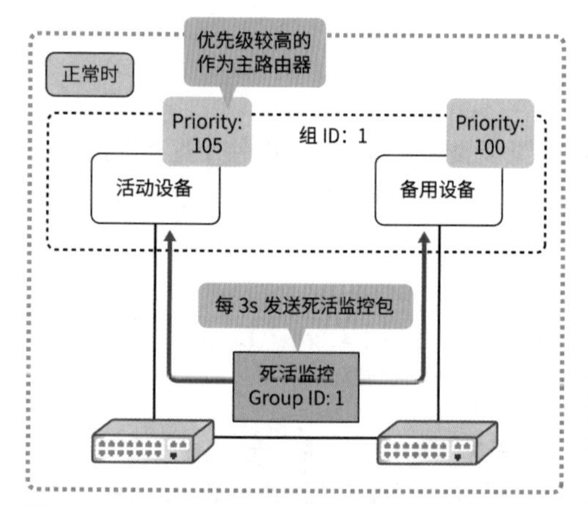

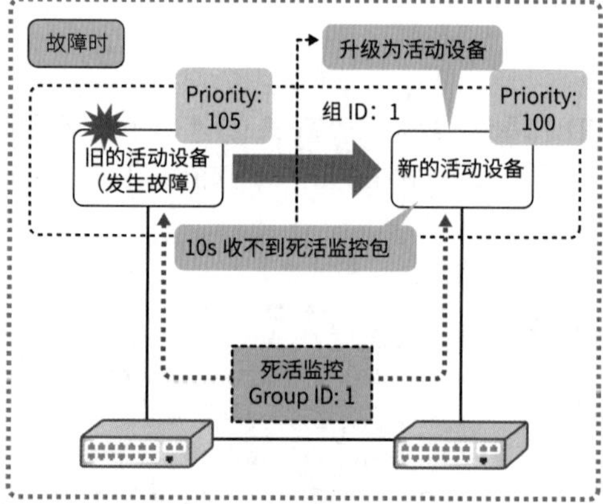

图6.7.10 • 使用Hello 数据包了解对方的情况

现实工作中使用的 FHRP 可以大致分为 HSRP（Hot Standby Router Protocol，热备份路由协议）和 VRRP（Virtual Router Redundancy Protocol，虚拟路由器冗余协议）两种。虽然两种协议并没有太大的区别，但是它们的默认值和称谓略有不同，如表 6.7.5 所示。如果是使用 Cisco 公司的路由器和三层交换机的环境，就可以使用 HSRP；其他环境使用 VRRP 的情形更多。

---

① 虚拟 IP 地址的 MAC 地址被称为虚拟 MAC 地址，默认自动生成。
② 当活动设备出现故障，备用设备无法接收死活监控包时，就会发生故障转移。
③ 如果需要在维护活动设备时有意地执行故障转移，就可以降低活动设备的优先级并启用故障转移。
④ 一种在可以使用活动设备和备用设备进行冗余处理的环境中，当活动设备出现故障时，备用设备就会自动接管处理，继续执行处理的技术。

表6.7.5 • HSRP与VRRP

FHRP的种类	HSRP	VRRP
RFC	RFC 2281	RFC 5798
组名	HSRP 组	VRRP 组
组 ID（标识符）的名称	组 ID	虚拟路由器 ID
组成组的设备名称	活动路由器 备用路由器	主路由器 从路由器
死活监控包的名称	Hello 数据包	Advertisement 数据包
死活监控包中使用的组播地址	224.0.0.2[①]	224.0.0.18
死活监控包的发送间隔	3s	1s
死活监控包的超时	10s	3s
虚拟 IP 地址	与真实 IP 地址分开设置	可设置与真实 IP 地址相同的 IP 地址
虚拟 MAC 地址	00-00-0c-07-ac-xx[②] （xx 是组 ID 的十六进制数）	00-00-5e-00-01-xx （xx 是虚拟路由器 ID 的十六进制数）
自动故障恢复功能（Preempt 功能）	默认禁用	默认启用
认证功能	有	无

追踪

活动设备和备用设备需要根据死活监控包中包含的优先级而定。FHRP 具备追踪的功能，这种功能可以对特定对象（接口和 ping 通信等）的状态进行监控，如果判断为出现故障就会降低优先级。当监控的对象发生故障时，就会发送降低了优先级的死活监控包，催促其进行故障转移。

接下来，将基于图 6.7.11 所示的网络配置对追踪的运行方式进行讲解。如果使用此配置，即使 WAN 接口发生故障，系统也不会进行故障转移，从而导致通信路径不一致。因此，需要进行追踪设置，对 WAN 侧的端口状态进行监控，这样一来，当发生故障时就可以发送降低了优先级的死活监控包，收到该死活监控包的备用设备就会升级为活动设备以确保通信路径。

① 224.0.0.2 是 HSRPv1 的组播地址。HSRPv2 需要使用 224.0.0.102。
② 00-00-0c-07-ac-xx 是 HSRPv1 的虚拟 MAC 地址。HSRPv2 需要使用 00-00-0c-9f-fx-xx。

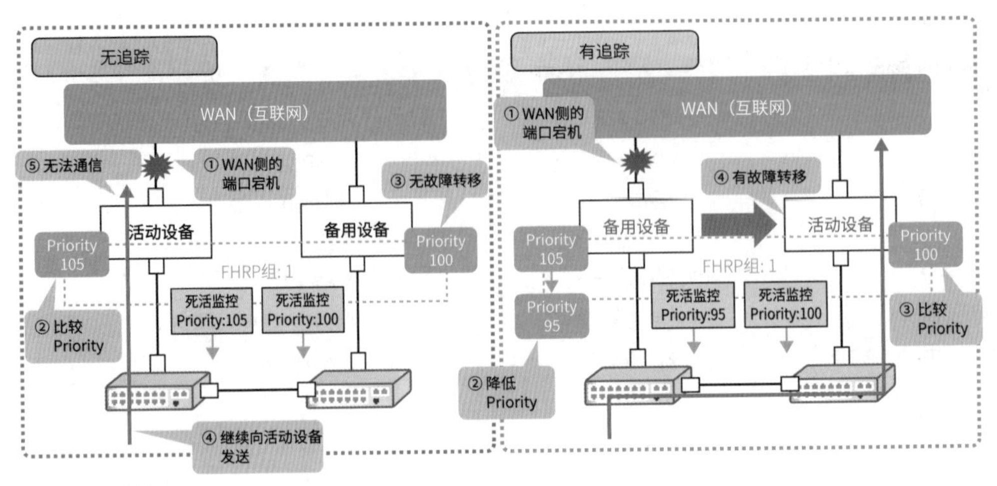

图6.7.11 • 追踪

最近，可以作为监控对象进行定义的内容非常广泛，如可以监控 CPU 使用率和内存使用率，也可以监控路由表的信息等。当然，这些功能的使用取决于需求。但是，需要注意的是，越是复杂的定义，管理起来就越为困难。

防火墙的冗余技术

防火墙冗余技术的基本操作与 FHRP 没有太大的区别。通常情况下会由活动设备响应虚拟 IP 地址的 ARP Request，只有活动设备会处理数据包。当活动设备发生故障时，备用设备就会升级为活动设备来处理数据包。防火墙冗余技术与 FHRP 最大的区别在于同步技术。虽然 FHRP 会使用死活监控包监控彼此的状态，但是两台设备基本上是独立运行的，并且需要进行不同的设置。而使用防火墙的冗余技术就可以将活动设备处理的连接信息同步给备用设备，创建相同的过滤规则。这样一来，即使活动设备发生故障，也可以在不停止服务的情况下继续处理数据包。此外，也可以将虚拟 IP 地址等需要共享的设置进行同步，以防止两台设备出现设置不一致的情况。

由于防火墙同步数据包不仅会监视彼此的状态，还会实时地交换连接信息和设置信息等大量的信息，因此比 FHRP 的死活监控包需要消耗更多的带宽。所以，在大多数情况下，通常会采用直接连接两台设备，或者将设备连接到专门用于同步数据包的交换机的方式，提供与处理用户数据包的路径不同的路径。此外，由于防火墙同步数据包需要进行上述的处理，因此往往需要消耗 CPU 资源。但是，由于最近的应用程序具备在无法连接时可以立即重试的机制，因此同步功能也不总是有效的。那么，就需要考虑应用程序的行为和 CPU 的负载状态之间的平衡，再决定是否需要使用同步功能。

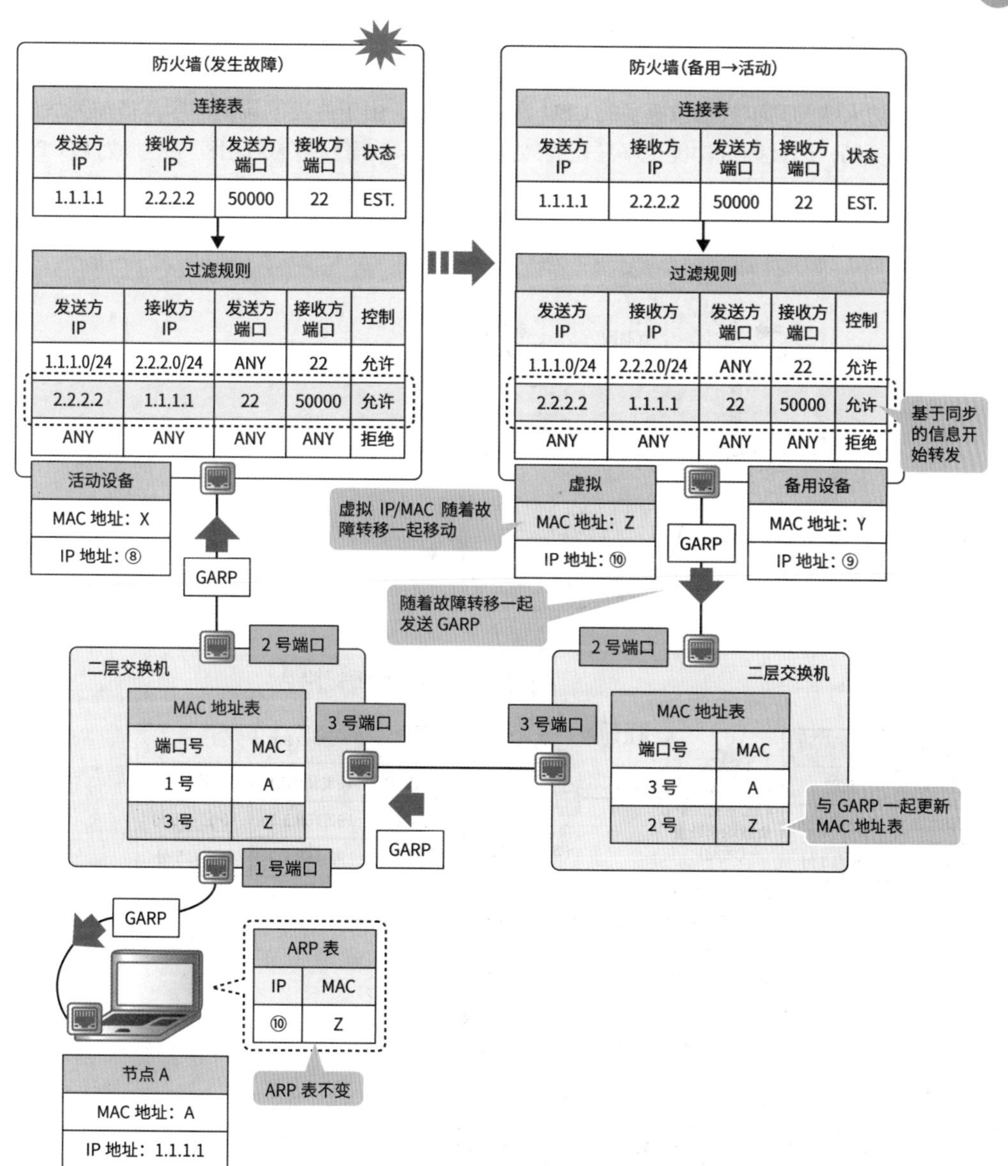

图6.7.12 • 使用同步的连接信息减少停机时间

负载均衡装置的冗余技术

负载均衡装置的冗余技术需要在防火墙的冗余功能中加上应用程序级别的同步技术来实现更高级别的冗余，其基本操作与防火墙没有太大的区别，唯一的区别在于同步的范围。负载均衡装置可以将持久性信息和内容本身同步到备用设备，这样一来，即使发生故障转移，也可以保持应用程序的完整性。

由于负载均衡装置的同步数据包不仅可以监控彼此的状态，还可以将包含连接信息、设置信息，以及内容信息的几乎所有信息同步到备用设备，需要消耗比防火墙的同步数据包更多的带宽。因此，在大多数情况下，通常会采用直接连接两台设备，或者将设备连接到专门用于同步数据包的交换机的方式，提供与处理用户数据包的路径不同的路径。此外，由于负载均衡装置的同步数据包需要进行上述处理，因此往往需要消耗比防火墙的同步数据包更多的 CPU 资源。但是，由于最近的应用程序具备在无法连接时可以立即重试的机制，因此同步功能也不总是有效的。那么，就需要考虑应用程序的行为和 CPU 的负载状态之间的平衡，再决定是否需要使用同步功能。

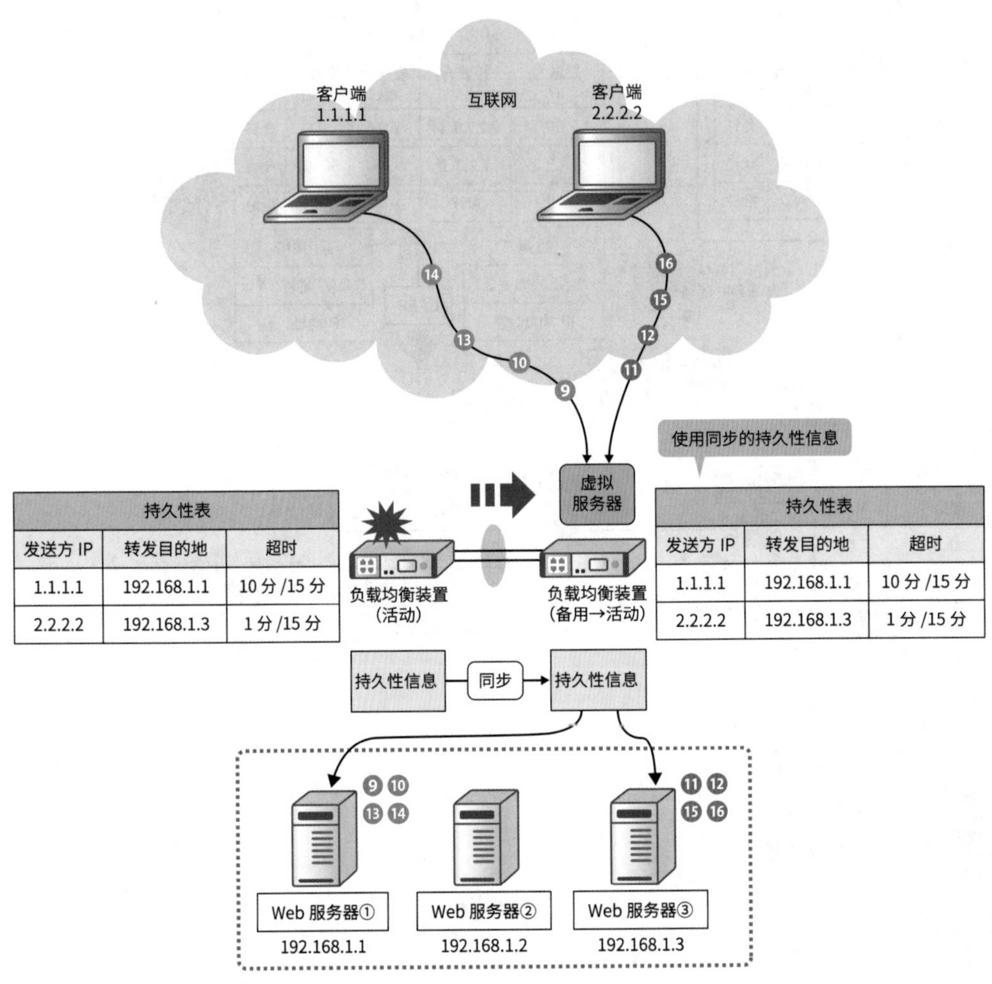

图6.7.13 • 接管持久性信息

chapter 6-8 ALG 协议

大多数应用程序会持续使用相同的端口号进行通信，如 SSH 会使用 TCP/22 号，HTTPS 会使用 TCP/443 号。但是，是不是所有的应用程序都是以相同的方式老老实实地进行通信呢？不一定。有些协议首先会在应用程序级别动态地确定要使用的端口号，然后在中途切换端口号进行通信。这类特殊的协议被称为 ALG 协议。ALG 协议中的 ALG 是 Application Level Gateway① （应用层网关）的缩写，是一种基于应用程序级别的信息对通信进行控制的防火墙和负载均衡装置的功能。如果要使用防火墙和负载均衡装置对通信中途切换端口号的协议进行处理，就需要使用 ALG 功能。

表6.8.1 • 具有代表性的ALG 协议

ALG协议	第一个端口号	说　明
FTP（File Transfer Protocol）	TCP/21	使用 TCP 传输文件的协议。 建立控制连接和数据连接
TFTP（Trivial File Transfer Protocol）	UDP/69	使用 UDP 传输文件的协议。 用于上传 Cisco 设备的操作系统，或者基于 PXE 安装网络
SIP（Session Initiation Protocol）	TCP/5060、UDP/5060	用于控制 IP 电话呼叫的协议。 仅执行呼叫控制，电话语音需要使用 RTP（Real-time Transport Protocol，实时传输协议）等其他协议进行传输
RTSP（Real Time Streaming Protocol）	TCP/554	用于流媒体传输音频和视频的协议。 由于是一个较早的协议，因此目前不太使用
PPTP（Point-to-Point Tunneling Protocol）	TCP/1723	用于远程访问 VPN 的协议。 数据转发需要使用 GRE（Generic Routing Encapsulation，通用路由封装）协议执行。 由于数据未加密，因此最近已被 IPsec 取代。 macOS 也停止了对它的支持

6.8.1 FTP

FTP（File Transfer Protocol，文件传输协议）是一种用于传输文件的应用程序协议。其最初由 RFC 959 FTP 确定标准化，在之后增加了各种功能。虽然该协议不具备加密功能②，存在安全方面的问题，但是由于它是一种存在了很长时间的传统协议，可以在各种操作系统中稳定使用，因此意想不到地依然活跃在第一线。

FTP 需要将控制连接和数据连接两种连接结合在一起使用。控制连接是用于应用程序控制的 TCP/21 号的连接。使用这个连接就可以发送命令和返回结果。数据连接是用于实际传输数据的连接。可以为每个在控制连接上发送的命令创建数据连接，并在该数据连接上收发数据。

① 虽然也有一些人会称其为 Application Layer Gateway，但是可以认为它们表示的是同一种功能。

② 虽然也有使用 SSL/TLS 对 FTP 进行加密的 FTPS（FTP over SSL/TLS），但是由于不太好用，因此在实际工作中也不经常使用。比起使用 FTPS，使用 SFTP 的情形反而还更多。SFTP 是一种特地创建的类似于 FTP 的 SSH 的文件传输功能，与 FTP 并没有直接的协议关系。

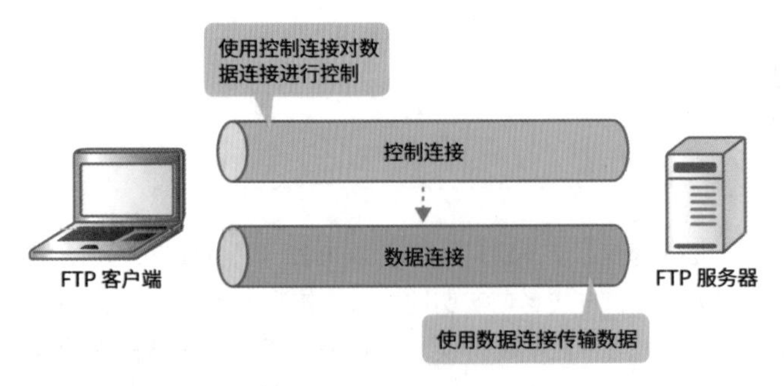

图6.8.1 • FTP需要使用两个连接

FTP 包括名为主动模式和被动模式的两种传输模式，两种传输模式采用的是不同的数据连接建立方式和端口号。

主动模式可以建立从服务器到客户端的数据连接。在主动模式的数据连接中，发送方端口需要使用 TCP/20 号，接收方端口则需要使用客户端通过控制连接通知的端口号。

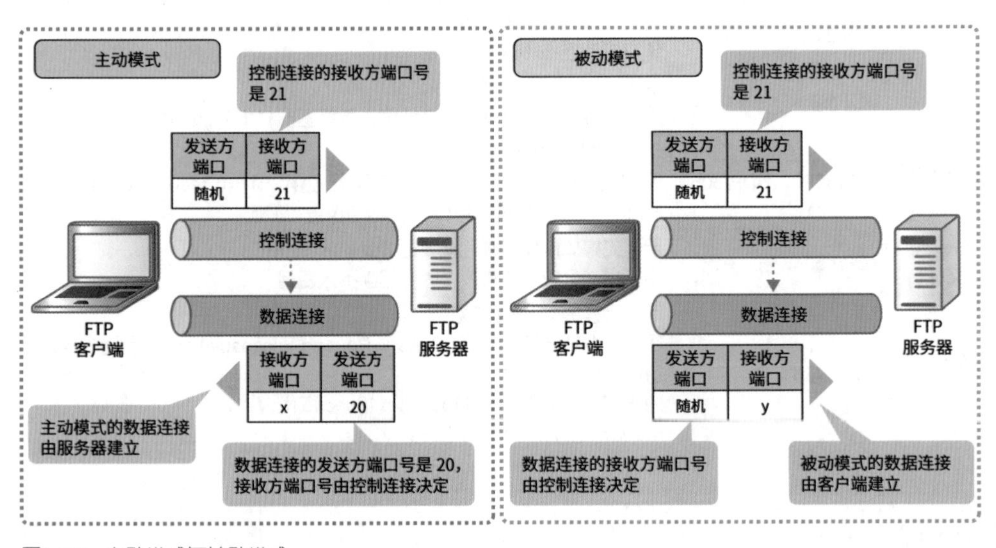

图6.8.2 • 主动模式与被动模式

被动模式可以建立从客户端到服务器的数据连接。被动模式的数据连接需要在发送方端口使用随机的端口号，接收方端口则需要使用客户端通过控制连接通知的端口号。

6.8.2 TFTP

TFTP（Trivial File Transfer Protocol，简单文件传输协议）是一种使用 UDP 传输文件的协议。它由 RFC 1350 The TFTP Protocol（Revision 2）确定标准化。由于 TFTP 不具备认证功能和加密功能，因此几乎不会在互联网环境中使用。可以使用 TFTP 的场合是网络设备固件的升级和基于 PXE（Preboot Execution Environment）[①] 安装操作系统的情形。由于程序代码本身很小，操作也很轻巧，可以用很少的资源启动 TFTP 软件，因此非常适合用于某些特定用途。

① 一种可以从服务器读取操作系统镜像并通过网络安装操作系统的功能。使用 DHCP 获取 IP 地址之后，可以使用 TFTP 下载镜像并进行安装。

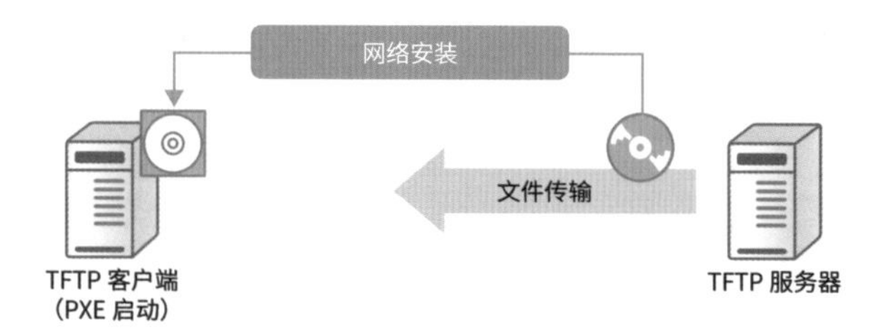

图6.8.3 • TFTP

由于 TFTP 的第一个请求是固定的 UDP/69 号，但是后续处理的端口号是动态变化的，因此，如果在通信途中设置了防火墙和负载均衡装置，就需要执行 ALG 的处理。

① TFTP 客户端向 TFTP 服务器发送请求。发送方端口号是随机的，接收方端口号则是 UDP/69 号。

② TFTP 服务器转发指定的文件。发送方端口号是随机的，接收方端口号则是① 的发送方端口号。

③ TFTP 客户端使用 UDP 返回确认答复数据包（ACK）。

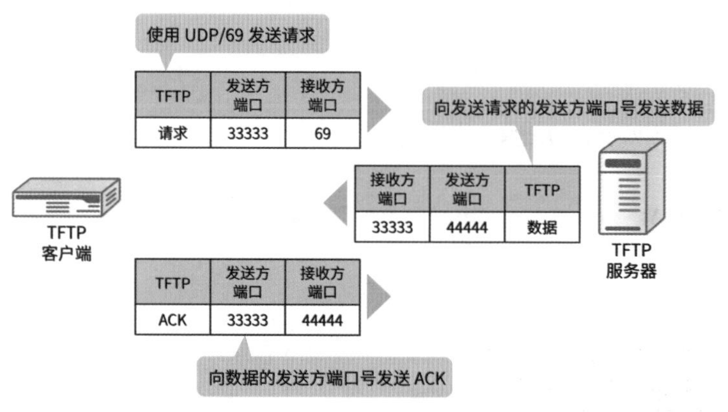

图6.8.4 • TFTP的处理流程

6.8.3 SIP

SIP（Session Initiation Protocol，会话起始协议）是一种用于控制 IP 电话呼叫的协议。呼叫控制是指用于拨打或者断开电话的处理。IP 电话需要使用 SIP 呼叫 SIP 服务器，并使用名为 RTP（Real-time Transport Protocol，实时传输协议）的另外一种协议与对方直接（点对点）交换语音和视频信息。

SIP 是一种由 RFC 3261 SIP 确定标准化的协议。虽然可以使用 TCP 和 UDP，但是大多数情况下会使用 UDP。SIP 的消息采用的是与 HTTP/1.1 非常相似的文本格式，其中包含 IP 电话的 IP 地址和端口号。接下来将以 IP 电话 A 向 IP 电话 B 拨打电话为例，对从 SIP 转换到 RTP 的流程进行讲解。

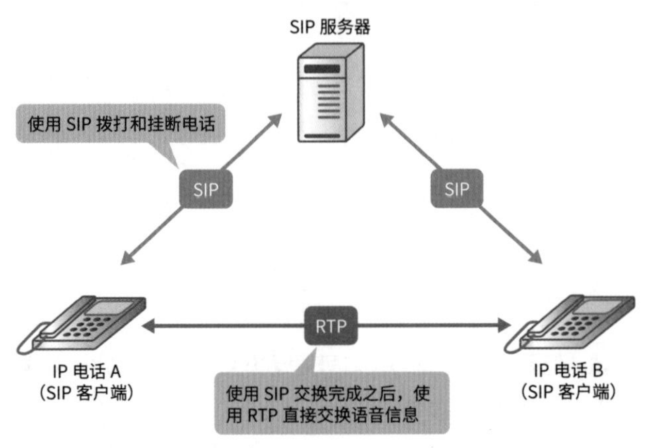

图6.8.5 • SIP

① IP 电话在启动的同时，需要将自己的 IP 地址和电话号码登记到 SIP 服务器中。

② SIP 服务器需要将上述信息登记到数据库中。

③ IP 电话 A 向 IP 电话 B 拨打电话，IP 电话 A 就会向 SIP 服务器发送消息。

④ SIP 服务器会检索数据库，并向 IP 电话 B 的 IP 地址转发消息。

⑤ IP 电话 B 会接听电话，再向 SIP 服务器发送响应消息。

⑥ SIP 服务器将响应消息转发给 IP 电话 A。

⑦ 由于已经知道了双方的 IP 地址，因此可以使用 RTP 直接进行通话。

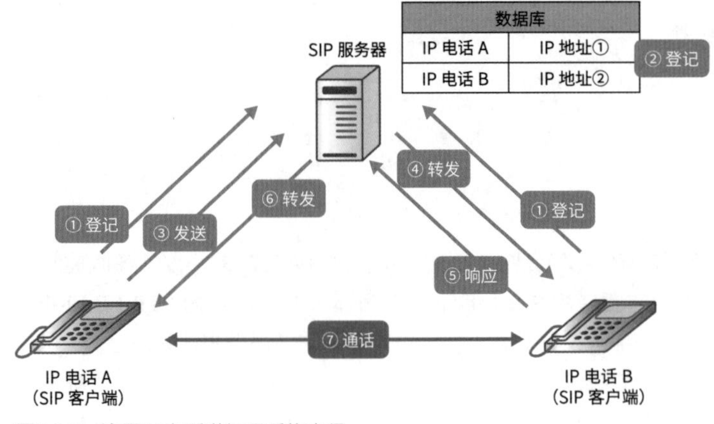

图6.8.6 • 使用IP 电话进行通话的流程

防火墙和负载均衡装置的 ALG 会查看 SIP 消息中包含的 IP 地址和端口号来打开 RTP 的路径。